全国房地产经纪人职业资格考试用书

房地产经纪业务操作

（第五版）

中国房地产估价师与房地产经纪人学会　编写

张秀智　叶剑平　梁兴安　主编

中国建筑工业出版社
中国城市出版社

图书在版编目(CIP)数据

房地产经纪业务操作 / 中国房地产估价师与房地产经纪人学会编写；张秀智，叶剑平，梁兴安主编. — 5版. — 北京：中国建筑工业出版社，2024.1

全国房地产经纪人职业资格考试用书

ISBN 978-7-112-29602-6

Ⅰ. ①房… Ⅱ. ①中… ②张… ③叶… ④梁… Ⅲ. ①房地产业—经纪人—中国—资格考试—自学参考资料 Ⅳ. ①F299.233.5

中国国家版本馆 CIP 数据核字（2024）第 012374 号

责任编辑：毕凤鸣
责任校对：姜小莲

全国房地产经纪人职业资格考试用书
房地产经纪业务操作
（第五版）
中国房地产估价师与房地产经纪人学会　编写
张秀智　叶剑平　梁兴安　主编

*

中国建筑工业出版社、中国城市出版社出版、发行（北京海淀三里河路 9 号）
各地新华书店、建筑书店经销
北京红光制版公司制版
北京云浩印刷有限责任公司印刷

*

开本：787 毫米×960 毫米　1/16　印张：26　字数：493 千字
2024 年 1 月第五版　2024 年 1 月第一次印刷
定价：**60.00** 元
ISBN 978-7-112-29602-6
（42315）

目　　录

第一章　房地产市场营销概述

房地产经纪作为一种营销活动，其理论基础是市场营销理论。本章重点介绍以客户为导向的市场营销概念及其在房地产领域中的应用。

第一节　房地产市场营销的概念与特征

"市场营销"一词源于英语的"Marketing"，其内涵不断地发展和演化。最新一版的《市场营销》（第16版）认为："市场营销就是管理有价值的客户关系。市场营销的目的是为客户创造价值，并获得顾客回报"[1]。市场营销作为一种将产品从生产者向消费者转移的激励过程，就是从卖方的立场出发，以买主为对象，在不断变化的市场环境中，以满足一切现实和潜在消费者的需要为中心，提供和引导商品或服务到达消费者手中，同时企业也获得利润的企业经营活动[2]。市场营销概念产生于商品供大于求的20世纪初期，至今市场营销理论不断发展和创新，形成了很多新概念。本书仅介绍与房地产经纪业务关系密切的以客户为导向的市场营销理论。

一、市场营销过程模型

图1-1是市场营销过程的简单和扩展模型[3]。简单模型包括第一行的五个框图。从简单模型中可以看出，市场营销的本质就是一个建立客户关系的过程。营销人员从知晓顾客的需求到理解顾客的需求和欲望，再通过一系列有针对性的营销活动，建立起稳定的客户关系，实现产品和服务的市场交换，最终实现顾客的欲望，并从顾客处获得回报。从市场营销的扩展模型可以看出，每一个营销环节都需要市场营销人员开展大量且扎实的营销工作才能建立忠诚的客户关系，并获

---

[1] 【美】菲利普·科特勒，凯文·莱恩·凯勒. 营销管理［M］.16版. 北京：中国人民大学出版社，2016：3.

[2] 吕一林，岳俊芳. 市场营销学［M］.2版. 北京：中国人民大学出版社，2005：4.

[3] 【美】菲利普·科特勒，凯文·莱恩·凯勒. 营销管理［M］.16版. 北京：中国人民大学出版社，2016：32.

得顾客终身价值和提高市场份额。

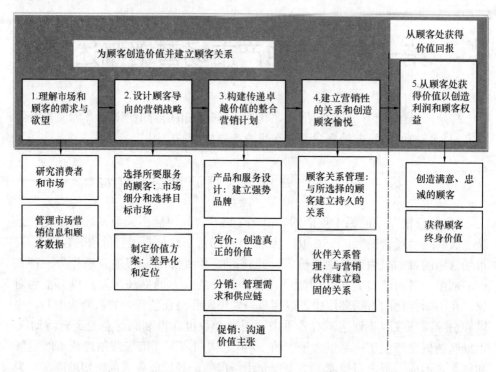

图 1-1　市场营销过程的简单和扩展模型

为方便理解市场营销模型中的相关概念，表 1-1 列举了几个关键的模型概念。

市场营销模型中的几个关键概念①　　　　　　　　　表 1-1

概念	内涵
需要（needs）	是人类感到缺乏的状态，包括食物、服装、温暖和安全的基本生理需求，对归属和情感的社会需要，以及对知识和自我表达的个人需要。这些需要不是由市场营销者创造出来的
欲望（wants）	是人类需要的表现形式，受文化和个性的影响。是明确表达的满足需求的指向物。在得到购买能力的支持时，欲望就转化为需求

---

① 概念解释参考自【美】菲利普·科特勒，凯文·莱恩·凯勒．营销管理［M］．16 版．北京：中国人民大学出版社，2016：7-9＋14-15＋23-24.

续表

概念	内涵
需求（demands）	在既定的欲望和资源条件下，人们会选择能够产生最大价值和满意的产品
市场提供物（market offerings）	提供给市场以满足需要、欲望和需求的产品、服务、信息或体验的集合，包括有形产品、无形服务、人员、场所、组织、信息和创意等
交换（exchangs）	一种为了从他人那里得到想要的物品而提供某些东西作为对价的行为
市场（markets）	是某种产品的实际购买者和潜在购买者的集合。这些购买者具有共同的需要和欲望，能够通过特定的交换得到满足
市场营销近视症（markets myopia）	营销人员过于关注为现有欲望开发出来的产品，而忽略了顾客需要的变化
顾客感知价值（customer-perceived value）	与其他竞争产品相比，顾客拥有或使用某一种市场提供物的总利益与总成本之间的差异
顾客满意（customer satisfaction）	取决于顾客对产品的感知效能与顾客预期的比较。如果产品的效能低于预期，顾客不满意；反之，顾客满意、非常满意甚至惊喜
顾客终身价值（customer lifetime value）	企业可以从顾客的长期关系中获得的利益
顾客权益（customer equity）	是企业现有和潜在顾客的终身价值的贴现总和。可以衡量企业顾客基础的未来价值。企业有价值的顾客越忠诚，其顾客权益就越高
客户关系管理（customer relationship management）	为通过递送卓越的顾客价值和满意，来建立和维持价值的客户关系的整个过程。涉及获得、维持和发展顾客的所有方面

二、以客户为导向的市场营销

以客户为导向的市场营销观念是 1952 年首先由美国约翰·麦克金特提出的[1]。第二次世界大战后，随着科技革命的深入，商品种类愈加丰富，消费者的购买能力和文化水平不断提高，促使消费者的需要与愿望不断变化，在美国率先出现了全面的买方市场。卖方竞争变得更激烈，公司经营的挑战已不是单纯追求销售量的短期增长，而是从长期观点出发来占领市场、抓住客户，实现可持续增长。

---

[1] 吴健安，钟育赣，胡其辉. 市场营销学 [M] . 3 版 . 安徽：安徽人民出版社，1994：29.

（一）以客户为导向的市场营销的核心概念

以客户导向的市场营销，其目的在于通过满足客户需求并使其满意以实现企业盈利目标，即客户需要什么产品，企业就应当生产、销售什么产品。这就要求企业重视客户的需求，了解客户的需要、欲望和行为，发展能满足客户需要的产品或服务，并以积极方式说服客户购买这些产品或服务。以客户为导向的市场营销包括以下几个核心概念。

1. 顾客感知价值

顾客感知价值建立在客户在可能的选择中得到什么和付出什么的比较之上，指的是客户总价值与客户总成本的差额，即获得与付出之间的差额。客户总价值包括产品价值、服务价值、人员价值和形象价值；客户总成本包括货币成本、时间成本、体力成本和精力成本[1]。以客户委托房地产经纪人购买一套海景房为例，说明顾客感知价值[2]。

　　客户总价值＝产品价值＋服务价值＋人员价值＋形象价值
　　　　　　　＝一套海景房＋房地产经纪人经纪服务＋房地产经纪人专业能力
　　　　　　　　＋房地产经纪人职业形象给客户带来的舒适感
　　　　　　　＝风景优美的海景房＋房地产经纪人热情、耐心、细心的房屋带
　　　　　　　　看服务＋房地产经纪人专业服务带来的风险规避＋言谈举止有
　　　　　　　　度、礼貌待客、沟通舒畅的专业形象
　　客户总成本＝货币成本＋时间成本＋体力成本＋精力成本
　　　　　　　＝购买海景房的总支出＋购买房产花费的时间＋购买房产付出的
　　　　　　　　体力成本＋购买房产付出的精力成本
　　　　　　　＝购买海景房的总房款、税费及佣金＋按照购房者的职业时间价
　　　　　　　　值折算的为购房花费时间的等值货币支出＋按照购房者年龄折
　　　　　　　　算的为补充体力消耗而购买食物的支出＋按照购房者的职业时
　　　　　　　　间价值折算的为补充购房消耗精力的休息时间的等值货币支出

顾客感知价值可作为一种工具帮助企业制定营销策略（图 1-2）。但必须认识到不同客户对产品价值、服务价值等因素的判断存在差异，不同客户对各项成本的重视程度不同。如对工作繁忙的客户，单位时间成本高，时间成本是最重要的因素，他可能选择买方代理；而对收入较低的客户来说，货币成本是最重要的因素，他通常会亲自去调查和选择房源信息，进而会耗费其较多的体力和精力

① 吴泗宗．市场营销学［M］．3 版．北京：清华大学出版社，2008：15.
② 不一定准确，客户公式仅有助于读者理解客户总价值和总成本之间的关系。

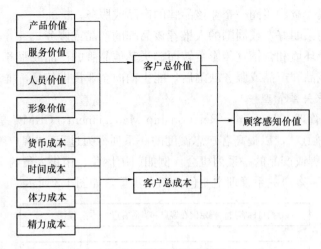

图 1-2　顾客感知价值图

成本。企业通过对顾客感知价值的分析可获得以下两方面有效信息①：一是卖方必须结合考虑竞争来估算客户总价值和客户总成本，以确定产品应有的定位；二是尽力增加客户总价值或减少客户总成本。

2. 客户满意

菲利普·科特勒对"客户满意"（顾客满意）的定义如下②，是指一个人通过对一个产品的可感知的效果（或结果）与他或她的期望值相比较后，所形成的愉悦或失望的感觉状态。客户的这种期望存在于其过往的购买体验、朋友和伙伴的影响、相关市场信息及商家许诺中。大多数成功的公司都会致力于达成客户期望，以确保客户满意度。值得注意的是，尽管以客户为中心的企业会致力于满足客户需求，但它们却未必追求客户满意度最大化。因为企业经营需要遵循这样一个理念——在总资源一定的情况下，企业除了满足客户需求外，还需要满足其他利益相关者的需要。

3. 客户忠诚

客户忠诚是指客户在满意的基础上，进一步对某品牌做出长期购买的行为，它是客户一种意识和行为的结合。客户忠诚具有以下四点特征：

———————————

①　【美】菲利普·科特勒，凯文·莱恩·凯勒. 营销管理［M］. 12 版. 上海：格致出版社，上海人民出版社，2016：157.

②　【美】菲利普·科特勒，凯文·莱恩·凯勒. 营销管理［M］. 12 版. 上海：格致出版社，上海人民出版社，2016：158.

① 重复或大量购买同一企业该品牌的产品或服务；

② 主动向亲朋好友或周围的人推荐该品牌的产品或服务；

③ 不会受环境和营销宣传影响转而购买其他品牌的产品或服务；

④ 发现该品牌产品或服务缺陷后，能主动向企业反馈信息，推动解决。

（二）客户关系管理

客户关系管理（Customer Relationship Management，CRM）是指管理客户信息及"客户触点"，以提高客户忠诚度的一系列行为过程。"客户触点"是指客户可以接触品牌或产品的一系列机会。例如门店体验、销售人员的沟通、品牌Ⅵ及包装观察等。客户关系管理主要包括四大步骤，如图 1-3 所示。

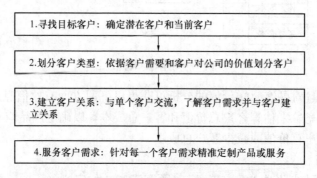

图 1-3 客户关系管理包括的四大步骤

为了方便进行客户分类，需要根据客户对公司的价值贡献程度，将客户对公司的价值贡献划分为历史价值、当前价值和潜在价值这三个部分：其中历史价值指的是，到目前为止，客户为公司创造的利润现值；当前价值指的是，假设客户购买模式不变，可能为公司创造的利润现值；潜在价值指的是，假设客户购买模式发生改变，可能为公司创造的利润增量现值。

表 1-2 是基于客户当前价值和潜在价值对客户进行的分类①。在表 1-2 中，对当前价值和未来潜在价值双低的Ⅰ类客户，房地产经纪机构会减少对这类客户的服务投入，但房地产经纪人是否可以怠慢该客户呢？答案是否定的。事实上，优秀的房地产经纪人不会忽视任何一位客户，即使他当前没有足够的资金购买房产，只是路过门店咨询一下行情，或在房源信息展板前驻足观看，或偶尔打电话询问社区房屋租赁价格。对这些潜在客户，房地产经纪人不应爱答不理，不能表

---

① 马辉民，尹汉斌，肖威. 客户潜在价值预测模型及细分研究 [J]. 工业工程与管理，2003 (2)：25-28.

露厌烦的心理，而是要微笑对待客户，与客户保持良好沟通，尽力向客户介绍他想了解的房屋相关情况，给出准确的专业建议。一旦客户有能力或者有需要购买房产，他通常会找当时提供过优质服务的经纪人。优秀的房地产经纪人向每位客户提供最优质的服务，才会赢得更多的客户。

基于客户当前价值和潜在价值对客户进行的分类　　　　表 1-2

客户类别	客户特征	营销手段
Ⅰ类客户	1. 当前价值和潜在价值都低，不具备未来的盈利可能； 2. 客户对公司最没有吸引力	1. 不需要投入资源来维持这类客户； 2. 应减少管理该类客户的服务成本； 3. 通过寻求降低成本的途径来提高客户的价值或者提高对该类客户所销售产品的价格，来增加企业收入
Ⅱ类客户	1. 具有低当前价值、高潜在价值； 2. 易于进行交叉销售，但公司并没有得到其潜在价值的大份额； 3. 公司目标是得到这类客户潜在价值的较大部分	1. 应该在该类客户投入更多的资源； 2. 提高客户服务水平和销售成本，促进客户关系进一步发展，进而获得客户的增量购买、交叉购买
Ⅲ类客户	1. 该类客户具有低潜在价值、高当前价值； 2. 该类客户在未来的增量销售、交叉销售方面没有多少潜力可供进一步挖掘，但同时具有高当前价值表明该类客户是公司现有利润的一个重要来源，显然对公司十分重要，仅次于第4类客户	1. 在该类客户投入很多成本，客户关系处于稳定水平，现在正是该类客户价值的收获阶段； 2. 应该重视这类客户，适当增加投资，保留该类客户
Ⅳ类客户	1. 具有高潜在价值，而且还具有很高的当前价值； 2. 是公司最具有价值的一类客户； 3. 与公司的关系可能也已进入稳定期，对公司高度忠诚； 4. 客户本身具有巨大的发展潜力	需要将主要资源投资到保持和发展与这些客户的关系，最大限度地付出各种努力，保持与该类客户的顺畅沟通

三、房地产市场营销概念与特征

(一) 房地产市场营销概念

房地产市场营销是指房地产企业为实现销售目标，达成客户满意而采取的一系列营销活动或行为。房地产市场营销不是单纯的销售部门或营销管理部门的业务，而是一个涉及财务支持、产品研发创新、成本控制、人力资源管理等部门共同参与的业务活动。

（二）房地产市场营销特征

1. 房地产市场特征

房地产市场营销的特征是由房地产商品和房地产市场的特殊性决定的。房地产商品具有不可移动性、差异大、开发周期长、区域特征明显、投入资金大和风险性高等特性。房地产市场作为一个特殊的商品市场，具有以下六方面特征[1]：

（1）区域性。房地产市场的区域性主要是由房地产的位置固定性和性能差异性所决定的。不同区域的房地产价格水平、供求状况、交易数量等有极大差异，不同区域的房地产市场之间相互影响较小。但是最新的一些研究表明，在房地产买卖交易市场，区域之间的房价存在溢出效应。中国单个城市的房价对其他城市的房价产生冲击，表现在一线城市的房价溢出性高于东部城市，东部城市又高于中西部城市[2]。省域之间，北京的住宅价格外溢影响天津，上海溢出到江苏、安徽和福建，浙江溢出到福建[3]。

（2）交易复杂性。与一般商品的"一手交钱一手交货"的交易模式不同，房地产市场交易对象是实体房地产及其产权。根据交易产权的不同而形成不同的房地产市场，如买卖市场、租赁市场等。不同产权和实体特征有差异的房地产，在交易过程中因需要遵守与之相关的法律规定和交易程序，导致房地产交易相较于一般商品的交易过程更加复杂，不能够实现现货交易，货（不动产）款（房款或租金）交付之间存在时间差。由此也造成了交易过程中的种种风险。

（3）存在信息不对称和不完全市场竞争现象。在存量房市场，房地产交易双方的交易行为存在隐蔽现象，房地产交易价格及交易信息多为非公开的，造成房地产市场存在信息不对称现象。在新房市场，房地产开发企业对新房销售价格、销售进度在一定程度上存在一定的垄断行为，买方的议价能力较弱，造成新房市场存在不完全竞争现象。在与房地产相关的土地供应一级市场，土地资源的相对稀缺性及其必须由国家经营的特性决定了房地产市场的有限开放。房地产市场竞

---

① 林增杰，武永祥，吕萍，等. 房地产经济学 [M]. 2 版. 北京：中国建筑工业出版社，2004：20-21.

② 余华义，黄燕芬. 利率效果区域异质性、收入跨区影响与房价溢出效应 [J]. 经济理论与经济管理，2015（8）：65-80.

③ 施昱年. 我国高房价背景下的住宅价格周期上涨与房价溢出效应 [J]. 中国物价，2014（5）：51-54.

争不充分，交易效率较低。

（4）供给滞后性。新建商品房市场中，房地产开发周期较长，增加供给往往需要相当长的时间；由于房地产使用的耐久性，当市场上供过于求时，存量供给也需要很长时间才能被市场消化。因此，相对于需求的变动，房地产供给的变动存在着滞后性。

（5）与金融市场关联度高。一方面，房地产开发投入资金量大，对金融市场的依赖性很强。即使是存量房交易，由于购房金额大，通常也需要金融信贷的支持。没有金融市场的支持，房地产交易规模将受到很大限制。另一方面，金融政策调整，例如市场利率或银行准备金的调整对房地产市场会产生很大影响。

（6）受到较多的政府行政干预。土地是国家重要的自然资源，其分配和使用对经济发展和社会稳定都具有非常重要的作用，因而国家对土地的权利、利用、交易等都有严格的限制。政府一般通过金融政策、财政政策、税收政策、国土空间规划及生态环境保护等系列政策和监管措施，对房地产市场实施干预和调节。

2. 房地产市场营销特征

房地产市场的上述特征决定了房地产市场营销具有以下五方面的特征。

（1）市场营销方案受到区域环境影响。由于房地产市场具有很强的区域性，房地产市场营销受房地产市场微观环境和宏观环境的影响较大。就房地产市场的宏观环境而言，房地产市场营销机构需要充分把握所在区域的城市规划、市政公用设施、商业设施、教育设施、人口状况、收入变化等因素，并根据区域环境制定适宜的营销方案。

（2）交易周期长。房地产价值大，通常买方一般经过多次实地考察后才做出交易决策。一次购房行为有时会耗时三个月到半年，甚至一年之久。房地产市场营销者往往需要和潜在消费者经过多次接触沟通，才能成交。这对房地产市场营销者的能力及综合素质都有较高要求。

（3）具有动态性。对于新建商品房而言，房地产开发周期长，从申请立项到建成销售，需要少则一年长则数年的时间。房地产开发企业及房地产销售团队，要根据外部环境的动态变化情况及时调整营销计划和方案。存量房销售也是如此。房地产市场营销机构尽管设计了存量房的营销计划，但是购房者的房屋需求有时会因为宏观经济环境、自然环境（例如，印度新德里在3年内因雾霾已经导致房价下跌了21.7%。不仅房价下跌，房租的平均跌幅达到30%以上①。高收

---

① 宏皓. 雾霾是否能降房价［J］. 金融经济，2017（3）：52-53.

入人群因空气质量差而选择离开的比例远远高于低收入人群①）、政治环境、政府治理、个体因素等条件的变化而变化。例如，某购房人经房地产经纪人撮合在1月份看中的一套房产，向卖方交了定金，但在3月份时因为家庭经济变故而取消房屋交易。

（4）受消费者心理预期影响较大。房地产消费者的心理预期对房地产市场营销活动的影响较大。目前房地产市场的消费者对宏观经济及市场认识相对薄弱，加上买卖双方信息不对称，消费者往往不能对经济形势发展趋势及个人资金效用得失做出客观合理的分析判断和规划。此外，房地产市场消费者对价格变动心理承受能力相对较弱。房地产市场营销机构应充分考虑消费者和房地产开发企业对房地产市场的非理性预期，作出交易引导。一些房地产交易者，在不了解房地产市场真实供求、房地产真实开发成本的情况下，对未来房地产市场发展无法正确预期。他们根据市场噪声，以过度自信的投机心理，对于房地产资产的未来价格可能产生错误的预期，"羊群效应"下的购买房产行为会导致房地产泡沫的产生和持续②。针对房地产开发企业而言，他们的非理性看涨预期和未来不确定性显著地推动了房地产项目延迟销售，以"捂盘惜售"行为造成商品房供应的人为短缺，进一步推高了房价。而事实上，开发企业的"捂盘惜售"行为并不总指向高利润③。不论是不动产交易个人还是房地产开发企业，都存在对房地产市场的非理性预期，房地产市场营销机构要采取合适的营销策略，以确保房地产开发企业和存量房交易当事人实现不动产的销售。

（5）受政策法律影响大④。房地产市场交易活动产生的房地产产品转移，主要是房地产产权的转移，而不是房地产商品的实体流动。房地产产权的流动过程和对流动行为的监控需要法律的保障。不同形态的产权转移、不同产权关系的变更涉及的法律条款不同。从政策角度看，国家当期发布的财政政策、货币政策、房地产产业政策对房地产业的发展都会产生一定的影响，房地产市场营销策略也应随着市场政策环境的变化而变化。

---

① 陈友华，施旖旎. 雾霾与人口迁移——对社会阶层结构影响的探讨 [J]. 探索与争鸣，2017（4）：76-80.

② 贾生华，李航. 房地产调控政策真的有效吗？——调控政策对预期与房价关系的调节效应研究 [J]. 华东经济管理，2013（11）：82-87.

③ 王媛. 预期、不确定性与房地产销售策略——来自杭州的经验证据 [J]. 中国经济问题，2015（4）：46-61.

④ 姚玉蓉. 房地产营销策划 [M]. 北京：化学工业出版社，2007：9.

（三）房地产产品对市场营销的影响

房地产产品的概念可以归结为：凡是提供给市场的能够满足消费者或用户某种需求或欲望的任何有形建筑物、土地和各种无形服务均为房地产产品。从房地产整体产品概念出发，房地产产品＝有形实体＋无形服务，都以产品①进行定义。其中，有形实体指的是，物业实体及其质量、特色、类型等；无形服务指的是，值得信赖的服务、承诺、物业形象、企业声誉等。

在房地产市场营销活动中，各种类型的房地产产品是买卖双方交易的基础，而房地产产品的特点影响着房地产市场营销活动，见表1-3②。

房地产产品对市场营销活动的影响　　　　　　　表 1-3

营销因素		对房地产市场营销活动的影响
客户因素	购买所花时间	营销时间非常长
	购买频率	接触营销中介的机会很少（有些家庭甚至只有1次购房经历）
	所在位置	不重要
	价格和质量的比较	购房者反复比较，直到挑选到性价比高的不动产
营销组合因素	价格	影响大
	销售中介形象的重要性	重要
	分销渠道长短	很短（房地产开发企业自行销售或者委托经纪机构销售）
	销售门店数量	不同产品差异较大。①新建商品房采取直销模式通常只有一个现场售楼处，如采取分销模式由分销门店数量决定；②存量房的销售门店数由委托的房地产经纪机构的门店数量决定，对于参加房源合作的房地产经纪机构，门店数将由合作平台的总体门店数决定。③线上的网店、直播间等新型的门店的出现，也使销售门店的形式更加趋于多样化
	促销	房地产开发企业和房地产经纪机构采用人员推销和各种方式促销不动产

按照新房和二手房，可将房地产市场区分为新建商品房市场和存量房市场，它们在市场营销方面具有不同的特征，见表1-4。

---

① 产品可以定义为：为了满足客户的欲望和需求而设计的，由物理属性、服务属性和象征属性所构成的一种集合体。引自：【美】路易斯·E·布恩，大卫·L·库尔茨. 当代市场营销学［M］.11版. 赵银德，等译. 北京：机械工业出版社，2005：205.

② 根据【美】路易斯·E·布恩，大卫·L·库尔茨. 当代市场营销学［M］.11版. 赵银德，等译. 北京：机械工业出版社，2005. 修改.

存量房和新建商品房市场营销主要特征对比　　　　　表 1-4

特点	新建商品房市场	存量房市场
物业特征	新建、没有使用过的不动产	已建成并使用过的不动产
定价过程	房地产开发企业主导定价	交易双方协议定价
销售渠道	可以采用直销渠道，也可以采用代理渠道	多采用房地产经纪机构代理出售（出租）或购买（承租）；也有部分存量房由当事人直接进行交易
营销手段	使用广告、公共关系、促销等多种促销手段	使用成本低、受众量大的广告手段

进一步，相对于新建商品房营销，存量房市场营销有以下四个方面的特点。

第一，房地产经纪机构需要花费大量的时间和精力核查待售不动产。

从房屋实体角度来看，待售存量房屋实体差异大。新建商品房是同一个开发项目的产品，产品同质性高，户型分类明确，房龄、社区环境、配套设施相同，销售人员在了解不动产属性、向消费者推荐产品等方面都较为容易。而存量房却截然不同。房源遍布城市各个角落，每一小区的社区环境、配套设施、物业服务等都存在差别，甚至每套不动产都会存在很大差别，房地产经纪人需要为每套不动产进行"诊断"，判断不动产的物理属性（使用状况），核查产权关系。这就给房地产经纪人的工作造成了较大的困难，增大了交易的难度，但也说明了房地产经纪人工作的重要性和必要性。

从房屋产权关系来看，清晰的房屋产权关系是营销的前提之一。存量房设定了抵押权、被查封等情况都会影响房地产市场营销。保障性住房的上市条件也存在诸多差异。比如，房改房经过房屋产权单位批准并补交了土地收益后，才可以在市场上进行流通。限价房则在取得房屋权属证书后 5 年内不得转让，确需转让的，需由政府回购；5 年后转让则需补交土地收益等价款。因此，存量房交易时，必须充分了解不同的产权形式，进行区别对待。

第二，销售对象坐落分散且为现房销售。

新建商品房销售为项目销售，销售标的物一般就在销售处（售楼处）附近，销售人员可以比较便利地引导消费者察看待销售房屋。而存量房遍布城市的各个角落，尽管房地产经纪机构根据商圈状况建立了社区性门店，但经纪人和购房者（承租人）还是需要花费较大的时间成本和交通成本用于查勘坐落于不同住宅小区的不动产。

新建商品房销售的大多为期房，也有部分现房。虽然期房对于购房者而言具有一定的价格优势，但购房者从签订购买协议到交楼居住，需要很长一段时间，少则 6 个月，多则 2~3 年，因此存在一定的风险。而存量房在这方面就有着巨大的优势，购房者买到的就是可以居住的现房，房产存在的优缺点一目了然，并可以与不动产权利人进行讨价还价。房屋租赁市场更是如此。

第三，市场交易价格浮动空间大。

房地产开发企业利用定价策略对商品房定价，虽然在价格策略和促销手段上有阶段性变化，但是均价空间较为稳定。而存量房的价格是买卖双方对价决定的，谈判空间较大。所以，尽管存量房交易价格有一定的市场规律，但不同的房源由于业主原因会有差异较大的最终报价（包括房屋租金价格）。

第四，存量房销售更加侧重体验式服务。

新建商品房销售代理是接受大业主委托，在信息输出和服务要求上作统一要求相对容易，差异不会太大。销售会侧重于产品本身，如项目地点、环境、户型等是否具备吸引力。而存量房买卖（租赁）代理是受小业主委托，房屋位置分散、配套庞杂、产品各异，交易操作环节多而复杂。为达成一宗交易，房地产经纪人的专业水平和服务能力就显得十分重要。随着二手房（存量房）市场以及房地产经纪专业人员的发展和成熟，市场分工也逐渐细化，有的房地产经纪人（企业）专注于住宅市场，有的则专注于非住宅市场，甚至只专注于住宅类或非住宅类的某个细分类别，例如专门从事别墅经纪业务、工业厂房经纪业务、商铺经纪业务等。不管从事哪个专业房地产市场的经纪服务，房地产经纪人都应掌握该类不动产及其消费者特征，目的是更好地提供专业服务。

（四）房地产经纪机构（人）在市场营销活动中的工作

在房地产经纪业务中，房地产经纪机构需要为交易双方提供专业服务。房地产经纪人的专业能力是通过持续的专业学习获得的。具备了专业技能，才能为客户提供熟练的服务和专家建议①。

1. 房地产经纪机构在新建商品房营销方面的主要工作

在新建商品房市场上，房地产市场营销活动主要分为项目筹划与地块研究、产品设计与规划、项目策划与销售三大阶段。

（1）在项目筹划与地块研究阶段。房地产开发企业获得土地之前和获得土地之后，房地产经纪机构都需要不同程度地介入项目的相关研究工作，包括投资决策、城市规划和地块研究。房地产经纪机构在其中主要起到提供信息的作用。

---

① 【美】威廉·M·申克尔．房地产营销［M］．马丽娜，译．北京：中信出版社，2005：2.

（2）在产品设计与规划阶段。在这个阶段，房地产经纪机构开始全程介入，主要工作包括确定项目的市场定位（简称"项目定位"）。项目的市场定位是指从市场角度对产品设计提出要求，是市场需求和产品规划设计的桥梁，一般包括户型、功能、客户人群等内容。房地产经纪机构一般不参与工程施工与监理的工作，但可以就施工现场和销售现场的协调提出建议，以保证销售效果。

（3）在项目策划与销售阶段。这个阶段的工作内容包括项目定价、项目市场推广和项目销售，是房地产经纪机构着重参与的阶段。在项目定价中，房地产经纪人需要参与制定价目表、确定价格策略，并在销售中根据实际情况提供价格调整建议。市场推广阶段的工作包括卖点挖掘、市场推广费用分析和市场推广组织。在项目销售过程中，房地产经纪机构应制定销售方案、细化销售流程、控制销售过程并开展相应的促销工作。在整个新建商品房市场营销流程中，重要和关键问题都应由房地产开发企业自行决策和实施，房地产经纪机构完成在代理销售合同约定下的房地产市场营销具体活动。应该说，房地产经纪机构是房地产开发企业不动产销售重要决策的执行者。

2. 房地产经纪人在存量房营销方面的工作

在存量房交易市场上，交易双方需要花费很多时间、精力去寻找交易信息、进行谈判，进而达成交易协议。由于不动产的复杂性和交易时间长，以及房地产经纪机构拥有海量的存量房交易信息，越来越多的房地产交易当事人愿意委托房地产经纪机构提供不动产交易服务。房地产经纪人在存量房营销活动中，主要的工作包括3个方面。

（1）传递不动产交易信息。房地产经纪人收集房地产信息，并利用各种媒介向交易当事人传递有关房地产信息，发布房源客源信息广告，达到信息传递与沟通的目标，降低房地产市场信息不对称的状况。

（2）撮合不动产交易当事人实现交易。房地产经纪人可以为当事人分析交易信息和提供谈判空间场所，协调交易双方出价，发挥专业优势核查不动产实体和产权状况等服务。在撮合过程中，房地产经纪人让交易双方明晰各自的权益，化解交易双方的矛盾，降低不动产交易风险、提高效率、节省交易成本，进而促使交易双方顺利、安全地完成不动产买卖或租赁交易。

（3）提供经纪延伸服务。房地产经纪人通过提供产权代办、金融服务、搬家、房屋装修等经纪延伸服务，延长房地产经纪服务价值链，满足房地产经纪客户的多种需求。

第二节　房地产市场营销环境分析

为了了解市场、顺利实现销售，房地产经纪人日常工作之一就是进行房地产市场调查和商圈调查。本节重点介绍市场信息搜集和商圈调查的内容与方法。

一、房地产市场调查与分析

(一) 房地产市场调查与分析的内涵

信息是一切决策的基础，如果缺乏有效信息的支持，则所有决策都是主观臆测。有效信息是通过对资料的加工整理得到的，信息搜集是信息加工的第一步。房地产市场调查就是搜集相关信息的过程。房地产市场调查是指对房地产市场供求变化的各种因素及动态趋势进行的专门调查。房地产市场分析是在房地产市场调查的基础上，研究影响某一特定类型物业供给和需求的各种因素[①]，关注影响投资收益的潜在决定因素。

由于房地产市场调查是为特定的房地产市场营销项目而展开的，所以房地产经纪人员在开展一次房地产市场调查活动时，应首先确定调查的问题和调研目标，然后制定调研计划并执行调研计划（收集和分析数据），最终对收集来的数据和资料进行分析和研究，写出房地产市场分析报告。在市场调查前，需要确定针对哪一种产品进行市场调查，这涉及房地产市场分解。房地产市场分解是将房地产产品按照一定标准或特征分解为子市场的过程。通过房地产市场分解将整个市场分割为较小的、具有更强的同质性的子市场。将房地产市场分解为若干个子市场后，市场分析人员可以针对该市场进行更为细致的分析，得出关于该市场的专属特征。通常情况下，分析人员首先划定一个地理意义上的市场范围，然后按照法律划定的土地用途，将房地产市场划分为住宅、商业、工业、农业和综合用途，以及以行政划拨方式取得土地的能源、交通等土地市场。在划分了土地用途后，可以对某一土地用途的房地产市场根据具体的物业类型进行深度分解。例如，住宅市场按照物业类型划分为别墅、普通住宅、经济适用住房和廉租房。这些细分市场会因为对应的影响因素呈现各自的特征。针对这些市场的研究分析，也会有不同的研究报告。

图 1-4 呈现了不同房地产市场分析之间的关系。房地产市场分析与地区经济

[①]　【美】尼尔·卡恩，约瑟夫·拉宾斯基，罗纳德兰·卡斯特，莫里·赛尔丁. 房地产市场分析方法与应用 [M]. 张红，译. 北京：中信出版社，2005：1.

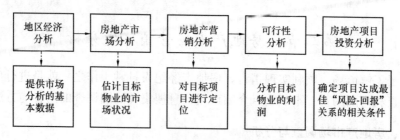

图 1-4　房地产市场分析的结构体系

分析、房地产营销分析、可行性分析和房地产项目投资分析既有区别，也有联系[1]。地区经济分析主要考虑当地经济中决定所有类型房地产需求的基本因素，主要的变量是人口、家庭户数、就业和收入。例如，如果要对北京市和兰州市的房地产市场进行分析，首先需要了解和研究两个城市的人口、家庭户数、就业量和收入水平等统计数据，并以此判断两个城市房地产市场供给和需求的现状及发展趋势。房地产市场分析研究目标物业的市场状况，包括竞争者分析和潜在消费者需求分析。房地产市场分析研究目标物业的市场状况，包括竞争者分析和潜在消费者需求分析。房地产市场营销分析是房地产市场分析的组成部分，侧重于发掘客户的偏好，分析房地产项目与客户需求的匹配度。可行性分析和房地产项目投资分析是对单一项目的分析，前者评价特定项目能否成功实施，包括技术、财务、经济和法律多个层面上实施的可行性；后者重点评价某一物业作为潜在投资项目的投资风险和回报，计算投资项目的内部收益率、净现值、回报率等指标，为投资者提供关于该项目在一段时期内的现金流分析，包括收入和支出等方面，帮助投资者决策。

（二）房地产市场信息及搜集途径

1. 一手数据与二手数据的区别

按照数据和资料来源的初始性，可将数据和资料分为一手数据（资料）和二手数据（资料）。反映房地产市场及其发展变化趋势及规律的各种数据，可能是一手数据，也可能是二手数据，但在市场分析时都要求引用最新的、相关的、可靠的、准确的数据，概念上是正确的[2]。一手数据是研究者首次亲自收集并经过加工处理的数据和资料，包括访谈、直接观察、间接观察、问卷调查获得的。二

---

① 【美】尼尔·卡恩，约瑟夫·拉宾斯基，罗纳德兰·卡斯特，莫里·赛尔丁. 房地产市场分析方法与应用［M］. 张红，译. 北京：中信出版社，2005：1-6.

② 【美】尼尔·卡恩，约瑟夫·拉宾斯基，罗纳德兰·卡斯特，莫里·赛尔丁. 房地产市场分析方法与应用［M］. 张红，译. 北京：中信出版社，2005：286.

手数据是指来源于他人（商业机构、政府部门、咨询公司、智库机构）调查和科学实验的数据，包括文件、档案记录、实物证据①和数据库。

一手资料的搜集是依据特定目的，遵循完整的研究设计及调查设计，并通过调查执行、资料处理与分析形成的资料。房地产经纪机构一般通过制作调查问卷或实地访谈的方式了解潜在客户购买力、区位选择偏好、客户满意度、对商圈的评价与看法等数据。获得一手数据的调研方法，有观察法、调查法和实验法等。在房地产市场调查中，采用较多的是调查法。通过设计调查问卷或者结构访谈问卷，以电子邮件、聊天工具、面访、街头拦访、电话等方式进行调查。这种调查方法涉及样本抽样问题，有简单随机抽样、分层随机抽样、分地区随机抽样、任意抽样、判断抽样和配额抽样等多种方法。房地产经纪人可以根据调查目的，选用适宜的抽样方法进行问卷调查。

二手数据一般分为：①房地产企业积累的数据和资料。房地产开发企业或经纪机构历年积累的项目方案的执行过程报告或分析报告，如初期的土地购买估价报告、产品定位报告、销售复盘报告、结案报告、存量房交易数据等。这些都是极有参考价值的资料来源。由这些资料可整理出目标客户群体的特征，对项目营销决策提供帮助。②相关部门发布的数据和资料。如政府部门发布的统计数据、政策公告及政策法规、国土空间规划；智库和科研机构完成的研究报告和学术研究文献。房地产经纪人根据需求搜集资料，须事先进行规划，以达到事半功倍的效果。

2. 房地产市场信息搜集途径

房地产市场信息数据来源主体大概有以下 7 类，不同的市场搜集途径，所搜集到的信息内容和用途具有较大差异。

（1）房地产交易当事人。访问房地产交易当事人，通过着重查访成交标的物的位置、面积、交易价格、交易当时的状况和其他条件等，尽可能从其提供的资料中导引出其他市场交易线索，分析为什么会接受与其当初的报价方案不同的成交结果，其所作决策是依据哪些理由。这有助于了解该交易有无其他附加条件。据此可掌握更多该片区的市场交易资料。

（2）房地产经纪机构和经纪人。房地产经纪机构不仅是市场交易的直接参与者，还通过参与市场交易而掌握了大量的市场信息。对房地产经纪同行深度访问，可以增加市场调查的精度和广度。

---

① 苏敬勤，刘静. 案例研究规范性视角下的二手数据可靠性研究［J］. 管理学报，2013（10）：1405-1409.

（3）房地产开发企业。房地产开发企业发布的各类广告中包含着很多重要的房地产市场信息，特别是成功的租售个案更能代表市场的接受力，其代表性和参考价值更为肯定，这种资料可靠程度更高。但应注意其中的销售或租赁条件的差异性，如当事人双方的关系、付款方式、附属设备、折扣、销售或租赁标的物状况等基本条件。

（4）熟悉房地产市场的专业人士。房地产估价师、从业时间较长的地产策划顾问、房地产专业科研教学从业者等专业人士，他们不仅熟悉房地产市场运行规律，而且对房地产市场开展了深度研究。房地产经纪专业人员可以向他们寻求对市场的认知和判断。

（5）房地产信息平台上发布的准交易资料。交易资料一般必须是买卖双方达成协议和发生房地产交易行为的资料。准交易资料是当事人拟出售（购买）房地产的单方面意愿的报价资料，凡处于未促成供求双方达成一致意愿阶段的资料都称为"准交易资料"。地区市场上的准交易资料具有及时反映市场行情的功能，因为准交易行为者拟定价格前必须预先到该地方市场了解交易情况，参考当时的成交价格后才能初步决定价格。这种价格与完成交易时的价格可能尚有差距存在，但是已经能够大致分析出房地产市场的基本行情。如果能利用准交易资料配合环境因素的比较分析，并运用房地产专业知识进行判断和利用统计模型进行估算，必能使它成为具有很好利用价值的资料。随着房地产信息平台的建设，房地产经纪人可以比较便利地利用信息搜集软件和分析工具，在平台上搜集大量的"准交易资料"。

（6）房地产交易展示会。尽管在各地举办的房地产交易展示会、展览会、展销大会逐渐减少，但有些城市还举办房展会、物业管理行业大会、家装建材展销会。在这些展销会上，房地产开发公司、房地产经纪机构、房地产估价机构、建材企业、装修公司提供的各类信息资料，展现了整个房地产市场的景气程度。房地产经纪人应充分利用各类房地产相关展销会，搜集资料，研判市场行情。

（7）政府部门、行业协会、咨询机构和智库等部门。政府部门、行业协会、咨询机构和智库常常发布统计数据和经济社会分析报告，其中关于房地产的数据和分析材料都是重要的市场报告。银行、消费者组织、高校、金融企业以及新闻媒体发布的报告和新闻，同样也是非常重要的市场信息。

3. 大数据与房地产市场营销

随着信息技术的发展，房地产咨询机构和房地产经纪机构积累了海量的房地产信息和其他数据，形成了所谓"大数据"。大数据是指由如今成熟的信息生成、收集、储蓄、存储和分析技术产生的大量复杂数据①，是具有高增长率和多样化特征的信息资产。只要合理利用数据并对其进行正确、准确的分析，将会带来很高的价值回报②。房地产经纪机构有效利用和研究大数据，能够获得丰富、及时的顾客需求信息，对房地产需求者进行画像和分类，预测房地产市场发展趋势，这为实现房地产市场的精准营销提供了数据基础。例如，某大型房地产开发企业依靠大数据分析，判断未来地价上涨、多元化投资、社区电子商务服务需求的发展趋势，构建了"城市配套服务商"的企业战略。该房地产开发企业所利用的大数据包括：电信运营商等第三方提供的客户数据、480万条业主信息数据、手机 APP 的客户与商户信息等。房地产开发企业可以从上亿名匿名驾驶员行车导航信息中挖掘出最佳路线，为潜在客户规划上下班行车路线和时间③，从而积累了目标客户。

因需求不同，房地产大数据的定义范围也存在差异。目前对房地产大数据还没有权威的定义。房地产评估大数据有一个定义，即评估大数据是有关房地产的位置空间信息、属性信息、交易信息以及其他与房地产相关的政策、经济信息的集合，具体包括房地产属性数据、房地产空间数据、房地产价格数据和房地产评估参数数据。房地产估价咨询数据库数据来源分为四部分：①中介房源资料信息、交易信息和评估公司的评估报告；②政府部门及行业协会（学会）数据，包括房地产行业协会发布的房地产数据、土地市场数据、商品房销售数据；③各类专业机构发布的统计数据，如房屋销售价格指数、房屋租赁价格指数、土地交易价格指数等；④从网站上采用爬虫软件抓取的房地产数据④。

大数据对房地产市场营销的影响主要表现在：①通过分析用户数据，可以精准描述个体消费者的客户行为消费习惯和需求，开展基于大规模个性化客户需求数据拉动型的营销活动⑤，即全样本地了解个体客户的消费特征，理解整体客户的消费倾向，进而设计出适销对路的房地产产品和服务。②借助客户消费行为大数据，寻找客户共性，发现和判断各类客户的购房需求，以及购买需求特征，形成客户画像。③根据全样本、精确化的房地产客户大数据，及时反馈客户需求，

①　【美】菲利普·科特勒，凯文·莱恩·凯勒. 营销管理［M］. 16 版. 北京：中国人民大学出版社，2016：106.

②　王冠一. 大数据在房地产营销中的应用［J］. 上海建设科技，2017（01）：58-61.

③　杜丹阳，李爱华. 大数据在我国房地产企业中的应用研究［J］. 房地产开发，2014（12）：66-74.

④　聂竹青，陈智明，陈义明. 基于 HBase 的房地产评估大数据整合策略［J］. 中国资产评估，2016（11）：41-44.

⑤　采国润. 大数据时代下的房地产定制化营销传播策略——以南京 365 地产家居网为例［J］. 新闻世界，2014（12）：110-111.

实施精准的房地产市场营销，将客户对不动产的需求与楼盘、房源信息相匹配，实现精准的、个性化的目标客户营销活动①。④建立以大数据为基础的房地产市场营销管理体系，对海量客户信息和房源信息时时分析，预测房地产市场发展方向，及时调整企业房地产市场营销策略。⑤建立精准的房地产市场营销流程，见图1-5②。

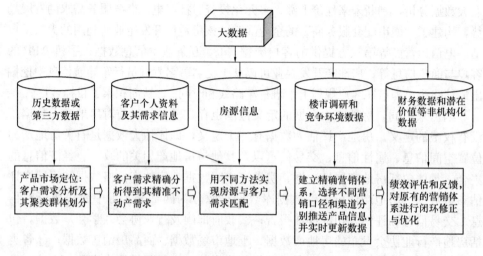

图 1-5 大数据与房地产市场营销

（三）房地产市场宏观环境调查

房地产企业的生存发展需要适应房地产市场外部环境。房地产企业的生产与营销活动，受到社会法律环境的约束和行业准则的制约，同时社会经济、文化的发展等都对房地产企业生产经营活动有影响。对于这些不可控的外部环境，房地产企业必须与之相协调和适应。表1-5是房地产市场外部环境调查的主要内容。

房地产市场外部环境调查的主要内容   表 1-5

信息分类	具体因素
政策法律	住房制度改革政策、开发区政策、房地产宏观调控政策、房地产税收政策、房地产金融政策、土地宏观调控政策、人口政策、产业发展政策、国土空间规划（城市规划）等
经济环境	国家、地区或城市的经济发展规模、趋势、速度和效益等，人口及就业状况，居民收入水平、消费结构和消费水平，财政收支，利率水平、汇率水平、获取贷款的可能性及预期的通货膨胀率等

① 谈晓君. 大数据时代的房地产营销创新体系研究 [J]. 商业文化，2015 (6)：44-46.
② 杜丹阳，李爱华. 大数据在我国房地产企业中的应用研究 [J]. 中国房地产，2014 (12)：66-74.

续表

信息分类	具体因素
社会文化环境	居民的生活习惯、生活方式、生育观念、家庭观念、消费观念、消费心理乃至对生活的态度、对人生的价值取向；居民职业构成、教育程度、文化水平、居民家庭生活习惯、审美观念及价值取向、消费者民族与宗教信仰、社会风俗等
社区环境	社区繁荣程度、购物条件、文化氛围、居民素质、交通和教育的便利、安全保障程度、公共卫生、空气和水源质量及景观等

1. 房地产行业法律法规

目前我国已出台的有关房地产法律法规，需要搜集和认真研究《民法典》《城市房地产管理法》《土地管理法》《城乡规划法》《建筑法》《房地产经纪管理办法》等，以及地方性法规和关于房地产市场方面的政策文件等。中央政府和地方政府出台的房地产市场宏观调控文件，多针对当期房地产市场状况作出的监管规定，房地产经纪专业人员特别要及时搜集，以掌握政策动向。政府部门发布的国民经济和社会发展规划、国土空间规划（城市规划、土地利用规划）等规划，其作为地方发展的战略规划，是市场调查人员应该搜集的重要资料。

2. 人口资料

人口数据是影响项目定位和市场营销的重要参考资料。在运用人口、经济社会二手资料时，最少要搜集 5～10 年的长期数据，这样才能掌握其发展趋势。例如，人口增长率反映了地区的发展态势、城市发展速度和房地产的需求状况。区域职业及行业类别比例可以分析人民的生活形态及消费状况。

人口统计特征数据，如区域内的人口总量、人口结构、家庭户数及其增长、家庭人口数量、年龄、教育程度、家庭收入等对当地房地产供求和价格有重要的影响。人口结构变化导致房地产市场供需的周期性波动，可能造成房地产市场周期的繁荣和萧条。在我国，少儿抚养比下降推动了房价的上升；未来老年抚养比上升进入老龄化社会，老年人出售房屋资产可能带来房屋供给量增加，导致房价在长期面临下行压力[1]。人口老龄化对房价产生负向作用，人口出生率的提升对房价上涨有一定助推作用[2]。在职业或行业类别比例方面，区域居住人口从事的职业或行业，直接影响了房地产产品价格及特性。白领阶层人口比例最高的区

---

[1] 陈国进，李威，周洁. 人口结构与房价关系研究——基于代际交叠模型和我国省际面板的分析 [J]. 经济学家，2013（10）：40-47.

[2] 王先柱，吴义东. 人口老龄化、出生率与房价——基于房地产市场的区域特征 [J]. 华东师范大学学报（哲学社会科学版），2017（3）：145-154＋175-176.

域，反映的房地产产品的价格也是最高。而普通工薪阶层较密集的区域，其产品价格相比而言就要低多了。特别地，对区域内流动人口的调查非常重要。外来人口占比与城市房价之间具有正相关关系，外来人口占比每高出 10％，城市住房价格就会高出 7.5％（2005 年）①。区域内流动人口的数量及特性，对项目定位有绝对影响。一般而言，流动人口多，商圈产生，将形成商业用途需求空间。

3. 经济资料

经济方面的变量非常多，产业结构、货币供应、利率、汇率、对外贸易、居民可支配收入等都是影响房地产市场的关键因素。房地产经纪人在搜集资料时，不仅要知晓数据变动趋势，还需要了解相关经济数据与房地产市场的辩证关系。产业结构及流动人口对商业经营形态影响比较显著，产业结构资料可使产品定位者大概推测出商圈是属于何种层次水平的商圈，在产品定位规划时即可依照其商圈性质特性，规划出适当的店面或商场空间。

经济方面的产业结构数据非常重要。一般来说，区域的产业结构不断优化升级，第三产业比重的增加，会造成该区域对金融、服务等产业的需求增加，房地产产品品质和性能也因此不同。如北京市金融街，大量银行机构进驻后造成对周边服务业的需求增加，进而影响周围房地产品质及需求的结构和性质。产业结构升级对房价存在正向推升作用。由于产业升级带来技术、资本和高端劳动力聚集，通过收入等中介因素提高了对不动产的需求、并推高了房价②。但是，持续上涨的房价所产生的"驱赶效应"③ 和"吸血效应"使大量资本投向房地产业，实体企业因缺少人才而抑制了产业结构调整和升级，同时高房价又对产业结构产生破坏作用，不利于产业结构调整④。政府不得不采取监管措施来遏制过高的房价以及资金不断流向房地产业的状况。

对外贸易和外商直接投资对城市房价都有显著促进作用，同时两者还能通过与交通便利性的交互作用对房价产生不同影响⑤。

---

① 李嘉楠，游伟翔，孙浦阳. 外来人口是否促进了城市房价上涨？——基于中国城市数据的实证研究 [J]. 南开经济研究，2017（01）：58-76.

② 吕海燕，王凯风. 房价与产业结构、城乡收入差距间的互动规律 [J]. 华南农业大学学报（社会科学版），2017（04）：116-131.

③ 刘秀光. "驱赶效应"对产业结构调整的影响——基于房价持续上涨的视角 [J]. 甘肃理论学刊，2011（05）：121-124＋163.

④ 林永民，吕萍. 房价差异影响产业结构高级化的机理研究——基于核心——边缘模型的分析框架 [J]. 现代管理科学，2017（12）：24-26.

⑤ 龚维进，徐春华. 交通便利性、开放水平与中国房价——基于空间杜宾模型的分析 [J]. 国际贸易问题，2017（02）：50-60.

　　居民可支配收入、城市化率都是影响区域房地产市场的重要影响变量。居民购买住房的决定性因素是购房资金的可积蓄能力。城镇居民收入扣除必要的基本消费，即食品消费、衣着消费后的剩余收入可用于住房消费的总额和增长幅度，决定了住房需求和房价增长趋势。居民家庭最大可能积蓄能力和购置住房所需要的积蓄资金时间，影响家庭是购买住房还是租赁住房，也决定了不同收入群体可能采取的住房消费模式①。在房价上涨、房地产升值期间，收入差距的加大使高收入者收入增长得更快，导致资产组合中房地产的需求增加，从而对低收入者的购房需求产生负面影响，城市房价租金比升高②。一旦房价飙升超出了自住需求群体的可支付能力，投资需求和投机需求群体将左右房地产市场并推升房价的快速增长③。例如，研究表明在 2004 年下半年到 2008 年底，人均可支配收入每增加 2%，就会带动房价上涨超过 0.4%，但是从 2009 年后，人均可支配收入对房价的影响强度有所下降。原因在于 2009 年年初开始的房价飙升已经超出了人均可支配收入。在快速城市化过程中，城市人口的增加、城市建成区的扩张和城市规划的调整也会对房价产生强烈的上涨预期，房价水平包含了城市未来发展的升值空间④。

　　利率调整作为一种货币经济政策工具，对房地产市场产生较大的影响。下调利率，房地产开发企业资金成本和购房者的购房成本降低，刺激开发企业购买土地进行房地产投资，购房者产生不动产购买欲望，房地产市场出现繁荣。反之，则有可能遏制房地产开发企业投资欲望和购房者不动产需求。理论研究显示，长期来看，房价上涨将伴随着市场利率的降低。这主要是由于一方面，房价的上涨将通过财富效应和交易效应直接增加货币需求，并通过刺激总需求间接增加货币需求；另一方面，房价的上涨增强了货币供给的内生性，刺激信贷货币供给的扩张，并且房价上涨所产生的货币供给扩张效应超过了货币需求扩张效应，导致货币市场上供过于求，又对市场利率产生了向下的压力⑤。但采用中国 35 个大中城市 1996～2007 年住房市场数据研究利率与房价的关系显示，本期利率与本期

　　① 冯俊.住房与住房政策 [M].北京：中国建筑工业出版社，2009：100-103.

　　② 高波，王文莉，李祥.预期、收入差距与中国城市房价租金"剪刀差"之谜 [J].经济研究，2013（06）：100-112+126.

　　③ 李勇，王有贵.基于状态空间模型的中国房价变动的影响因素研究 [J].南方经济，2011（02）：38-45.

　　④ 高波，王文莉，李祥.预期、收入差距与中国城市房价租金"剪刀差"之谜 [J].经济研究，2013（06）：100-112+126.

　　⑤ 段忠东，曾令华.房价冲击、利率波动与货币供求：理论分析与中国的经验研究 [J].世界经济，2008（12）：14-27.

房价呈正相关关系，央行利率政策不能抑制房价，反而导致了房价上升，利率预期对房价影响不显著①。利率对房价影响不显著的原因是大开发企业往往能得到政府和银行的支持而不太担心资金来源，而中小开发企业因为从银行贷款比较困难，多通过民间借贷获得资金，民间融资的利率一般远大于现行银行利率，所以利率小幅上调对其没有太大的影响②。近几年，利率对房价冲击的反应幅度提高，随着中国利率市场化程度不断提高，利率政策反应灵敏迅速的优势将逐渐显现③。

货币供给与房地产市场关系紧密。中国房价年度数据和中国广义货币 M2 年度数据、中国财政收入年度数据结构一致。中国房价上涨过快与中央政府的货币政策和地方政府的土地财政有很大关系④。广义货币 M2 增加，一方面使房地产开发企业资金充裕，房地产供给增加，产生购买土地的冲动，在土地供给刚性的条件下，土地需求增加导致土地价格上升，进而导致房价提高；另一方面，M2 增加，利率下降、市场预期上升、信贷量增加，导致房地产需求增加，房价提高。M2 增加会推动土地价格以及房价上涨⑤。中国在经济增长率下降、房价低迷的经济时期，中央政府通常采用扩张性货币政策工具（下调存款准备金和贷款利率）并配合调整住房首付比例等政策，释放货币市场流动性，刺激房地产市场回暖，促进房价上涨⑥。

从中国情况来看，汇率变化对房地产市场和房价影响的作用机制主要体现在两个方面：一是国际资本流动直接构成对房地产市场的需求，外资购房或者财富效应等引致居民购房需求放大进而直接导致房价上涨；二是间接构成对房地产市场的需求，汇率预期变化引发货币供应量变化，引致房价变动。但是汇率本身变化对房价增加的直接影响不明显⑦。人民币汇率预期对短期国际资本流动的影

---

① 况伟大. 利率对房价的影响 [J]. 世界经济，2010（04）：134-145.

② 张所地，范新英. 基于面板分位数回归模型的收入、利率对房价的影响关系研究 [J]. 数理统计与管理，2015（06）：1057-1065.

③ 戴金平，尹相颐. 我国货币政策的调控效果与时变反应特征——基于房价与汇率变量的检验 [J]. 中南财经政法大学学报，2017（05）：88-95＋160.

④ 夏慧异. 财政收入和广义货币量（M2）对房地产的影响分析 [J]. 统计与决策，2014（07）：153-155.

⑤ 叶梦芊. M2 影响房地产价格的传导机制初探 [J]. 开发性金融研究，2017（01）：48-58.

⑥ 戴金平，尹相颐. 我国货币政策的调控效果与时变反应特征——基于房价与汇率变量的检验 [J]. 中南财经政法大学学报，2017（05）：88-95＋160.

⑦ 韩鑫韬，刘星. 汇率变化对房价波动存在溢出效应吗？——来自 1997-2015 年中国房地产市场的证据 [J]. 中国管理科学，2017（04）：7-16.

响，汇率预期升值，短期国际资本流入增加，流入的短期国际资本对房价的影响与汇率预期的波动强度有关。在 2010 年和 2015 年人民币汇改后，汇率预期波动较大，人民币汇率升值预期冲击通过短期国际资本流动更多地作用于房地产的需求端，房价增速加快。在两次汇改之间，人民币汇率预期的波动较小，人民币汇率升值预期冲击通过短期国际资本流动更多地作用于房地产供给端，房价增速放缓①。

4. 社会文化资料

在社会文化方面，职业预期、成家率、离婚率、生活方式、价值观等指标对房地产市场产生影响。一些戏言，如"中国的高房价是丈母娘拉动的""生女儿就是招商银行""生儿子就是建设银行（结婚时父母需要为儿子准备婚房）"，反映的就是社会文化观念与房地产市场需求的关系。在"重男轻女""助儿养房"的传统文化下，相比较于农村父母，房价对城市生育了儿子的父母的幸福感有显著的负面影响。特别是当儿子在 17～30 岁时，在婚姻市场的压力下，房价对父母幸福感影响更加突出②。某个城市适龄男青年数量与住房市场需求和房价有一定的关系。

5. 道路交通资料

道路交通是影响房地产供需和价格的重要因素。城市道路面积增加会带来商品房价格的增长③。城市交通便利性对房价有显著的正外部性作用，人们会将交通便利所带来的时间上的节约资本化到不动产价格中，也就是人们在购房时倾向于为节约通勤成本而支付更高的房价④。不同的公共交通设施对房地产价格的影响是不同。轨道交通通常使土地和商业设施增值，综合性交通设施比单一轨道交通对住房价格的影响范围更大，但距离交通设施更近的住房价格因噪声、治安等问题又有所下降⑤。

交通流量常带来人口流量，使人流驻留地点的商业价值提升。交通流量因道路形态不同而有很大的差异，而道路形态也因使用车种、使用时间、使

---

①　朱孟楠，丁冰茜，闫帅．人民币汇率预期、短期国际资本流动与房价［J］．世界经济研究，2017（07）：17-29＋53＋135．

②　陆方文，刘国恩，李辉文．子女性别与父母幸福感［J］．经济研究，2017（10）：173-188．

③　李进涛，李白云，郑飞，等．城市道路建设与房地产价格关系的实证——以武汉市为例［J］．洛阳师范学院学报，2014（11）：116-119．

④　L. Glascock J，丰雷，刘迎梅，et al．公共交通易达性对香港房价的影响分析——Hedonic 模型的应用［J］．统计与决策，2011（03）：30-33．

⑤　张秀智，张彩凤．交通枢纽对周边商品住宅价格影响研究——以北京市东直门交通枢纽为例［J］．北京工商大学学报（社会科学版），2010（02）：118-123．

用目的而有不同的发展，因此道路形态与交通流量有互为因果的关系存在。一般所指的交通流量资料包含：小客车流量、大客车流量、货车流量、双向行人道流量等，以及这些流量的路线及其可到达的区域。每一种不同类型的道路，其交通工具的种类、比率、流量以及大众运输工具的便利性，都对道路沿线商业发展造成不同的影响。常见的交通流量信息搜集的方式可由调查人员用计数器在道路旁测算，但因为车种、行人等内容都要调查，调查员常常需要 2～3 人或以上，也可利用摄像机在基地两侧作定点定时拍摄，再由录像带计算各种车辆的流量，这种方式较省钱省力，而且可以重复观察现场交通状况。交通流量调查时段的选择应注意假日、非假日、上班前、下班后及一日中的特定时段的区分，分别调查取样，才能代表所有时段的交通流量状况。

交通流量除影响商圈的发展，从长期看也会改变城镇的发展条件，甚至影响城镇的兴衰。例如开辟新的道路，使车流改道，进而带来新道路旁的商圈兴起，造成原有商圈或旧道路沿线的商圈消沉没落；又如市区可能因道路狭窄，无停车场或难以停车，导致车辆及人潮望而却步，店铺无法生存。因此，交通流量的多少会影响商业的发展。房地产经纪人在搜集交通流量资料时，应掌握交通流量的主要内容，运用经济有效的方法，并区分流量的时段差异，才能搜集真正有助于项目定位的交通流量资料。

6. 公共设施资料

公共设施建设在城市发展过程中是非常重要的，要根据各地区的人口、土地使用、交通运输等现状及未来发展趋势，由政府拟定公共设施的项目、位置与面积，以提高人民生活水平及确保良好的生活品质，因此公共设施的多少及完善与否直接影响房地产的品质及价格。

公共设施用地的开发与使用对房地产开发有重大影响。例如，公园、绿地、学校、广场、儿童游乐场、博物馆等公共设施对房地产都有正面的影响价值，因此上述的公共设施若已建设，则需搜集现状资料，但如果是属于尚未进行的计划，则应深入调查该项公共设施的性质，并尽可能在进行产品定位时，设法结合已建设及未来即将建设的公共设施，使产品更具超前性。

在面对带来负面影响的公共设施时，在规划上应注意其影响及克服的方式，例如噪声，可以通过设计双层窗户或设计时让建筑退缩以减少干扰；对区域环境有较大影响的，如燃煤发电厂、污水处理厂、垃圾焚烧厂等属较难规避的设施，也应尽量掌握其位置、高度等细节，以事先确定各种应对措施。

（四）房地产市场状况调查

1. 房地产市场需求调查

房地产市场需求既可以是特定房地产市场需求的总和，也可以指对某一房地产企业房地产产品和服务的需求数量。市场需求由购买者、购买欲望和购买能力组成。购买者是需求的主体，是需求行为的实施者；购买欲望是需求的动力，是产生需求行为的源泉；购买能力是需求的实现条件，是需求行为的物质保障。三者共同构成了需求的实体。房地产企业为了使其产品适销对路，必须事先了解消费者的构成、购买动机和购买行为特征，真正做到按照消费者的实际需求来进行企业的生产经营活动。房地产市场需求调查主要包括以下三方面：

（1）房地产消费者调查

房地产消费市场容量调查，主要是调查房地产消费者的数量及其构成。主要包括：①消费者对某类房地产的总需求量及其饱和点、房地产市场需求发展趋势；②调查房地产现实与潜在消费者数量与结构，如地区、年龄、民族特征、性别、文化背景、职业、宗教信仰等；③消费者的经济来源和经济收入水平；④消费者的实际支付能力；⑤消费者对房地产产品质量、价格、服务等方面的要求和意见等。

（2）房地产消费动机调查

房地产消费动机就是为满足一定的需要，而引起人们购买房地产产品的愿望和意念。通过对过去一段时间内吸纳率最高的物业特征进行细致而全面的调查，可以推断当前消费者的品位和偏好[①]，以决策目标物业项目的营销特征。房地产消费动机是激励房地产消费者产生房地产消费行为的内在原因，主要包括消费者的购买意向、影响消费者购买动机的因素、消费者购买动机的类型等。

（3）房地产消费行为调查

房地产消费行为是房地产消费者在实际房地产消费过程中的具体表现。房地产消费行为的调查就是对房地产消费者购买模式和习惯的调查，主要调查：①消费者购买房地产商品的数量及种类；②消费者对房屋设计、价格、质量及位置的要求；③消费者对本企业房地产商品的信赖程度和印象；④房地产商品购买行为的主要决策者和影响者情况等。

2. 房地产市场供给调查

房地产市场的供给是指在某一时期内为房地产市场提供房地产产品的总量。

---

① 【美】尼尔·卡恩，约瑟夫·拉宾斯基，罗纳德兰·卡斯特，莫里·赛尔丁. 房地产市场分析方法与应用［M］. 张红，译. 北京：中信出版社，2005：96.

实际上也是对反映房地产市场竞争状况进行的调查。

（1）一般行情调查

一般行情调查是对整个地区房地产市场状况的调查，包括：房地产市场现有产品的供给总量、供给结构、供给变化趋势、市场占有率；土地供给量、房地产开发企业购买土地的意愿、土地价格；房地产子市场的销售状况与销售潜力；房地产子市场产品的市场生命周期；房地产子市场产品供给的充足程度、房地产企业的种类和数量、是否存在着市场空隙；有关同类房地产企业的生产经营成本、价格、利润的比较；整个房地产子市场产品价格水平的现状和趋势，最适合于客户接受的价格策略；新产品定价及价格变动幅度等。

（2）市场竞争对手和竞争产品调查

竞争项目所在的区域范围可大可小，视信息搜集的目的而定。在同一区域内除了同类型产品是主要竞争项目外，其他类型不同的产品，因会吸收同区域内的客源，有时也需特别注意其发展方向。区域外的竞争，则尽量选取同类型总价相近的项目进行分析，作为项目决策的参考。

以新建商品房为例，项目推出前及推出期间须掌握竞争项目个案的状况及动态，这是房地产销售开发企业、市调人员及策划人员不断成长的主要工具与渠道。由于竞争项目个案必须深入了解，所以除了要与各开发企业、代理公司的项目人员维持良好关系以搜集资料外，还要对公开的项目个案定期追踪其销售状况、广告等资料。

针对房地产市场竞争对手情况，应展开的调查主要包括竞争企业和竞争产品两方面内容。对竞争企业的调查主要包括：①竞争企业的数量、规模、实力状况；②竞争企业的生产能力、技术装备水平和社会信誉；③竞争企业所采用的市场营销策略以及新产品的开发情况；④对房地产企业未来市场竞争情况的分析、预测等。对竞争产品的调查主要包括：①竞争产品的设计、结构、质量、服务状况；②竞争产品的市场定价及反应状况；③竞争产品的市场占有率；④消费者对竞争产品的态度和接受情况等。

需要搜集的竞争项目个案资料包括产品定位、房型组合、公共设施分摊方式、规划特色、定价方式、付款方式、销售技巧、销售状况等，有经验的房地产开发企业或房地产经纪机构若能掌握任何一个项目的上述资料，其销售状况好坏大都能了然于心。

（3）市场反响调查

市场反响调查包括：①现有房地产承购（承租）客户和业主对房地产的环境、功能、格局、售后服务的意见及对某种房地产产品的接受程度。②新技术、新产品、新工艺、新材料的出现及其在房地产产品上的应用情况。

（4）市场价格调查

房地产价格的高低对房地产企业的市场销售和盈利有着直接的影响，积极开展企业房地产价格的调查，对企业进行正确的市场产品定价具有重要的作用。价格调查的内容包括：①影响房地产价格变化的因素，特别是国家价格政策对房地产企业定价的影响；②房地产市场供求情况的变化趋势；③房地产商品价格需求弹性和供给弹性的大小；④开发企业各种不同的价格策略和定价方法对房地产租售量的影响；⑤国际、国内相关房地产市场的价格；⑥开发个案所在城市及街区房地产市场价格。

租金调查是市场价格调查的一个重要组成部分。租金根据房屋种类、房龄、外观、地段、环境等而有所不同。分述如下：①住宅：住宅可分为普通住宅、高档住宅和别墅。需注意住宅产品应靠近学校、公园、公共交通设施。②办公楼：办公楼区位必须具备交通顺畅、金融机构聚集、商圈成熟、人潮持续等条件，这也是定位应参考的条件，一般根据路段、房龄、外观、规模、智能化等分为甲、乙、丙三级。③商业设施：商业设施包括商铺、百货大楼、超市、公寓等。商铺的租金效益在各类房产中最高。越繁荣的街道，其商铺租金越高，带动其片区内商铺租金也日益高涨，因此商铺一定要注意其与商圈发展的密切性。值得注意的是公寓虽然有居住的功能，但写字楼和城市商业中心区的公寓基本上是作为商业不动产的配套设施存在的，很多公寓楼不能使用燃气，电价为商业用电价格，土地使用权出让年限多数为50年。这些公寓楼可以作为商业不动产出租给企业经营单位，再由企业向租户出租。

租金支付方式的不同是造成租金计算方式不同的原因之一。对住宅而言，是否提供家具、家电等设备（如无线网、燃气、热水）及有无地下室，其租金就大不相同；以办公楼为例，有无附属设施（如停车位）其租金也相差很多；是否一次支付高额押金抵充每月支付的租金等，也是造成租金计价不同的原因之一。

在了解上述租金的差异原因后，在搜集租金资料时就能在不同条件中找出相对比较可靠的立足点。一般搜集租金资料的途径有四种：①以欲承租者名义调查较不易受到拒绝；②可至欲调查区域内房地产经纪机构查询同类产品租金行情；③参考专业杂志的租金行情资料；④房地产经纪平台网站上搜集市场资料。

（5）房地产相关企业情况调查

主要调查建筑设计单位、施工单位、广告企划公司、广告媒体公司、房地产信息平台等企业的数量、资质和营业收入等情况。

3. 房地产促销策略调查

房地产促销调查的内容通常包括：①销售海报、楼书及广告。海报提供的重要信息在于该项目的特色、地点及交通、平面规划配置及建材设备等。广告通常配合销售策略而制作，因此常能反映各预售项目主要的诉求重点及对象。②销售现场资料。销售现场是接触业务的第一线，客户反馈资料是最直接最真实资料。来电、上门及客户的区域分析、媒体分析、客户咨询内容分析、购买或未购原因分析等，都是极有价值的参考资料。客户购买转化率、客户对价格认同程度等，都可反映广告促销方向的正确性、定价及产品的适合性。另外，价格表也常能透露销售的状况，例如报价与底价的差异、价差原则，以及折扣情况等。这些资料要到现场观察、扮演客户问询，或通过其他渠道获取。③其他销售资料。如专业杂志等都会定期披露市场上已售或将售项目的产品及销售情况。这类资料虽较易搜集，但在使用时应查证其真实准确性，避免被误导带来决策偏差。

促销调查的主要内容包括：①房地产企业促销方式、促销力度、促销方案；②房地产广告的时空分布及广告效果测定；③房地产广告媒体使用情况的调查；④房地产广告计划和成本；⑤房地产广告代理公司的选择；⑥人员促销的配备状况；⑦各种营销推广活动的费效比（费效比＝广告投入成本/实现的业绩）。

4. 房地产市场营销渠道调查

营销渠道是把商品从生产者手中转移到消费者手里的实现路径。房地产市场营销对渠道的依赖性也较大，对房地产市场营销渠道的调查主要包括：①房地产市场营销渠道的选择、控制与调整情况；②房地产市场营销方式的采用情况、发展趋势及其原因；③租售代理商的数量、能力及其租售代理的情况；④房地产租售客户对租售代理商的评价。

二、房地产市场调查实施

（一）住宅与商业的市场调查实施

1. 商圈的概念

据学术界的考证，商圈的概念普遍认为起源于德国地理学家克里斯泰勒（W. Christaller）1893 年发表的《南德的中心地》一书，在这本书中第一次提出了城市发展中的"中心地理论"（Central Place Theory）[1]。该理论的要点是，以中心地为圆心，以最大的商品销售和餐饮服务辐射能力为半径，形成商品销售和

---

[1] 晁钢令. 商圈在城市发展中的地位与作用 [J]. 上海商业，2009（02）：10.

餐饮服务的中心地①。目前"商圈"概念则可能引自日本的提法（日文中的汉字），日本的室井铁卫在 1971 年就曾出版过《日本的商圈》一书。

根据学者研究，"商圈"是指具有一定辐射范围的商业集聚地。在考察"商圈"的概念上，有两种方法，一种是指"零售商业的集聚地"；另一种则是指"某一零售商店（企业）所能吸纳顾客的地理范围"，分别体现了"集聚"与"辐射"的概念。例如，一些学者提出"零售商圈"是指被吸引到目标零售地块的消费者所在的地理区域②，就是采用辐射的概念。在商圈调研实践中，会用"板块或片区"来指代住宅类产品的这一地理区域概念，用"商圈"来指代商业类产品的这一地理区域概念。随着房地产市场的成熟与发展，本书统一采用"商圈"来指代住宅和商业的一定辐射范围的集聚地。

商圈分析的目的在于取得该商圈潜在消费者人口统计学资料、消费者收入和消费行为等方面的相关信息，了解其所需商品和服务的类型和规模，并进而确定应该采取的营销战略和具体手段。

2. 新建商品房销售商圈

根据商圈内的人口密度、消费能力以及人潮流量、交通流量等指标，可将新建商品房的商圈划分为以下 4 类：①邻里中心型：大约半径在 1km，一般称为"生活商圈"；②大地区中心型：通常指公交路线可能延伸到达的地区，其覆盖面比生活商圈更广，一般称为"地域商圈"；③副城市中心型：通常指公交路线集结的地区，可以转换而形成交通辐射地区；④城市中心型：又可以称为中央商务区（CBD），其覆盖范围包括整个都市四周，其车流及人流量来自四面八方。

商圈资料的另一重要组成部分是商圈内各种物业的比例和销售状况。对于不同物业，其调查的侧重点也有所不同。一般来说，物业类型主要分为住宅房地产、商业房地产和工业厂房三大类，在城市商圈中主要考虑住宅和商业房地产。

为了理解住宅商圈，本书结合《城市居住区规划设计标准》GB 50180—2018，对城市居住区的步行生活圈各项标准进行介绍。城市居住区是指城市中住宅建筑相对集中布局的地区，简称居住区。根据人口数量和步行时间，划分了十五分钟、十分钟和五分钟生活圈居住区（表 1-6）。居住街坊是居住基本单元，

---

① 王厚东. 商圈理论分析 [J]. 山西财经大学学报（高等教育版），2002（S1）：113.

② 【美】尼尔·卡恩，约瑟夫·拉宾斯基，罗纳德兰·卡斯特，莫里·赛尔丁. 房地产市场分析方法与应用 [M]. 张红，译. 北京：中信出版社，2005：183.

居住人口规模为 1 000～3 000 人，住宅套数 300～1 000 套，配建便民服务设施。

不同步行生活圈居住区划分依据 表 1-6

划分依据	十五分钟生活圈居住区	十分钟生活圈居住区	五分钟生活圈居住区
步行时间	15min	10min	5min
人口规模	50 000～100 000	15 000～25 000	5 000～12 000
住宅规模	17 000～32 000	5 000～8 000	1 500～4 000
围合道路	城市干路	城市干路、支路	支路及以上级别城市道路
生活需求	物质与生活文化需求	基本物质与生活文化需求	基本生活需求
配套设施要求	配套设施完善：文化活动中心、社区服务中心（街道级）、街道办事处	配套设施齐全	配建社区服务设施：社区服务站、文化活动站、老年人日间照料中心、社区卫生服务站、社区商业网点
公共绿地（m²/人）	2	1	1
居住区公园最小规模（hm²）	5	1	0.4
初中	设立	设立	—
小学	—	设立	—
大型多功能运动场地	设立	—	—
中型多功能运动场地	—	设立	—
卫生服务中心	设立	—	—
门诊部	设立	—	—
养老院	设立	—	—
老年养护院	设立	—	—

对于住宅房地产调查，应着重搜集住宅的主要房型、楼层、人均面积、布局规划、配套设施。根据《城市居住区规划设计标准》GB 50180—2018，生活配套设施要与居住人口规模或住宅建设面积规模相匹配，包括基层公共管理与公共服务设施、商业服务业设施、市政公用设施、交通场站及社区服务设施、便民服务设施。例如，五分钟生活圈内的生活配套设施主要包括托幼、社区服务及文体活动、卫生服务、养老助残、商业服务等设施。便民服务设施包括物业管理、便利店、活动场所、生活垃圾收集点、停车场（库）等设施。

商业房地产调查时，针对商圈内现有商业写字楼，应搜集用户行业、企业规模、对区域内写字楼有直接需求和潜在需求的消费者信息；针对商业地产，应搜集商业地产类型、商铺类型、零售商业业态、商业氛围等信息。由于停车场情况、道路交通规划等资料也是对商业房地产有较大影响的内容，这些资料也应该搜集并进行分析。

商圈资料一般而言都没有次级资料可供参考，需由项目个案负责人按调查目的及预算，拟订调查计划，再实地派人以调查、访问或观测等方式完成，如商圈辐射范围内居民消费形态的调查、商圈内行业类别调查、商圈内车流量调查等。另外可用计数器或摄像机等工具收集相关（如店面形象、面积等）资料。

3. 存量房经纪业务商圈

存量房经纪业务商圈是指某一房地产经纪人从事存量房经纪业务和服务对象（主要是指能得到的委托房源信息）的地域范围。在房地产经纪人从事存量房业务的地域范围之内的，称为存量房经纪业务有效商圈。存量房经纪业务商圈也可以购（租）房者属性来划分范围，比如高端公寓租赁市场、新市民住房租赁市场等。

存量房经纪业务有效商圈有一个逐渐深化的过程，当房地产经纪人花在有效商圈的时间和精力逐渐增加的情况下，该房地产经纪人对该有效商圈的了解就会深化，对该商圈的把控能力也会随之加强。一般来说，房地产经纪机构都会逐步调整门店的商圈范围。

为进一步确定房地产经纪人在本商圈的市场占有率情况，可以通过分析楼盘月/季度交易量、楼盘市场占有率、客户上门量、交易量、门店市场占有率等数据进一步确认。存量房经纪业务有效商圈存在逐渐扩大的过程，当房地产经纪人对有效商圈的把控能力提高之后，就应逐渐扩大有效商圈辐射范围，以提高市场占有率。

在市场行情等因素变化的情况下，存量房经纪业务有效商圈也会发生变化，当原有的有效商圈内交易不活跃甚至没有委托或成交量时，房地产经纪人就会转移到成交活跃的关联商圈或扩大有效商圈的范围。存量房经纪业务商圈调查很重要，表现在以下五方面：

（1）商圈调查结果可以作为房地产经纪人制定商业计划的依据。任何一家房地产经纪机构或经纪人，在制定其商业计划时都持慎重的态度。一旦制定的商业计划脱离了市场，机构经营就会出现障碍甚至倒闭。而有效商圈的调查结果，可以成为房地产经纪机构或经纪人制定商业计划的依据之一。

（2）商圈调查结果可以作为房地产经纪人制定工作重点的依据。在不同的时间段，同样的楼盘有不同的成交活跃度，具备市场敏感度的房地产经纪人会根据不同楼盘成交活跃度转移工作重点。商圈调查是每个房地产经纪人必做功课。

（3）商圈调查结果可以为客户提供各项数据。客户的需求是多种多样的。作为房地产经纪人需要通过商圈调查来了解更多的信息，为客户提供优质和专业的服务。

（4）商圈调查可以了解竞争对手，做到知己知彼。房地产经纪人通过商圈调查了解主要竞争对手，改进自己的工作重点和工作方式。同时，对竞争对手的成交案例、营销手段、竞争优势进行调查，可以及时调整自己的商圈范围、营销手段等。

（5）商圈调查可以增强房地产经纪人对市场变化的敏锐度和自信。房地产经纪人在工作中将经常遇到被客户拒绝的情况，对商圈的熟悉能带来更专业更有价值的服务，从而取得客户信赖，降低被拒绝的风险。

（二）商圈调查的内容

商圈调查内容主要是根据房地产经纪人所服务客户的需求而设定的。目标客户需要了解的内容也就是房地产经纪人重点要关注的商圈调查内容。

不同的客户有不同的需求，即使是同一客户在不同时期的需求也存在差异。因此，房地产经纪人要全面地进行商圈调查，以了解不同客户不同阶段的需求。根据调查内容的深入程度，可将商圈调查分为初步调查、深入调查和个案调查3种。

1. 初步调查的内容

初步调查是搜集商圈的楼盘物业基本信息和生活配套设施状况，房地产经纪人应调查的内容包括：①商圈内物业类型及均价的整体分布情况；②商圈内楼盘的楼龄、体量分布、户型配比等情况；③商圈内楼盘的入市价格（含租赁）及价格变迁情况；④商圈内楼盘的业主构成（含业主来源、职业构成、年龄构成等总体性数据）及存量交易活跃度情况；⑤有效商圈周边的生活配套设施：银行、学校、超市、邮局、菜市场、交通线路、主要道路干线、轨道交通等；⑥有效商圈内的标志性建筑和公共建筑等。

2. 深入调查的内容

深入调查的市场，即目标市场，指房地产经纪人在有效商圈内确定的开展营销业务的一个或几个楼盘，房地产经纪人需要对这些楼盘信息进行更加深入的调查和分析。通过对目标市场的调查，可以扩大房地产经纪人在该楼盘的影响力和市场占有率。房地产经纪人对目标市场调查的内容包括：①房地产开发企业的地址、公司名称和联系方式；②物业的类型、物业服务公司名称、物业服务费的收费标准；③具体的开盘时间和价格、交房时间；④主要房型和建筑面积、车位情况及管理费用；⑤该楼盘的建筑规划平面图；⑥该楼盘的优、劣势分析，核心卖点分析；⑦附近楼盘的价格对比、成交活跃性调查；⑧商圈内主要竞争对手的成交情况分析。

3. 个案调查的内容

房地产经纪人在具体开展业务时，需加强对个案进行调查，包括客户来源情况、成交价格和现有市场均价比较、客户购房目的等，见表1-7。通过对客户来源情况的调查，可以调整房地产经纪人在开发客户时的工作重点；通过对历史成交价格和现有市场价格的比较，可以了解该楼盘的历史价格走势。

项目调查内容　　　　　　　　　　　　　　　表 1-7

楼盘名称：		楼盘位置：	
总建面：		建成及入市年份：	
总层数：	容积率：	主要户型：	总套数：
停车位：	主要户型面积：	装修标准：	
开发企业名称：		车位管理费标准：	
该项目主要业主群体：			
该项目当时购买价：			
该项目存量房月放盘量及月成交量：			
物业服务企业：		物业服务费标准：	
该项目现在市场报价及成交价：			
周边生活配套设施：			
小区内部配套设施：			
可比性楼盘分析：			
核心卖点：			
总评：			

（三）商圈调查方法

房地产经纪人进行商圈调查时，主要采用以下3种方法。

1. 现场勘查法

现场勘查是商圈调查使用最多的方式，也是最主要、最有效的方式。通过对商圈的现场勘查，可以了解商圈的基本信息。现场勘查要求在进行商圈调查时，须认真察看并及时做好记录，并对记录进行整理分析；同时，也必须查阅相关资料、询问有关专业人员，确保内容的真实性。现场勘查的方法是每一位房地产经纪人都必须熟练并反复使用的方法。

在进行现场勘查前，需做好必要的准备：首先，确定勘查的地域范围及勘查路线；其次，要准备好勘查的资料和工具，包括商圈调查表、草稿纸、铅笔、指南针、地图、公文包、防冻防暑用品等；另外，要注意着装轻松方便。

在进行勘查时，勘查人员要做到"四多"，即：①多看：根据商圈调查表的内容，对勘查范围内的所有事物都要用心观察，尽量做到不遗漏。②多走：多走可以更多地了解商圈内的情况。③多问：要学会询问。业主、社区居委会工作人员、物业服务企业的工作人员、交通警察、保安、清洁工等都是询问的对象。询问得越多，对该商圈的了解就越深。④多记：商圈调查的内容很庞杂，用笔随时记录才能避免遗漏信息。

在现场勘查结束后，需对勘查的内容进行汇总，认真填写商圈调查表，核对各项数据、画跑盘地图等。

2. 访谈法

在商圈调查中，访谈法是一种被广泛采用的方法。房地产经纪人与被访谈者可以是面对面的访谈，也可以通过电话等现代通信工具访谈。

访谈的对象，可以是业主，也可以是开发企业、物业服务企业、房地产经纪机构、资深房地产经纪人等。在进行访谈时，要注意区分虚假信息，避免被误导。结束访谈后，应该及时核实访谈内容，可以通过查看不动产权证、各区县交易中心（或不动产登记中心）或相关房地产专业网站进行求证。

3. 其他方式

商圈调查还可以使用很多其他方式进行，包括了解同行业发布的数据，加深对商圈的认识；搜集网络信息进行商圈调查。

在具体工作中可以交叉使用以上几种商圈调查的方法。配合使用才能对商圈调查的内容有一个较为客观、准确的把握。

第三节　房地产市场营销组合策略

房地产经纪机构选择一个特定的目标市场后，应从产品、价格、分销和促销四个方面开展营销活动，以满足消费者需求。这也通常被称为市场营销组合的4P策略（图1-6）。

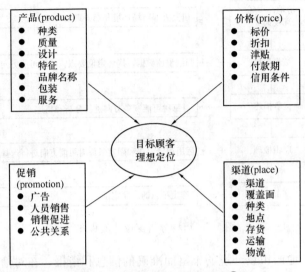

图 1-6　市场营销 4P 组合策略①

一、房地产产品策略

　　房地产市场营销主体需要了解和分析房地产产品的性质、购买该种房地产产品的消费者特征和该种产品供给者/生产者的性质和特征②。因此，产品定位就是指企业针对一个或几个目标市场的需求并结合企业所具有资源优势，为目标客户群体提供满足其欲望和需求产品的过程。房地产企业研究建立产品结构和经营范围战略，决定开发和销售何种房地产产品为客户服务，并满足他们利益和需求的产品策略是房地产企业的一项重大决策。本节介绍五种常用的房地产产品定位策略。

　　（一）市场分析定位法

　　房地产产品市场分析定位法是指运用市场调查方法，对房地产项目市场环境进行数据搜集、归纳和整理，分析房地产市场现有产品特征，形成项目可能的产品定位方向，然后对数据进行竞争分析，利用排除、类比、补缺等进行逻辑分析形成产品定位的方法。市场分析定位法流程如图 1-7 所示。该方法的关键是需要

　　① 【美】菲利普·科特勒，凯文·莱恩·凯勒. 营销管理［M］. 16 版. 北京：中国人民大学出版社，2016：055.

　　② 【美】尼尔·卡恩，约瑟夫·拉宾斯基，罗纳德兰·卡斯特，莫里·赛尔丁. 房地产市场分析方法与应用［M］. 张红，译. 北京：中信出版社，2005：67.

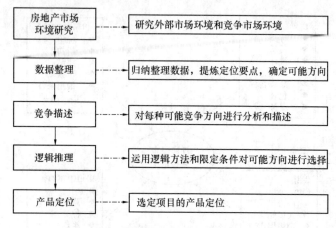

图 1-7　市场分析定位法流程图

搜集大量关于房地产市场环境的丰富而准确的信息和情报，在对信息分析的基础上，形成可供选择的若干房地产产品备选方案，并最终由企业决策层选定项目的产品定位。

（二）SWOT 分析定位法

SWOT 战略分析模型是 20 世纪 60 年代由战略设计学派代表人物钱德勒和安德鲁提出的战略分析工具①。SWOT 是优势（Strength）、劣势（Weakness）、机会（Opportunity）和威胁（Threats）的合称。SWOT 分析方法认为企业外部环境对企业战略形成重大影响，战略形成过程实际上是把企业内部资源优势和劣势与外部环境和威胁进行匹配的过程。在房地产产品定位中，房地产企业通过分析外部环境中的机会和威胁及对项目的可能影响，寻找自身擅长的优势和特有的资源，并分析企业的劣势，通过匹配分析提出可能房地产产品战略，SWOT 分析流程如图 1-8 所示。

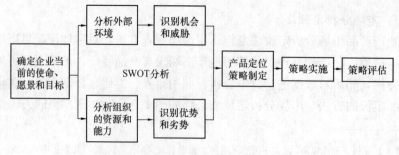

图 1-8　SWOT 分析流程图

①　方振邦，等．管理学基础［M］．北京：中国人民大学出版社，2008：119.

1. 内部资源分析（优势与劣势）

房地产经纪机构进行内部资源分析，主要找出组织的核心竞争力。核心竞争力是能够给企业创造价值、给企业带来竞争优势的与众不同的在人力、生产、资金、营销等方面的资源和能力。例如，某房地产经纪机构的经营战略是要成为行业内从事高档写字楼代理销售领先企业，但是目前机构内房地产经纪人员文化水平不高，虽经过业务培训，具备一定房屋销售能力，依然很难适应针对外资企业为主力客户的写字楼销售工作。该机构若希望成为高档写字楼销售代理的专业机构，需要招聘高素质销售人才、加强经纪人员业务培训。

2. 外部环境分析（机会与威胁）

房地产产品的外部环境主要由三部分构成，包括总体环境、产业环境和竞争环境。总体环境分析要从政治法律（Political）、经济（Economic）、社会文化（Social）和技术（Technological）四个层面进行环境评估，即外部总体环境PEST 分析。一个产业的竞争程度和产业利润潜力由五个方面的竞争力量反映并决定①，即迈克尔·波特提出的"产业竞争五力模型"。这五种力量包括新进入者的威胁、替代产品或服务的威胁、购买者讨价还价的能力、供应商讨价还价的能力，以及现有企业之间的竞争。以前面提到的某房地产经纪机构为例，即使该机构拥有高级销售人员和管理人才，但若高档写字楼面临中档写字楼、新型综合服务型写字楼这些替代产品的竞争威胁，高档写字楼销售困难，该机构可能也会放弃代理销售高档写字楼的战略。竞争环境分析主要围绕竞争对手的目标、战略意图、产品线进行分析。

3. 构造产品 SWOT 分析矩阵

将调查得出的各种因素根据轻重缓急或影响程度加以排序，构造 SWOT 矩阵，见图 1-9。在此过程中，将那些对产品发展有直接的、重要的、大量的、迫切的、久远的影响因素优先排列出来，而将那些间接的、次要的、少许的、不急的、短暂的影响因素位列其后。

4. 制定行动对策

根据 SWOT 分析制定出的行动对策有 4 种，见图 1-9。①最小与最小对策（WT 对策），即考虑劣势因素和威胁因素，目的是努力使这些因素影响都趋于最小。房地产企业可以将产品定位为向城市新市民销售的低价住房。②最小与最大对策（WO 对策），即着重考虑劣势因素和机会因素，目的是对企业劣势资源进行投资，以改善企业的劣势资源并努力使劣势影响趋于最小，这样才能充分利用

---

①　方振邦，等. 管理学基础［M］. 北京：中国人民大学出版社，2008：127.

S（优势）	W（劣势）
地段：位于西四环和运河快速路之间，属于商业与居住两相宜的成熟地段 交通：处于次干道路口，交通便利 配套：紧邻世纪金源商圈，生活配套完备 教育：某大学附属小学和附属中学形成了强大支撑 产品：百万建筑面积的住宅小区 工程形象：楼盘处于准现房状态	规模：项目规模过大，区域环境质量较差 自身配套：距离超市和菜市场较远 户型：主力户型以三居室和二居室为主，对本区域而言面积偏大 片区：位于整个居住区的东北角，交通混乱，停车位缺乏
O（机会）	T（威胁）
交通设施：计划建设地下停车场，改善区域交通环境 教育配套：计划增加区域幼儿园和小学学位数量；提升中学教学质量 区域发展：建设高科技园区 营销：通过学区房概念，实现销售	区外竞争：其他区域的学区房形成优势 区内竞争：相邻楼盘环境好，推出较多房源 学区房政策：学区房政策调整，房价优势降低

图 1-9　某房地产产品 SWOT 分析矩阵实例

外部市场机会，使其不成为企业利用机会的障碍。房地产企业可以积极营造项目景观环境，提高居住品质，将项目打造为科技园区工程师居住的理想楼盘。③最大与最小对策（ST 对策），即着重考虑优势因素和威胁因素，目的是努力使优势因素影响趋于最大，充分利用企业内部资源和能力，组合成企业核心竞争力，应对企业面临的外部威胁因素并使其影响趋于最小。例如，国家出台调控房地产市场的相关政策，提高首付款比例，房地产市场需求受到抑制。房地产企业可能会利用其资金和品牌优势设计出中小户型，降低首付支出的门槛，吸引资金量小但存在购买需求的购房者。④最大与最大对策（SO 对策），即着重考虑优势因素和机会因素，目的在于发挥企业内部资源优势，充分利用外部有利的市场机会，设计开发多种符合市场需求的产品。

（三）目标客户需求定位法

1. STP 营销战略

房地产市场营销根本的目的是了解消费者的想法和动机，再通过一系列营销活动影响消费者，最终将房地产产品销售给消费者。影响消费者购买决策的因素有很多，包括经济的、文化的、社会的、个人心理的等多方面。比如，工资收入增长、结婚生子、退休养老、享受更好的住房、企业设立或搬迁等原因。房地产市场营销主体需要设计顾客导向的市场营销战略方案，对市场进行细分，寻找要服务的消费者，即选择目标市场，最终进行市场定位，为消费者提供完美的差异化不动产产品和服务。这个过程被称为 STP 营销，即市场细分（Segmenting）、目标市场选择（Targeting）、市场定位（Positioning）。

　　市场细分的概念是美国市场营销学家温德尔·史密斯于 20 世纪 50 年代中期提出的①。市场细分是由在一个市场上有相似需求的客户所组成的②。尽管客户的需求、动机、购买行为具有多样性，但可以根据某些因素将具有类似需求、动机、购买行为的客户归为一类。因此，市场细分是根据整体市场上顾客需求的差异性，以影响顾客需求和欲望的某些因素为依据，将一个整体市场划分为两个或两个以上的顾客群体，每一个需求特点相类似的顾客群就构成一个细分市场（或子市场）③。同质市场就是指某种商品的消费者对商品的需求和对企业市场策略的反应具有一定程度的一致性。任何一个规模和实力强劲的企业都不可能为所有客户服务。企业需要选择它能为之进行最有效服务的细分市场。就房地产市场细分而言，就是根据消费者的某种特征将市场中对特定房地产产品具有共同偏好的市场消费者进行分类的过程。房地产企业可根据消费者对该类产品的需求偏好，向消费者提供符合其消费偏好的产品，并采取相应的市场营销策略。对消费者进行细分的变量很多，可以大致分为地理、人口、心理和购买行为这四类。表 1-8 是以年龄段划分的消费者细分市场。

以年龄段划分的消费者细分市场④　　　　　　　　　　表 1-8

年龄段	25～30 岁	31～40 岁	41～60 岁	60 岁以上
群体代表	刚工作	三口之家	私企老板、企事业单位中高层管理人员	空巢家庭
购房次数	首次购房	首次、二次	二次或以上	二次或以上
购房类型	性价比高、房型紧凑、交通方便	方便上下班和子女就学；经济适用的多层或高层的中等户型	中心区高层；郊区环境优美、配套设施齐全、低容积率住宅的中大户型	市区或郊区、环境优美、总价便宜、小房型

---

　① 彭加亮. 房地产市场营销 [M]. 2 版. 北京：高等教育出版社，2006：15.

　② 【美】菲利普·科特勒，凯文·莱恩·凯勒. 营销管理 [M]. 12 版. 上海：格致出版社，上海人民出版社，2016：264.

　③ 吕一林，岳俊芳. 市场营销学 [M]. 2 版. 北京：中国人民大学出版社，2005：72.

　④ 蔡黔芬，刘富勤. 我国住宅房地产市场细分现状分析 [J]. 建筑经济，2007（05）：62-64.

续表

年龄段	25~30岁	31~40岁	41~60岁	60岁以上
购房动机	自住	自住	自住、投资、改善住房条件	自住
经济实力	实力一般	收入稳定、具有一定经济实力	事业有成,具有较强的经济能力	养老有保障、有一定积蓄

2. 目标客户需求定位法

目标市场选择,即房地产企业选择一个或几个本企业准备进入的细分市场。客户市场容量巨大,客户群体的组成结构十分复杂,他们的需求和品位又各不相同,为了能与对手展开竞争,房地产企业需要在营销过程中确定它占有竞争优势的目标市场,根据选定的目标市场的需求开发和销售有针对性的产品。房地产企业需要根据目标客户群体的需求特点,实施一系列活动使产品在目标客户心目中建立特定位置和公认形象。目标客户需求定位是指房地产企业根据所选定的目标市场的实际需求,开发建设出能满足客户个性化需求的产品,见图 1-10。

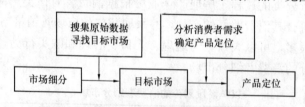

图 1-10 市场细分、目标市场和产品定位关系

(1) 确定目标客户

市场细分后,房地产企业要对选择进入哪些目标市场或为多少个目标市场服务做出决策。细分目标市场时,可以运用多个细分变量,将消费者进行细分,直到识别出最可能将其作为目标客户的消费群体。而这个目标客户群具有一定的规模和增长潜力,细分的市场结构有吸引力,与公司现有目标和资源相吻合。

(2) 目标客户特征分析

目标客户是具有共同需求或特征的消费者群体。对目标客户进行分析,确定目标群体所属的目标角色状态和追求的核心价值,描述出主要目标客户的特征,包括目标客户的购买动机、欲望、需求等,从而设计出相应的产品。目标客户既可以是无差异的、大众的、消费特征是共性的,也可以是差异化的、细分市场的、消费特征是个性化的。

(3) 设计产品并进行营销策划和组织实施

　　最终选择某一个细分市场或某几个细分市场的目标客户，在考虑营销成本的前提下，设计营销方案并组织实施，使产品设计目标能够真正实现。这不仅仅是品牌推广的过程，也是产品价格、渠道策略和沟通策略有机组合的过程。

（四）产品生命周期策略

　　1957 年，美国的波兹（Booz）和阿伦（Allen）在《新产品管理》一书中提出了产品生命周期理论，他们根据产品销售情况将产品生命周期划分为引入期、成长期、成熟期和衰退期 4 个阶段①。房地产产品与其他商品一样，也具有生命周期。房地产产品生命周期是指一种新型的房地产类型，从进入市场开始到被市场淘汰为止的全过程，见图 1-11。

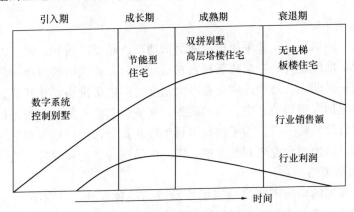

图 1-11　不同房地产产品所处的生命周期阶段

1. 引入期策略

　　引入期是指一种新型的房地产，初次进入房地产市场。这时，房地产开发企业的任务就是迅速提高该房地产产品的知晓程度，推动销售量进入成长阶段。由于新型房地产产品的特点尚未被人们了解和认识，因此，在价格上要适当低一些，以薄利为宗旨。在推销手段上，可采取广告、新闻发布会等来扩大影响；同时，还应加强对市场的调查和预测。对在调查中得到的关于产品设计方面的缺陷，及时进行反馈和修改，以满足顾客的需求。

　　新产品是企业生命力的源泉。企业需要不断地研究和创新产品，引领消费者的需求。房地产企业开发的新产品，既可以在现有市场上寻找机会，也可以在新

---

① 姚建华，陈莉銮.产业生命周期理论的发展评述［J］.广东农工商职业技术学院学报，2009（02）：56-58.

市场上开发全新的产品。例如，在普通住宅市场上提供使用新材料和新技术、节约能源的环保型住宅。

对于新产品，消费者需要一定的认知过程才能决定是否采用。消费者采用新产品有 5 个阶段，见图 1-12。由于房地产具有不同于其他产品的属性，所以房地产新产品很少有试用过程。

图 1-12   消费者采用新产品的过程

2. 成长期策略

经过引入期的试点，如果用户对新型房地产产品反映较好，就可以初步确定为标准设计，推广这种新户型或新材料在房地产开发建设中的应用，并不断予以改进。在这一时期，房地产开发企业可大幅度提高销售价格，并开辟新市场，扩大市场容量，加强销售前、中、后的服务。在成长期，密集的广告是扩大产品市场占有率的有效营销手段。为了与竞争对手展开竞争，抵御竞争对手对公司成功项目的模仿，房地产企业要对处于成长期的产品进行完善和改进。

3. 成熟期策略

当一种新型的房地产产品被市场检验成为一种标准，并得到广大用户认可时，大多数房地产企业都会竞相开发这种房地产产品，其供应量将成倍增长。因此，在这一时期，为了维护市场占有率，销售价格不能定得太高。也就是说，这一阶段的策略应是保持适当而薄利的价格，并根据用户的需求对房屋作某些改良，同时为开发建设新型的房地产产品做准备。为了维持产品的竞争地位，突出房地产企业的品牌、产品质量的可靠性、优良的服务等差异化属性，是营销的关键。

4. 衰退期策略

随着房地产业和建筑业的发展，更新型的房地产开始出现，原来那种所谓的新型房地产日趋老化，开始进入衰退期，销量越来越差，最后被市场淘汰。在这一时期，销售价格应灵活机动，该降则降；销售方式应采用多种竞争手段，并加强售后服务；同时，应尽快开发出更新的房地产产品来占领市场。

（五）品牌策略

在房地产市场竞争日益激烈而且复杂化的今天，如何才能求得生存和发展是每个企业都在探索的话题。从战略角度来看，在其他条件相差不大的情况下，品牌（楼盘品牌和企业品牌）的树立就成为决胜的关键。房地产品牌推广是一项系统工程，是从规划设计开始就贯穿整个开发过程的品牌积累的创新工程。其通过品牌推广有利于充实房地产项目的内涵，增加项目的附加值。

1. 楼盘品牌战略

楼盘品牌是企业的无形资产，成功的楼盘品牌策略可以增加该项目的知名度、认知度、美誉度和附加值。楼盘品牌策略就是通过产品本身的高品质（如零能耗住宅、被动式住宅）、区位、生活方式等方面创造新概念，对其加以宣传来树立产品形象。其最直接的体现方式是楼盘的名称和标志。

2. 企业品牌战略

21世纪以来，几乎所有的房地产企业都把企业品牌置于至高无上的地位。良好的品牌战略可以对内提高员工自豪感，对外提高客户忠诚度，给企业带来高额的经济效益和显赫的声誉、荣誉及社会地位。企业品牌战略就是将企业的品牌转化为名牌，赢得顾客对品牌企业产品的忠诚度。目前，房地产经纪行业经过30多年的发展，几个大品牌房地产经纪机构成为市场主体，树立了口碑和专业形象。消费者更加愿意购买品牌房地产经纪机构的服务。

二、房地产价格策略

价格策略是房地产市场营销组合中非常重要并且独具特色的组成部分。价格通常是影响房地产交易成败的关键因素，同时又是房地产市场营销组合中最难以确定的因素。在激烈竞争的市场环境下，房地产价格涉及的因素相当复杂，如何制定消费者可接受的价格，同时达到企业的利润目标，并不是一件简单的事情。

（一）房地产定价目标

为房地产产品定价是房地产市场营销一个关键环节。产品价格具有动态性，受多种因素的影响。同时，国家颁布的各项法律规定也约束着房地产产品定价。房地产企业的定价目标必须服从市场营销目标，市场营销目标必须服从企业的经营总目标。具体来说，定价目标大致包括以下几种：

1. 最大利润目标

最大利润目标，即房地产企业以获取最大限度的利润为定价目标。利润最大化取决于合理价格所推动的销售规模，而利润最大化的定价目标并不意味着企业要制定最高单价。为了追求利润最大化，需要提高房地产的单价，但是当单价过高时，又使得项目的销售量下滑，可能造成因为销售量的下降带来项目总利润的减少。另外，当提高了房地产价格水平后，为了提高销售量，需要投入更大的广告和营销费用，引起销售成本大幅度增加。成本的加大，也有可能减少了总利润。最大利润目标的实现并不意味着企业将房价定得最高，也不是将房地产开发项目的开发规模最大，而应该是一个合适的价格和规模。其中，最为合理的价格和规模就是要求将开发项目的边际收益等于边际成本时的价格与规模。

针对存量房价格，业主若期望最大利润，则会确定一个利润率最大的房屋销售单价，并希望在最短时间内实现销售。例如，业主期望一个月内卖出住房，实现业主最大利润，并且市场上类似房屋成交单价为 5 万元，他就不会将房屋销售单价定在 5 万元以上。

2. 预期投资收益率目标

投资收益率反映房地产企业投资效益的指标。所谓预期收益率就是房地产企业通过房地产投资所要达到的最低收益率，是一个预期指标。项目完成后的实际收益率可能高于、等于、低于预期收益率，也是房地产投资存在一定风险的表现。为此预期收益率通常包括安全收益率、通货膨胀率和风险报酬率，用于对通货膨胀和风险的补偿。预期投资收益率目标一般用于房地产长期投资项目。

【计算 1-1】某商业地产总投资 20 000 万元，投资者投入的自有权益资本为 6 000 万元。建设完成后用于出租。经营期内年平均利润总额为 2 500 万元、年平均税后利润总额为 2 000 万元。计算该项目的预期投资收益率、资本金净收益率。

计算过程如下：

1. 税前利润投资收益率＝年平均利润总额÷项目总投资额×100%

　　　　　　　　　　＝2 500÷20 000×100%＝12.5%

2. 税后利润资本金收益率＝年平均税后利润总额÷资本金×100%

　　　　　　　　　　＝2 000÷6 000×100%＝33.3%

【计算 1-2】已知某投资商对商业地产的预期收益率为 15%，总建筑面积 10 000m²，出租率为 70%，可出租面积比例 80%，总投资额为 3 000 万元。计算在此收益率下该商业地产的单位面积租金。

计算过程如下：

1. 单位面积投资＝30 000 000/10 000＝3 000 （元/m²）

2. 需要计算出在 70% 的出租率和 80% 可出租面积下，以及在 15% 的预期利润率三个条件下，能够与单位面积投资持平的单位面积租金额。也就是说，这里计算出来的租金水平是获得 15% 利润率下的租金额。

　　单位面积年租金＝3 000×15%÷70%÷80%＝803.57 ［元/(m²·年)］

　　单位面积月租金＝803.57÷12＝66.96 ［元/(m²·月)］

单位面积日租金＝66.96÷30＝2.23 $[元/(m^2 \cdot d)]$

3. 提高市场占有率的目标

市场占有率是指在一定时期内某类产品市场上，房地产企业产品的销售量占同一类产品销售总量的比例，或销售收入占同一类产品销售收入的比例。市场占有率是房地产企业经营状况和产品竞争力状况的综合反映，关系到房地产企业在市场中的地位和兴衰。研究表明，市场占有率与平均收益率呈正相关关系，即企业在较小的市场上占较大的市场份额，比在较大的市场上占据较小的市场份额获得更大的收益[①]。为了提高企业的市场占有率，刚刚进入新市场的企业采用渗透定价法，以低廉的价格、优质的产品或服务，吸引消费者选择自己的产品；或采用快速渗透定价法，加大广告宣传费用投入，以低廉的价格进入市场；市场中的原有企业在新的项目推出后，快速降价，利用先进入者优势，排挤新进入企业，都是选择了市场占有率定价目标。

4. 稳定价格目标

稳定价格目标，也称为企业声誉目标，是指房地产企业为维护企业形象，采取稳定价格的做法。良好的企业形象是企业的无形资产，是企业成功运用市场营销组合取得消费者的信赖，是长期积累的结果。为了维护企业形象或为了阻止带有风险的价格竞争，经常会采用稳定价格目标。稳定价格缺乏灵活性，往往对于那些具有一定知名度的品牌企业或品牌项目可以选择这种目标。因为这些企业为了维护品牌和服务形象，通常制定一个相对较高的价格。

一些业主持有的养老房、海景房、地铁房等销售前景看好的房产，他们在委托房地产经纪机构销售时，也会采取稳定价格目标策略。他们并不急于销售，而是确定一个略高于区域内其他住房的较高价格，以愿者上钩的方式，等待愿意出此高价的购房者购买。

5. 过渡定价目标

当房地产开发企业受到建材价格上涨、同行业竞争激烈等方面的猛烈冲击时，商品房无法按正常价格出售。为保持企业持续经营，企业往往推行大幅度折扣，以保本价格甚至亏本价格出售商品房以求收回资金。值得注意的是，这种定价目标只能作为特定时期内的过渡性目标。

对持有地段差、交易量少、房型差、市场低迷环境中的存量房业主，在他们委托销售时，可以建议他们采用这种定价目标确定委托销售价格。

① 【美】路易斯·E·布恩，大卫·L·库尔茨. 当代市场营销学 [M].11 版. 赵银德，等译. 北京：机械工业出版社，2005：250.

（二）房地产定价方法

确定房地产价格，需要考虑的基本因素包括消费者需求、成本和竞争者价格。可以采取的定价策略有两种：一种是"成本＋竞争"；另一种是"消费者需求＋竞争者价格"。具体定价流程如图 1-13 和图 1-14 所示。第一种定价策略重点考虑本项目的成本、利润和风险；第二种定价策略重点考虑消费者潜在的对价格的承受程度，以满足消费者的需求为原则①。

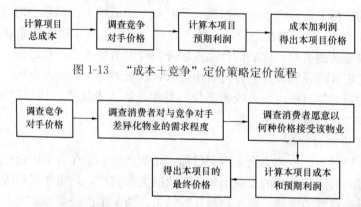

图 1-13　"成本＋竞争"定价策略定价流程

图 1-14　"消费者需求＋竞争者价格"定价策略定价流程

这两种定价策略定价流程不仅适用于新建商品房，也是适用于存量房。房地产经纪业务中，如果采用"成本＋竞争"定价策略帮助存量房业主确定委托销售价格，首先需要了解业主购买房屋的原始总价、装修房屋总价、税费总额、家具和电器总价值，然后调查同类房屋目前市场上销售价格，再了解业主期望的利润总额，加总后得到存量房销售价格。如果采用"消费者需求＋竞争者价格"定价策略协助业主确定委托价格，首先告知已经掌握的与业主房屋类似房屋的销售价格，其次与业主共同比较业主房屋与其他房屋的优势和劣势，比较它们之间的差异，再分析消费者对业主房屋的出价水平的同时比较业主房屋的总成本和预期利润，最终得出委托销售价格。

1. 目标利润定价法

该方法以总成本和目标利润为定价原则。定价时，先估算出未来可能达到的销售量和总成本，在盈亏平衡分析的基础上，加上预期的目标利润额，然后计算价格。具体公式为：

目标利润单位价格＝[（固定总成本＋目标利润额）÷预计销售面积＋单位变

①　王慧灵．房地产品牌建设中的4P策略分析［J］．商场现代化，2006（11）：108-111.

动成本]÷(1－销售费率)

目标利润额＝投资总额×投资利润率

其中，投资总额包括开发项目的全部成本，即包括固定成本和交易成本的全部内容。

【计算1-3】 某开发项目总面积为 20 000m²，固定总成本为 3 000 万元，单位变动成本为 3 500 元/m²，销售税费率为 15%，计算保本销售价格。

计算过程如下：

(1) 单位保本价格＝(30 000 000/20 000＋3 500)÷(1－15%)＝5 871(元/m²)

表明该项目的最低售价为 5 871 元/m²。只要按照超过 5 871 元/m² 的价格将项目全部售出，则项目处于保本的水平；只有超过 5 871 元/m²，项目才可以获得利润。

(2) 若目标利润率为 20%，则：

目标利润＝(30 000 000＋3 500×20 000)×20%＝20 000 000(元)

目标利润销售价格＝[(30 000 000＋20 000 000)/20 000＋3 500]÷(1－15%)＝7 059(元/m²)

表明该项目只要按照超过 7 059 元/m² 的价格将项目全部售出，项目就可以按照自己的预期获得目标利润。

【计算1-4】 李某想投资购买商场摊位用于出租经营。该摊位市场销售总价为 200 万元，李某预估该摊位每年可产生租金收入 15 万元，同时还需要支出物业、空调、水电等费用为 5 万元。问李某几年可以回本？其预期投资收益率是多少？

(1) 还本期间＝投入总成本÷每年收益

　　　　　　＝200÷(15－5)

　　　　　　＝20(年)

(2) 投资收益率＝年平均收益总额÷项目总投资额×100%

　　　　　　　＝(15－5)÷200×100%

　　　　　　　＝5%

2. 比较定价法

比较定价法是一个完全经过市场验证的、实用的定价方法。本部分以新建商品房为例进行分析，但其定价过程和原理同样适合于存量房定价。

第一步：制定均价。

(1) 分析均价形成的理由

习惯上说，一个均价代表了市场对质量的综合评价。本质上，均价表现为开发企业对项目总体销售额的预期；整体均价无法说明某一幢楼、某一个单位的档次。均价的制定和房地产价格本身的成本没有任何关系，考虑的完全是项目的市场供求关系和市场接受程度。其参照主要是同区域、同质、同客户群、同户型、同规模、同价位；比较的因素有地理位置、楼宇本体、物业管理、工程质量、营销等方面。整体均价必须分解，即先定出整体均价，再进行分解——分幢（分期）。

（2）均价的确定过程

① 确定市场调查的范围和重点。以项目为核心，半径 2km 的范围是重中之重。若范围内的参考不够，可再扩大；凡是竞争对手都应纳入比较范围；重点竞争对手的选取尽量不少于 6 个；也要考虑存量房价格的影响。因为在某些地方，同区域的存量房（二手房）价格甚至高过了新建商品住房价格。

② 对影响价格的各因素以及权重进行修正。不同类型房地产的价格，影响因素不同；不同阶段、同一类型房地产的各个价格影响因素权重不同，最好是与销售人员，尤其是在同一区域的房屋销售人员进行座谈和分析。

③ 对每个重点市场进行比较、讨论和调整。最好是有经验的专业人士，5人左右一起打分，再综合比较，不建议靠一个人决定；讨论时，市场比较的资料要齐备并准确，否则需要尽量补齐，不能应付了事；小组打分由专人记录，小组要开放，鼓励大家谈经验，需要一个对市场感觉好、判断清晰的人进行归纳。

④ 交易情况修正。以项目预计发售的包装展示进度为基础，对市场竞争对手的包装展示进度进行修正。为此，要了解竞争对手发售时的包装展示进度；以项目的目标销售速度为基础，对竞争对手的不同销售速度进行修正。为此，必须了解市场，比较不同楼盘发售的时间和销售率；必要时对广告投入进行修正；各楼盘发售时的包装展示进度、发售时间、广告投放，最好要有记录。

⑤ 市场竞争分析结果表。对每个竞争对手进行的调整包括：最低价、最高价、平均价、楼层调差价（高、中、低，基本上是每层一个价）；形成表格，便于比较。

第二步：制定分幢、分期均价。

（1）分幢、分期之前，先将各幢、各期面积及占总面积比例算出，以方便找到幢与幢、分期与分期之间一个大概的均价平衡。

（2）分幢、分期的思考出发点：根据各自的相对位置、条件等进行细化，找准均价及均价差；再结合销售阶段的策略安排，找出项目不同阶段最合适的均价。

第三步：层差和朝向差的确定。

（1）关注最低层和最高层（剔除顶层复式后的标准层最高层）的总差距。例如，当每幢层差大于均价的 15% 时，中低层的楼层价格会偏低，中高层的楼层价格会偏高。为了实现"开门红"，制造入市销售的火热场景，一般建议从中低层开始走量，建议先让低价格的产品促进客户购买，并形成良好口碑，方便持续吸引客户和持续走量；同理，当每幢层差小于均价的5％时，一般建议从高层开始走量。在制定价目表时，选择竞争对手的薄弱处，制定有竞争力的价格，不论是1～5层，还是10～15层，或是25～30层，通过层差的反复试算，可以找到最有竞争力的价格，也可以采用"田忌赛马"的策略，用不同价格的产品与对手进行有针对性的竞争。所以，关注不同产品的价格差距，对在某一方向有特别景观的产品要进行特殊定价，形成竞争优势也是重要的竞争手段（例如海景、远山、高尔夫球场等带景观的产品可以适当定高价）。

（2）层差和朝向差一定不是均匀的，可以是0，可以是1 000元/m²，甚至更高，完全取决于销售需要。朝向差根据景观、朝向（采光、通风，根据情况可以单列）遮挡、户型面积、户型设计等因素，分析每个户型。层差大幅跳动的可能点是：景观突变的楼层；吉数8、9、22、28等；心理数，如9层和10层之间，19层和20层之间等。

（3）部分有景观资源的楼盘，客户对层差和朝向差的敏感性较低。例如，某市2019年上半年推出的高尔夫豪宅项目，其南向高层层差比较大，实际销售时客户对层差的反映并不强烈，因为他们更看重高尔夫景观。

（4）根据不同的层差和朝向差，模拟不同的销售情况，进行方案比较，选定方案，通过电脑试算可以进行多轮改变。

（5）高层顶层、多层低层带花园等的特殊单位应特殊考虑。适当的同层单位差会带动每个单位的良好成交。

（6）恰当的层差和朝向差会迅速打开销售局面，让项目的销售全面开花。

第四步：形成价格表。

经过以上步骤，通过计算机试算选定2～3个方案后，再进行一些调整，如：

（1）划分总价/单价区段，最好用色彩标注。例如：总价＜300万元，单价＜15 500元/m²的有多少套，检查这个套数是否能与阶段的销售目标匹配。

（2）根据目标客户感受，价格表上可以把总价和单价都标示出来。

（3）把价格表统一打印出来，让关键指标对应的数据能呈现出来，会给客户以清晰、可以把握、值得信任的好感觉 。

第五步：特别调整。

（1）针对竞争楼盘对价格进行有效调整。确定每一个竞争楼盘需要调整的因素及调整比例，同时计算比较后的价格。对住宅项目来说，调整因素有区域因素、楼盘本体因素、物业管理、工程包装展示进度、营销五个方面，表1-9是住宅项目因素调整表。其他房地产类型的项目调整因素略有不同。

住宅项目因素调整表　　　　　表 1-9

定价因素	细化因素		权重（%）	打分	得分	备注
区域因素	环境	区域规划				
		生活氛围				
		人文气氛				
		自然景观资源				
		治安状况				
		区域印象				
	交通	地铁、公交				
		私家车出行交通				
		高铁站等大型交通配套等				
	配套	学校、幼儿园				
		菜场、商场				
		医院、银行				
楼盘本体因素	规模（建筑面积、容积率、占地面积）					
	平面设计（户型、面积、有新意、朝向、通风、采光、每梯几户、是否为当前主流户型）					
	设备（电梯、智能化、直饮水、中央热水、消防等）					
	装修（地面、厨、卫、门窗）					
	建筑选材					
	外观（大堂、会所、外立面）					
	景观					
	车位（数量、位置、收费标准）					
	项目配套（泳池、会所、商业、垃圾站）					
	房地产开发企业实力					
营销	售楼处和样板房等展示动线、营销包装					
物业管理	品牌					
	收费标准					
工程包装展示进度	展示效果					
影响因素折扣合计						

在表 1-9 中，打分取值在 $-1\sim1$ 之间，表示各因素的影响程度；楼盘折实均价为该竞争楼盘实际销售均价；原则上权重总和应为 100%；最终得分为打分乘以权重，表示实际影响销售的程度；比较价格＝竞品均价×（1＋合计得分）。

（2）景观分布因素调整。随着生活水平的提高，消费者对景观、居住环境要求随之提高。由于楼层和位置的不同，景观差异很大，景观的因素差异成为楼层差制定的依据之一。为了让景观因素的调整较为客观，首先制定景观分布表，然后将不同楼层的东、南、西、北的景观差异标示出来并根据打分标准进行打分见表 1-10。

某项目的景观分布表　　　　　　　　　　　　　　表 1-10

市场比较楼盘	权重	影响因素
朝向	50%	东南向、西北向、转角窗、通风、采光
周边景观	30%	村庄、海景、城区景观、山景、立交桥、受周边楼盘遮挡的低楼层住房单元
噪声	20%	城市主干道、次干道

第六步：付款方式对价格的影响。

（1）设计不同付款方式对应的折扣，并确定主打的付款方式。这样做的好处是方便计算整体的综合折扣率，并能让开发企业的回款可控。

（2）设计折扣率时注意：一般在 90～98 折之间，过低或过高的折扣，除非有意引导，一般情况下慎用。

（3）估算不同付款方式下折扣率所占的比例，计算出综合折扣率。

（4）在综合折扣率的基础上考虑多个因素，形成最终折扣率。需要考虑的因素有以下 3 点：①销售过程中的促销会带来一些成本，需要计算预留折扣后的成本增加额，核定折扣比例，方便核算真实价格；②尾盘销售时会大量促销，也需要预留一定的折扣比例；③考虑开盘等关键节点需预留折扣。

针对存量房定价，由于存量房交易价格主要受到原始房屋的购买价格（包括装修费用）、买卖双方购买（销售）动机、房地产市场环境条件和税费标准这四方面因素的影响，所以相比较于新建商品房定价，存量房定价方法比较简单，更多采用市场比较法，即将同类房屋近期销售价格作为比较价格，确定待销售存量房的价格。

三、房地产分销策略

房地产分销是指将房地产产品和服务由生产商运送到消费者的过程。分销渠道是指旨在促进产品和服务的实体流转及其所有权由生产商转移到消费者的各种营销机构及其相互关系所构成的一种有组织的体系①。营销渠道在房地产产品和服务的营销策略中起到关键性性作用，关系到房地产的产权人能否将产品转移到最终顾客，并实现收益。

（一）分销渠道

房地产分销渠道的起点是开发企业、房屋出售（租）者，终点是房地产产品和服务的消费者，中间环节包括批发商、零售商②、房地产经纪机构等。就房地产销售而言，分销商可以是房地产所有权人，即房地产开发企业或房地产产权人，也可以是专门从事房地产销售代理的房地产经纪机构。建立专门的分销渠道进行房地产产品销售的好处包括：一是减少了潜在消费者搜寻产品的次数和难度，提高了完成交易的效率；二是通过分销商的标准化销售行为，提升了房地产交易的标准化程度；三是便于房地产销售方找到购买主体。

市场营销系统中涉及很多个主体（图 1-15），包括供应商、市场营销中介和消费者。一种产品或服务的供应商包括供应该产品或服务的本公司和本公司的竞争者。市场营销中介是产品和服务从供应商达到消费者的桥梁。在房地产领域，房地产分销渠道通常有两种：一种是直销；另一种是委托中间商进行销售见图 1-16。由于房地产产品位置固定性、价格昂贵、信息不对称和异质性等特点，新房开发企业需要控制分销渠道达到控制房地产销售过程的目的，消费者对房地产一次性购买行为，又促使消费者希望直接从房地产产品的生产者或所有者那里直接购买到产品，使得房地产分销渠道通常为短渠道；而不像日用百货等标准化商品，可以通过多个批发商、代理商和零售商多个中间环节进行销售。

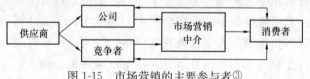

图 1-15　市场营销的主要参与者③

1. 直销

直销是一种销售渠道最短的途径，房地产产品直接由开发企业、房地产产权

　　① 【美】路易斯·E·布恩，大卫·L·库尔茨. 当代市场营销学 [M].11 版. 赵银德，等译. 北京：机械工业出版社，2005：287.

　　② 姚玉蓉. 房地产营销策划 [M]. 北京：化学工业出版社，2007：160.

　　③ 【美】菲利普·科特勒，凯文·莱恩·凯勒. 营销管理 [M]. 16 版. 北京：中国人民大学出版社，2016：10.

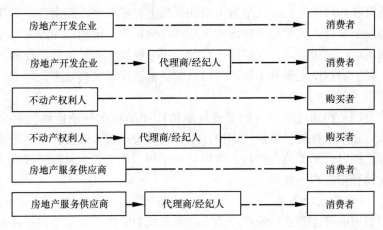

图 1-16　房地产分销渠道

人、房地产服务供应商（如物业管理）直接转移到最终用户，通过直接销售形式完成房地产产品和服务的交易过程。由于房地产具有位置固定性的特点，直销一般只能销售给本地客户，或者从其他区域来到本地市场进行购买的消费者。但随着互联网平台的发展和发育，以及房地产产品的标准化和质量的稳定性，消费者通过平台购买非本地不动产的情况时有发生。例如，一位在北京的投资型客户通过网络在线购买了某知名房地产开发企业在气候宜人的南方小城投资兴建的一套小户型住宅。

房地产开发企业或不动产权利人采用直销是一种简单快捷的销售方式，销售方可以根据收益情况控制销售价格、销售进度。但由于缺乏销售的专业知识和技能，信息发布渠道不畅，容易降低销售速度。

2. 利用中间商进行销售

房地产开发企业、不动产权利人委托房地产经纪机构进行产品的销售，将其转移到最终用户。选择合适的经纪机构销售房地产产品，直接影响到产品的销售状况。委托经纪机构进行产品销售，其优势在于经纪机构和经纪人提供专业化服务、标准化的销售模式，拥有大批掌握销售技巧和房地产专业知识的房地产经纪人员，从而扩大了销售半径，提高了销售速度，及时获得市场对产品的反馈，帮助房地产开发企业和不动产权利人快速回笼资金。同时为了提升房地产交易的标准化程度，应加强对分销商的销售行为的控制。

近年来，在互联网技术飞速发展的背景下，房地产经纪互联网平台应运而生，平台经营者利用平台信息收集和发布优势，将房地产开发企业、房地产经纪机构、不动产权利人和房地产消费者汇聚于平台，建立了一种新型的销售网络，房地产消费者和房地产产品供给者可以在平台上完成不动产买卖和租赁活动的一部分行为或全部行为。相对于传统的房地产经纪机构（房地产经纪人）作为销售中间商的不动产销售模式，互联网平台建立了一种线上和线下相结合的不动产销售模式，在一定程度上提升了房地产信息的传播速度和交易效率。

3. 多重分销

多重分销是指通过多个营销渠道将房地产产品和服务销售到同一个目标市场。例如，在某些存量房房屋代理协议中，存量房产权人既委托房地产经纪机构代理销售，同时合同也约定产权人可以自行销售。当产权人自行销售成功后，产权人只支付经纪机构一些成本费用。

（二）分销渠道的强度

分销渠道的强度是指房地产产品生产者或所有人决策参与销售产品的市场营销中介数量。根据选择销售零售商的数量，分销强度可以依次分为密集分销、选择分销和独家分销。密集型分销渠道是通过尽可能多的中间商形成销售渠道。选择性分销是按照一定条件选择多个同类中间商经销自己产品的渠道。独家分销渠道则仅选择一个中间商的渠道。在销售旅游地产、养老地产、投资型地产时经常会出现目标客户分布区域较广的情况，此时可以采取分区域独家的形式，既保护了分销机构的积极性，又扩大了项目的推广范围。

在房地产市场，为了达到销售目标一般采取独家分销，即仅选择一家房地产销售中介独家代理销售该不动产。独家代理有助于维持房地产产品生产者的声誉和产品质量。通过独家代理，房地产开发企业、不动产权利人或房地产服务供应商可以与独家代理商紧密合作，共同决策房地产销售广告、促销措施、产品定价、销售进度等事项。

四、房地产促销策略

促销是指生产者为了将自己的产品传递给消费者而作的一系列旨在告知、劝说和影响消费者最终购买产品的行为。消费者获得房地产信息的渠道包括人员推销、媒体广告、直接邮寄、公共关系等。整合这些促销信息渠道的目的在于建立一种统一的、以客户为中心的信息发布模式，为每一个细分市场确定最佳的媒介形式，使潜在消费者从任何一个来源获得的信息都能反映产品特征、企业品牌或组织特征。

（一）房地产促销目标

营销者采取多种途径发布房地产交易信息，使消费者注意到产品信息，激发其对房地产产品产生浓厚兴趣，然后消费者确信该房地产产品或服务能够满足其需求，消费者进而产生购买欲，最后通过人员推销、广告宣传等促销手段使消费者做出购买房地产产品的决策行动。房地产促销的目标包括以下 5 个方面。

第一，提供房地产产品信息。通过促销活动，销售方告知消费者关于本产品的质量、数量、价格、地段等信息，以及房地产开发企业、投资企业、建设企业、设计师、物业服务机构、营销策划单位等资讯。消费者则可以通过这些信息评价该房地产产品的品质。

第二，增加消费者对产品的需求量。有效的促销信息，吸引了首次购买房地产客户的注意力，所谓吸引消费者的"眼球"，激发了其对新产品的兴趣。另外，促销也增加了老客户的选择性需求的兴趣。

第三，通过提炼卖点实现房地产产品的差异化特征。促销信息强调了本产品的差异性，让客户了解本产品与众不同的特质，从而使价格策略更加灵活。

第四，进一步强化了房地产价值。通过广告向消费者解释了房地产产品或服务的各种功效，使消费者愿意承担为购买这些卓越的效用而支付的更高价格，这为更高的市场定价提供了可能。

第五，稳定销售。通过各种促销手段的有效整合，将吸引潜在购买者的信息传递到购房者或承租者，让他们确信消费该房地产是物有所值的。即使在城市规划、配套设施、交通环境等方面完全相同的两个竞争性项目，也能通过促销使目标消费者认识到它们在价格、质量、档次和其他方面的不同之处，使项目更有竞争性[①]，牢牢锁住目标客户，稳定销售。

（二）房地产卖点挖掘

房地产促销的一个核心内容是找到营销对象与同类产品与众不同的特质，并通过各种促销手段和媒体宣传出去，使购买者了解、认知、认同销售的房地产产品和服务。这个特质就是房地产的卖点，是产品所独有的难以被竞争对手模仿的，同时又是可以展示和能够得到目标客户认同的特点。一个房地产项目要成功地推向市场，就应将其吸引人的、独特的卖点充分地表现出来。

卖点具备 3 个特点：①卖点是楼盘自身独有的优势，难以被竞争对手模仿的个性化特点；②卖点必须具有能够展示并表现出来的特点；③卖点必须是能够得到目标客户认同的特点。卖点与项目定位的不同之处是：卖点必须是能够展示的，否则就无法在市场推广中发挥作用。挖掘卖点的 4 个阶段如下：

第一阶段：片区市场研究。

房地产片区是一个比较小的区域。它通常根据城市内的行政区来划分，可以

① 姚玉蓉. 房地产营销策划［M］. 北京：化学工业出版社，2007：180.

把某一行政区划分为若干个片区。片区市场研究主要包括以下 6 个方面的内容：①片区的总体规划：包括土地利用规划、住宅专项规划、市政公用设配套规划、景观规划、道路交通规划及人口规划等；②片区的功能定位；③片区内房地产开发动态；④片区内房地产价格水平分析；⑤片区内房地产项目营销推广方式分析；⑥片区内已建、在建和拟建项目分析。

第二阶段：竞争者动态跟踪。

这里所讲的竞争者包含两个方面的含义：一是指竞争企业；二是指竞争性楼盘。所谓"知己知彼，百战不殆"，随时保持对竞争企业动向的跟踪，对于处在激烈竞争市场中的房地产开发企业而言，是成败的关键所在。除了要了解竞争企业的背景、组织构架、资金状况、管理机制、决策机制、考核机制，还要了解其土地储备、历年来的项目开发状况以及未来的项目开发计划。对竞争性楼盘而言，应分两种情况：一种是同一片区的楼盘；另一种是位于不同地区但定位相似的楼盘。搜集到这些楼盘资料后，要进行价格、销售率、营销推广、户型等多方面的对比分析。

第三阶段：消费者构成及购买行为研究。

项目市场推广人员要了解市场，借助市场调研，明确下列问题：

① 购买者分析：哪些人构成了市场？他们有什么特征（如年龄、性别、经济收入状况、地区等）？

② 购买对象比较：他们购买或承租哪种楼盘（对项目规划设计、价格、户型、质量、位置、配套设施、物业管理等的要求）？

③ 购买目的分析：他们为什么要购买或承租这些楼盘的不动产？

④ 购买组织者分析：谁参与了购买或承租过程？

⑤ 购买行动决策研究：他们以什么方式购买或承租这些楼盘的不动产？

⑥ 购买时间比较：他们准备什么时候购买或承租这些楼盘的不动产？

⑦ 购买地点比较：他们在哪里购买或承租这些楼盘的不动产？

以上 7 个方面问题的调查，既适用于新建商品房的促销策略，也适用于存量房交易中的促销策略。通过这些问题的调查和比较分析，营销人员可以得到关于消费者购买决策和购买行为模式的特征，为进一步挖掘卖点提供了基础。

第四阶段：挖掘卖点。

在完成了前三个步骤之后，将搜集来的资料汇总整理并与项目本身进行对照比较，就可以发现项目的卖点。

（三）提炼推广主题

在项目卖点挖掘完成之后，房地产经纪机构还应将其加以提炼，形成具体的宣传重点，以便在随后进行的广告推广中加以运用。将项目的卖点精炼为一二句话就形成项目的推广主题。主要解决"是什么样的产品？""卖给谁？""能产生什么样的效果？"3 个问题。具体可以从产品定位、客户定位和形象定位 3 个方面来寻找。

1. 从产品定位中寻找推广主题

推广主题要让消费者明确该项目是什么产品，要熟悉产品的基本特点，如交通状况、绿化状况、建筑设计特点、装修标准等。产品定位包含住宅小区规划（片区规划）、建筑风格、住宅小区环境（片区环境）、户型设计、功能定位、物业名称、物业服务等内容。将这些内容提炼为具体的主题，即形成推广主题，见表 1-11。

产品定位内容与推广主题内容　　　　　　　　　　　表 1-11

序号	产品定位内容	推广主题内容
1	位置及规模	交通到达条件、周边配套、总占地、总建面、总套数
2	建筑风格	描述该种风格的外立面特点
3	住宅小区环境	楼间距、绿化率、容积率、车位、会所、商业配套等
4	户型设计	户型种类、面积、采光通风条件、实用率及细部介绍
5	功能定位	社区智能化程度介绍及户内外装修标准
6	物业名称	演绎楼盘案名的内涵、外延
7	物业服务	物业服务企业名称、服务内容、收费标准、配备设施

2. 从客户定位中寻找市场主题

准确的项目定位可以锁定项目的目标市场和目标消费者，在项目有了明确的市场定位之后，该项目所面向的消费者一般来说就很明确了：该类消费群体是哪些人；他们的年龄、性别、职业、收入、文化层次、喜好及未来需要是怎样的；以及由此而引起的一些消费倾向等。市场主题即从客户定位中找出符合其需求及支付能力的要素，并对这些要素加以描述，突出"卖给谁、给谁享受"。

3. 从形象定位中寻找广告主题

广告主题是广告所要表达的重点和中心思想，是通过一句简单准确的广告语来体现的，提高目标客户对该房地产项目的期望值，使其产生许多美好的憧憬。广告主题作为信息的焦点，在一个广告中不能有太多的诉求主题，而应根据不同情况进行筛选。

（四）房地产促销策略组合

房地产促销策略组合是对促销组合中的各个要素进行精心设计，对促销方式的选择、搭配和运用，以满足房地产市场营销的目的，实现组织运营战略目标。营销者需要对不同要素进行优化组合来实现促销目的。促销组合的要素包括人员推销和非人员推销①。非人员推销包括广告、公关、销售促进等。

1. 房地产广告促销

房地产广告是当前房地产产品促销中最主要、也是最重要的一个手段。广告促销最重要的目标就是提高企业形象。谁的定位准，谁的表现好，谁的力度大，谁就可能成为主赢家，而广告就成了赢家的旗帜。同时广告的适时推出，能够促进销售策略的顺利实施。

广告推广渠道分为传统媒体和网络两种形式，不同媒体对消费者的吸引有不同的特征，见表1-12。不同的广告媒介不同，其广告费用、广告设计、广告策略和广告效果也不同。因此，广告宣传中，广告媒介的选择是十分重要的决策。需要对广告计划、项目特点、资金实力、销售进度等综合协调的基础上，确定广告媒介。根据国家市场监管总局数据，2019年在中国的广告行业市场结构中，互联网广告占比50.34%，电视广告占比15.46%，报纸广告占比仅为4.31%②。随着互联网技术的发展，网络广告已经成为房地产开发企业、房地产经纪机构和不动产权利人首选的推广手段。

广告媒介的特征比较 表 1-12

广告媒介	优点	不足
报纸广告	影响广泛、传播速度慢③、简便灵活、费用较低、便于剪贴存查、内容权威性高、内容审查严格、文字准确性编辑要求高④	内容庞杂，易分散对广告的注意力；重复性差，维持当期效果；印刷不精美，吸引力低
杂志广告	宣传对象明确、针对性强、吸引力强、宣传效果好、阅读从容、保存期长、印刷精美，较好地反映产品外观形象	成本高、价格偏贵、信息反馈慢、广告数量有限
直接函件广告	针对性、亲切感	缺乏广泛性及显露性、回收率低

① （美）路易斯·E·布恩，大卫·L·库尔茨. 当代市场营销学［M］. 11版. 赵银德，等译. 北京：机械工业出版社，2005：336.

② 郭思远，陈晓月. 媒体新业态下报纸广告业务的重要突破口［J］. 新闻研究导刊，2020（11）：251-252.

③ 李春璞. 新媒体时代报纸编辑转型研究［J］. 中国报业，2020（18）：42-43.
受互联网技术冲击，人们对报纸广告的关注度逐渐下降，广告商在报纸中的广告投入量逐渐减少，把更多的广告资源投入到了人们关注度更高的互联网。

④ 周辉. 我国报纸广告经营的现状及其发展前途［J］. 中国市场，2021（9）：103-104.

续表

广告媒介	优点	不足
广播广告	传播迅速、覆盖率高、针对性强、听众广泛、费用低廉、制作简单	听众分散、效果难测定、时间短、难以记忆、影响宣传效果
电视广告	传播面广、影响力大、诉求力强、表现手段和方式灵活多样、艺术力强	制作复杂、成本高、时间短促、专业适应性不强、传播面太宽容易造成浪费
户外广告	长期性、固定性、集中性效应	由于地段固定而不具备流动性，注视率不够集中
网络广告	传播面广、速度快、可查询、诉求力强、表现力丰富、更新便捷、定位精准①、信息存储方便	制作复杂、内容审查不严

2. 人员促销

人员促销又称人员推广，是最古老的促销方式，也是唯一直接依靠人员的促销方式。人员推广是房地产企业的推销人员通过主动与消费者进行接触和洽谈，向消费者宣传介绍本企业的房地产，达到促进房地产销售的活动。

人员促销的优点是：①通过房地产销售人员与消费者直接接触，可以向消费者传递企业和房地产的有关信息；②通过与消费者的沟通，可以了解消费者的需求，便于企业能够进一步满足消费者的需求；③通过与消费者的接触，可以与消费者建立良好的关系，使消费者也能发挥介绍和推荐房地产的作用。

人员促销也存在一些局限性：①人员促销与其他促销方式比较，时间成本较高，大致是广告费用的2～5倍。在市场范围受到限制的情况下，采用人员促销将受到很大限制。②这种促销方式对人员的素质要求非常高，促销人员需具备一定的房地产专业知识和沟通能力。

3. 公共关系促销

公共关系是指企业与不同公众之间的沟通和关系。公众包括客户、股东、供应商、雇员、政府、一般公众、媒体等。其中，企业与购买者之间创造更亲密的工作关系和相互依赖伙伴关系，同时也是建立和发展双方的连续性效益，提高品

---

① 张思琪. 受众视角下的网络短视频信息流广告研究——以抖音为例〔J〕. 今传媒，2021（10）：30-32.

牌忠诚度和巩固市场的方法与技巧。公共关系推广是企业利用公共媒体刊登非付费的有关企业的新闻故事、特写报道、公益事件或正面新闻，促进消费者对企业更加信任，吸引潜在消费者。当然，当公共媒体出现了对企业的负面新闻时，也会造成公众不再信任企业产品的情况。

为了配合公共关系，房地产开发企业或房地产经纪机构通过企业整合本身的资源（企业及楼盘的优势和机会点），举办一些创意性的活动或事件，使之成为大众关心的话题，吸引媒体报道与消费者参与。房地产经纪机构进行活动促销的时机有：①认为购买商品的新客户人数不够多时；②新项目导入市场的速度必须加快时；③该片区或某一特定时期，市场竞争特别激烈时；④机构想加强广告力度时；⑤主要竞争对手积极举办活动促销时；⑥机构想要获得更多消费者或路径等方面的情报时。在活动促销过程中，与新闻媒介的合作尤其重要。活动促销的类型：①楼盘庆典仪式；②社会公益活动；③社区活动；④大型有奖销售、打折促销活动；⑤导引教育型活动；⑥利用时势环境型活动。

4. 销售促进

销售促进（俗称促销）是广告、人员推销、公共关系、活动促销之外的旨在刺激消费者购买和提升销售效率的活动。房地产促销手段包括：打折、试住、送物业服务、送家具、送汽车等[①]。促销只是一种短期激励行为，需要与其他促销手段相结合，目的在于在强化、补充或者支持整个促销计划[②]，直至完成全部销售目标。

5. 直复营销

直复营销主要是采用直邮、产品目录、电话营销、网络营销等方式[③]直接针对具体的客户，实现传播和发送房地产信息的一种促销手段。这种手段是针对特定的客户，房地产经纪人与客户之间具有互动性，可以建立一对一的客户关系。但是，由于限制以按照手机号码号段向客户群发房地产广告信息或拨打电话，基本上电话营销、短信营销在房地产经纪行业是被禁止使用的，除非得到客户的允许。

---

① 百灵网. 楼市持续低迷 看房地产市场 10 大有效促销手段［EB/L］.（2009-03-5）. http://house. beelink. com. cn/20080325/2501646. shtml.

② ③【美】路易斯·E·布恩，大卫·L·库尔茨. 当代市场营销学［M］. 11 版. 赵银德，等译. 北京：机械工业出版社，2005：337.

复 习 思 考 题

1. 什么是以客户为导向的市场营销?

2. 房地产市场营销的概念及特征是什么?

3. 房地产经纪人在房地产市场营销活动中参与哪些工作?

4. 简要分析房地产市场分析的组成结构。

5. 什么是房地产项目竞争环境分析? 它包括哪几方面的内容?

6. 为什么要进行房地产市场细分?

7. 为什么要进行房地产市场调查? 它包括哪些类型?

8. 房地产市场调查需要搜集哪些方面的资料?

9. 简析商圈调查的重要性。

10. 简述商圈调查的内容。

11. 商圈调查有哪些方法?

12. 房地产产品有哪些特点? 它们对房地产市场营销会产生什么样的影响?

13. 简要分析房地产产品市场分析定位法流程图。

14. 请用房地产 SWOT 分析定位法中的四种行动策略分析一个房地产项目。

15. 什么是房地产产品生命周期策略? 在房地产产品不同的生命周期应注意什么问题?

16. 房地产定价目标有哪些?

17. 简述房地产产品的定价方法。

18. 什么是房地产分销? 它有哪些渠道?

19. 为什么要进行房地产促销?

20. 如何进行房地产产品的卖点挖掘?

21. 什么是房地产促销组合? 它包括哪些要素?

第二章　房源信息搜集与管理

"三源管理"（房源、客源和房地产经纪人力资源）是房地产经纪机构经营管理成功的核心三要素。房源既包括存量房也包括新建商品房，是房地产经纪机构的重要资源。对房源实施有效管理不仅是房地产经纪机构确定经营方向和定位的关键要素，也是房地产经纪机构（人）为客户提供优质服务的前提条件。本章主要围绕存量房房源管理展开探讨与分析。

第一节　房源与房源信息

一、房源与房源信息的内涵

（一）房源和房源信息的含义

房源是指业主（委托方）出租或者出售的住房、商业用房、工业厂房等房屋，即不动产权利人有意愿出售或出租的房地产。从房地产经纪服务角度看，房源不仅包括委托出售或出租的房屋，还包括该房屋的业主（委托方）。房源与房屋是不同的。房屋是已经建成的各类建筑物。例如，很多房地产经纪机构通过"扫盘"建立了机构的"楼盘字典"数据库。在楼盘字典里，将城市内全部已建成的不动产都囊括在内，可以查询每套房产的所在地、户型、面积、配套设施等情况。在楼盘字典里，其中只有非常少的一部分房屋是房源，即产权人有意愿出售或出租的房屋。

房源信息是指描述和刻画房源的房地产状况、权利人情况和租售价格等内容的数字、图片、视频和文字性信息。房源信息包括与委托出售（或出租）房屋相关的相关信息，包括房屋的实物状况信息、权益状况信息、区位状况信息、租售价格信息、物业管理状况信息以及房源代理人身份等相关信息。房源是房源信息存在的基础，房源信息是表征和表达房源特征的外在形式。没有房源，也就不存在房源信息。为了全面、深入、客观、动态地了解和认识房源，需要从各个角度以文字、图像和视频等媒介载体来描述房源，进而形成了能够传播、被人理解和有利于营销的信息。因此，房源和房源信息是一个事物的两个方面。针对房地产经纪机构而言，房源是根本，房源信息是基于房源加工形成的信息，房地产经纪人和经纪机构对外发布的就是基于真实房源形成的房源信息。

（二）房源和房源信息的作用

1. 房源是房地产经纪机构的核心竞争力

房源是房地产经纪机构必不可少的重要资源，是其生存和发展的基础。房源信息作为重要的信息资源是房地产经纪机构核心竞争力的重要组成部分[1]。房地产经纪业务是以提供房地产交易信息，撮合房地产交易双方实现交易为经营目标。交易双方为了降低自己搜寻交易信息的成本支出，期望以更高的效率和更低的成本从房地产经纪机构获得信息并实现房地产交易。从购买方（或承租方）来看，其委托房地产经纪机构目的是希望在房地产经纪人的帮助下，在市场上找到符合需求的不动产。房地产经纪机构若没有房源以实现购买方（或承租方）的需求，就无法为客户提供基本的服务。

一般情况下，房地产经纪机构拥有的房源数量越多、类型越丰富，其市场占有份额就越高，其竞争地位就越有利。现实中，出售方（或出租方）在选择房地产经纪机构的服务时，往往会"货比三家"，他们会到不同房地产经纪机构问询、了解与比较，最终选择某家或某几家房地产经纪机构提供服务。对于购买方（或承租方）而言，自然更倾向于选择房源数量多、房源类型丰富、房源质量高的房地产经纪机构提供服务，这意味有更多的选择空间和匹配成功的机会。对于房地产经纪机构而言，房源数量多、房源类型丰富、房源质量高更容易吸引客户，从而获得更多的成交机会，这就为房地产经纪机构赢得并稳固其市场地位提供了一个重要基础。

2. 房源对房地产经纪人的作用

有人形象地将"房源"比作父亲（男性），将"客源"比作母亲（女性），没有房客源就无法匹配诞生出"孩子"——促成房地产交易业务达成。在房地产经纪行业，房地产经纪人在二手房（存量房）交易过程中多起到经纪服务的角色，通过提供服务促使房客源合理匹配和买卖（租赁）双方交易的达成。房源是房地产经纪人为客户提供服务的前提条件和促成买卖（租赁）双方交易实现的重要因素。

3. 房源对房地产消费者的意义

作为消费者的购买方（或承租方）消费所得的最终商品就是房屋，房源对于

---

① 刘洪玉，郑思齐. 房地产经纪服务与应用［M］//中国房地产估价师与房地产经纪人学会丛书. 北京：中国建筑工业出版社，2006：33.

购买方（或承租方）而言不仅仅是被符号化的信息资源，更重要的是最终交易的实体商品——兼具物理属性、法律属性和心理属性的特殊商品。因此房源质量的优劣不仅关系到购买方（或承租方）的消费需求能否得到及时、有效的满足，也关系到购买方（或承租方）的交易资金安全和消费者权益能否得到合法、有力的保障。在房地产经纪业务中，房地产经纪人（机构）获得的有关房源特征的数字、图片、视频和文字性信息，构成了房地产经纪机构的房源信息。

二、房源的特征与分类

（一）房源的特征

1. 动态性

房源的动态性主要包括两个方面：一是物业委托交易价格的变动；二是物业使用状态的变动。价格波动经常随着市场的变化、业主（委托方）心态的变化而不断波动。房源使用状态的变动较少发生，它是指在委托期间，物业的使用状态（如闲置、居住或办公等）发生变化，如原本闲置待出售的物业，业主（委托方）决定先租给其他人居住，但并没有因此拒绝有兴趣的客户去看房、购买等。但是在委托出售过程中，也存在因为不当使用而导致最终出售时的房屋物理状态与初始委托时的状态出现差异的现象，从而影响了最终房屋销售结果。

由于房源存在变动性这一特征，所以经纪人要不间断地与业主（委托方）联系，以便在房源的某些指标发生变动时，及时更新房源信息。

2. 可替代性

虽然每一套房屋都是唯一的，具有明显的个别性，但是在现实生活中，人们对房屋的需求却并非某一套不可。具有相似地段、相似建筑类型、相似房型的房屋，在效用上就具有相似性，对于特定的需求者而言，它们是可以相互替代的。这就令房源具有可替代性这一特征。

买方（或租客）在寻找房屋时，往往不止考察一套房源，这正是房源具有的可替代性特征所致。同时，房源的可替代性特征也为经纪人的经纪业务提供了更广阔的操作空间。例如，一位有意购买甲住房的买方，尽管对甲住房的地理位置、户型等十分满意，但因为卖方出价太高而迟迟没有成交。这时，买方经纪人向客户提供了与甲住房相似的乙住房资料。买方看过乙住房后，发现其各方面的品质与甲住房相似，其价格比甲住房便宜，因此最终决定购买乙住房。

（二）房源的分类

房源一般分为住宅和非住宅两大类。

按房源获取对象，可分为自然人业主、法人业主和非法人组织业主的房源，而业主就是该房源的所有权人。除了一般意义上的自然人外，个体工商户也是自然人。家庭拥有的住房基本上属于自然人类别。法人是具有民事权利能力和民事行为能力，依法独立享有民事权利和承担民事义务的组织，分为营利法人、非营利法人和特别法人。企业、机关、资产管理公司、银行、学校、公立医院等均是法人组织。房地产开发企业持有的"尾楼"或"滞销楼盘"、资产管理公司或银行持有的作为抵押物或不良资产的物业均是法人组织拥有的房源。非法人组织是不具有法人组织资格，但是能够依法以自己的名义从事民事活动的组织。非法人组织还包括个人独资企业、合伙企业、不具有法人资格的专业服务机构。律师事务所、会计师事务所是非法人组织。某会计师事务所购买的办公楼宇即属于此类。

1. 住宅类

根据《住宅建筑规范》GB 50386—2005 和《住宅设计规范》GB 50096—2011 对住宅的定义，住宅是指供家庭居住的建筑（含与其他功能空间处于同一建筑中的住宅部分）。套型是由使用面积、居住空间组成的基本住宅单位，每套住宅应设卧室、起居室（厅）、厨房和卫生间等基本空间。具体表现为每套住宅独立门户，套型界限分明，不允许共用卧室、起居室（厅）、厨房及卫生间。住宅的使用者是家庭单位。住宅一般是房地产经纪机构中数量最多，同时也是交易量最大的一种房源。住宅可以根据建筑层数、建筑结构、产权性质、缴费标准、产品性质、房屋户型等进行细分。按照建筑层数，低层住宅为一层至三层；多层住宅为四层至六层；中高层住宅为七层至九层；高层住宅为十层及以上。目前，还出现了层数超过 30 层达到 40 层的超高层住宅，这类住宅在一些地区出于防火和设备维修的要求已经不允许建设了。

随着我国人口老龄化趋势，出现了老年人居住建筑。根据《老年人照料设施建筑设计标准》JGJ 450—2018，老年人住宅是一种供以老年人为核心的家庭居住使用的专用住宅。

2. 非住宅类

非住宅类主要是除住宅以外的办公用房、商业用房、停车楼、工业厂房、仓库、集体宿舍等。

（1）办公用房

办公用房是指企业、事业、机关、团体、学校、医院等单位的办公用房屋。其中，档次较高的、设备较齐全的为高标准写字楼，条件一般的为普通办公用房。如果办公用地是以土地出让方式获得，其土地使用年限最高是 50 年。

（2）商业用房

广义的商业用房，不仅包括零售商业用房（大商场、商铺），还包括娱乐业、餐饮业、旅游业、宾馆酒店、疗养院所使用的房屋，盈利性的展览馆厅、体育场所、浴室，以及银行、证券等金融机构的经营交易场所。

在商业用房交易中，比较常见的是商铺。商铺，是专门用于商业经营活动的不动产，是经营者对消费者提供商品交易、服务及感受体验的场所。如果是通过土地出让方式获得土地，其土地使用年限最高为 40 年。商业用房的水电性质也是商业性质，相比较于居民用水用电，价格昂贵。如果按照商铺所在的地理位置来划分，可以分为铺面房和铺位。铺面房，是指临街有门面，可开设商店的房屋，俗称店铺或街铺。铺位，一般只是指大型综合百货商场、大卖场、专业特色街、购物中心等整体商用物业中的某一独立单元或某些独立的售货亭、角等，俗称店中店。

（3）公寓、宿舍

非住宅中有一类房源是公寓。公寓用地的性质一般是商业用地或者综合用地，甚至还有一些是利用工业厂房改建的公寓性住宅，公寓虽然有居住的功能，但从本质上看，都不算是住宅。住宅的使用者是家庭，公寓的使用者是既可以是家庭也可以是单身人士。根据 2020 年中国工程建筑标准化协会发布的《公寓建筑设计标准》的定义，公寓是满足居住基本生活需求并提供公共服务与服务空间和设施，由专业化机构集中运营管理的租赁性建筑。公寓套型是可满足居住等需求的基本单元空间，设置起居、睡眠、烹饪、盥洗、如厕、收纳等空间，以及灵活使用的多功能空间。公寓套型分为家庭型和单身型。现实中，常见的公寓类型包括住宅公寓、商务公寓、酒店公寓、老年公寓、青年公寓、专家公寓等。可以说公寓是兼具住宅使用功能和办公经营功能的商业不动产。

根据已作废的《老年人居住建筑设计规范》GB 50340—2016（目前无新版规范），老年人公寓是指供老年夫妇或单身老年人居住养老使用的专用建筑，配套相对完善的生活服务设施及用品，是非住宅类的居住空间。

宿舍与住宅、公寓是不同的。根据《宿舍建筑设计规范》JGJ 36—2016，宿舍是指有集中管理且供单身人士使用的居住建筑，设有居室、卫生间、公用厕所、公用盥洗室、公共活动室、阳台、走廊、储藏空间、公用厨房等。比较常见的宿舍有高校里的大学生宿舍、工业园区的职工宿舍。

住宅、公寓和宿舍三者虽然都是以居住为目的的居住空间，但三者存在一定的差异。住宅的使用者是家庭，每套住宅内均有起居室、卧室、卫生间和厨房，商品住宅的土地使用权是 70 年。公寓的使用者是家庭或者单身人士，虽然套内设有起居室、睡眠、盥洗和烹饪的空间，但土地出让性质是 50 年，且为出租经营，有些公寓的产权主体为一个产权单位，而不是像住宅那样都销售给了独立的产权人。宿舍的显著特征有三个：一是居住群体是单身人士，二是设有公共卫生间、公共厨房，三是由宿舍产权所有者集中进行管理。

【案例 2-1】

创业者的乐园：创业公社·37 度公寓

位于北京市石景山区的 37 度公寓古城项目由首钢实业和创业公社联合出品，原是有几十年历史的首钢单身公寓，2015 年经过改造，从一栋单身公寓摇身变成一栋集舒适生活、便捷办公、放松交流与个性化服务为一体的综合性空间。

公寓被分成公共活动区、共享式办公区和公寓三个功能结构。公共区域按照楼层分为一层咖啡厅、二层图书馆、三层影视艺术沙龙、四层创客沙龙、五层运动健身房、六层美食厨房，每层都有 85m^2 的公共活动区。住户们可以根据自己的兴趣爱好，组织参加各种主题活动。住户主要是青年人。

公寓共有 500 套，每间房间面积 20m^2 左右，标准配备独立卫生间、24h 热水、冰箱、空调、洗衣机、油烟机、床、书桌、座椅、沙发、衣柜、智能网络、市政供暖。这类改造后的公寓多数是长租公寓。

（4）仓库、停车楼和工业厂房

库房，俗称仓库，是指用于存放商品的房屋，主要用于存放怕雨雪、怕风吹日晒，要求保管条件比较好的商品。仓库按照建筑结构分为混凝土、砖木、简易库房等；按仓库的使用要求可分为简单库房、保温库房、自动化库房和冷藏库房等。由于电子商务和快递产业的发展，大城市位于郊区的仓库需求不断扩大。

车库俗称停车楼（场），用于停放车辆的地方。随着城市半径扩大和通行距离的延长，很多家庭和个人购买了家用小汽车。这带来了对车辆停放空间的需求。对于独立建设的停车楼，其用地如果是通过土地出让方式获得的，土地使用年限最高为 40 年。

工业厂房俗称厂房，指直接用于生产或为生产配套的各种房屋，包括主要车间、辅助用房及附属设施用房。很多工业开发区建设的厂房是标准厂房，适合多种工业企业。凡工业、交通运输、商业、建筑业以及科研、学校等单位中的厂房都应包括在内。如果工业仓储用地是通过土地出让方式获得的，其土地使用年限最高为 50 年。

三、描述房源信息的指标

表征房源信息的各项指标，不仅有物理属性、法律属性，还有非常关键的

"心理属性"。

（一）房源信息的物理指标

房源的物理指标，是指描述物业自身及其周边环境的物理状态的指标，如物业的区位（地段）、建筑外观、面积、朝向、间隔、新旧程度、建成年份等。除非遭遇地震、火灾等特殊情况，房源信息的物理指标在交易过程中是不变的。房源的物理特征决定了房源的使用价值，也在一定程度上决定了物业的市场价格。

房屋价格受多种因素的共同影响。从房源的物理特征来看，每一套物业的价格是由房地产产品的个别性决定的。与其他商品不同的是，房地产商品具有显著的个别性。世界上不存在两套完全相同的房屋。就算在一个按同一建筑设计方案建造的住宅小区里，受地理因素的影响，每一幢楼都有自己的具体位置，因而它们在出入方便程度、景观、日照、受噪声影响程度等方面都各不相同；在同一幢楼中，不同楼层之间的物业单元也存在差别；即使在同一楼层中，每套物业单元还存在朝向等方面的差别。这些差别决定了每一套房屋都具有自己独特的使用价值，因而其市场价格也就不尽相同。

（二）房源信息的法律指标

房源的法律指标主要包括表征房屋的用途及其权属状态等的指标。

《不动产权证》（历史上颁发的《土地使用权证》《房屋所有权证》《他项权利证书》具有同等法律效力）是表征房源法律指标的特定文件。《不动产权证》上列明的内容有产权性质（如商品房、房改房、宅基地等）、业主姓名、土地使用年限、法定用途、房屋土地位置图、他项权利等。不动产的权属状态经过法律程序或行政程序可以变更。

不动产的用途一般是固定不变的，只有经城市规划管理部门的批准，其用途才可以变更，否则就是违法（违章）建筑。

【案例 2-2】

出售房改房，留意"隐性共有人"[①]

李阿姨年岁已高，丈夫几年前也去世了，想把登记在自己名下的老旧房改房出售换成电梯房，于是委托了某房地产中介公司出售该房改房。该中介公司的房地产经纪人小王接待了李阿姨。李阿姨向小王告知了房屋出售原因和老伴过世的信息，但小王没有在意，很快就将李阿姨的房屋出售信息放到了门店橱

---

① 广州市房地产中介协会公众号. 周末案例：2018 年第 4 期 [EB]. (2018-01-14).

窗上。在小王的撮合下，买家张某以一次性付款方式购买了李阿姨的房改房并签订了《房屋买卖合同》。李阿姨和张某在不动产登记中心办理房屋产权过户递件手续时，李阿姨提供了《出售公有住房缴款明细表》等资料。不动产登记中心的工作人员告知张某，由于李阿姨的房产是房改房，明细表上载有其配偶信息，由于其配偶已经去世，尚未办理继承手续，房屋暂时不能办理过户。经双方协商，张某同意李阿姨先办理继承后再办理房屋过户手续。三个月后，李阿姨终于办理了继承登记领取了新的不动产权证，然后成功地将房产过户给了张某。

事后，李阿姨认为该房地产中介公司未能提供专业的中介服务，就未向中介公司支付余下的一半中介费用。中介公司在与李阿姨协商不成的情况下，向法院提起诉讼，要求李阿姨支付余下的中介费用。法院在查明房地产经纪人小王在李阿姨已经告知其配偶已经去世，却未能告知李阿姨应该先办理房屋继承手续，依然将房屋信息进行了外部营销，认定导致经纪服务合同和买卖合同未能按约定履行的责任在于中介公司，故驳回了中介公司的诉讼请求。

这个案例的关键点是房改房的产权共有人是隐性的。按照习惯，房改房上登记的产权人姓名通常是夫妻中的一人。例如，如果房改房是来自丈夫所在单位，通常房改房的不动产权证上产权人姓名一般登记丈夫的名字。配偶信息记载在档案中，习惯称登记人为"显性共有人"，配偶为"隐性共有人"。案例中，该上市出售的房改房虽然登记在李阿姨名下，但《出售公有住房缴款明细表》有配偶姓名，房屋属于夫妻共同共有。

（三）房源信息的"心理特征"

房源信息的"心理特征"中的"心理"指的是业主（委托方）在委托过程中的心理状态。随着时间的推移，这种心理状态往往会发生变化，从而对房地产交易过程和交易结果产生影响。其中，交易价格最容易受到影响。在交易过程中，受到业主（委托方）心理状态的波动，房源交易价格可能产生波动。房源的初始价格是由业主（委托方）决定的，但他们对市场信息的了解程度，以及出售或出租时的心态，决定了房源的最终交易价格。

1. 市场信息了解程度的变化

一般来说，业主（委托方）所能了解到的市场信息有限，容易导致他们对市场产生比较片面的理解。目前，媒体的宣传、房地产经纪机构发布的广告是他们了解市场信息的两大渠道。但是，因为目前这两个渠道的信息都缺乏权威性，有些业主（委托方）会另外去寻找认为可信度高的信息来源，如朋友的意见、客户看房时的直接反应等。这些信息皆具有不确定性，容易发生变化。它们的变化往往会引起业主（委托方）的心理变化。例如，张先生上个月将自己的一套住宅以130万元的价格委托给房地产经纪机构出售。这个月，他看到媒体报道房价继续上涨的趋势，以及他的一位朋友也跟他说他定的售价人低。于是，他就将那套住宅的售价更改为138万元了。

2. 出售或出租心态的变化

随着时间的推移，业主（委托方）的出售或出租心态也会因某些事件的发生而产生变化，从而最终引起房源价格的变化。这种情况在现实中经常发生。

仍以张先生为例，他将这套住宅出售的原因是他购买了一套新房，由于没有急于出售的心理，于是他想把这套空闲的住宅以高价出售。看过房的客户都嫌138万元的价格太高，迟迟没能成交，这时他在生意上也急需一笔资金，于是他希望能尽快将这套住宅售出以便"套现"，随着张先生心理价位的调低，最终这套住房以130万元的价格，由一位承诺一次交清全部购房款的客户购买成交。

第二节　房源信息的开拓与获取

因为房源的重要性，所以房地产经纪机构及房地产经纪人都将房源的获取作为一项持续不断开展的基础工作，也是房地产经纪机构及房地产经纪人获得稳定业绩的关键因素。

一、房源信息的获取原则

（一）真实性原则

房地产经纪人在获取房源的过程中，必须保证获取的房源的真实性，也才能保证房源信息的真实性。房源信息内容应当符合依法可以租售、租售意思真实、房屋状况真实、租售价格真实、租售状态真实的要求。本书将房源信息的真实性归纳为三个内涵，包括房源的真实存在、真实价格与真实委托。房源信息的真实性还需要持续维护、保证房源信息的最新状态，只有定期地回访、更新与维护，才能真正实现房源信息的真实性。只有符合房源真实标准要求的房源信息，才能被政府房地产市场监管部门、房地产经纪中介协会、房地产经纪机构、广告营销机构认定或者标注、称为"真房源"。

虚假房源信息，不仅浪费了客户大量寻找和核实房源信息的时间和精力，而且也降低房地产经纪机构内部房客源匹配的速率和成功率，给成交带来无形的障碍。保证房源信息的真实性，为客户提供真实、可靠的信息，才能与客户之间建立良好的信任关系，这也是房地产经纪机构及房地产经纪人诚信行为的重要体现之一。

1. 房源真实存在

房源真实存在是指房源是真实的，而且是唯一的，不是拼凑的假房源，包括三个层面的内容，即房屋状况真实、依法可以租售、租售状态真实。

房屋状况真实，要求房屋的地址、用途、面积、户型、楼层、朝向、装修、建成年份（代）、建筑类型、产权性质以及有关图片，应当真实、完整、准确。在必要的房屋状况外增加房屋其他状况以及图片、视频等信息的，也应当真实、准确。为了确认房源是真实的，房地产经纪人除了对委托人提供的资料进行必要的专业审查以确保其提供的信息是真实的外，还应该到房源实地进行勘查，了解房源的实际状况。有些情况下，委托人提供的不动产权证，由于种种历史原因，不动产权证上记载的信息并不完备，房地产经纪人可能还需要到不动产登记部门进行档案查询，获取最为全面的信息，确保房屋状况真实，减少后期风险。

房源依法可以租售，是指依法可以出租或者出售的房屋，并达到法律法规和政策规定的出租或者出售条件，无法律法规和政策规定不得出租或者出售的情形。房地产经纪人不能承接法律规定不能出售出租的房屋，比如危房、廉租房、违章建筑、已被查封的房屋等。

房源租售状态真实，要求房源处于实际待租或者待售状态，不存在已成交以及出租或者出售委托失效的情形。这意味着房地产经纪人不能将已经出售或出租的房产再次作为房源信息进行营销，否则就是招揽或诱骗客户。

【案例 2-3】

中介代理出售违章建筑，买方讨要说法[①]

周某经 A 中介公司介绍，看中了一处物业。在查看该物业的产权证时，周某发现该物业有过半的面积属于违章建筑，A 中介公司经纪人员解释说违章建筑也有产权。随后，周某与买方代理人张某以及 A 中介公司签订了三方《房屋买卖合同》，约定："卖方需保证该物业具备房地产交易的各项条件，产权合法、清晰、无争议、无抵押，由于房屋产权问题或违反法律规定而造成的一切后果和买方的损失均由卖方承担"，同时周某交给买方代理人张某 5 万元的购房定金。随后，周某又向张某支付了首期房款 40 万元，买卖双方在广州市房屋交易中心

---

① 广州市房地产中介协会公众号．周末案例：2018 年第 12 期 ［EB］．（2018-02-11）．

顺利完成了房屋交易的填表、验证和备案手续。周某向原广州市国土资源和房屋管理局咨询违章建筑的产权问题时得知，违章建筑是指在城市规划区内，未取得建筑工程施工许可证或者违反建设工程规划许可证的规定而建设的建筑物和构筑物。违章建筑的认定是规划行政主管部门的职权范围，判断某一建筑是否属于违章建筑，必须由房屋所在地城市规划行政主管部门出具证明。房地产权部门对违章建筑不能核发房屋产权证书。周某认为其是在 A 中介公司经纪人员确认违章建筑也有产权的情况下签订《房屋买卖合同》的，但是根据咨询所知，该类物业有些情况下经过城市规划行政主管部门处罚，允许保留的，需要补办手续后才能按合法建筑进行买卖交易。如果不允许保留，违章建筑不能进行买卖交易。于是，周某向广州市中介服务管理所投诉 A 中介公司经纪人员张某的不诚信行为。在广州市中介服务管理所调解下，周某与经纪方办理了交易退案手续，并收回所交购房定金和首期房款。

2. 房源真实委托

房源真实委托包括两个层面的内涵，一是租售意思真实，二是业主真实委托。房源租售意思真实，是指委托出售、出租的房源必须是业主本人真实意思的表示，不是其他相关人的意思表示，即要求房源租售是依法有权出租或者出售的房地产权利人本人的意愿。业主真实委托，是指如果业主委托房地产经纪机构出租或者出售的，应当与房地产经纪机构签订相应的房地产经纪服务合同或者委托书，表示房源是业主真实出售出租的。

3. 房源真实价格

房源真实性还体现在房源租售价格真实。这要求房源信息中标出的租金或者售价，是房屋出租人或者出售人真实要求的租金或者售价，且应当是当前有效的。某些房地产经纪机构和房地产经纪人为了吸引客户，故意将房源挂牌（推广）价格低于委托价格，所谓"钓鱼上钩"。一旦客户看到低价格的房源信息而期望承租或购买时，房地产经纪人又以种种理由推说该套房源已被其他客户承租或购买了，然后向该客户推荐其他房源。这种行为就违背了房源租售的价格真实原则。

（二）及时性原则

房源获取的及时性，主要指房地产经纪人在获取房源信息之后应及时了解和核实房屋情况、业主信息、及时现场勘查拍照、及时获取钥匙和委托、及时建立房屋调查信息档案、及时与业主签订房屋委托出售（出租）合同、及时发布房源信息进行营销推广，目标是力争在最短的时间内使其成为有效房源信息。

　　因为房源具有动态性特点，随着市场变化、时间推移或业主心理变化等，房源状态可能出现各种变化，房地产经纪人还应及时对房源信息进行更新，以确保房源的有效性。房地产经纪人常常会遇到上周获取的有效房源到了本周则已被出售或出租变成无效房源，或者因市场变化导致价格上涨或下调的变动，或者原本出租的房源转变成出售的房源，或者业主附加条件发生调整变化，诸如此类。房地产经纪人应定期与业主取得联系，持续的跟进，及时更新房源。因此，房地产经纪机构及房地产经纪人对房源获取必须遵循"持续性"的原则，持之以恒地搜集房源信息并更新房源信息，确保有充足、有效的房源，这样才能保证房地产经纪业务的正常进行。

　　（三）集中性原则

　　所谓集中性原则，是指房地产经纪机构及房地产经纪人所收集的房源要具备相对集中的特点，即有针对性地在某一区域收集某一类型的房源，使自己较齐全地拥有该类型的房源资料，并且房地产经纪机构及房地产经纪人在搜集房源信息的同时也逐步建立了与其业务能力和资源相吻合的目标市场。

　　在某一区域收集房源信息的操作要点主要有以下四点：①锁定目标市场的地域范围，一般以房地产经纪人所在工作地点为中心，半径 500m 范围内为核心商圈，半径 800m 范围内为次要商圈，半径 1 000m 范围内为次商圈；②对目标商圈进行全面调查了解，一般要求核心商圈内的社区楼盘必须做到精耕细作，次要商圈内社区楼盘做到熟悉了解；③及时掌握目标市场内的关于交易数据、竞争对手、区域规划、配套设施、人文环境等综合方面的动态变化；④围绕锁定的目标区域持续不断地开展各项业务活动，努力提升经纪机构和经纪人在该目标市场的知名度和美誉度。

　　采取收集某一类型的房源的房地产经纪机构和经纪人，一般主营细分市场，如：高端住宅、有历史价值的房屋（如：北京四合院、上海花园洋房）、

　　办公用房、厂房仓库等。对于这类目标房源的开发要做好以下三点：①掌握目标房源的市场情况，根据不同物业的特点要设定足够大的地域范围，可以是一个城市，甚至更大。对可能存在目标房源的现状、租售现状做针对性的开发和了解。②对于现有和已成交业主和客户进行持续跟进，特殊类型的房源往往掌握在一个集中的群体内，参与这个群体可以获得更多的市场信息。③与特殊类型房源关联的人士或机构保持联系。比如：对厂房来讲，各地招商机构就是一个重要的联络对象；对高端住宅和历史价值房屋来讲，就要更多地联系同行，加强合作。

二、房源信息的获取渠道

房地产经纪机构搜集房源信息是一项十分细致的工作。房地产经纪人应当深入了解房源信息获取的渠道，从而获得丰富而有效的房源，以便为客户提供优质的服务。房源获取渠道根据在获取过程的沟通方式分为直接开发方式（暖性开发方式）和间接开发方式（冷性开发方式）两种，前者指面对面沟通的方式，后者指非面对面沟通的方式。

（一）直接开发方式

1. 门店接待

门店接待是指房地产经纪人利用房地产经纪机构在社区内或社区附近设立的门店，接待和服务上门咨询的业主从而获得房源信息。

门店接待的优点是面对面沟通方式容易给委托业主留下深刻印象，容易获得客户信任，获得房源信息较全面，为进一步服务做好铺垫。缺点是面对面沟通对房地产经纪人专业度要求较高，容易产生好则好，不好则坏的第一印象。

做好门店接待应做好以下 5 个要点：①保持店面形象的整洁干净和值班经纪人的良好专业形象；②提前准备好相关的专业接待工具，比如用于登记上门客户咨询信息的《出租或出售信息登记表》《求租或求购信息登记表》；③见到上门客户经纪人应第一时间起立热情接待、微笑服务，使用规范的礼貌用语："您好！先生/女士，我是今天值班的经纪人×××，请问您有什么需要帮忙的?"④引领客户至接待区入座，并及时递送茶水和个人名片，使用专业工具进行咨询登记和解答；⑤服务全程做到微笑服务、热情接待，同时使用文明礼貌用语，细心提问和耐心倾听，了解客户需求，认真做好咨询登记。

2. 社区活动

社区是城市的基本生活单元，是广大市民生活的基本平台，依靠社区活动能有效贴近客户，尤其是贴近业主获得有效的房源信息。社区活动的方法包括：①在社区人流密集的场所、必经的路段，如社区广场、商场、超市、小区进出口等地进行驻守；②举行公益性社区活动，比如房产置业讲座、免费咨询活动、社区文体活动；③与物业管理公司、业主委员会、居委会等开展社区服务活动和合作。

在社区开发方面，应遵循以下原则：

（1）事先准备：对活动场地进行事先勘查和申请，提前准备好活动所需的道具和物料，如房源介绍表单、展板、名片、赠送礼品等。

（2）周密筹划：对于活动的地点、时间，社区开发的形式，人员分工安排、活动预告宣传等都应预先进行周密的筹划，以保证取得预期的活动效果。

（3）避免扰民：社区活动的出发点，是为了以亲近社区居民的手段，应避免扰民以及保护个人隐私信息等，以免引起客户反感。

3. 派发宣传单

派发宣传单的优点是覆盖人群广、投入成本低、目标性较强，被许多房地产经纪机构所采用。宣传单的派发需要注意5个事项：①注意遵守所在城市行政管理执法部门和工商管理部门相关的法律法规，不在被明确禁止的场所和地点派发宣传单，不在宣传单上使用违反广告法的宣传用语；②宣传单设计要新颖、吸引眼球，体现房地产经纪机构或房地产经纪人的优势，针对获取房源委托的宣传单内容应该与针对获得客源的内容有所区别，比如可以体现专案楼盘的成交案例和市场咨询、针对业主方常见问题解答、政策解读分析等实用性内容；③附有房地产经纪人的名片或个人专业背景介绍，并留有联系方式方便联络；④派发前事先做好充分准备，熟悉宣传单上内容及信息资源、可能被咨询到的专业问题的解答准备、派发地点和时段的事先调查确认、天气情况的预先查询了解、专业作业工具的准备等；⑤派发过程注意保持良好的专业形象，保持微笑服务，热情解答咨询，选择适合的对象派发，如果能够结合社区驻守、市场营销、企业宣传等效果可能更好。

4. 老客户推荐

老客户推荐的方法越来越受到房地产经纪机构和房地产经纪人的重视。老客户推荐一般是这些老客户之前就接受过房地产经纪机构和房地产经纪人提供的良好的服务，并与房地产经纪机构和房地产经纪人之间已经建立起信任关系。于是当这些老客户的同事、亲属、朋友等有房地产方面的需求，则将这些潜在客户推荐给自己所信任的房地产经纪机构和房地产经纪人。获得老客户推荐的前提是房地产经纪机构和房地产经纪人所提供的服务是优质的，获得较高的客户满意度。老客户推荐的优点是容易快速建立信任关系、投入营销成本低、成交的成功率高。如果一个房地产经纪人失信于客户，与客户关系变为"成交就是绝交"，那很难再获得老客户推荐新客户。因此，房地产经纪人与客户的关系，要看得长远一些。一般而言，房地产经纪人要与一个客户进行多次接触才可能建立基本信任关系，但与老客户推荐的客户建立信任关系则不需要如此长久的接触过程。

5. 人际关系开发

有些经纪人会依靠自己的人际关系网络去获取房源信息。利用"六同一专"人际关系网开发房源时要注意两个要点：一是时刻保持房地产经纪人在所在人际关系圈里的影响力，让他们知道房地产经纪人在做什么，房地产经纪人能为他们做什么，让他们一旦有房地产方面的需求就想起房地产经纪人来；二是保持与人际关系圈里人群的联系，记住联系等于获得成交机会。

（二）间接开发方式

1. 网络开发

人类社会已步入"互联网信息时代"，互联网成为人们传播、获取各类资讯的新兴渠道。互联网的优点是没有地域限制、传播速度快、传播范围广、成本低效率高，缺点是容易被海量信息覆盖、虚拟化真实感不强、使用对象群体有一定局限性等。房源网络开发有主动开发和被动开发两种方式，前者指房地产经纪人利用互联网工具主动发掘潜在客户并建立联系和沟通，后者指通过互联网发布信息，然后等待咨询或来电。

在网络技术高速发展的时代下，房地产经纪机构购买或开发出了可基于 PC 端和移动终端的门户网站、管理软件、营销工具，使房客源信息资源上传、分类、共享、匹配、更新等效率大大提高，进而提升了房地产经纪机构和房地产经纪人作业效率和效益。例如，房地产经纪机构开发应用的 ERP 管理软件，结合企业内部作业流程对房客源信息进行有效管理；房地产经纪机构的门户网站，发布最新的房客源信息和提供全面的线上房地产经纪业务服务。此外移动端的 APP 软件，为房地产经纪机构业务管理、房地产经纪人移动作业和即时服务提供了便利，客户也可以通过智能手机上的 APP 软件实现即时信息查询。还存在一些专业的存量房网站，也会发布很多出租与出售、求购与求租信息，实现了网上快速查询房客源及信息资源共享。

2. 电话拜访

在获知目标客户的电话号码后，经客户同意后对其进行电话拜访、咨询其物业信息。电话拜访的优点是比较集中、针对性较强、比较省力且可联系的人较多、不受地点的限制、不受天气影响、花费的时间较少。但也存在很多缺点：会在一定程度上受到时间的限制，比如上班时间不宜打扰；只能通过声音传达信息，容易遭受拒绝，客户印象不深刻。

电话拜访注意事项是：①电话拜访的成功率必须保持在一定水平线上，否则投入的成本可能会过高，经纪人的信心也会受影响；②接受有关电话营销的专业培训，掌握电话拜访的沟通技巧，并事先进行模拟演练，才能确保电话拜访的效果；③做好电话拜访的心理准备，另外准备一些可能的问题清单，避免出现被拒绝时的受挫心理或出现被问询却回答不上的尴尬；④电话拜访的时间、频率、时长等应合理控制，一方面避免对客户构成不必要的骚扰，另一方面也保证每次通话的质量和效果；⑤电话拜访过程保持良好的服务态度，礼貌用语、快速切入主题、言简意赅、表达清晰、语速适中，仔细倾听、善于提问、耐心解答、认真记录并争取面谈机会。

【案例 2-4】

深圳市规范房地产中介机构、人员电话营销时间①

2017 年 7 月深圳市房地产中介协会发布了《关于规范房地产中介机构、人员电话营销的郑重提示》。该提示规定：

一、中介人员电话营销时间应控制在 9：00~12：00、14：00~21：00 期间（客户另有要求的除外）。

二、中介人员在电话营销过程中，应明确告知客户自身姓名、所属中介机构、星级服务牌号等信息，不得冒用他人信息及其他公司的商号。

三、客户明确拒绝再次接受电话营销的，机构应主动将其列入内部禁拨名单，中介人员不应反复拨打，更严禁在电话营销过程中使用不文明用语。

四、机构或人员因违反电话营销规定而屡次被举报、投诉经自律专业委员会审议认定严重破坏行业形象的，将根据《深圳市房地产中介行业从业规范》有关规定，将违规机构、人员直接列入"行业黑名单"。

3. 报纸广告

在互联网媒体普及之前，由于报纸信息传递迅速，传播面广，报纸广告是房地产经纪机构的宣传方式之一。房地产经纪机构和房地产经纪人一般会选择在当地发行量最大、属于大众阅读层次、消费者最爱阅读的报纸上刊登广告，以保证广告效果。其优点是目标客户群体针对性强、受众面广、效果立竿见影、客户需求较明确；缺点是投入成本较高、包含信息量有限、时效性短、受互联网冲击阅读群体日益缩小。报纸广告刊登应注意的是：①广告用语应简洁精炼、信息准确、凸显优势、标题鲜明、吸引眼球，注意留下真实姓名和准确联系方式；②报纸广告刊登的版面位置、版块大小、时段、频率应合理安排，此外应该保持持续不断的刊登推广，一般每周 1~2 次。

4. 户外广告或横幅

在一些特定的地方悬挂户外广告或横幅，以吸引获得业主的房源信息。比如在电梯口广告位投放广告、社区公告栏、社区车辆出入口的拦车杆、专门的广告位或 LED 屏幕，还有一些允许悬挂横幅的显眼位置悬挂广告横幅。

---

① 深圳市房地产中介协会公众号 . 房地产中介如何发布房源广告？［EB］.（2017-07-19）.

三、房源勘查与房源信息完善

（一）一般房源信息和特殊房源信息

1. 了解房源信息的一般情况

完整的房源信息包含物业状况及周围配套、业主信息及心理状态等，需要房地产经纪人对物业进行现场勘查评估，进一步收集完善关于物业状态及周围配套设施的信息；也需要房地产经纪人持续与业主保持沟通，收集更全面的有关业主的信息，以便后续服务环节做好铺垫。

物业状况指物业位置、栋座楼层、面积大小、户型朝向、产权性质、土地出让时间、建成时间、装修情况、家具家电、物业服务状况、融资状况、使用现状、水电燃气（煤气）基础设施、周边配套、人文环境、公共绿地、交通条件、区域规划发展等，房地产经纪人要深入社区进行详细的实地勘查和了解，核查物业产权是否清晰、是否符合上市条件，全面了解物业相关信息，提炼物业的优劣势特点。

关于业主信息主要指核实业主身份信息（姓名、曾用名、籍贯、年龄、职业等）、与产权人是否一致、业主婚姻状况、是否有共有人、共有人相关信息、业主出售出租动机、心理期望价格、物业相关的融资状况、是否有过房地产买卖或租赁经验、业主性格类型、是否为方便看房提供配合等。

2. 调查房源的特殊信息

（1）房源查封信息的调查

在房源信息完善过程，也是核查房源信息真实性、准确性、合法性的过程，因此除了收集上述有关物业状况和业主信息之外，还应特别关注物业是否被查封问题。根据《刑事诉讼法》第一百零一条规定："人民法院在必要的时候，可以采取保全措施，查封、扣押或者冻结被告人的财产。附带民事诉讼原告人或者人民检察院可以申请人民法院采取保全措施。人民法院采取保全措施，适用民事诉讼法的有关规定。"针对不动产的查封，通俗来讲是指由人民法院，以及附带民事诉讼的原告人或人民检察院申请人民法院采取强制措施将不动产就地贴上封条，不得任何人占有、使用或者处分。依法查封的不动产，其合法性处于不确定状态，不受国家法律予以确认和保护。《民法典》第三百九十九条和四百二十三条规定依法查封的财产不得抵押，且应该通知抵押权人抵押财产被查封的状态；第七百二十四条规定，租赁物被司法机关或者行政机关依法查封，承租人可以解除合同。由此，承租人因租赁的房屋被查封可以解除房屋租赁合同。

（2）"凶宅"房源信息调查

相比较于在售的新建商品房，存量房最近几年中频繁出现"凶宅"纠纷问题。所谓"凶宅"目前没有一个明确的界定，可理解为在房屋本体结构（不包括电梯、楼梯间以及车位等配建设施）内曾发生自杀、他杀、意外死亡事件，并在公安机关有正式备案记录的房屋。民间习俗上认为，住宅内发生过"非正常死亡"很难被接受。房地产经纪人在核查房源信息时，遇到房屋无人居住、房屋户型较好但业主出价明显偏低的房源，要特别关注，可向物业、邻居或派出所核实是否出现过特殊事件，并遵循诚实信用原则对消费者履行告知义务。如客户不介意，在已被明确告知为特殊住宅的情况下，仍表示购买的，应在补充协议中明确写明："出售方及中介方已明确告知交易房屋于某年某月某日发生过自杀/他杀/意外死亡事件，购买方已充分知晓并同意购买交易房屋，如因此发生纠纷，买卖双方自行协商或诉讼解决。"购房者通过房屋经纪机构居间服务购买了凶宅，如果是房屋业主故意向经纪机构和经纪人隐瞒物业内曾发生"非正常死亡"的事实，购房者购房后发现"凶宅"事实，要求退房且业主赔偿损失，可以向人民法院起诉要求撤销房屋买卖合同，人民法院一般情况下会以隐瞒重要信息判定撤销房屋买卖合同或退还相当一部分价款。

【案例 2-5】

业主隐瞒重要信息，凶宅房屋买卖起纠纷

成都李某通过房屋中介，以 31.8 万元的价格购买了一套 70m² 二手房。李某在装修时却从邻居和派出所那里得知，几年前这个房子里发生过一起让人震惊的命案。李某找到中介，但中介不清楚这件事。李某要求房东退款未果，起诉到法院，要求撤销房屋买卖合同并退款。

最后，法院根据《民法典》第五百零九条"当事人应当按照约定全面履行自己的义务。当事人应当遵循诚信原则，根据合同的性质、目的和交易习惯履行通知、协助、保密等义务。"的规定，房东刘某应当向购房者李某告知该房内曾发生凶杀案件。由于刘某未履行通知义务，其行为已构成欺诈。法院认为，人们对住宅内发生的凶杀案件感到恐惧和忌讳，这种情况可能造成房屋贬值，卖方应如实告知买方。因此，法院判决撤销双方签订的房屋买卖合同，卖方退还全部房款 31.8 万元。

（二）房屋状况的勘查评估

对物业进行勘查和评估是对房源信息进行完善的重要环节。根据住房和城乡建设部、国家发展和改革委员会与人力资源和社会保障部 2011 年 1 月 20 日发布

的《房地产经纪管理办法》第二十二条："房地产经纪机构与委托人签订房屋出售、出租经纪服务合同，应当查看委托出售、出租的房屋及房屋权属证书，委托人的身份证明等有关资料，并应当编制房屋状况说明书。经委托人书面同意后，方可以对外发布相应的房源信息"的规定，房地产经纪机构需要详细勘查和评估物业情况，并依据物业勘查和评估结果编制《房屋状况说明书》。房地产经纪人通过更加详细的勘查和评估，可以帮助经纪人深入了解物业的真实情况和完善房源信息，方便更精准地匹配客户，对减少纠纷、促进成交有非常大的帮助。

中国房地产估价师与房地产经纪人学会编制的《房屋状况说明书推荐文本》见附录一和附录二，以下简称为《房屋状况说明书》（中房学）。本书中的房屋现场勘查表与《房屋状况说明书》（中房学）相比，内容相对繁杂一些，有些选项兼顾了住宅与非住宅需要调查的内容。《房屋状况说明书》（中房学）主要包括：①房屋基本状况。这部分需要编制的内容包括房屋坐落、所在小区名称、建筑面积（套内建筑面积）、户型、规划用途、所在楼层（地上总层数）、朝向和首次挂牌价格（租金）等内容。②房屋产权状况。重点调查房屋所有权（房屋性质、不动产权证书号、共有情况）、土地权利和权利受限情况（出租和抵押）。③房屋实物状况。重点调查建成年代、装修、供电、供水、市政燃气、供热或采暖、电梯（梯户比）、互联网、有线电视、空调部数。④房屋区位状况。需要调查的内容包括距所在小区最近的公交站（地铁站）及距离、周边幼儿园、中小学、医院、大型购物场所、嫌恶设施（大型垃圾场站、公共厕所、高压线、丧葬设施等）。出租物业则需要调查配置家具家电（适合出租房屋）和房屋使用相关费用（水电费、燃气费、供暖费、上网费、电话费、物业费、卫生费、车位费、上网费、有线电视费）。⑤需要说明的其他事项。需要调查的内容包括物业管理、车位、户口、契税、业主房产情况、随房产转让附着物、附赠的动产、户型示意图。与出租相关需要说明的事项主要是是否有独立电表、水表、是否可以转租、居住限制人数、是否合租、有无漏水等情况。⑥相关人签字盖章。包括业主、房地产经纪人、房地产经纪机构、房源信息核验完成日期。

1. 勘查评估前的准备工作

房地产经纪人应该提前和业主确定上门勘查的时间，最好提前一天与业主取得联系，以预约具体的上门勘查时间。联系时首先应向业主介绍自己的姓名和公司名称、约定上门勘查的时间，同时向业主详细询问委托物业的地理位置。为了能在勘查过程中拍照有较好的展示效果，房地产经纪人要提示业主做好室内的整理清洁，不宜展示的物品提前做好收纳。

勘查前，房地产经纪人做好现场勘查的资料和物品准备，检查是否带好了工牌、名片、《房屋现场勘查表》（表 2-1）、照相机、摄像机、测量工具、计算器、鞋套等必要的勘查工具及物品。

房屋现场勘查表 表 2-1

<table>
<tr><td colspan="2">物业地址</td><td colspan="3"></td></tr>
<tr><td colspan="2">不动产权证书号</td><td colspan="3">或房屋所有权证号：</td></tr>
<tr><td colspan="2">不动产权属证书
发证日期</td><td>___年___月___日</td><td>房屋所有权人
购房合同签订日期</td><td>___年___月___日</td></tr>
<tr><td colspan="2">物业勘查时点</td><td colspan="3">年　　月　　日</td></tr>
<tr><td colspan="2">使用情况</td><td colspan="3">□空置　　□自住　　□出租</td></tr>
<tr><td rowspan="9">区域因素</td><td>基础设施</td><td colspan="3">□天然气　□煤气　□电话　□停车位　□电梯　□网络　□有线电视
等级：□齐全　□一般　□不齐全</td></tr>
<tr><td>商服设施</td><td colspan="3">□银行　□学校　□邮局　□医院　□超市</td></tr>
<tr><td>人文环境</td><td colspan="3">半径 2 公里内　□大学　□中学　□小学　□幼儿园　□书店　□图书馆
　　　　　　　□电影院　□文化馆　□医院　□体育馆　□其他_____
等级：□好　□较好　□一般　□差</td></tr>
<tr><td>绿化环境</td><td colspan="3">半径 2 公里内　□社区公园　□大型公园　□成片绿地　□大规模水面　□无
等级：□好　□较好　□一般　□差</td></tr>
<tr><td>规划发展前景</td><td colspan="3">□暂无规划　□规划一般　□规划好</td></tr>
<tr><td>周边有无嫌恶设施</td><td colspan="3">□大型垃圾场站　□公共厕所　□高压线　□丧葬设施（殡仪馆、墓地）
□其他_____　　□无</td></tr>
<tr><td>公交车站点</td><td colspan="3">500 米内公交车站点　□无　□5 条以下　□5 到 10 条　□10 条以上
500 米内的 BRT 站点　□有　□无</td></tr>
<tr><td>距离物业最近的
地铁站及距离</td><td colspan="3">站点名称：_____；地铁线路：_____；距离：___米以内</td></tr>
<tr><td>交通条件等级</td><td colspan="3">□方便　□比较方便　□一般　□不方便</td></tr>
<tr><td rowspan="7">个别因素</td><td>物业类型</td><td colspan="3">□普宅　□公寓　□私房　□别墅　□商铺　□写字楼　□厂房</td></tr>
<tr><td>建造年代</td><td colspan="3">___年　　产权证出证时间：___年___月___日</td></tr>
<tr><td>供电类型</td><td colspan="3">□民电　□商电　□工业用电　□其他</td></tr>
<tr><td>市政燃气</td><td colspan="3">□有　　□无</td></tr>
<tr><td>供热或采暖</td><td colspan="3">□集中供暖　□自采暖　□其他</td></tr>
<tr><td>供水类型</td><td colspan="3">□市政供水　□二次供水　□自备井供水　□热水　□中水　□其他</td></tr>
<tr><td>楼层</td><td colspan="3">第___层（共___层）层高___米</td></tr>
</table>

续表

个别因素	电梯	□有　□无　　电梯：____部　梯户比____电梯（楼梯）____户
	建筑结构	□砖木　□砖混　□钢混　□框架　□框架剪力
	小区状况	□小区封闭　　□未封　　□独幢
	房屋性质	□商品房　□房改房　□经济适用住房　□其他
	是否共有	□是　□否　　□共同共有　□按份共有
	土地使用权性质	□出让　　□划拨　　□其他
	历史交易信息	最后一次交易价格：____元/m²；总价为____万元 最后一次交易时间：____年____月____日
	有无抵押	□有　□无　　签订抵押权数量：_____个
	是否出租	□是　□否
	有无户口	□有　□无
	有无附带车位随房屋出售	□有　□无
	物业管理	□有　□无　物业服务费标准_____元/(m²·月) 等级：□好　□较好　□一般　□差
	装修情况	装修年份_____□豪华　□精装　□中装　□普装　□毛坯
	物业面积	建筑面积：　　　　公摊面积：　　　阳台/露台面积：　　　储藏室面积： 套内使用面积：
	房型	__室__厅__卫__厨__阳台　□跃层　□错层　□错跃层　□挑高____米
	物业内部描述	房间：东：　　　东南：　　　西：　　　西北： 　　　南：　　　西南：　　　北：　　　东北： 阳台：　　　露台： 储藏室：　　（□是□否计入产权）阁楼：　　（高　　）其他：
	其他	采光：房□亮　厅□亮　厨□亮　卫□亮 　　　　□暗　　□暗　　□暗　　□暗 　　　　□一般　□一般　□一般　□一般 室内层高：　　m　　　开间宽度：　　　m
	融资状况	贷款银行：　　　贷款余额：　　　贷款年限： 月供额：　　　已付月数：　　　可否自己结清贷款余额：□是□否

续表

附送物品清单	电器： 家具：
业主期望价格	价格： 付款方式： 交房日期： 租金：
优势与卖点	
勘查人员	＿＿＿＿＿＿＿＿＿＿于＿＿年＿＿月＿＿日上门勘查。 勘查后初步估计的房屋总价（房屋出租价格）为人民币：＿＿＿＿＿＿万元（＿＿元/月） 客户签名确认：＿＿＿＿＿＿房地产经纪人签名：＿＿＿＿＿＿

物业位置图   ∧北

标准房型图   ∧北

若一次要勘查多处物业，房地产经纪人应根据物业所处的地理位置、交通等具体情况，合理安排好勘查的先后次序，节省时间，提高效率。

2. 勘查房源时的作业须知

上门勘查时，房地产经纪人若因故无法按时到达现场，应尽早与业主联系，说明原因，以免业主久等；若无法完成本次勘查，应同业主约定下次勘查时间。

上门勘查时，房地产经纪人应佩戴工牌，主动向业主自报单位、姓名（我是××公司×××）并说明来意，在征得业主许可后方能入室进行勘查作业。

房地产经纪人依据房屋现场勘查表各栏的要求认真、仔细、全面地进行勘查。房屋现场勘查表格式和内容参见表 2-1～表 2-7。

在现场勘查时要特别注意以下事项：①现场勘查时，应仔细核对不动产权证上所载的面积与业主登记面积以及实际面积是否相符（如有不符，应及时向业主指出），了解物业类型、结构、楼层、朝向、建造年代、权属、房型布局、面积、外立面造型、外墙装饰材料、电梯数量、品牌、建筑质量等；②详细勘查水、电、气、热力、有线电视、无线网络的使用状况，对煤气或天然气的气路要亲自试用；③对底层并沿街有商业价值的物业还应仔细了解客流情况、周边人文环境、消费层次，并确定该物业周围是否有类似物业从事商业经营及经营项目的种类；④对非独用物业应了解厨房和卫生间合用部位的面积大小、合用户数、有无阳台；⑤耐心查勘物业所处的外部环境，如绿化环境、噪声环境、人文环境及物业周边的商业服务设施、交通状况、居住氛围、基础设施配套等；⑥了解该物业所在区域是否划入征收拆迁范围，了解该地区户口是否已冻结；⑦耐心询问业主房屋设施哪些可以留下，哪些必须搬走，了解房屋现存未用的水电气剩余量。

房地产经纪人在现场查勘时，要注意调查住房的相邻关系。狭义的角度是指要了解业主与邻居的关系，或者从邻居那里了解业主出售出租不动产的原因。广义的相邻关系是指调查不动产毗邻不动产状况，是否有邻避设施，包括变电站（所）、垃圾场站、化工厂等设施。如果有特殊情况，房地产经纪人一定要特别关注，并予以重视。根据《房屋状况说明书》（中房学）的要求，房屋周边 2 公里范围内的中小学、幼儿园、医院、丧葬设施应该记录；房屋 300m 范围内大型垃圾场站、公共厕所应该记录；房屋 500m 以内的高压线应该记录。房屋现场勘查记录完毕后应有客户签名予以确认。

另外，房源信息除以上文字形式外还有图片、视频、VR 等多种形式，特别是图片信息是网络推广中必不可少的要素。因此，房地产经纪人要做好现场拍照、后期图片处理的工作。优质的房源照片不仅能让购房客户在实地看房前对房间有客观、真实地判断，也能够体现出经纪人员本身的专业度和服务意识，大大提高房地产经纪人和购房客户的效率。为做好房源拍摄工作，房地产经纪人需掌握以下 4 个要点：

（1）与业主做好事前沟通。希望业主保持房屋整洁，对于隐私物品、不随房出售的物品做好收纳。

（2）多拍素材。房地产经纪人为了今后能认真查看房屋细节，方便购房者看到房间的全貌，每个房间的照片都需要拍摄和展示，而且要从不同的角度多拍摄照片，最后挑选优质照片保存。完整的房源照片不仅仅包括展示每个房间的照片，还包括展示楼宇外立面、小区配套、小区景观等室外照片，特别注意对于室外照片的拍摄需安排在采光较好的时间。房源拍摄细节照片，如精致的吊灯和漂亮的吊顶附赠的家具家电等都可以采集，为以后方便推广做好准备。

（3）拍摄的技巧的运用。拍摄时尽量打开室内照明，不要逆自然光拍摄，尽量举高相机，镜头向下 15～30 度地俯拍会更加显示房子空间得宽阔，除非空间特别狭窄或者希望呈现房间层高的优势，否则不要选择拍立式的照片，因为这样拍摄会显得空间过于狭窄。同时，切忌对反光物拍摄，拍摄镜子、玻璃此类物品。

（4）后期处理。为保证照片的真实性原则上拍摄的照片不可做后期的修改，除了采用的照片中出现人物、宠物、个人隐私物品（如照片），需做隐避处理，因此对以上内容在拍摄时尽量回避。

3. 房屋现场勘查作业后的工作

房地产经纪人对房屋现场勘查后，还要做以下 4 项工作。

（1）应及时整理好现场勘查过程中的有关数据和资料，填写《房屋现场勘查表》，为制作《房屋状况说明书》做好准备。

（2）在填写《房屋现场勘查表》绘制物业标准平面图时，应指明物业朝向、门、窗位置，绘制地理位置图时指明物业四周主要路段。

（3）房地产经纪人查看房源后，要仔细评估房屋的优点和缺点，用心感受房屋的特点。比如，是否临近地铁站口，房屋附近是否有噪声源，室外绿化景观特色，周边交通有多少公交车线路，通向哪里等。

（4）根据《房屋现场勘查表》记录的相关内容，另行编制《房屋状况说明书》，以备带客户看房时使用。

4. 填写《房屋现场勘查表》需要注意的问题

填写《房屋现场勘查表》时需要注意的问题有：①勘查人员对勘查物业描述不详、缺项或模棱两可；②勘查人员对勘查物业描述有误导；③勘查人员对物业关键因素记录不准确或勘查表粗制滥造；④勘查人员有违房地产经纪行业职业道德要求等。

5.《房屋现场勘查表》的填写细则

《房屋现场勘查表》是对房屋进行估价的重要参考资料，房地产经纪人可以按以下规范进行填写：

（1）物业坐落

主要填写物业所处的详细地址，如区（县）、路名、小区、幢号等。

（2）区域因素

① 地段等级：土地等级是指根据地方人民政府颁布的基准地价中关于土地等级划分的标准。

② 基础设施：基础设施划分为齐全、一般、不齐全 3 个等级，基础设施等级划分表见表 2-2。

基础设施等级划分表 表 2-2

等级	标准
齐全	水电煤热力配套到位； 水压稳定，水质良好，夏季及用水高峰时水流不变小，一般不出现停、限水情况； 电压稳定，分户单相电表（额定电流数大于 5A），小区内建有单独的变电站； 有线电视网络； 小区宽带网络； 电话有线有号或电话预留号码
一般	水电配套到位； 户式单独供暖； 水压稳定，用水高峰时水流会变小但不断水； 有分户单相电表但小区内无单独的变电站； 有线电视网络； 有宽带网络； 无管道煤气但有液化气
不齐全	水电煤设施不全； 水压不稳定，高峰时会出现断水，水质较差； 没有独立分户的电表，电压不稳，处于低电压区； 无电视与宽带网络； 无管道煤气及其他燃气

③ 商服设施：在这里主要指生活方便程度，符合以下标准才能称为具备相关配套设施：

银行：指在物业 500m 的半径范围内有 1 个或 1 个以上的储蓄所。

学校：指在物业 500m 的半径范围内有小学，在 1 000m 的范围内有中学。

邮局：指在物业 1 000m 的半径范围内有可以办理快件、国内特快专递、收领包裹、IDD、DDD 长话等各项邮政电信业务的邮电所或邮电支局。

医院：指在物业 1 000m 的半径范围内有 1 个医院。

超市：在物业 1 000m 有较大规模的农贸市场或有可以提供主副食品的超级市场。

④ 交通条件：这项主要是填写物业附近的公交便捷程度和道路通达程度。交通条件划分为好、较好、一般、差（在填写时，最好能注明途经的各条公交线路名称），交通条件等级划分表见表 2-3。

交通条件等级划分表　　　　　　　　　　　　　　　表 2-3

等级	标准
方便	在物业附近有多种公共交通工具，且步行 5 分钟左右即可到达公交站点，步行 10 分钟可到达轨道交通站点，其中专线车线路所占比例不得多于 40%。物业位于主要交通干道附近
比较方便	在物业附近有多条公交线路，且步行 5 分钟左右即可到达公交站点，物业位于主要交通干道附近
一般	在物业附近至少有两条或以上的公交线路
不方便	物业附近步行 5 分钟左右无公交线路，或仅有一条专线车

⑤ 人文环境：人文环境主要反映物业所在区域环境内的人口素质、地区治安状况等综合因素，主要划分为"好、较好、一般、差"，人文环境等级划分表见表 2-4。

人文环境等级划分表　　　　　　　　　　　　　　　表 2-4

等级	标准
好	物业所在区域附近有重点大学、市级图书馆、音乐厅、体育场馆等文化设施； 区域内人口素质总体较高，接受过高等教育的人数比例较高； 治安状况良好
较好	物业所在区域附近有普通学院、区级图书馆、体育场等文化设施； 区域内人口素质较高； 治安状况较好； 社区建设发展很成熟
一般	物业所在区域附近文化设施较少或较小； 区域内人口素质一般； 治安状况一般，无重大恶性案件发生； 社区发展比较成熟，初见雏形
差	物业所在区域附近无文化设施； 人口素质较低； 治安状况较差，治安案件时有发生； 城乡接合部外来人口聚居区和待拆迁改造的区域

⑥ 绿化环境：绿化环境兼指自然环境，分为好、较好、一般、差四个等级，其具体的绿化环境等级划分表见表 2-5。

绿化环境等级划分表　　　　　　　　　　表 2-5

等级	标准
好	物业小区绿化覆盖率高，种植高大乔木植物； 物业附近无污染（光污染、噪声污染、废气污染、辐射污染等）； 物业附近有大型集中绿地
较好	物业小区绿化覆盖率较高； 物业附近无影响生活质量的污染源（光污染、噪声污染、废气污染、辐射污染等）
一般	物业小区绿化覆盖率一般； 物业附近无影响生活质量的重大污染源（光污染、噪声污染、废气污染、辐射污染等）
差	物业小区绿化覆盖率低或几乎无绿地； 物业附近污染较重，影响生活质量

⑦ 规划发展前景：根据规划的具体情况，可分为三种情形（表 2-6）。

规划发展前景内容表　　　　　　　　　　表 2-6

等级	标准
暂无规划	指区域目前未进入实质性的大规模开发，至发展到一定规模约需 10 年的时间，目前交通、生活配套设施等条件较差
一般	指物业所在区域在未来的 5 年中为重点建设开发区域，目前住宅区开发已基本成片，道路交通、生活配套设施正在建设
好	指物业所在区域已基本建设开发完成，人口密集，基础设施配套，生活服务设施齐全

⑧ 其他：主要需注明以上区域因素中尚未描述但对物业价值产生重大影响的其他因素。

（3）房屋状况

① 物业权属

以住房为例，目前大部分城市的物业权属主要分为商品住房、经济适用住房、房改房、解困房、集资房、限价商品住房、私房、廉租房、军产房、自建住房等。在这些住房中，可以交易的住房主要有商品住房、房改房和私房，以及符合地方政府关于上市交易条件规定的经济适用住房，其他房产类型上市交易要依据相关法律规定，在合法的前提下才能销售。

商品住房是指通过出让方式取得土地使用权后开发建设的房屋，按市场价出售。商品住房的最长土地使用年限是 70 年。目前市场上房地产开发企业销售的物业基本上是商品住房，在存量房市场中，再次转售的商品住房占有比较大的比重，而且这种趋势越来越明显。

房改房（即已购公房）就是单位、机关、企业等部门分配给职工的公有住房，房改后由职工按规定购买、职工享有房屋使用权的物业。房改房包括以标准价和成本价购买的公房。目前房改房经过房屋产权单位批准并补交了土地收益后，可以在市场上进行流通。央产房是指"中央在京单位已购公有住房"，职工根据国家政策，按照房改成本价或者标准价购买的由中央在京单位建设的安居工程住房和集资合建住房，也视为已购公房。房屋业主出售央产房时，业主应向原产权单位进行核实，该房产是否可以上市交易。只有原产权单位同意可以上市交易，才能委托房地产经纪机构代理销售。

解困房是指地方各级政府专门修建用于解决本地城镇居民、特别困难户、困难户和拥挤户住房问题的住房。

集资房是指由政府、单位、个人三方面共同承担，通过筹集资金而建造的一种住房。职工个人可按房价全额或部分出资，政府及相关部门在用地、信贷、建材供应、税费等方面给予部分减免。

标准租私房是指"文革"初期由房屋行政管理部门接管，"文革"后落实私房政策带户发还产权，并执行政府规定租金标准的城镇私有出租房屋。标准租私房包括"文革"之前出租的私房，也包括"文革"期间出租的私房。为了落实私房政策，"文革"期间被没收的私房发还给原产权人，产权人享有房屋的完全产权。例如，北京老城区内发还给原产权人的四合院，就属于私房。

根据 2007 年建设部发布的《经济适用住房管理办法》（建住房〔2007〕258号）的规定，经济适用住房是指政府提供政策优惠，限定套型面积和销售价格，按照合理标准建设，面向城市低收入住房困难家庭供应，具有保障性质的政策性住房。其来源一般有三种，一是由政府提供专项用地，通过统一开发、集中组织建设的经济适用住房；二是将房地产开发企业拟作为商品房开发的部分普通住宅项目调整为经济适用住房；三是单位以自建和联建方式建设的，出售给本单位职工的经济适用住房。经济适用住房的产权人在购买住房 5 年后可以上市交易。经济适用住房交易时需缴纳综合地价款。应按照届时同地段普通商品住房与经济适用住房差价的一定比例向政府交纳土地收益等相关价款，具体交纳比例由市、县人民政府确定，政府可优先回购；购房客户也可以按照政府所定的标准向政府交纳土地收益等相关价款后，取得完全产权。对于 2008 年 4 月以后建设的经济适用住房，产权人出售时，政府具有优先回购权利，如果政府不回购，应按照届时同地段普通商品住房与经济适用住房差价的一定比例向政府交纳土地收益等相关价款。例如，2012年2月北京市发布新规定，凡新购经济适用住房不得在市场上出售，如果销售需由政府回购。

一些地方为了解决"夹心层"住房需求问题，政府出台了限价商品住房政策，以满足中等收入者的住房需求。限价商品住房是指政府采取招标、拍卖、挂牌方式出让商品住房用地时，提出限制销售价格、住房套型面积和销售对象等要求，由建设单位通过公开竞争方式取得土地，进行开发建设和定向销售的普通商品住房。限制商品住房对户型面积做了严格限制，住房建筑面积通常在90m^{2}以下，两居室住房的建筑面积在75m^{2}以下。购房对象也有严格限制条件，房屋的分配和销售一般采用申请轮候制，并以摇号形式确定最终购房者。购房客户取得房屋权属证书后5年内不得转让所购住房，确需转让的，由政府回购；5年后转让所购住房，需要补交土地收益等价款。

按照缴税标准可分为普通住宅和非普通住宅，非普通住宅有3个标准：①住宅小区建筑容积率在1.0以下（不含1.0）；②单套建筑面积在144m^{2}以上（不含144m^2）；③实际成交价格高于同级别土地住房平均交易价格1.2倍。以上三点只要符合一个即为非普通住宅，反之则为普通住宅。对于普通住宅和非普通住宅，各地方政府规定缴纳相关税费也存在差异，具体标准以各地方政府相关政策文件为准。

按抵押状态，住房分为未设定抵押权的房屋与已设定抵押权的房屋。《民法典》颁布后，已设定抵押权的房屋出售时，无需取得抵押权人的同意，抵押人应及时通知抵押权人（例如，银行）。

② 物业类型

住宅可以分为超高层、高层、小高层、多层、低层、独栋别墅、双拼别墅、联排别墅、叠拼别墅等。写字楼可以分为纯写字楼和商住两用楼。商铺可以分为含街面商铺和商业大厦中的铺位。工业用途房屋可以分为厂房、仓库等。

③ 建造年代

主要填写物业建成竣工交付使用的时间。

【案例2-6】

中介未告知买家楼龄，导致买家无法办理不动产抵押贷款

沈某是A房地产经纪公司的房地产经纪人。在沈某的撮合下，业主与买家陈某签订了《房屋买卖合同》，A经纪公司还与陈某签订了《佣金确认书》。陈某以抵押贷款方式购买该房产，在申请公积金贷款时发现购买的房产的建造年代

是 1990 年，贷款只能批 14 年，严重超出其偿还能力。不得已，陈某与业主解除了房屋买卖合同。同时认为由于中介没有核实楼龄造成他买不成房，不愿意支付佣金。A 房地产经纪公司多次向沈某追讨佣金未果，向法院起诉要求沈某支付佣金。

法院受理该案件后，庭审中发现在《房屋买卖合同》中写明了付款方式是按揭贷款，经纪公司作为居间方有义务对房子的建筑时间等重要不动产交易事实进行核查并且告知买卖双方。但 A 经纪公司促成订立的合同里没有约定核实房屋建筑时间，也拿不出已经告诉买家房屋建筑时间的证据。所以，法院认为 A 经纪公司没有全面履行中介方应尽的审查、告知义务，最终判定卖方仅需支付 A 经纪公司相关必要费用，为佣金总额的 10%。

④ 建筑结构

建筑结构主要按构配件结构和承重形式不同进行划分，可参考相关教材中关于建筑结构的解释结合实地勘查后填写。

⑤ 房型

住宅户型主要填写卧室、起居室、厨房、卫生间、阳台、储藏间、车库（车位）等住宅空间构成情况。

办公写字楼和商铺主要填写房间的进深与面宽，内部的互通性，柱间结构、竖井管廊位置、电梯数量和位置。

⑥ 面积构成

住宅面积主要填写卧室、起居室、厨房、卫生间、阳台的面积构成，如是合用在填写时要注明合用户数。办公楼主要填写封闭空间内独立办公场所面积。商铺面积是铺面房独立空间面积，或者整个独立商铺楼宇的面积，或者商场铺位独立使用部位面积。一般来说，板式住宅的套内使用面积的使用率为 80%，塔楼的套内使用面积因公摊面积较大，其使用率为 60%～70%。办公和商铺也要关注实际使用率的大小，由于公摊面积较大，其通常使用率在 70% 左右。

⑦ 朝向、楼层和层高

朝向主要填写南、东南、东、东北、西、西南、西北、北。在实测朝向时，有条件的要使用指南针，以指南针的读数为准，或向住户询问确定。

楼层主要填写房屋所处的层次，以及房屋的总层高，如有夹层的话要在这个栏目中注明。

室内层高：填写室内的实际净高，应在勘查时进行测量。

开间宽度：填写房屋各房间的宽度，应在勘查时进行测量。

⑧ 物业服务

物业服务可以分为以下 4 个等级（表 2-7）。

物业服务划分等级表　　　　　　　　　　表 2-7

等级	标准
好	小区保洁、绿化由专人负责，24 小时保安服务，封闭式管理，提供各类代办服务
较好	小区保洁、绿化由专人负责，提供保安服务，封闭式管理
一般	小区保洁、绿化由专人负责，提供保安服务，半封闭式管理
差	小区实行开放式管理或没有物业服务

（4）装修情况及其他

① 墙壁外立面：大理石贴面、陶瓷锦砖（"马赛克"）、涂料、水泥砂浆拉毛。

② 窗：钢窗、铝合金、塑钢。

③ 楼地板：水泥地、木地板。

④ 内部装修：豪华装修、一般装修、毛坯。

⑤ 备注栏中可填写客户的心理价位以及其他需要说明的情况。

（5）绘制交通位置图和标准房型图

交通位置图主要画出环绕物业的道路，在绘制交通位置图时，按上北下南左西右东的方位来绘制，同时应标出各条道路的路名。

标准房型图可以直观地反映房屋的基本状况，作为价格建议时的重要依据，因此在绘制标准房型图时应做到：

① 按适当比例缩小实际尺寸来绘制房型图。

② 按上北下南左西右东的方位来绘制。

③ 要详细标出房屋的门窗位置。

④ 详细标出房屋的面积，如果是住宅，还要标出厨房、卫生间、过道、阳台、储藏室等辅助面积。

⑤ 如对物业进行过改建，需要将原始结构的房型图和改建后的房型图一并画出。

⑥ 若物业没有位于同一楼层，如内部多层的单元，还应画出各层的分层平面图。对于跃层住宅，其套内空间跨越两个楼层且设有套内楼梯，要把各层的平面图都绘制出来。

6. 提供房地产委托价格意见

提供房地产委托价格意见的目的是通过描述当前的市场状况，从而使业主能够确定一个有竞争力的价格并了解房地产经纪人的营销策略。

房地产经纪人要了解房产所处市场行情，从企业销售管理系统、其他门店、合作评估机构、房地产交易中心搜集已成交的可比较房产交易信息。最好是搜集同一地区、同样格局、同样面积、同样风格、同样建筑时期的不动产。房地产经纪人使用《不动产评估意见书》，填写完成书面的房地产委托价格意见书（表2-8）。

向业主通报并解释房产评估结果。要告知业主，确定房产的价格是他们自己的责任，房产评估中所提供的数据仅作为业主自己确定最终不动产交易价格的参考。具体步骤：解释房产评估表是如何编制的；首先从最近的销售情况谈起，这一部分应当是通报的重点；详细描述每一个房产，并将它们与业主的房产作对比；让业主有充分的时间消化经纪人所提供的信息；为业主房产提供一个价格范围；要求业主自己确定房产的出售价格。

房地产委托价格意见书　　　　　　　　　　　表2-8

房地产经纪机构名称：_____　　　房地产经纪人：_____

房屋资料	房屋地址				
	房屋类型		房屋用途		
	权属性质		楼层		
	房屋结构	□砖混	□框架（钢混）	□其他	
	房产面积	建筑面积____m² 　使用面积____m²			
	房屋户型	____室____厅____卫____厨____阳台			
	装修状况				
	房龄	____年建成　产权证出证日期：____年____月____日			

价格评估意见	（一）周边同等户型楼盘参考成交价格： 1. 物业名称：　　　　　　　参考价格：　　　元/m² 2. 物业名称：　　　　　　　参考价格：　　　元/m² 3. 物业名称：　　　　　　　参考价格：　　　元/m² （二）同社区楼盘同户型参考成交价格： 1. 高位值物业：　　　　　　参考价格：　　　元/m² 2. 中位值物业：　　　　　　参考价格：　　　元/m² 3. 低位值物业：　　　　　　参考价格：　　　元/m² 　　根据实地勘查以及委托方提供的资料，对房产的区域因素、个别因素、日期因素、已成交数据、在市场中挂牌待售的各种情况等进行估算，该时点的房产价格建议如下： 价格浮动区间：人民币_____（万元）—_____（万元） 　　　　或_____元/m²—_____元/m² 　　　　　　　　　　　　签发日期：____年____月____日
备注	（1）以上评估结果是目前市场行情价格，该价格具有一定的时效性，建议客户根据市场情况对房产及时进行价格调整。 （2）以上估算结果是根据客户提供的资料计算，因此客户需保证所提供资料的准确性和真实性。 （3）本意见书仅供出售定价时参考，无法律效力

评估人：　　　　审核人：　　　　产权人：　　　　日期：

7. 了解业主委托要求

业主房屋出售（出租）委托要求主要是指业主（委托人）所定的出售或出租价格，以及交房日期、税费支付方式、售房款支付条件等。业主房屋出售（出租）委托要求是动态的，即当时的委托要求可能随着时间的推移（甚至每天都会调整价格），根据市场和供求关系的变化等而发生变化。

（三）房屋业主的信息收集

了解有关业主的信息，如出售动机（以旧换新、急于变现、子女教育、搬迁等）、价格期望、性格、专业知识、以往经验、对房地产经纪行业的看法等也至关重要，它可使房地产经纪人更清楚业主的需求，也有利于与业主建立友善的关系。在业主信息收集过程实际上是一个沟通交流的过程，也是一个争取与业主建立信任关系的过程。与业主的沟通过程需要注意7个事项：

（1）无论是电话拜访或是面谈，注意商务礼仪，保持良好的专业形象，以诚实、正直和及时响应的良好服务态度对待业主。

（2）掌握提问技巧，善于换位思考，尊重和理解业主本人的想法，提问中尽可能不涉及与房产交易无关的个人隐私，尊重和保护个人隐私权，与业主建立友善关系。

（3）学会倾听，做一个好的倾听者，即使不同意业主的某些观点也不要与之辩驳，而是通过倾听理解产生这些观点的心理原因和顾虑，然后针对这些顾虑与业主进行讨论，在讨论过程中引导消除其心理顾虑。

（4）向业主展示现场勘查和评估的结果，提炼房屋卖点，制作并提供房屋说明书，并针对房屋说明书的内容与业主讨论，最后获得其对外发布房源信息的肯定性意见。

（5）向业主大胆提出个人的可行性建议。为了房产能够更畅销，房地产经纪人应该适当向业主提出一些建设性意见．使得房产处于最佳上市状态，为后续营销做好准备——移走杂物、修理损坏、重新刷漆、保持卫生等。房地产经纪人可以采用营销技巧——三明治法（积极反馈＋消极反馈＋积极反馈）提出建议。例如，房地产经纪人采用积极反馈的方式："叶先生，您的房子布局合理，动静分明，相当的不错。"再说几点消极反馈："只是墙壁有些黑，房子显得有点脏，这可能会让客户对房屋的印象大打折扣。"最后再申明积极反馈："叶先生，您如果能重新粉刷一遍，把房子打扫干净．花费也不大，但是这样一来客人来看房的时候，对房屋的印象就会更好，有利于加快销售进度，更有可能达到您期望的出售价格。"

（6）制定房屋营销计划书，并向业主展示说明个人营销计划，争取签署书面的委托协议，建立正式委托关系，在获取委托过程中向业主提供《卖方顾客服务质量保证书》（见第四章【案例 4-4】《卖方顾客服务质量保证书》）。

（7）保持与业主的经常联络，因为有关业主信息的收集不是一次就能到位的工作，而是个逐步完善的过程。此外，业主信息也可能是动态的，所以房地产经纪人应持续保持与业主的沟通，及时获取最新的信息，确保房源有效性。

第三节　房源信息的管理与维护

一、房源信息分类管理

房源信息分类管理主要是为了提高房地产经纪人对房源信息系统管理的工作效率，实现快速查询、快速匹配、快速流通、快速成交。

（一）房源信息分类原则

1. 按级分类原则

分类检索就是遵循快速检索、查询的规则，分级为一级类别、二级类别、三级类别、四级类别……这样有利于房源分类管理工作更系统、更清晰、更精细，房源分类别管理示意表见表 2-9。

房源分类别管理示意表　　　　　　　　　表 2-9

一级类别	二级类别	三级类别	四级类别	五级类别
住宅类	出租房源	独家房源	社区楼盘	户型：一房、两房、三房、四房……
		非独家房源	社区楼盘	户型：一房、两房、三房、四房……
	出售房源	独家房源	社区楼盘	户型：一房、两房、三房、四房……
		非独家房源	社区楼盘	户型：一房、两房、三房、四房……
	租售房源	独家房源	社区楼盘	户型：一房、两房、三房、四房……
		非独家房源	社区楼盘	户型：一房、两房、三房、四房……
非住宅类	出租房源	独家房源	社区楼盘或地段	类型：商铺、写字楼、车库、厂房
		非独家房源	社区楼盘或地段	类型：商铺、写字楼、车库、厂房
	出售房源	独家房源	社区楼盘或地段	类型：商铺、写字楼、车库、厂房
		非独家房源	社区楼盘或地段	类型：商铺、写字楼、车库、厂房
	租售房源	独家房源	社区楼盘或地段	类型：商铺、写字楼、车库、厂房
		非独家房源	社区楼盘或地段	类型：商铺、写字楼、车库、厂房

2. 简单实用原则

房源分类管理应该结合房地产经纪机构和房地产经纪人的实际情况，分类简单，容易理解，实用，方便操作。例如：某房地产经纪人精耕某区域内的几个楼盘，从其作业习惯可以将楼盘名称作为一级分类，将租售类型作为二级分类，将户型作为三级分类，对其而言这样更高效，更方便管理。

3. 主次分明的原则

由于每个人投入的精力、时间有限，针对众多的房源信息，如果房地产经纪人将其精力和时间平均分配到每套房源上并不现实，也不科学。要使房地产经纪作业更高效，也要尊重时间科学管理原则，所以房源分类管理上应该根据房源的优质等级、紧急程度等划分，有主有次、有先有后地进行维护和营销推广。

（二）房源信息分类管理

房地产经纪人最基本的职责是促成交易双方成交。经纪人面对众多的房源，究竟如何开展营销呢？是不是对每一套房子都要付出同样的营销成本呢？答案自然是否定的。经纪人要提高成交效率，就应将房源信息进行细分，哪类房子属于优质房源？哪类房子的成交概率最高？经纪人在日常业务工作中培养了对房源细分的能力，就能很快判断优势房源。

1. 分类标准

一般来说，房地产经纪人可以根据若干个因素对房源成交概率以及成交周期进行比较，将房源分成不同的等级。例如，位于热销地段、产权清晰、具备合法的交易资格、业主出售意向坚定、心理价位较接近市场价格的房源，其销售难度比较小，销售周期也比较短。这类物业可将其归为优质房源，进行重点销售。而对于一些存在某些瑕疵，或其他交易障碍的物业则可归为一般房源，作为优质房源的补充（表2-10）。需要注意的是，该分类是从销售难易角度进行划分的，并不完全代表物业质量的好坏。

房源类型分类表   表 2-10

房源类型	分类依据	特征
优质房源	地理位置较好或处于热销地段	市场需求旺
	业主心理价位合理	销售难度小
	业主主动积极配合	销售周期较短
	具备合法上市产权	有房源钥匙
一般房源	地理位置较差	市场需求小
	价格较高或没有竞争力	销售难度大
	业主配合不积极	销售周期较长
	产权不清或有其他阻碍成交的问题	无房源钥匙

为了更加深入地分析房源，房地产经纪机构也可以从客户需求角度出发，按照优质房源、房源来源渠道和业主换房路线三个层面解读房源信息。优质房源一般包括指最近一周带看最多的5套房、新增的热销房、近期的聚焦房三种类型。房源来源渠道指该套房源通过什么渠道接触到业主，业主委托给房地产经纪人出售还是出租的。比如，是老客户介绍、企业品牌、社区内唯一的经纪门店、互联网广告、其他经纪人推荐等。业主换房路线也是分析房源信息的重要内容。业主换房路线是指房地产经纪人通过分析本盘业主卖房后又去其他小区购房置业，分析客户的置业趋势，为今后服务其他业主而形成的业主与购房者身份转换的连环单打下基础。比如，业主卖房后打算购买学区房，因而去多个学区房社区看房，或者卖房后去其他休闲旅游养老城市置业等。

2. 分类管理

根据分类原则以及结合房地产经纪机构和房地产经纪人的市场定位，选择自己的分类规则和标准。对于重点房源，房地产经纪人应该集中精力、投入时间，重点联络跟进、营销推广，以求快速促成交易；对于非重点房源，房地产经纪人应该保持联络、持续跟踪、定期回访、及时更新。房地产经纪人还可以利用企业内部信息管理软件对分类房源信息进行更好的管理，例如对于要定期回访的房源设置跟进回访的提醒时间，同时每次跟进都做好访问记录，留下信息累积。

二、房源信息管理制度

房源信息管理制度，主要依据市场的现状以及房地产经纪机构自身的特点和发展需要进行设定。在这里介绍的私盘制、公盘制和混合制，各有优劣之处，适合不同规模、不同发展阶段的房地产经纪机构。

（一）私盘制

房源信息由接受业主（委托人）委托的房地产经纪人录入信息管理系统，其他经纪人只能查看房源的基本信息（物业名称、房型、面积、出售价格、配套设施等），房源信息中的栋座号、楼层、房间号、业主联系方式等关键信息只有该受托经纪人及其上级主管才能看到。其他经纪人要联系该物业业主（委托人），只能通过该经纪人采取合作方式，当交易达成之后，该受托经纪人可分得作为房源持有方的规定比例的佣金（一般是50%）。

私盘制的优点表现在有利于保障收集房源信息的经纪人利益，有利于调动经纪人收集房源信息的积极性、有利于专人服务业主，避免多人联系给业主带来不必要的骚扰。因为经纪人收集的房源信息越多，促成交易的机会就越大，他所分到的佣金也就会越多。

私盘制的缺点则表现在不利于信息资源的快速流通、容易导致效率低下，当一个经纪人持有的大量房源时可能出现精力不足无暇兼顾，这样使得房源信息的利用率大大下降，无法为委托业主提供及时的服务。此外，在房客源匹配上，该受托经纪人可能从利己角度出发优先考虑与自己的客源进行匹配，这样反而阻碍了与其他经纪人合作的顺畅，容易错失成交机会，降低成交的效率。

（二）公盘制

公盘制，是指在一个房地产经纪机构内部，或者几个联盟房地产经纪机构之间，或者一定区域范围内加入联盟的全部房地产经纪机构，将所有房源信息完全共享。目前，我国大部分直营房地产经纪机构内部均采用公盘制达到房源信息共享的目的。

公盘制的优点表现在信息完全共享，有利于新入职的经纪人进入工作状态，经纪人可以快速联系匹配到的房源业主并及时带看，从而大大提高工作效率。因为无需再通过持盘经纪人合作，所以使得信息有效利用率更高，流通更快速；强调团队合作多劳多得，一般公盘会对经纪人业务动作细分，房源开发、钥匙委托、独家委托、磋商促成等可能由不同经纪人完成上述作业，而在佣金分配上只要为该房源的交易作出贡献的均可以按照贡献分到一定比例的佣金。

公盘制的缺点表现在主要是不利于激发房地产经纪人收集房源信息的积极性，部分经纪人为了个人的利益，会出现"留盘"行为。而且，房源信息较容易外泄。因为经纪人开展经纪业务时存在着明显的区域性，如在A区工作的经纪人小王一般不会去做B区的业务，这时，小王就有可能将自己在公司里获知的B区的房源信息，透露给在B区其他经纪机构的经纪人小张。另外，可能出现有的房源信息多个经纪人同时在跟进，造成重复作业和对业主的骚扰，也容易导致员工内部利益冲突。

（三）混合制

混合制是公盘制和私盘制的混合使用，有一种是限定区域公盘（限定区域内公盘制、区域外私盘制）。例如某房地产经纪机构在A区、B区各自区域内实行公盘制，信息完全共享，但是A区和B区之间则以私盘制作为房源信息共享模式，使A区和B区之间不完全共享房源信息，这种情况在以特许经营模式为主的房地产经纪机构较为普遍。另外一种是限定数量私盘，即经纪人个人可拥有限定数量的私盘，超出限定数量的均为公盘。例如，某房地产经纪机构规定公司经纪人每人最多只能有10条房源信息设置为私盘，其余均为公盘。上述两种混合制的房源信息管理制度，主要结合了公盘制和私盘制可能存在的优缺点而建立的房源信息共享模式。

三、房源信息更新维护

房源信息的时效性非常强，因此必须不断地对房源信息进行更新，以保证其有效性。一般来说，对房源信息的更新要注意以下三点：

（一）周期性回访

对房源的业主（委托方）进行周期性访问，是保证房源信息时效性的重要手段。将房源分为不同的级别，同时，房地产经纪人要对不同等级的房源制定不同的访问计划与访问期限。如按照表 2-10 的房源分类要求，房地产经纪人根据市场需求情况、价格合理性和竞争情况等因素，确定合理的访问周期。优质房源的访问周期，一般为 1～15 日；一般房源的访问周期，通常为 5～15 日。

处于在售或在租状态的房源被称之"有效房源"，它们在经纪业务中的作用不言而喻。已完成交易的房源或者由于其他原因停止出租与出售的房源属于"无效房源"，值得注意的是，这些无效房源的作用有时则会被经纪人忽略，因而也就将它们"打入冷宫"，不再花费大量时间和精力对它们进行更新。这种做法是不科学的，因为随着时间的推移，这种"无效房源"也有可能再次变为"有效房源"，再次上市进入交易市场。例如，房地产经纪人小王将房源 A 成功销售给购房人李某，但李某入住一段时间之后想换更大的房子，欲将房源 A 再转手出售。那么，小王在对该"无效房源"再次访问时了解到了李某这个想法后，该"无效房源"就重新变回"有效房源"。小王不仅可能获得业主李某的出售委托，还可能获得李某作为客户的求购委托。而对于租赁房源，其变化状态更频繁，可能经常在"有效"与"无效"之间变换。

许多房地产经纪机构将房源维护的重点放在优质房源。在目前市场的多家委托的情况下，业主委托销售的房源在短期内可能会有大量的房地产经纪人进行维护，形成一种"热销"状况。在这种情况下，业主心态往往会出现"涨价""惜售"的变化。而对于一般房源和无效房源的跟踪，如房地产经纪人能第一时间获得业主"降价""出售"的信息，房地产经纪人将在一段时间内在局部市场获得明显的竞争优势。

（二）回访信息的累积

随着时间的推移，业主（委托方）的出售或出租心态可能受到内外界因素影响而产生变化，因此对房源的每一次回访都应将有关信息记录下来，它可以真实记录和反映业主（委托方）的心态变化过程，业主心态的变化最终会引起房源信息的变化。回访信息的不断积累将为以后的再次回访提供参考，获得更准确有效的信息，进一步提高成交的概率。

例如，由于对市场信息的了解程度发生变化，市场趋涨或趋跌的氛围会影响业主的心理价位，又或者由于业主自身急需资金，会调低其心理价位等，都影响着整个销售进度与最终交易价格。

（三）房源信息状态的及时更新

房源信息状态分为有效（在租、在售、租售）、定金、无效（已租已售、暂缓租/售）。根据每一次的房源带看结果及房源的买卖/租赁交易进程，录入相应的房源状态在租、在售、租售，从而实现房源信息的及时更新与循环利用。

房源业主与客户签订了定金协议，房源信息将从有效状态转为定金状态；定金状态的房源，若超过预定签约日期仍未签约，出现退订，则该房源变为有效状态（在租、在售、租售）；房源业主与客户签订了买卖/租赁合同，房源从有效或定金状态转为签约状态，至此交易结束，房源状态将变为无效（已租已售）。或者业主由于某些原因暂不出租/出售房屋，则房源状态也变成无效（暂缓租/售）。每一轮交易的结束点将是新一轮交易的起始点，即成交业主的无效房源可转化为有效房源，成交顾客的维护人通过对成交业主的维护，发掘出新的需求，获取委托之后可以进行房源、客源的录入，房源信息的状态将转为有效，新一轮的房源交易将会开始。

第四节　房源信息的营销与推广

一、房源营销的原则

房源营销工作是房屋销售工作的核心环节，优秀的房地产经纪人一定是一个优秀的营销人员。"销售速度""销售成功率"是衡量经纪人销售工作的效率指标，销售速度快、成功率高，这也是大多数房地产经纪机构共同追求的经营目标。

房地产销售签约只是一个结果，而房源营销工作是房源委托工作与谈判签约工作的衔接，能否快速售出房源，房源营销工作是关键。在有效开展房源营销时，通常要遵循以下 7 个原则：

1. 房源内容要真实，图片清晰

时下房地产广告繁多，一些人想尽花招和言辞对房源进行美化。但事实上，房源的内容是否真实至关重要，否则虽然吸引了众多客户查询，都未必是你的目标客户；潜在客户即使到现场看了房，一旦发现房屋现状与广告内容，图片拍摄有差距，不买不说，也失去对经纪人甚至是房地产经纪行业的信任，结果造成成交概率小，接待负担重，浪费了客户的大量找房时间。只有为客户提供真实、可靠的信息，才能与客户之间建立良好的信赖关系。此外，广告刊登应征得业主同意，并不得提供失实资料或误导性陈述。

2. 房源信息完整

经纪人应尽可能全面了解房源及业主信息，并录入系统，增加房源信息完整性。信息的完整性包括房源信息（户型、物业服务费、建筑面积、建成年代、建筑类型、房屋用途、房屋朝向等）、业主信息（业主姓名、联系方式等）、委托信息（委托类型、出售价格、是否独家、有无税费、可看房时间等）、房屋现状（装修标准、是否出租）等。房源信息的完整性将使交易成功的概率大大提高。

3. 及时性

第一时间将房源信息摆上你的"货架"，是房源营销工作的基本要求。获取房源信息后最好在1小时内录入销售系统，那些行动慢半拍的房地产经纪人，往往都有不少遗憾，与成功交易擦肩而过。

4. 区别对待

在销售过程中存在一些特殊房源，对与这些房源业主的联系需要在一定的控制下进行，比如公司关系客户、演艺明星等，可做特殊房源处理。房源详细地址和业主联系方式只有房源所属人可见，其他经纪人需要查看时，只能联系房源所属人。这么做主要是为了免去对业主生活造成打扰及影响，不利于房屋成交，甚至丧失房源的委托出售权利。

5. 卖点突出

没有卖点的房源营销推广工作多数是无效的，造成资源浪费，工作效率低下。因此广告类的促销活动一定要卖点突出、富有个性。每一套房源都有其独特的优点与个性，个性的表现要与营销房源的特质相关联，发现这个"卖点"是开展营销工作的基础。那些整天看起来很忙，但业绩又无法实现的经纪人，多数是因为"无用功"做得太多，没有重视挖掘房屋产品的卖点。事实上，市场上没有表现"完美"的房子。地段好、楼层好、朝向好、户型好、装修好，这样的房子价格一定较高，同样，有一些优点不足的房子，也许价格比较实惠。另外，有些业主因为急需用钱，降价促销也时常发生，当然这类房子不可多得。每一套房子都有其优劣势，重要的是，房地产经纪人要抓住物业自身的优势，即卖点。

同样重要的原则是，客户对房屋的需求和偏好是不同的，而且大多数客户在满足自己需求的同时，可以接受其他的"缺憾"，房地产经纪人可以将客户的这种最重要的需求点称为客户心中的"樱桃树"。有的客户一定要最好的地段，因为地段通常代表身份，并且物业购买价格是次要问题，那么这类客户的"樱桃树"就是"身份";有的客户因为经济能力有限,寻找符合预算的房子,因此对房子条件要求不高,比如可以位于非中心区域,可以在顶楼(多层)等,这类客户的"樱桃树"就是"实惠"。有的客户希望入住这个房子后,孩子能读重点小学,这类客户的"樱桃树"就是"能读重点小学,为下一代着想"等等。在客户需求方面,房地产经纪人要知道他们的"樱桃树"是不尽相同的,并且要学会抓住客户心中的"樱桃树"。

因此,没有卖不出去的房子,只有找不到的客户。每套房子都有其"闪光点",房地产经纪人只有认真对待每一套房子,善于挖掘其卖点,并做到"喜爱"自己所卖的房子,才能有信心与激情去营销推广待售物业。

6. 广泛推广

尽可能扩大推广面,实现信息共享,让更多的房地产经纪人共同参与营销活动。营销网络对于任何一个房地产经纪人都非常重要,团队合作意识强的经纪人更加容易获得成功。

7. 广告形式多样

通常选择互联网广告和店面展示,也可以选择其他广告方式进行营销。

二、房源信息内部推广

内部推广是指将委托物业在销售团队内部房地产经纪人之间进行推广。内部推广工作一般操作简单,方便快捷,见效迅速,有可能在短时间内获得有效客户。若能在内部推广阶段实现房源客户信息有效配对,实现交易,那么其营销成本比较低,就省去了大量的外部营销工作。

(一)管理软件

目前大部分的房地产经纪机构都有使用房源信息管理软件,利用信息管理软件的邮件、公告功能将重点房源信息及时推送给其他经纪人,推送频次视实际情况及房源紧急程度而定,业主急售房源可以加大推送频次,增加其他经纪人对此房源信息的印象,提高房客源匹配的成功机会。

(二)推荐合作

在公盘制的房地产经纪机构里因为信息完全共享,并不需要再采取内部推荐方式进行合作。因此内部的推荐合作一般存在于采用私盘制或混合制信息管理制度的房地产经纪机构。需要采取推荐合作的房源一般是房源处在受托经纪人所能服务的区域之外,经纪人需要与所在区域之外的其他经纪人进行合作。内部推荐合作分为一般推荐和合作推荐两种方式:一般推荐指业主受托经纪人将房源信息(连同业主联系方式)推荐给其他区域的门店经纪人全程服务,成交之后则作为业主受托经纪人一般只分佣 30%；合作推荐则是业主受托经纪人将房源信息（房源基本信息而已，不含业主联系方式）推送给其他区域的门店经纪人之后，业主受托经纪人也会参与服务全程，并协同促成交易实现。这种合作推荐方式在成交之后，业主受托经纪人与合作经纪人一般对半分佣，各分佣 50%。

（三）聊天工具

随着互联网工具普及应用，现在房地产经纪机构大多会利用各种即时聊天工具建立自己内部的业务交流群，搭建起了信息共享的房源内部推广平台。聊天工具的优点是可以快速将房源信息推送给内部交流群内的每位同事，也可以做到点对点精准营销，将房源信息推送给其他想合作的经纪人；缺点是信息很容易被覆盖，刚发布上去的房源信息可能瞬间被其他聊天信息覆盖掉。通过聊天工具的群聊发布房源信息应注意：

1. 标题简洁、鲜明突出。一般是楼盘名称和突出卖点结合，例如：【海景房】某某花园、【独家房源】某某大厦。

2. 内容精炼、卖点清晰。基本房源信息和卖点清晰罗列出来，提炼突出的卖点如公摊少、俯瞰街心花园、有钥匙看房方便、可带户口、低价或低首付、阳光充足、明厨明卫、无个税、楼层高视野好等，这些都是容易吸引关注的卖点。

3. 图文并茂、简洁美观。除了文字描述外最好配有房源照片，图文并茂，房源照片注意选择图片清晰、光线明亮、角度较好的图片，为了避免多图发送导致信息过于冗长，建议采取拼图方式。

4. 切忌房源过多、篇幅冗长。大部分的群聊内容，经纪人都是在智能手机上完成编辑和阅读的，所以切忌房源过多，一般 1～3 套以内为佳，另外篇幅不宜过长，过长一方面大家不会仔细阅读，起不到推广效果，另一方面容易造成群内刷屏，这容易引发其他人的反感，效果适得其反。

（四）业务会议

大部分的房地产经纪机构每天或每周都会举行业务会议（早会、夕会），在这些业务会议上一般都有信息交流环节，允许经纪人将重点房源在会议上向其他经纪人推介。经纪人在业务会议上推介房源应注意：

1. 推介房源应为重点推广的优质房源，且推介房源套数在 1～2 套为宜；

2. 推介前房地产经纪人应做好充分准备，确保房源信息完整、真实、准确，先将房源卖点进行提炼，最好是可以制作成房源展示的幻灯片，图文并茂，这样有利于吸引眼球、增强他人对房源的印象。房源展示幻灯片制作最好包含几个内容：房源所在商圈区位图及商圈优势、房源所在楼盘信息及图片、房源卖点分析及图片（卧室、客厅、厨房、卫生间、平面户型图）、经纪人专业形象照片及联系方式等，图片光线明亮、质量清晰。

3. 推介过程，注意表达清晰、语调适中、言简意赅、重点突出，控制时间，语言生动活泼，富有吸引力，营造良好的营销氛围。

（五）其他推广方式

通过房地产经纪机构内部的培训活动、联谊活动、市场活动、文体活动等场合认识更多同事并推广房源信息，总之可以通过经纪人在企业内部通过各种场合和形式建立起来的个人主页开展内部推广营销工作。

三、房源信息外部营销

外部营销指各类直接面向市场大众的房源信息推广工作。外部营销工作可以与内部推广同时展开，它是房地产经纪人在最短时间内，扩大推广面的必需工作。外部营销将大大增加房屋销售的成功率，并提高其销售速度。

（一）橱窗广告

房地产经纪机构一般都以店铺作为经营场所，当然也有以写字楼作为经营场所的。以店铺作为经营场所的基本都会设置橱窗广告，即专门的房源信息展示区。橱窗房源广告容易吸引从店铺前过往的人群，也是获取上门客户的一种重要广告营销方式。橱窗广告应注意以下五点：①房源信息应注重真实性、时效性、完整性，保证是最新的真实房源。②橱窗广告版面设计图文并茂、简洁美观，彩色喷绘效果更佳。③橱窗广告最好做好分区：出租房源、出售房源、重点推荐房源等，让客户更容易浏览。④橱窗广告应定期更新和清洁，橱窗玻璃要清洁明亮，避免日晒导致广告纸褪色影响美观。⑤对驻足浏览橱窗房源信息的客户，应该及时接待并引导入店提供咨询服务，并对客户需求做好登记。

（二）平面媒体广告

平面媒体广告指报纸、刊物、宣传册等，平面媒体广告上刊登房源信息，一般以方块单元格形式呈现，有部分报纸、刊物、宣传单上也采用图文结合方式。平媒广告的优点是覆盖面广、针对目标群体强、见效快；缺点是受互联网影响阅读群体有日益缩小的趋势、时效短、投入成本高。

平媒广告投放应该注意以下五点：①选择发行量大、知名度高的平媒广告载体，如地方权威的生活报、专业杂志等。②广告投入应持续不断，每周1~2次，持续才能效果更明显。③存量房房源广告最好由房地产经纪机构统一投放，结合企业形象或品牌宣传一起推广效果更佳，或者与知名的平面媒体合作定期定版面投放广告。④房源广告撰写应标题鲜明、楼盘及房源信息简洁清晰、卖点突出，表明房地产经纪机构或楼盘销售电话。如果是存量房房源广告，标注的房地产经纪人联系方式最好选择一个容易记忆的号码作为长期的业务联系号码。⑤每次投放广告应注意登记和统计客户来电，收集相关数据，为后期分析渠道效果、选择投放平面媒体渠道和撰写房源广告等提供依据。

【案例 2-7】

房地产中介发布房源广告要守法①

2017 年 3 月到 5 月，深圳市规划和国土资源委员会及深圳市市场稽查局对深圳市房地产广告开展了专项执法检查活动。检查结果显示，深圳市有 300 多宗房地产广告涉嫌违法违规，其中 90% 集中于房地产中介发布的房源广告中未标注建筑面积或套内面积等不规范操作。深圳市房地产中介协会发布了《关于规范房源广告的郑重提示》，要求发布广告时必须先得到业主的书面委托，所有房源广告必须明确房地产经纪机构名称、备案证书编号、房地产经纪人员名字、不动产权证上记载的建筑面积或套内建筑面积、房源信息编码、意向售价、委托有效期（价格的有效期限）等关键信息。

房地产经纪机构及经纪人员发布房源广告信息时必须要严格遵守《广告法》《房地产广告发布规定》《房地产经纪管理办法》，以及当地关于房地产经纪市场监管的各项规定。

（三）网络广告

互联网时代下，互联网平台日益成为重要的营销渠道，随着购房消费群体的年轻化，人们越来越多地依赖通过互联网平台实现购物、消费、咨询、服务的需求。在房地产经纪行业里，网络来源客户越来越多，特别是 80 后、90 后、00 后成为租房和购房主力后，作为在网络环境下成长起来的一代人，他们主要通过网络寻找房源。从目前来看，房地产经纪机构的客源通过网络渠道获得的客户数量占各渠道来源的客户总数量的比例甚至已经高达 60% 以上。

网络营销中选择网络平台类型主要有：专业房地产门户网站、房地产经纪机构自营网络平台、手机 APP、自媒体工具等。

随着智能化手机的推广和使用，一些房地产经纪人尝试使用社交平台个人主页推送房源信息，即微营销。首先，房地产经纪人与联系过的客户成为社交好友。第二步，设计好自己专业头像和个性签名。最好头像使用个人着装职业化的照片，体现房地产经纪人的专业性和职业特点。第三步，在个人主页里每天发一到两则房源信息，并确保房源信息是真实的，是经过业主同意的。为了赢得个人

---

① 深圳市房地产中介协会公众号. 房地产中介如何发布房源广告？〔EB〕. (2017-05-27).

主页客户的信任，也可以将看房心得、售房故事、售房经验、企业品牌、房地产政策等编写成小故事、小文章，推送到个人主页，塑造个人品牌。第四步，充分利用社交平台拍照和发图等功能，记录客户房源的各类信息，利于今后查询。

一些房地产网站提供了付费的房源信息发布平台，房地产经纪人可以按照网站的房源发布规则在平台中发布房源信息，吸引通过网络渠道寻找房源的购房客户或承租人。房地产经纪人在付费房源信息发布平台上进行操作，需要注意以下3点：

第一，时间点把握。房地产经纪人在充分了解网站平台的信息发布规则后，应合理规划信息发布操作时间，尽可能错开客户看房的高峰时段，同时也应注意网民的上网习惯。据统计，上午10点左右、午后1点左右以及晚上7点之后的时段为网民上网高峰时段。

第二，杜绝虚假房源。对于虚假的房源信息，虽然在短时间内能够招徕客户，但长此以往，会使客户丧失对信息发布者的信任，实际效果大打折扣，甚至还会招致投诉。

第三，图片质量和描述文字。通常在一个网站平台上，会汇集几万甚至几十万数量级的房源信息，如果想从这些信息中脱颖而出，一是标题描述要醒目，并能够简短概括房源的核心卖点，例如"海景房""小户型"等，切忌夸大其词。二是追求房源图片的质量，在拍摄时要充分考虑对主要房间的覆盖，在可能的情况下，对房屋内物品进行整理、保洁，使房源拍摄时处于最佳状态。三是房源描述详尽，要从房屋的"特征"（如商圈、户型等方面）、"优点"（核心卖点）以及给客户带来的"利益"（投资价值）等多方面进行描述。

总体上，房地产经纪人做好网络营销应从以下5个方面入手：

第一，学习和了解互联网的规律和特性，运用互联网思维思考网络营销。

第二，了解和选择合适的网络发布平台，熟悉和掌握该网络发布平台的功能模块、发布规则、发布要求、发布技巧等。

第三，选择1~3个网络发布平台，集中精力做好日常维护管理和更新工作。一般来讲，房地产经纪人不宜选择太多网络发布平台发布房源信息，否则容易造成精力分散，对客户服务不到位。

第四，网络发布房源信息，想要提升效果应重点关注六大关键点：个人专业形象的塑造（通常穿着企业定制的制服、头像空白处可标注企业品牌LOGO、企业经营理念简略宣传口号、个人主要经营业务范围、联系电话等）、最新的优质真实房源（可以采用图片拼接方法，将多套房源信息拼接在一起）、有吸引力的标题和标题图片、详细卖点分析的房源描述文字、高质量的房源图片（小区图、室内图、户型图）、有技巧的刷新和置顶。

第五，时刻关注和分析网络端口的数据变化，包括点击量、点击时段、刷新次数、刷新时段、房源综合评分等综合数据，掌握规律，改进和改善网络营销管理工作，提升网络营销效果。

（四）同行合作

在房地产经纪机构外部进行的同行合作，一般采取合作推荐的方式，而采取同行合作的房源通常都是独家委托房源。因为业主多家委托的房源信息的透明度太高了，所以业主多家委托的房源，同行合作的可能性很低。

采取同行合作的独家委托房源分为一般推荐和合作推荐。一般推荐指受托经纪人将房源全部信息（含业主联系方式）推荐给其他经纪人，这种房源通常是在该受托经纪人的服务区域之外，成交之后受托经纪人一般可分得30%佣金比例；合作推荐则是受托经纪人只将基本房源信息推荐给其他经纪人，其他经纪人若有合适的客户须联系该房源受托经纪人进行操作，成交之后该受托经纪人和合作经纪人一般对半分佣，即按照各自分佣50%。但上述分佣比率不是固定的，会根据具体市场状况调整。一般情况下市场趋势较好，成交量大、价格上涨，房源方的佣金比率高；市场较差的情况下，则房源方的分佣比率低一些，客户方的分佣比率高一些。

同行合作应注意事项为：①谨慎选择合作对象，外部合作需要考虑和评估合作对象的合作诚意和履约精神。②合作双方以书面形式签订《合作协议》确定合作事项，包括投入费用承担、成交分佣比例、交易合同签约、售后服务方面的双方责任分工、双方的权利与义务。③报备所在经纪机构的直接上级主管，以便跨部门之间沟通协调。④秉承平等、诚信、互惠、互利的合作原则，合作双方加强沟通联系，确保合作顺畅，共同服务好客户，更快促成交易达成。

（五）驻守派单

驻守指在社区人流密集的场所、必经的路段，如社区广场、商场、超市、小区进出口等地进行驻点营销，一般是经纪人持驻守牌（即移动房源广告板）在驻守地点、派发单页广告宣传单，等待接受往来的潜在客户的咨询和委托。驻守派单主要目的是主动贴近社区或目标客户群体收集信息。驻守派单应注意以下5个事项：

第一，选择合适场所。首先应该是地方行政管理部门允许进行驻守派单的场所和地点，其次是人流密集、目标客户集中的场所和地点。

第二，做好充分准备。包括提前考察驻守地点，选定驻守时段，制作展示最新房源信息的驻守牌和单页广告宣传单，准备专业营销工具（如文件夹）和2～3个房源钥匙（以备随时看房）。

第三，制定明确目标。比如派发多少份单页广告宣传单、驻守多长时间、收集多少个客户信息等，这样才能让驻守更加有的放矢，并不断思考和完善驻守工作。

第四，保持专业形象。驻守时，房地产经纪人要注重分工合作，一般一人在驻守牌位置上派发单页广告宣传单，一人在驻守地附近选择目标群体派发单页广告宣传单。整个驻守派单过程，房地产经纪人应注意保持良好的专业形象，避免抽烟、玩手机、闲聊天、嬉戏玩闹或其他一些不雅的行为，如跷脚、抱胸、蹲坐地上等。

第五，持之以恒驻守。驻守工作注重持之以恒，持续性地开展，切忌"三天打鱼两天晒网"的随性随机行为。

（六）其他推广方式

针对房源的外部营销推广，除了上述的方式之外，还可以参加一些外部活动或展会，比如房展会、房地产高峰论坛、大型商业洽谈会、社交团体活动、学习培训等，这些都是很好的对外房源营销推广的渠道。

复 习 思 考 题

1. 什么是房源？
2. 优质房源与一般房源各有什么特征？
3. 房源的特征有哪些？
4. 住宅类房源的分类标准有哪些？
5. 描述房源信息的指标有哪三类？
6. 按产权性质可以将住宅分为哪些类别？哪几种住宅是不能销售交易的？
7. 房源信息对房地产经纪机构、房地产经纪人和消费者各有什么作用？
8. 房源信息的获取原则有哪些？
9. 真实房源的标准有哪三条标准？
10. 直接获取房源信息的途径有哪些？
11. 间接获取房源信息的途径有哪些？
12. 为什么要进行房源勘查和信息完善？
13. 进行房源信息勘查的七个步骤是什么？
14. 为什么要对房源信息进行分类管理？管理原则有哪些？
15. 怎样对房源信息进行分类？
16. 房源信息内部营销手段有哪些？
17. 房源信息外部营销手段有哪些？

第三章 客源信息搜集与管理

在一宗房地产交易案中，交易双方的供给和需求达到匹配，房地产交易才能获得成功。为物业寻找到合适的购买者（承租者），是房地产经纪服务业务的终极目标。物业的需求方亦即客源（客户），本章围绕存量房客源管理进行分析。

第一节 客源与客源信息

一、客源与客源信息的内涵

（一）客源和客源信息的含义

客源是对房地产（不动产、物业）有现时需求或潜在需求的客户，包括需求者及其需求意向。需求包括以获得物业所有权为目的的购买需求，也包括以暂时获得物业使用权为目的的租赁需求。客源的构成要素包括 2 个方面：一是需求者，包括自然人、法人（包括营利法人和非营利法人）和非法人组织。自然人需明确姓名、性别、年龄、职业和联系方式等；法人和非法人组织主体包括企业或其他单位、组织等，需明确法人组织的名称、性质、法定代表人、授权委托人及联系方式等。二是需求者的需求意向，包括需求类型（购买或承租）、商圈、价格、物业地段、户型、面积、朝向和购买方式等信息。二者缺一不可。

客源信息是指描述客源状况及其需求意向等内容的数字、图像和文字信息，是具有经济价值的资讯。房地产经纪人（机构）通过对收集到的客源信息进行整理、编辑和对外发布，以获得交易机会，促成房地产交易。与房源和房源信息的关系相同，客源是客源信息的基础和主体，没有客源，也就没有客源信息，客源信息表达了客源的各项特征。

（二）客源和房源的关系

一宗成功的房地产交易，不仅取决于愿意以一定价格出售或出租物业的卖方，还取决于有愿意以一定价格购买或承租物业的买方。房源和客源是房地产交易的两方面，缺了任何一方，都不能实现交易。房地产经纪人的专业服务起到了实现房源信息和客源信息匹配的桥梁作用。房源和客源的关系包括以下 3 个方面。

1. 互为条件

房源和客源都是一项促成交易的不可或缺的条件。有客无房或有房无客均不可能达成交易。一个房地产经纪机构的竞争力表现在其房源和客源的充裕度及经纪人的交易匹配能力上。在成熟的市场环境下，一个经纪机构或经纪人可以只有房源或只有客源，但必须在另一经纪机构或经纪人处获取相对应的客源或房源的情况下，大家合作才能完成交易。因而从整个交易的实现结果来看两者亦缺一不可。

2. 相得益彰

房源开拓和客源开拓有共同的手段，也有不同的做法。有些营销活动既增加客源，也增加房源，侧重点可以不同，但两个目标均可兼顾。房源广告可以吸引很多潜在客户，客源广告也可吸引众多房源信息。就某一个客户而言，既可成为客源，也可能成为房源的提供者，在同一时间或不同时间角色互换或重叠。例如，客户马某在单位附近承租了一套二居室，居住了一年后，业主将月租金提高了20％。马某为了降低租房成本，希望将二居室中的一个卧室转租出去，进而委托经纪人为其寻找客源。马某在第一次房屋租赁行为中是客源，在第二次房屋租赁行为中扮演了房源业主的角色。因而房源和客源都是客户信息的不同方面，二者可互相促进，相辅相成，市场营销往往可达到一石二鸟、相得益彰的效果。

3. 互为目标

在经纪人的活动中，某些时候是有了房源需要去找客户，这时起点为具体的房源信息；另外一些时候则是有了客源，需要去寻找合适的房源，这时的起点为客源信息，目标对象为房源。正是在这种不断的目标转换中，实现房源信息和客源信息的沟通，最终达成交易。一个有效客户需求可能要提供几个乃至几十个可选择的房源，一宗物业若要销售出去也可能要找几个甚至几十个客户去看房和洽谈。无论起点是什么，房地产经纪人必须以一方信息推广为重点，或者是买方代理经纪人（客源方），或者是卖方代理经纪人（房源方），否则便无从下手，无法推进。

二、客源的特征与类别

（一）客源的特征

1. 指向性

客户是客源信息的主体，作为主体，客户的需求意向是清晰的，或买或租，哪个区域，何种物业，能承受的价格范围或希望的价格范围，有无特殊需要等，客户均有明确的指示。即便不是唯一的，也是有明确的选择范围。一个需求不清的客户是需要进行引导和分析的，明确其需求后方能成为客源。例如，某客户表示要出售一套一居室，置换一套两居室或三居室的景观房。房地产经纪人与该客户沟通后，客户对购买哪一个片区的景观房并没有明确意向，同时客户年收入较高、具备一定财务支付能力。在房地产经纪人的引导下，比较了不同景观房的优劣势和升值空间，该客户最终购买了郊野公园附近的一套三居室。

2. 时效性

客户的需求是有时间要求的，客户在表达购买或租赁需要时，均会有时间要求，期望在一段时期内实现客户的需求意向，可能是半个月，也可能是几个月。如果客户对需求没有时间限定，房地产经纪人需要与客户进行沟通，确认客户对物业需求的时间限制条件。即便一个持币待购的投资者，在提供信息时都需沟通和确认最终的购买时间点。

3. 潜在性

客源严格意义上是潜在客户，是具有成交意向的买房或租房群体。他们的需求只是一种意向，不像订单客户那样肯定，可能因为种种变故而放弃购买或租赁需求。而能否成为真正的买受方或承租方，这不仅取决于房地产经纪人提供的房源服务，还取决于客户本身。

（二）客户类别

按客户购买房地产的决策权、购买意向的强弱、经济承受能力的大小、住房可支付能力、购房区域范围及对物业品质要求程度的高低等因素，可以将客户分为试探型、引导型、加强型和成熟型四个等级的客户群。房地产经纪人应甄别不同情况做分类引导，对加强型和成熟型两类客户进行重点扶持与培养，见表3-1。

客户类型划分一览表　　　　　　　　　　　　　　表3-1

客户分类	特征与表现	引导方式
试探型	特征：有意向在近期购房，前来咨询了解市场行情	策略：提供咨询服务，创造专业服务形象，争取建立长期联系
试探型	表现：对市场了解较少，资金准备不充分	策略：提供咨询服务，创造专业服务形象，争取建立长期联系
引导型	特征：有意购房，但对价位不明确，资金也尚未到位，开价随意性大	策略：①提供好、中、差三类不同房源进行展示，引导客户明确购房意向；②对于暂时无法满足其需求的客户，应客观告诉客户无法成交的原因，或希望客户重新安排购房计划并再联系；③与客户保持经常性的沟通
引导型	表现：对市场有初步的了解，寻求专业人员提供建议	策略：①提供好、中、差三类不同房源进行展示，引导客户明确购房意向；②对于暂时无法满足其需求的客户，应客观告诉客户无法成交的原因，或希望客户重新安排购房计划并再联系；③与客户保持经常性的沟通
加强型	特征：有购房计划，但并不是十分迫切；有一定购买力，对物业品质要求较高	策略：①重点培养；②在跟进过程中，应不断了解客户特征和需求；③帮助客户分析购房能力、市场行情，制订购房方案（目标、贷款安排等）
加强型	表现：有了一段时间的市场了解、资金基本到位，但仍未形成购房意愿	策略：①重点培养；②在跟进过程中，应不断了解客户特征和需求；③帮助客户分析购房能力、市场行情，制订购房方案（目标、贷款安排等）

续表

客户分类	特征与表现	引导方式
成熟型	特征：购买需求强烈，希望尽快买到物业；有一定的经济实力，购买力较强；预算合理，对市场价格有客观认识；对物业条件不是特别苛刻 表现：有明确意向，对市场行情非常了解，只要条件符合将会很快成交	策略：①重点跟踪；②向客户提供周到而专业的服务；③提供最符合客户要求的房源

试探型客户属于咨询类客户，他们可能对房地产市场有所了解，购房（租房）资金实力不足，尚不具备购房能力，目前只是到门店向房地产经纪人咨询购房（租房）市场价格、交易流程、片区房源状况等。对这类客户，房地产经纪人应力所能及地提供咨询服务，以良好的专业素质回答客户的提问，创造专业服务形象，建立长期联系。

引导型客户属于目前根本无法成交的对象，房地产经纪人应客观地告诉客户无法成交的原因，希望其能重新安排购房或租房计划。对于此类客户应引导其调整购买意向和需求条件，使其明确购房意向，待时机成熟实现房地产交易。因此，房地产经纪人要与这类客户保持经常性的沟通。

加强型客户是房地产经纪人应重点培养的目标，属潜在客户，有资金但其购房意愿不明确，其需求经常会发生变化。对这类客户，房地产经纪人应定期追踪，在跟进服务过程中，不断了解客户特征和需求。加强型客户群特征为：①有明确的购房或租房计划，但并不是十分迫切；②一般属于完美型客户，对物业品质要求较高，一旦物业条件合适，便会立即成交。

成熟型客户是房地产经纪人主要追踪及开展服务工作的对象，他们对市场行情非常了解，只要符合条件就会成交。这类客户群特征为：①购买或租赁物业需求强烈，时间紧，希望尽快获得物业；②经济条件好，购房支付能力较强；③较了解目前房地产市场情况，能根据市场供求状况提出合理购买价格；④对物业的条件不是特别苛刻。

第二节　客源信息开拓和客源信息分析

一、客源信息的开拓渠道

房地产经纪人只有不断挖掘潜在的客源，才能不断创造经纪服务成果。一个成功的经纪人必须确保潜在客户的数量。为了开拓充分的客源，经纪人必须非常努力，同时也必须熟练运用各种开拓客源的方法。客源开拓方法与房源开拓方法有很多相似的地方，本节重点从客源视角讨论这些方法。

（一）门店接待法

门店接待法是指房地产经纪人利用房地产经纪机构沿街开设的店面，客户主动上门咨询而得到客户的方法。这种方法是常用的方法，也是房地产经纪人获得精准客户的渠道之一。门店接待的优势是：方法简单易行、开发客户的成本低、客户信息准确度高、较易展示房地产经纪机构能力和房地产经纪人专业形象，增加客户的信任感，为今后进一步交往打好基础。劣势是：首先，此种方法对于房地产经纪人来说是一种较为被动的方法，是一种守株待兔的方式；其次，受店面的地理位置影响很大，如果店面的地理位置较差的话，很难吸引足够数量的客源信息。

在门店接待客户时，需要询问和审查购房客户信息，"核""问""查"三个环节非常重要。

第一，"核"是指房地产经纪人要仔细核对购房客户本人及代理人身份证件原件，核对身份信息，判断是否年满18周岁。如果是代理人的，则要区分被代理人情况。购房客户已经年满18周岁，其他具有民事行为能力人的成年人都可以作为其代理人。如果购房客户是限制民事行为能力人或无民事行为能力人，假如是一名年满8周岁的儿童，其父母就是他的法定代理人，即监护人。如果购房客户是精神病人，则需要按照法律规定，其父母、配偶等作为代理人，或由人民法院或者指定单位来指定代理人。

第二，"问"是指房地产经纪人与购房客户进行简单沟通交流，判断购房客户是否精神正常。

第三，"查"是指必须要求购房客户出具《授权委托书》原件或经过公证机构公证的《授权委托书》。房地产经纪人还要注意查看授权委托书的授权内容，以及授权期限。对于购房客户不能到购房现场，由代理人持《授权委托书》原件，声称有代理权来代理行使购房行为，房地产经纪人首先要明确代理人与购房客户之间的关系，留存代理人与购房客户的身份证复印件，其次要求代理人提供购房客户的身份证原件、联系电话。房地产经纪人最好再通过到访、视频、录音、短信、电话等方式确认授权委托书为真实、合法、有效。对于因特殊情况无法提供购房客户身份证原件的，房地产经纪人可以公共视频通话的形式由购房客户本人手执身份证原件，朗读《授权委托书》内容确认身份，视频内容需保存留档。

（二）广告法

房地产经纪机构可以在当地主流媒体、房地产专业媒体、门店橱窗或者单页广告宣传单等媒介上发布房源信息，通过发布的房源信息吸引潜在客户，从而获得客源信息。使用广告法的优势是：获得的信息量会很多、很大；受众面较广，因此效果也会比其他的方式要好很多；另外使用广告法，还可以间接对机构的品牌进行宣传和推广。使用广告法的劣势是：成本较高；时效性较差。

（三）互联网开发法

目前，使用互联网进行客户开发的方式效果越来越明显，大约占到全部客户的80%。使用互联网方式开发客户已经超过了主流媒体的使用率。互联网开发客户的优势在于更新速度快，时效性强；劣势在于当前网上信息量大，信息难以突出。互联网开发客户的方式主要有3种：

1. 付费的房源信息发布平台

房地产经纪人可以在付费的房源信息发布平台上发布房源信息（包括信息中介网站或专业的房地产网站），通过发布房源信息吸引客户。

2. 免费的公共网络信息发布平台

除了付费的网站信息发布平台之外，互联网还会提供免费的信息发布途径，归结起来主要有以下4类：

（1）免费的信息发布站点。一些网站会允许用户免费发布房屋求购、求租或者出售、出租的需求，房地产经纪人可以对自己所掌握的信息，依照该类平台的运行规则进行房屋信息发布来寻找客源。

（2）社交平台个人主页。互联网技术发展背景下，大众均可利用博客（又称为网络日记）、微博（即分享简短实时信息的社交平台，又被称为"微型博客"）、社交软件分享即时消息。博客博主可在其个人主页上发布信息，与其建立用户关系的其他人均可看到该信息。房地产经纪人可以利用社交平台个人主页记录自己的工作、生活、心得之外，还可以发布有关房地产相关的资讯和文章以及对经纪人自己的专长进行介绍。经纪人在网站上发布信息时，可以附带个人博客的链接，引导消费者访问自己的博客。微博是指一种基于用户关系信息分享、传播以及获取的通过关注机制分享简短实时信息的广播式的社交媒体、网络平台[1]，比博客具有更强的互动性。房地产经纪人不仅可以在微博上发布简短的地产、政策资讯，还可以与具有现实消费需求或潜在消费需求的客户进行网上互动。随着互

---

[1] 百度百科. 微博［EB/OL］. https：//baike. baidu. com/item/%E5%BE%AE%E5%8D%9A/79614? fr＝aladdin。

联网工具的进化发展，社交软件（例如微信）作为一种互动交流工具越来越受营销者的欢迎。房地产经纪人利用社交软件的个人主页，既可以发布原创的房地产信息，也可以转发房地产信息。微博、博客、社交软件目前已经成为房地产经纪人吸引客源的一种重要工具。

（3）短视频平台。短视频是一种新型互联网传播方式，具有承载信息量大、表现力强、直观性好的特点。短视频带货已经不是什么新鲜事，房地产经纪人利用短视频进行营销也越来越流行。房地产经纪人通过短视频可以展现出真实、生动的生活场景，是一个活生生的专业人士，与客户容易建立信任，在让客户了解房源的同时，还能充分展示房地产经纪人的专业能力。通过短视频平台，不仅购房者能节约时间，了解更多信息，选好房后再到线下实际看房，房地产经纪人也能节省很多时间与精力，更轻松地提高成单率。

（4）论坛。多数房地产专项网站，都建立线上业主论坛，供小区内的业主在论坛上交流、互动，房地产经纪人最好与业主论坛上的活跃业主进行日常生活方面的沟通、互动，从中也可寻找到潜在或现实的消费需求。

3. 房地产经纪机构门户网站

房地产经纪人可以在本房地产经纪机构的门户网站发布广告与房源信息，吸引顾客主动电话联系或者上门拜访。

（四）老客户推荐

老客户推荐是房地产经纪人通过自己服务过的客户介绍新客户的开发方式。曾经服务过的客户是对房地产经纪人服务质量的最佳证人，客户信任是经纪人的宝贵资源。经纪人基于客户信任建立了稳固的客户关系网，客户常常会免费为经纪人介绍新客户。因此，一个服务质量高、业务素质好、从业时间长的房地产经纪人，资源积累越多，客源信息也就源源不断。客户能够介绍潜在客户的前提是对房地产经纪人过往服务有较高的满意度，因此，房地产经纪人在服务客户的过程中，应以争取客户获得最大满意度为目标，将服务与业务拓展融为一体。同时，老客户介绍新客户，一是成本很低，二是客户都是真实有效的，这种开发方式越来越受到经纪机构和经纪人的喜爱。现在业务经营稳健的房地产经纪机构都要求房地产经纪人使用大量时间和精力用于客户关系维护，以获得老客户的介绍。

（五）人际关系法

人际关系法是指以自己已经认识的亲朋好友和新开发的人际关系为基础，通过建立人际关系网络介绍客户。这种开拓客源方法不受时间、场地的限制，是房地产经纪人个人可以操作的方法。

　　为了更好地使用该方法，房地产经纪人必须培养自己的交际沟通能力，不断结识新朋友，维护老朋友，以自己的人格魅力争取他们的支持，介绍新客户。这种揽客法成本小，简便易行，介绍来的客户效率高，成交可能性大。

　　（六）驻守和挂横幅揽客法

　　在居住小区驻守和使用挂横幅的方式来获得客户也是一种经常使用的方法。其中驻守的方式主要是，在一个特定的场所，可能是某个小区、可能是某个商业地段，房地产经纪人设摊招揽客户或主动向客户发放宣传单页而获得客户的方式。挂横幅使用的方式也类似于驻守的方式，主要是指在小区较显眼的地方把房地产经纪人的联系方式告知客户，等待客户联系经纪人。这两种方法的优势是成本较低，客户的准确性较高。而劣势是驻守的方式比较浪费经纪人的时间，挂横幅也很容易被其他人为因素或自然力损坏，需要房地产经纪人不断维护，而且驻守会妨碍行人，挂横幅有时也会影响市容市貌，应提前获得社区或城管部门的许可。

　　（七）讲座揽客法

　　讲座揽客法是通过向社区、团体或特定人群举办讲座来发展客户的方法。讲座可以是介绍房地产知识，也可以是分享房地产市场分析或房地产投资信息，或向听众解释房地产交易、不动产权证办理流程中的疑难问题。通过讲座可以发掘潜在客户，激发购房愿望，促成实现房地产需求。做讲座时，房地产经纪机构或经纪人可以自我介绍、发放经纪机构和经纪服务的免费资料，创造接触客户机会，增加客户。通过讲座可以培养客户对经纪机构和专业服务的信任，同时也传播房地产信息和知识，减少未来客户在交易过程中的难度。在做社区业务时，此种方法非常适用。但讲座的组织准备工作尤为关键，主题、时间、场地和邀请方式及主讲人的演讲技巧等都决定其效果。

　　（八）会员揽客法

　　会员揽客法是指通过成立客户俱乐部或客户会的方式吸收会员并挖掘潜在客户的方法。这种方法通常是大型房地产经纪机构或房地产开发企业为会员提供的特别服务和享受某些特别权益，如服务费打折、信息提供等方式吸引准客户入会。入会的会员往往受到促销产品的利益诱惑成为会员，并在需要买房或租房时成为房地产经纪机构或经纪人的客户。会员资料是经纪人能够利用的重要资料，这些资料在促成交易时若能被充分利用，将会发挥极大的价值。会员揽客法因成立客户会的难度大而较少使用。

　　近几年随着互联网的发展，房地产经纪机构在推出企业自有平台（网站、手机APP）的同时，加强了平台会员注册功能，通过会员注册给予客户不同的平台权限和服务，从而加快了机构的会员吸纳速度。

（九）团体揽客法

团体揽客法是以团体如公司或机构为对象的开发客户方法。房地产经纪机构利用与团体的公共关系发布信息、宣传机构品牌和服务项目从而争取客户的委托。例如，房地产经纪机构与高校合作，向临近毕业的大学生宣传本机构的住房租赁服务，从而争取到毕业生们到本机构承租住房。这种方法通常和讲座揽客法或服务费打折或提供特别的服务的方式一并使用，或者设台咨询，或者争取团体的支持来组织某些活动来加强联系，建立客户群。

在实际的房地产经纪活动中，客户开发往往是采用多种方法，灵活运用或叠加使用。对于不同区域、不同物业市场和不同的客户类型，适用的方法可能有很大差异。房地产经纪机构和房地产经纪人应通过实战，不断总结不同方法的适用条件和效果，针对目标客户采用最有效的一种或几种方法的组合，以提高开发效率。为了便于客户的渠道归类和管理，一般以客户第一次接触的渠道为准。例如：客户通过网站了解了某套房源，随后通过电话联系预约后到门店洽谈，应该认定该客户是通过互联网渠道获得的。

二、客源信息的开发策略

在客源开发前，房地产经纪机构及房地产经纪人首先应根据市场规模、自身优势、房源情况等因素确认目标市场。客源目标市场主要有三种类型：地域型目标市场、同属型目标市场、社交型目标市场。

选择地域型目标市场的房地产经纪机构及经纪人一般是以住宅房源为主的情况，特别是成熟的住宅市场，本区域成交客户会占很大的比率。有一些特殊情况也会产生一些集中的区域性成交，比如，门店周边有拆迁小区出现，以货币安置的居民有很大概率会选择购买周边区域，因为这样的选择对居民来讲成本是较低的，包括子女上学、生活便利性、工作通勤等。这时就需要经纪人能敏锐地发现该信息，及时采取行动，对该区域的居民做针对性的开发。

同属型目标市场指根据职业偏好、教育背景、职业经历、经纪机构资源等情况选定和开发某一职业、社团或兴趣组织的客户群体。例如，经纪人利用其熟练掌握某国语言而专门为该国驻华的境外人士提供房地产经纪服务，从而开拓了一个经纪服务的目标市场。

社交型目标市场是指围绕房地产经纪人个人人际关系圈的人群为目标客户群体。主要是"六同一专"，六同为同学、同事、同乡、同好、同住、同族，一专指专业人士。

（一）将精力集中于市场营销

为了实现房地产产品在生产者和消费者之间，或者房地产产品出售方和购买方之间达成交易，房地产经纪机构作为中间商，客源信息开发和客户关系维护也就成为房地产经纪日常经营活动中的重要内容。房地产经纪机构和房地产经纪人为获取足够的房源与客源，应集中精力开展市场营销活动，以现代市场营销理论指导客源信息开发和客户关系维护。只有开拓了足够多的客源，并以专业的服务使之成为机构终身客户，才能可持续地成就房地产经纪服务活动。

（二）致力于发展和顾客之间的关系

交易从顾客开始，以顾客结束。顾客因为不同的需求和偏好使之有所区分。房地产经纪人通过市场细分已经识别了具有不同需求和偏好的客户群，根据顾客的需求与偏好，以最小的成本与最快的时间，帮助他们实现满意的成交，这是经纪人的吸引力和价值所在。房地产经纪人的基本出发点就是通过关注顾客的需求而提供相应的服务并达成交易，满意的服务会推动客户介绍他们所能提供的新客户过来，而这些客户带来的价值往往比完全从市场中寻找陌生客源大得多，也容易得多。房地产经纪人与客户之间的关系是平等的，既要对客户有很强的亲和力，也要通过对客户的真诚服务赢得客户对房地产经纪人的尊重。房地产经纪人对经纪行业要有正确的价值观，与客户和业主建立平等伙伴关系，房地产经纪人向客户提供优质服务从而使客户买到满意的房子，不能做坑客户赚差价侵犯客户利益的事情。只有经纪人始终关注客户需求，维护客户关系并以发展成为终身顾客为目标，才能取得源源不断的业务。

（三）随时发现客户信息

房地产经纪人的"观察"能够挖掘出许多潜在客户，使用视觉和听觉，多看、多听，并判断出"最有希望的买家""有可能买家"和"希望不大的买家"。对客户进行分级，以选择重点投入精力。一个成功的经纪人要随时随地、连续不断地发掘、收集客户信息，并形成习惯，这样才能积累足够多的客源。对于一个专业的经纪人来讲，不会放过任何一个认识潜在客户和接触潜在客户的机会，如生日晚会、结婚庆典、参加培训和会议以及其他社会活动。对于发现的客户信息，应随身携带笔记本，将客户的姓名、电话和其他联络方法、需求都记录下来，并及时处理，定期跟踪。

（四）使潜在客户变为真正的客户

养客是客源开拓中的重要策略，指的是经纪人将一个潜在的客户转化为一个积极的购买者的过程。潜在客户希望被告知、被传授专业的知识，接受专业的服务，以帮助他们做出合理的决策。经纪人在初次接触客户之后，用自己的专业知识、经验和市场信息回答客户关于房地产知识、交易政策、买卖流程、税费标准、贷款计算等问题，从而建立信任。经纪人提供的信息越有价值，提供的解决方案和咨询越有帮助，客户就会越信任，越容易达成交易和建立长期关系。客户某些时候也会有不切实际的价格期望和要求，房地产经纪人通过市场信息的提供和分析，引导客户调整期望，缩短供需差距。

（五）直接回应拓展策略

直接回应拓展策略是通过提供一个诱人的价位或某一种好处，如减免某种费用，或制造某一种吸引力等促销手段，吸引客户并从客户得到回应，从而获得客户的策略。它是以客户为中心的营销手段，而不是以自我宣传为中心或以广告为中心。直接回应的策略要点是：①提供有价值和有吸引力的东西；②为目标客户分析收益率，吸引某类地段和房屋有投资兴趣的潜在客户。实施这种策略需要经纪人对客户需求进行简单的定位，然后设计促销方式，从而源源不断带来真正的潜在客户。直接回应的营销方法对于争夺客户、建立联系很有帮助。在客户还未选择经纪服务机构或者在潜在客户还未转换成为活跃的购买者之前，如针对客户的需求打出"打此电话获得关于如何避免买房失误的建议"的广告，将会吸引一些潜在客户，广告变得极具吸引力，让潜在客户有了打电话的理由。

（六）建立与客户的长期联系

房地产经纪机构和房地产经纪人都面临着竞争日趋激烈的市场环境，也面临着营销费用和获取客户成本上升的压力，怎样扩大客户量、提高交易量是经纪机构和经纪人永远面对的挑战。经纪人要懂得以生命周期的观念来看待客户，必须认识到客户的价值是动态的，懂得维系客户，与客户建立长期的联系，争取更多的新客户并留住原有客户，这是至关重要的。

首先，在客户的生命周期的不同阶段，会有不同的房屋交易需求。年轻人刚就业时选择租房或者购买小户型公寓，结婚时购买二居室或三居室，事业有成时购买别墅，老年时入住老年住宅。其次，房地产消费是有生命周期的，客户具有重复购买、重复租售的可能。据统计，争取一个新客户的成本是留住一个老客户的 5 倍①，在利润贡献方面老客户更高达新客户的 16 倍。房地产经纪人应有意识地致力于培养长期客户。房地产经纪人不应只顾及眼前利益，做一单算一单。培养长期客户的策略有以下 4 种策略。

1. 与老客户保持联系

---

① 【美】菲利普·科特勒，凯文·莱恩·凯勒. 营销管理 ［M］. 16 版. 北京：中国人民大学出版社，2016：023.

　　根据美国房地产经纪人协会的调查，经纪人超过半数的生意来自口头介绍，媒体广告带来的客户只占40%左右，因而争取更多的口头介绍客户是拓广客户的重要目标（表3-2）。而只有使客户满意，他们才会介绍更多的新客户。要做到客户满意，需要经纪人为其提供最优质的服务，并和顾客保持长期联系。在服务的过程中，收集客户资料，如生日、爱好等，在交易完成后，送一些小小的纪念品或通过邮件保持联系，另外也可以打电话或做私人访问。也要培养顾客进行口头宣传的意识，要让顾客知道口头宣传的重要性，积极寻找可能被介绍来的顾客。

美国房地产经纪人客户来源比例表 表3-2

拓广途径	卖方	老客户	新客户
口头宣传	51%	50%	57%
媒体广告	37%	41%	40%
老顾客	12%	11%	0%

　　注：因为有约数，百分数合计不一定等于100%。

　　2. 把眼光放在长期潜在的顾客身上

　　很多客户从咨询到他们真正买房相隔几个月甚至几年，要把这些在买房过程中的客户看成你最好的口头宣传员，他们往往知道一些和他们处于同样处境的人，并愿意就买房问题进行讨论或征询意见。他们的口头宣传会为经纪人带来很多客户，同时，经纪人也应充分利用家人和朋友做口头宣传员，他们也是长期的潜在客户的来源渠道。

　　3. 建立广泛的社会联系

　　房地产经纪机构和经纪人由于工作关系具有广泛的社会联系，如银行、自然资源规划部门、住房管理部门、城市规划设计企业、房地产开发企业、资产处置企业、公证机构、税务部门、律师事务所和保险公司等。这些单位所涉及的领域和房地产有着紧密联系，他们消息灵通，能灵敏地察觉到当地的交易信息和市场信息，同时他们的工作能为交易提供相应的服务。充分利用这种联系发掘客户，为搜集信息、发展客户建立稳定的渠道。

　　4. 与服务供应商建立广泛联系

　　与经纪业务相关的服务供应商包括装修、搬家、清洁、园艺绿化和家政服务公司等。经纪人和这些服务供应商建立良好的关系，使之能为客户提供服务，这种服务可以提供价格优惠或质量保证以增加其吸引力。这种附加服务能够给客户带来方便又不增加成本，能与客户建立一种长期联系。

三、客源信息完善与分析

（一）目标物业与偏好分析

不同的客户对于自己想购置物业有不同的目标需求和偏好。一般情况下，购买物业的客户对目标需求有明确的意向，特别是对有自住需求的客户来说，其对于目标物业有明确的地理区域范围和价格范围的指向。而对于投资需求的客户，其目标市场相对来说就比较宽泛，投资客户的目标房地产不会限于一定的地理区域范围内，甚至是在驻地以外的其他省市、其他国家和地区，但只要是有较高的投资回报率物业都是他们投资的对象。因此对于房地产经纪人来说，明确客户属于什么性质的客户，是自住型还是投资型（也有可能是投机型客户），再根据客户的需求来确定客户的目标市场。不同的客户也有不同的物业偏好。每一个物业都是唯一的，每一个客户也是个性的，房地产经纪人要根据不同客户的喜好来确定客户的目标房地产。

（二）购买力与消费信用分析

购买房地产是大宗金额的交易，因此客户对此非常重视。但不同客户的购买力是不同的。一般情况下，以满足自住需求的客户，其购房价格一般会严格控制在经济承受范围之内。如果房地产经纪人推荐的物业超出了自住客户购买力承受范围，就很容易引起客户的不满。而对于以满足投资目标的客户来说，价格范围的变化幅度就会相对大些。同时，房地产经纪人要分析客户的消费信用，这是因为房地产的购置一定要和客户的实际购买力和消费信用相匹配，否则在银行贷款等方面会产生问题。

（三）客户购买动机分析

房地产经纪人要了解客户购买动机和需求。客户的购买动机和需求越明确，就越容易由潜在客户变成现实客户。房地产经纪人根据客户的购房需求、偏好与购房能力，为客户提供相应的房源和解决方案，可以提高促成交易的成功概率。

1. 客户购买动机

客户的购买动机因其社会地位、职业和收入等有较大差别，了解这种差别为经纪人提供了交易机会。了解客户的交易动机可借助"是什么最基本的原因促使客户进行一次房地产交易"来寻求答案，可供选择的回答有：

——因结婚而需要购房；

——因离婚而需要购房；

——因生小孩或与父母同住而需要更多的房间；

——因投资出租或投资保值而买房。

等等。

客户进行房地产交易的动机可能是单一的，也可能是包含几个动机的复合体。弄清这种动机应将客户做出区分，以便提供针对性的服务。

2. 客户购房需求

房地产经纪人对客户购房需求的了解也可以通过以下问题求得答案。

——客户需要什么区域的房子？有无特别偏好？

——客户需要什么房型的房屋？什么种类的房屋（高层、多层、小高层或其他、商业铺位位置）？

——客户需要什么价格（总价和单价）的房屋？

——客户希望什么时候能搬入（最快和最晚）？

——客户对房屋的配套设施有什么要求（必须有的和应该有的）？

——客户以什么付款方式购买（一次性付款或银行抵押贷款）？

在征询客户需求时，不宜采用封闭式问题，如"您是需要两居室还是三居室的？"宜采用开放式问题，给客户多些选择，如"您希望买一套几居室房屋？""您公司大概需要一个什么样的办公环境？"其实客户的需求项目往往是有弹性的，随着所提供房源的条件不同，客户的各种需求均可发生适应性变化，因而不能排斥这种弹性，而应通过设定条件来包容客户的需求。

当然，房地产经纪人要了解客户的真实需求，必须和客户建立良好的关系。在询问以上问题之前，房地产经纪人就可以和客户进行一些日常的闲聊，比如关于客户的喜好、工作、对某件社会时事的看法见解、子女的教育问题、客户以往的工作经历或学习经历、公司经营业绩等话题。通过这些话题，房地产经纪人可以与客户慢慢建立起了信任关系，可以更加准确地判断和发现客户需求、潜在需求。

另外，客户的需求常常因为一些内外部因素的变化而引起变化。有时候在洽谈的过程中，客户的初始需求在房地产经纪人的沟通和引导下逐步发生变化，并找到客户自己真实需求。因此，在和客户接触的过程中，房地产经纪人要不断地了解客户的需求、帮助客户分析其真实需求。

最后房地产经纪人还要明确这样的一个观点，有很多客户对于自己的购房需求本身就是没有任何明确的概念。例如，毕业5年的大学生因结婚需要在未来购房，但买什么样的物业，没有认真思考和调查过。遇到这样的客户，房地产经纪人就要引导客户，让客户明确其真实需求。

房地产经纪人不能完全固化于客户的最初要求，引导客户明确其真实需求及产生新的合理需求也具有很重要的意义。比如当客户的预算只有80万元，他认为自己只能买一个二居室的房子时，如果房地产经纪人能提供一个总价 100 万元，地理位置、朝向、景观都很好的三居室，但需要向银行贷款 20 万元时，客户衡量了自己的经济实力，也许会选择这样的房子。

（四）客户需求程度分析

根据客户对物业需求的急迫性，确定业务工作开展的先后顺序。房地产经纪人可以对客户进行分类分析，一般可以将客户按照购房或租房的急迫性分为四类：第一类是 1 个月内必须成交的客户，此类客户是急迫购房的客户，需要房地产经纪人马上跟进；第二类是 3 个月内可以成交的客户；第三类是半年以内可能成交的客户；第四类是半年以上成交或者无规定期限的客户。对于如何来对客户进行分类，一般是根据房地产经纪人的经验积累对客户进行判断。一般来说，有急迫需求的客户，经纪人应该在第一时间内为其寻找合适的房源配对以促成交易，而对于并不是很急迫的客户，经纪人应该和客户保持适当的联系。等客户购房时机成熟以后，再与客户沟通关于房屋交易事项。

（五）客户购买决策分析

在购房的过程中，有大多数的客户是几个人甚至于更多的人来看房，因此，作为房地产经纪人必须在沟通中明确，看房的人之中，谁能起到决定的作用，或者说谁最具有决策能力，谁是最终出资人。房地产经纪人在没有弄清楚谁是决策人或者出资人的情况下，一般不要轻易和其中的某一看房客户进行价格分析等关键话题的谈话。

第三节　客源信息管理

客户信息管理实际上就是建立一个以客户为中心的记录或数据库，对客户信息进行分类和系统管理。它不仅包括曾经作为委托人完成房地产交易的客户，也包括那些提出需求或打过电话的潜在客户和与交易活动有关的关系人或供应商，还可包括那些经纪人定为目标、希望为之提供经纪服务的潜在客户或委托人。

一、客源信息管理的对象和内容

（一）客源信息管理的对象

客源信息管理的对象就是买房或租房的客户。相比于房源管理，客源信息管理，即客户信息管理，是以潜在客户的个人信息和需求信息为中心。客户信息按不同的方法进行分类，见表 3-3。

客户分类   表 3-3

客户特征	客户类别
客户的需求类型	买房和租房
需求目的	自用和投资
客户需求的物业类型	住宅客户、公寓客户、写字楼客户、商铺客户和工业厂房客户及其他客户
客户的性质	机构团体客户和个人客户
是否接受过本经纪机构的服务	新客户、老客户、潜在客户
物业的价格区间	高价位物业需求客户、中低价位物业需求客户、低价位物业需求客户

在实际工作中，还可以按照区域或社区来划分，以便为客户寻找合适的房源。不同类型的客户需求特点、方式、交易量都不同，因而对其管理要点也不同。

（二）客户信息管理的内容

客户信息管理是从收集信息、整理信息和存档开始。对客户信息的记录、储存、分析和利用的一系列活动就是客户信息管理。房地产经纪人随身携带的笔记本或掌上电脑是收集信息的重要工具，而分类整理填入表格并建立计算机客户信息数据库是客户信息管理的最终成果，客户信息管理登记表见表 3-4 和表 3-5。房地产经纪机构越来越重视利用客户信息管理数据库和管理软件系统。这些数据库和管理系统的强大功能为经纪人管理、查询、使用、分析客源提供重要保证。

客户信息管理登记表（个人客户）   表 3-4

A. 客户基础资料   客户编号：

姓名		性别		年龄	
职业		教育程度		籍贯	
家庭人口		子女年龄		入学情况	
联系电话		电子邮箱		传真	
联系地址					

B. 需求情况

需求类型					
意向物业类型					
意向区域					
意向楼层		房型		层高	
面积		朝向		单价	
总价		付款方式		按揭成数	
配套要求					
其他要求					

C. 交易记录

委托交易编号		委托时间		客户来源渠道	
推荐记录					
看房记录					
洽谈记录					
成交记录					
其他					

客户信息管理登记表（机构客户） 表 3-5

A. 客户基础资料

客户编号：

机构名称		性质	
法定代表人			
座机电话		手机	
Email		传真	
法定授权委托人			
座机电话		手机	
Email		传真	
联系地址			
经营业务范围			
经营区域		经营期限	

B. 需求状况

需求类型	□购买	□租赁	□其他：		
意向物业类型	□住宅	□写字楼	□商铺	□厂房	□其他：
意向楼型	□高层	□小高层	□多层	□其他：	
意向区域		房型		层高	
面积		朝向		单价	
总价		付款方式		按揭成数	
配套要求		其他要求			

C. 交易记录

委托交易的编号		委托时间		客户来源渠道	
推荐记录					
看房记录					
洽谈记录					
成交记录					
其他					

客户信息管理的核心是了解客户购买动机和需求。客户的购买动机和需求越明确，就越容易由潜在客户变成现实客户。房地产经纪人根据客户的购房需求、偏好与购房能力，为客户提供相应的房源和解决方案，可以提高促成交易的成功概率。

1. 客户基础资料

个人客户资料包括：客户编号、客户姓名、性别、年龄、籍贯；家庭地址、电话、传真、E-mail；家庭人口、子女数量、子女年龄、入学状况；行业、工作单位、职务；教育程度；客户来源渠道等。

机构团体客户资料包括：客户编号、机构名称、机构办公地址、机构经营范围、机构营业区域、法定代表人及其电话、经营期限、代理人及其联系电话、联系人及其联系电话、客户来源渠道等。

房地产经纪人在接待了客户后，要给客户一个编号，即客户编号。客户编号的好处是方便房地产经纪人查询和跟踪该客户的动向。例如，一些大型房地产经纪机构开发的信息系统，房地产经纪人在手机系统软件上输入客户编号，可以看到曾经接待过的客户是否委托了其他经纪人看房和购房，以此来判断客户是否在其他商圈看房购房，也可以查询该客户近期的看房记录，判断客户的活跃程度。

2. 物业需求状况

所需物业的区域、类型、户型、面积。如果目标物业是住宅，需要调查客户对卧室、卫生间、层高、景观、朝向的需求意向；特别需求，如车位、通信设施、是否有装修、是否是电梯房；物业价格，包括单价和总价、付款方式、贷款方式、按揭成数等；配套条件的要求，如商场、会所、学校、交通条件（是否需要临近地铁站口）等。如果目标物业是商业用房或工业用房，需要调查客户对商铺、办公用房、工业用房的需求意向，包括楼层、面积、物业等级、价格、配套设施条件等。

3. 交易记录

委托交易的编号、时间；客户来源；推荐记录、看房记录、洽谈记录、成交记录；有无委托其他经纪机构或经纪人等。

【案例 3-1】

失信客户列入黑名单[①]

2017 年 12 月 7 日，深圳市房地产中介协会向各房地产经纪机构、经纪人和房地产交易客户发布通告。该通告指出客户刘某于 2017 年 4 月委托深圳市某房

---

①   深圳市房地产中介协会公众号. 关于对刘某列入失信客户名单的通告 [EB]. (2017-12-11).

地产经纪有限公司为其提供中介服务。中介方居间成功，并协助其办理完相关房产过户手续后，刘某故意拖欠深圳市某房地产经纪有限公司及个人会员李某佣金。经深圳市房地产中介协会向刘某发出追佣的律师函，但刘某既不接受协会协调，也拒绝按照合同履行给付佣金义务。在此情况下，深圳市房地产中介协会会员权益保障委员会审议决定，依据《深圳市房地产中介行业失信客户名单管理办法》第四条相关规定将客户刘某列入行业失信客户名单，并在行业内部通报。刘某一旦被列入失信客户名单，各房地产经纪机构和经纪人将其作为高风险客户，在提供服务前要进行风险管控。

二、客户信息管理的原则和策略

(一) 客户信息管理原则

客户信息管理是房地产经纪机构和经纪人最为重要的工作内容之一，客户信息管理能力水平和管理状态直接决定了房地产成交比率和成交效率，也是达成客户满意的基本条件。客户信息管理必须遵循以下原则。

1. 有效原则

客户需求信息数量很大、内容庞杂，而且通常是模糊数据。经纪人在处理客户信息时，必须进行有效的询问和区分，清楚地描述出较为准确的需求信息。当客户信息是未加判断和引导时，那么获得的信息则会是含混的、太多选择的、不确定的，这种客户信息在利用时会增加难度和再次沟通的工作量，甚至会直接影响成功交易的效率。同时，客户需求信息可能也是变化的，如地址、联系方式和需求变化，因而需要对客户信息及时调整更新。经纪人对客户信息进行持续性处理，才能确保客户信息内容的准确和有效。

2. 合理使用原则

客户信息是房地产经纪机构和经纪人的宝贵资源，只有合理使用才能发挥其价值，促成交易。合理使用包括：恰当保存和分类；信息共享和客户跟进；保守客户秘密，不滥用。恰当保存和分类是指对客户信息按照方便查询的方式进行分类。然后对分类后的信息以人工或计算机方式来进行记录保存。信息共享和客户跟进是指经纪机构获得的客户信息必须可供本企业房地产经纪人分享，可方便查询；同时对利用的情况作出记录，如客户的需求变化，所有客户信息均有经纪人负责跟进，保持客户联系。保守客户秘密，不滥用客户信息是指对客户提供的所有信息，尤其是与个人隐私相关信息如电话号码、住址，未经客户同意不能外传于其他商业机构，不得用于除交易以外的其他用途。客户信息的使用必须有明确合理的使用规则，房地产经纪机构也应定期检查客户信息的使用情况，总结不足，改善使用状况。

3. 重点突出原则

面对数量庞大的客户信息，房地产经纪人要通过对客户信息资料的分析找出重点客户，挖掘出近期可以成交、需求意向强烈的客户作为近期重点客户。对那些潜在的、创收潜力大的客户可作为中期重点客户，而对于有长期需求的意向客户作为未来重点客户来培养。以这样的方式管理客户信息会为经纪人创造持续的成交机会。

（二）客户信息管理策略

客户信息的挖掘和建立是为了促成交易，赚取房地产经纪服务佣金。如何善用客户信息，提升成交率是经纪人的主要工作目标之一。通过对客户需求的持续跟进和对潜在客户的跟踪服务，力争将潜在客户变为签约客户和成交客户。

1. 及时记录和更新

对客户信息资料的记录、更新是客户信息资源有效利用的前提。经纪人在取得客源委托后，及时将其录入客户管理系统，一般规定在1小时内。录入时必须保证客源信息的完整性、真实性、唯一性。获取客源并录入系统后，经纪人需要对自己所属客源进行定期的日常跟进维护，若不及时更新，如客户的联络方式、客户需求变化或客户已经与竞争者联系等，客户信息只会成为过时而无用的信息，因而经纪人必须定期和客户保持联系，更新资料，这样才能保持其有效性和准确性。经纪机构必须督促经纪人做好客户信息的记录和更新工作，如果一定日期内未跟进或记录带看维护的话，系统给予自动提醒，推动经纪人保持与客户的联系，及时更新资料与信息。

2. 保持联系

客户从发出需求信息到完成交易往往需要数十日甚至数月时间。不断寻找提供符合客户需要和选择范围的房源，逐步逼近客户目标，是客户信息利用必不可少的工作。在这个过程中保持和客户的联络和沟通，把握其需求的动态，同时也关注其和其他竞争者的联系，采取必要措施留住客户，这样才能充分利用客户信息，提高客户信息利用的效率。若长时间不和客户联系，客户信息往往会失效，要么需求已变化，要么已选择其他经纪人服务。只有保持与客户的联系，不断有信息交流，才能激活客户信息，促成交易。

房地产经纪人可以利用节日的机会，对自己服务的客户进行节日问候；另外，当国家或地方出台新的相关房地产政策或法规时，房地产经纪人也可以和自己的客户进行沟通，告知客户目前的房地产政策和规定。房地产经纪人还可以将学习到的一些房地产政策和法规分析文章，加上自己对政策和法规的理解等内容告诉客户，与客户进行交流。通过以上手段，保持和客户的联系，逐步建立和客户的信任关系。

3. 有效利用

根据《营销技巧——创建房地产商机》[①] 一书的介绍，成功的销售人员应该具备的三个销售秘诀：

(1) "四十五规则"：45%的潜在客户将转和别人做生意。在一年中，经纪人所获得的客户线索中将有45%成为竞争对手的客户，而其中的22%～25%将在前六个月中完成转变。对应的有45%的客户线索就有做成业务的可能。即如果经纪人有10个客户线索，将有可能做成4～5笔，一旦未做成，别人就会做成。尽管这个调研来的数据可能因地而异，因客户信息质量的不同而不同，但成功的销售人员的经验也告诉我们，在客户线索和成交之间有一定的比例关系。你越努力，成交率就会越高。

(2) 出色的经纪人对每一个客户信息都穷追不舍，直到潜在客户购买或者离去。出色的销售人员会根据客户的紧迫程度进行分类，并制定一个详细的跟踪与维护计划。如果经纪人不停地与客户联系，不考虑客户的感受，那么他会面临打扰客户正常生活甚至丢失客户的危险，所以合理地安排跟踪联系计划，既要考虑客户的感受，又要做到穷追不舍，争取低的客户流失率与高的客户成交率。

另一方面对于客户来说，有的客户可能没有明确的购房时间表，因为其购房需求不紧迫，可能需要1个月，也可能半年，甚至更长时间，但是无论时间多长，经纪人都不能中途放弃任何一个客户，因为没有你100%的争取就没有那10%或20%的成交机会，客户是一个积累的过程，只有不断地积累，坚持不懈地维护才能获得更多的机会。

(3) 客户信息越陈旧，竞争就越不激烈。经纪人一般将焦点放在开发新客户上，而旧的客户信息则很少引起经纪人的关注，但这并不意味着没有价值。一个成功的经纪人要善用旧的客户信息，不断维护旧的客户信息，并从中挖掘有价值的商业信息。

长时间没有实现成交的客户可能是由于购买意愿不强、一直没找到合适的物业或者资金不足等原因。然而随着时间的流逝，这些原因都会因其他因素的变化产生变化，比如原本购买意愿不强的客户由于结婚或者生子而意愿加强，原本资金不足的客户经过一段时间的积累，资金充裕等。如果经纪人坚持与陈旧的客户信息保持联系，将会在不经意间获得更多、更有效的资源。一旦放弃，将会失去

---

① 【美】丹·古德·理查德. 营销技巧——创建房地产商机 [M] 北京，中信出版社，2001.

很多机会。

三、客户数据库的建立

现代客户关系管理（Customer Relationship Management，CRM）系统是一种先进的管理思想和管理方法，其核心思想是将企业的客户（包括最终客户、分销商和合作伙伴）作为最重要的企业资源，利用智能解决方案，高效地收集、整理并分析相关数据，为企业的正确决策提供前瞻性支持，通过完善的客户服务和深入的客户分析来满足客户的需求，保证实现客户的终生价值[①]。构建客户数据库时应考虑的因素主要有以下4方面。

第一，要尽可能地将客户的原始资料完整保存下来。现在的数据库具有非常强大的处理能力，但是无论怎样处理，原始数据总是最为宝贵的，有了完整的原始数据，随时都可以通过再次加工获得需要的结果，但如果原始数据缺失严重，数据处理后的结果也将失去准确性和指导意义。

第二，要将企业自身经营过程中获得的内部客户资料与其他渠道获得的外部资料区分开来。企业内部资料主要是一些销售记录、客户购买活动的记录以及促销等市场活动中获得的直接客户资料，具有很高的价值，他们是企业产品的直接消费者。外部数据是指企业从数据调查公司、政府机构、行业协会、信息中心等机构获得的，是企业的潜在消费者。这些数据存在真实性较差、数据过时、不符合企业要求的问题，需要在应用过程中不断地修改和更正。

第三，要特别重视数据库管理的安全性，确保记录在计算机系统中的数据库安全运行。安全性主要是指允许那些具有相应的数据访问权限的用户能够登录并访问数据库以及对数据库对象实施各种权限范围内的操作，要拒绝所有的非授权用户的非法操作。安全性管理与用户管理是密不可分的。需要严格地加强安全管理，建立健全数据库的专人管理和维护机制。

第四，要及时对客户关系管理的数据库进行分类、筛选、整理和更新。企业应加大投入，收集和处理自己的客户资料，进行分类、筛选、整理和更新，将最新的数据录入到数据库中。只有经过处理的数据才更有效，使用起来才更方便，从而提高工作效率，实现高匹配率。

---

① 陈刚，廖明星. 客户关系管理系统中客户数据库的作用与设计 [J]. 软件导刊，2008（08）：120-121.

复习思考题

1. 什么是客源？客源的构成要素有哪些？
2. 客源有什么特征？
3. 根据客户特征和营销策略可以将客户分为几类？
4. 客源和房源有哪些关系？
5. 客源开拓的方法有哪些？
6. 客源开拓的策略有哪些？
7. 建立客户长期联系的策略有哪些？
8. 客户需求偏好分析包括哪些内容？
9. 客户需求程度分析包括哪些内容？
10. 如何对客源信息进行完善和分析？
11. 客源管理的对象和内容是什么？
12. 客源信息开发策略有哪些？
13. 如何利用好客户信息？
14. 客源信息管理的核心内容是什么？
15. 什么是客户管理系统？构建客户管理系统应考虑哪些因素？
16. 客户信息管理的原则有哪些？

第四章 存量房经纪业务承接

一个完整的存量房经纪业务流程主要包括客户接待、交易配对、带客看房、交易撮合、合同签订及款项收支、物业交验及后续服务共六个环节，如图 4-1 所示。本书将这六个环节分为四个部分。第一个虚线框内的客户接待和客户分类作为经纪业务承接阶段。第二个虚线框内的交易配对和带客看房，作为经纪业务的实地看房部分。而交易撮合、买卖合同签订和款项支付，作为经纪业务交易条件协商部分，即第三部分。物业交验与后续服务，是一个经纪业务的收尾阶段，作为第四个部分。本章重点分析介绍经纪业务承接阶段的内容。

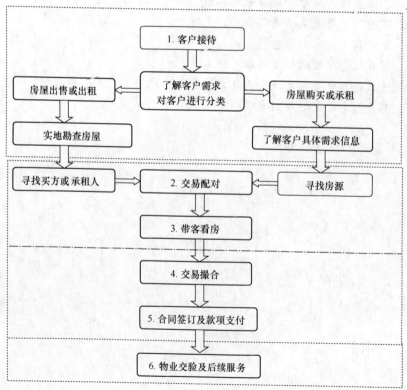

图 4-1 存量房经纪业务的一般流程

第一节 客 户 接 待

客户接待是房地产经纪人工作的第一步，也是经纪人与客户建立联系的关键一步，接待水平是否专业，将决定经纪人能否与客户建立信任关系。客户接待最根本的目的是与客户沟通，了解并记录客户需求，确定客户意向，并力求尽快满足客户的需求，完成房地产交易经纪服务。不论是存量房买卖业务还是租赁业务，客户接待的基本业务操作要点是相同的。要想接待好客户，首先要求经纪人对经纪门店所属的商圈有相当深刻的了解。只有熟悉周边的物业和商业环境，掌握各种物业的价格变动趋势，接待时才有可能给予客户合适的介绍。而沟通过程也要张弛有度，在了解客户信息时一定要条理清楚，思路缜密。在与客户沟通时，信息必须记录清楚，不同客户采集的信息内容是不同的，见表4-1。

采集客户信息的要点　　　　　　　　　　　　　　　表 4-1

客户类型	信息内容
卖房客户	① 查验委托人信息：是否是真实委托人（委托人为房源产权人本人或持有经公证书的委托授权书），是否委托出售（提供有效公证书），搜集物业产权人基本资料，看房联系人信息； ② 查验房源信息：物业位置、地段、产权类型、房屋户型、面积、楼型、朝向、楼层、装修状况、配备设施；是否空房、建设年代、物业管理企业；周边环境、公共设施配套；计划出售价格等；房屋是否存在限制交易情况；是否设定了居住权；房屋是否有共有产权人；房屋是否正在出租； ③ 其他特殊情况说明：如要求客户一次性付款等
买房客户	① 客户基本联系资料； ② 物业求购信息：位置、地段、户型、面积、楼型、朝向、楼层、建设年代；周边环境、公共设施配套；预算费用、购房付款方式等； ③ 其他特殊要求：房屋交付时间、不能是"凶宅"
出租客户	① 查验出租委托人真实信息：是否是真实委托人（委托人为房源产权人本人或持有经公证书的委托授权书、转租提供转租协议）、出租人联系资料； ② 出租房源信息：物业地址、居室、面积、内部设施、家具、家电配套和物业管理情况；出租价位、收款方式、房屋是否存在限制交易情况、房屋是否正在出租、房屋是否设立了居住权； ③ 其他特殊要求：出租最短时间等
承租客户	① 承租人基本联系资料； ② 承租信息：需求位置、面积、朝向；客户在哪里上班或上学、做什么工作；承租物业用途；是否本人居住、几个人共住、入住时间要求、最高能够承受的价位、付款方式等

一、客户接待流程

(一) 到店接待流程

目前房地产经纪机构大多开设有实体门店，门店接待成为房地产经纪人获得客户委托的重要途径。门店接待是指客户直接到各经纪机构或各营业门店中了解信息、寻求服务时房地产经纪人对客户的接待。到店客户是潜在客户，他们可能对某一处房产产生购买欲望，或者希望房地产经纪人协助出售其名下的房产。

房地产经纪人接待到店客户主要包括以下 7 个步骤：

1. 站立迎接，微笑待人，使用标准问候语。当客户在店外停留站立或观看橱窗房源时，经纪人应及时到店外迎接，向客户介绍公司概况、所属商圈的特性，并邀请客户到店内进一步沟通。房地产经纪人专业、热情、礼貌、细致的服务态度将赢得客户的尊重，同时对客户的交易决策也会产生影响。一些房地产经纪机构开展了便民服务，对周边居民躲雨、借伞、喝水、复印证件等便民性需求，都给予帮助，拉近了与社区居民之间的关系。

2. 引领客户入店。当客户进入门店内，房地产经纪人应主动为客户拉门、店内人员均应起立问好，并就近给客户安排洽谈位置，将茶水放至客户面前，让客户在比较舒适的状态下与经纪人进一步交谈。当客户直接到店内咨询，房地产经纪人应使用标准服务用语："您好，欢迎光临××公司，请问您有什么需要帮助（咨询）的吗？"

3. 确定接待主体。新客户由值班经纪人接待，老客户由原经纪人接待。

4. 了解客户需求。与客户初步沟通，其来意是售房还是买房？是租赁还是买卖？是咨询还是投诉？或是其他。这时，房地产经纪人应该表现出竭诚为客户服务的态度和愿望，不失礼貌地询问客户的需求。如果客户是外地客户，经纪人应为客户介绍社区教育、商业、治安、公共服务、公园绿地、交通等方面的情况。在条件允许的情况下，经纪人可以引领客户到附近的社区实地考察，让客户熟悉社区情况，这有助于与客户建立紧密的联系。在整个沟通过程中，房地产经纪人随时记录客户的需求，并向其推荐不同解决方案，倾听客户对解决方案的反馈并记录在案。

5. 接受服务委托或帮助客户解决问题。这里分两种情况，一种是客户希望与房地产经纪人就委托事项达成委托协议，一种是客户仅对某些房地产问题进行咨询。对前者，房地产经纪人可以通过展示房源信息或者促销计划，赢得客户，并与之签署房地产经纪服务委托协议或达成签署委托协议意向。对后者，房地产经纪人要以专业的态度，客观如实地回答客户提问。

6. 客户离开时，经纪人应为客户打开门，并将客户送至公司门外，致意道别。此外，房地产经纪人在送别客户前，应尽可能多留几种客户的联系方式，包括手机、固定电话和社交软件账户。目前，社交软件比电话沟通更便于表达或传递情感，缩短与客户的距离，有利于将客户发展成终身朋友，为实现客户终身价值提供最大便利。

7. 客户信息录入。客户离开后，房地产经纪人应及时将信息录入企业管理数据库内（包括房源和客户数据库），并定期回访。一般地，房地产经纪人将客户进行分类，对于急于出售（出租）或购买（承租）的客户，及时跟踪，原则上3 天内回访；对于有出售（出租）或购买（承租）意向的客户，一周回访一次；对于近期无出售（出租）或购买（承租）意向，可以半个月或一个月回访一次。

（二）电话接待流程

电话接待不同于到店接待，由于缺乏面对面的交流，经纪人必须熟练掌握电话接待的流程才能引导客户采取进一步的行动。

第一步，问候。电话铃声响三声内必须接起，向顾客问好，报出公司名称、自己的姓名。

第二步，回答咨询。记录来电客户的需求，并填写《客户电话来访登记表》或登记在自己的工作笔记本上。

第三步，记录来电者基本资料。房地产经纪人一定要以合适的方式留下客户的姓名、地址和联络电话，方便跟进服务，也应主动为客户留下自己的姓名、联系方式和投诉电话。

第四步，感谢来电者。当通话结束后，房地产经纪人使用标准结束语："感谢您的来电，竭诚为您提供服务，再见！"同时，经纪人应等对方先放下电话后，再轻声放下电话听筒。

第五步，信息录入。挂断电话后应及时将信息录入企业管理数据库内。如果是售房（出租房屋）或购房（承租房屋）客户，应立即给出价格信息或寻找房源，为推荐房源、约客户看房等后续工作做好准备。

无论是到店接待还是电话接待，房地产经纪人为客户解答问题时，应尽可能使用书面用语。客户提出问题后，应换位思考，多站在客户的角度上加以考虑，解答问题应使客户感觉非常专业和满意。

（三）网络客户接待流程

互联网环境下，一些房地产经纪人利用社交软件、房地产经纪机构网站在线咨询窗口、房地产经纪人个人主页等网络沟通工具接待客户。与门店接待和电话接待不同，网络接待是利用电脑上的互联网界面接待客户。客户在电脑上录入文字、图片或者发送语音信息描述其需求，房地产经纪人通过发送文字、图片、视频或语音等信息响应客户需求。网络客户接待流程与电话接待流程类似，唯一的差别是申话沟通采用直接的语言方式，网络接待是既可以采用文字方式也可以采用发送语音，甚至以网络电话视频方式进行沟通。视频可以让交易参与各方看到真实的个体、交谈环境，甚至可以进行录像，将当时的谈话记录记载下来。如果任何一方提出对视频交谈过程进行录像，都要征得其他参与人的同意。

房地产经纪人采用网络方式接待客户，需要注意以下 4 点：①针对求购和求租客户，房地产经纪人务必推荐真实房源信息。同时，编辑文字时应注意语法、语气、标点以及表情符号的使用。切忌出现错别字，点击发送前最好再确认检查一遍即将发送的文字和图片内容。如果发现发送了错误的文字或图片、语音，应立即撤回，进行修改，以防造成误解。②利用电脑通过文字表达进行沟通与利用电话通过语言直接进行沟通，二者在沟通效果上有一些差距。例如，客户在电脑或智能手机上用文字表达了他的需求后，房地产经纪人阅读了文字后会有自己的理解，相比较电话中直接的语言沟通，这中间可能会产生信息误差。因此，房地产经纪人利用网络发送文字和图片的方式接待客户后，要继续通过电话（网络电话）、面谈等方式，进一步了解客户的真实需求。③如果利用网络电话方式接待客户，其流程和注意要点与电话接待方式一样。进一步地，如果采用网络视频方式接待客户，通过视频可以观察到客户表情，或通过视频展示房源状况，几乎达到面对面接待客户的效果。④网络客户接待过程中，首先不得先于客户使用语音发送功能；另外，在使用网络电话以视频方式沟通前需先征得客户的同意。

二、业主信息调查

（一）以房屋售价为核心采集信息

业主与房地产经纪人通过前期初步沟通后，如果业主对经纪机构的企业资质、经纪人专业水平比较信任，房地产经纪人就可以同业主建立密切的联系。业主愿意将房屋委托给房地产经纪机构出售或出租，主要是相信房地产经纪行业的专业性与安全性，希望以专业化的经纪服务，安全而高效地将物业销售出去。经纪人在与业主接洽、相互沟通了解的过程中，能否获得业主的信任，是获取委托的关键。房地产经纪人在接待售房客户时，核心目标是了解客户对房屋售价的期望值。

对房屋的信息了解，应从所处商圈环境、房屋物理属性、房屋权属状况、房屋出售条件、业主身份信息、物业管理水平这六个方面进行，见表 4-2。

委托出售经纪业务的相关信息调查项目 表 4-2

需调查的事项	信息内容
所处商圈环境	①生活配套：如商场、超市、娱乐场所、菜市场、医院等；②交通配套：地铁与公交车站点、出行路线、路网建设；③教育资源：幼儿园、学校，以及本房产所处学区房的范围、入学政策等；④商圈未来的市政规划；⑤应披露的相邻设施（加油站、立交桥等）
房屋物理属性	①居室；②建筑面积与各房间面积；③建筑年代；④楼层；⑤朝向；⑥装修状况与装修造价；⑦室内净高；⑧房屋装修时是否曾经改动；⑨煤气/天然气是否入户，供暖方式；⑩建筑形态等
房屋权属状况	①房屋产权性质；②房屋所有权人以及是否有共有权；③房屋是否已经设定居住权；④是否属于征收拆迁（动迁）范围内；⑤房屋是否设定抵押权，剩余贷款数额和偿还方式；⑥相邻关系；⑦是否存在其他限制交易的情况（如违章建筑）；⑧物业地址（项目名称与产权证登记名称）
房屋出售条件	①出售价格；②付款方式；③交房时间；④当前居住状况（空置/居住/出租）；⑤家具、家电；⑥随房产一并转移的室内配套设施；⑦价格协商余地；⑧影响交易的其他因素（如唯一住房、购入时间、购入成本等）
业主身份信息	①业主的身份证件；②业主的联系方式、看房时的联系人及其联系方式；③业主是否还有其他共有权人；④配偶是否对出售该房产无异议；⑤处于出租状态下的房产，承租人是否放弃优先购买权；⑥看房比较方便的时间范围
物业管理水平	①物业服务机构的名称及其评价；②物业管理收费的标准；③停车位以及停车费；④供暖方式以及供暖费用；⑤物业管理机构是否有其他收费项目；⑥业主的物业、供暖等对房屋使用所产生的费用的缴纳情况、是否有欠缴以及何时补齐等

（二）了解售房业主资格信息

售房业主的资格信息，主要包括民事行为能力、是否存在共有权人以及业主的处分权是否受到限制。

对售房业主的民事行为能力的审查，特别要关注限制民事行为能力人和无民事行为能力人。限制民事行为能力人包括 8 周岁以上的未成年人和不能完全辨认自己行为的成年人，无民事行为能力人包括不满 8 周岁的未成年人、完全不能辨认自己行为的成年人以及完全不能辨认自己行为的 8 周岁以上的未成年人。例如，一对夫妻婚后共同购买了一套住房，并将该房屋登记在他们的 2 岁女儿名下。2 年后这对夫妻欲将该住房出售。房屋产权人的实际年龄为 4 周岁，属于无民事行为能力人。根据《民法典》第二十条"不满八周岁的未成年人为无民事行为能力人,由其法定代理人代理实施民事法律行为"和第二十三条"无民事行为能力人、限制民事行为能力人的监护人是其法定代理人"的规定,本案例中的父母是该住房不动产权利人的监护人,他们将作为监护人代其签署房屋买卖合同。进一步地,假如购买房屋全部价款是由房屋产权人父亲一方完全出资,在买卖房屋时是否可以由房屋产权人母亲一人代为签署合同?答案是可以。未成年子女的父母作为其监护人,任何一位监护人都可以作为法定代理人实施民事法律行为,法律并未规定无民事行为能力人所从事的民事法律行为必须由其全部监护人代理。因此,该住房产权人的父亲或母亲一人代为签署合同即可。当然,如果父母双方能共同代为签署合同,可最大程度避免纠纷发生,这也是最为妥当的处理方式。遇到类似情况,例如,业主是限制民事行为能力人,房地产经纪人应以《民法典》第二章关于自然人的相关规定为依据来确定,同时还要与业主的监护人及时沟通清晰。

在售房人资格审查时,房地产经纪人还要审查房屋的不动产权利人是否存在房屋共有权人。根据《民法典》第二百九十七条"不动产或者动产可以由两个以上组织、个人共有。共有包括按份共有和共同共有"的规定,不动产共有是指由两个或两个以上的个人、组织共同拥有该不动产的权利并应承担相应的义务,具体可分为按份共有和共同共有两种类型。按份共有是指共有权人对该房屋按照自己的份额享有所有权,可以就自己的份额进行转让等处分,但其他共有权人享有优先购买权;共同共有是指共同共有权人对该房屋不区分份额地享有所有权,出售时应征得所有共有权人同意。按照《民法典》第三百零一条"处分共有的不动产或者动产以及对共有的不动产或者动产作重大修缮、变更性质或者用途的,应当经占份额三分之二以上的按份共有人或者全体共同共有人同意,但共有人之间另有约定的除外"的规定,处分按份共有的不动产需要得到三分之二以上份额的按份共有人的同意,处分共同共有的不动产,需要全体共同共有人的同意。但在实际存量房交易案例中,为了降低业务风险,房地产经纪人一般都要求全体共有人同意出售后,才承接共有房屋销售经纪业务。

在存量房交易领域,房地产经纪人遇到的共有主要涉及夫妻共有和未分割遗产两大类经纪业务。就夫妻共有而言,其性质上属于共同共有,除了根据《民法典》第一千零六十三条规定,属于夫妻一方的个人财产外,夫妻在婚姻关系存续期间所得的财产属于夫妻共同财产、归夫妻共同所有。夫妻婚后全款或贷款购买,不动产权证上即使登记为夫妻一方的名字,也是夫妻共有,出售时须出业主配偶具亲笔签名的《配偶同意出售证明》方能出售。如果是夫妻婚前贷款购买,其中一方给付首付款，不论婚前或婚后双方共同偿还的贷款部分都是夫妻共同财产。房地产经纪人在处理家庭不动产时，还会遇到青年夫妻出售的房屋是由一方父母或者双方父母出全资，或一方父母或者双方父母支付首付款、子女偿还贷款的情形。此时，房地产经纪人务必要慎重且仔细地与卖方就该房屋的产权归属进行调查，要核对不动产权证登记日期与夫妻婚姻登记时期，询问是否有赠与协议、婚前协议等，区分父母出资购房时间、父母是否明确表示赠与夫妻一方或双方、不动产登记的所有权人、父母出资购房的出资比例以及出资方式来确定业主是否有权单独出售该房屋。同时，房地产经纪人还要认真学习最高人民法院针对父母为子女出资购房的相关司法解释。

针对出售其名下"单独所有"婚前以贷款方式购房的业主，尽管可以单独出售，房地产经纪人也需要请业主配偶到场或者提供配偶亲笔签名的《配偶同意出售证明》，主要是核实夫妻中另一方是否参与了偿还房屋贷款。对于婚前或婚后购买、夫妻双方约定归一方所有的房产，为个人财产，但需要出具财产公证书。

就未分割遗产的共有而言，业主死亡，遗产分割之前，有继承权的继承人均为业主名下房屋的共同共有人。如果共同共有人要出售该房屋，房地产经纪人应要求委托人提供房屋证、业主死亡证明复印件等证明材料，并告知共同共有人，取得全体共同共有人一致同意后，房地产经纪人可对外发布房源信息。遗产分割之后，取得该房屋所有权的继承人，应持人民法院房屋继承判决书、继承公证书或者其他有效证明材料，将房屋不动产权证变更为新的所有权人，然后再与房地产经纪机构签订委托出售房屋的经纪服务合同，房地产经纪人才能对外发布房源信息。在有些地区，如果继承人是已婚，还需要提供已婚继承人配偶的《配偶同意出售证明》，否则不能办理不动产权属转移手续。例如，某男士因突发急症去世，其名下的房屋由该男士父母、妻子和女儿继承。如果该男士的女儿已婚，那么在与房地产经纪机构签署房屋出售经纪服务合同时，还应提供其女儿丈夫出具的《配偶同意出售证明》，除非另有约定该房屋由其女儿独自继承。《民法典》第六编及相应的司法解释对继承做出了详细规定，房地产经纪人可以深入学习。

此外，房地产经纪人还需要关注业主的处分权是否受到限制。例如，业主将房屋抵押给第三人，与第三人约定该房屋在抵押期间不得转让，并将该约定记载于不动产登记，则未经该第三人同意，业主不得处分该房屋。再如，该房屋上已存在第三人的所有权预告登记，依据《民法典》第二百二十一条"预告登记后，未经预告登记的权利人同意，处分该不动产的，不发生物权效力"，业主在未取得预告登记权利人同意的情况下也无法完成该房屋的过户登记。对此，房地产经纪人可以通过核查不动产权证来确定业主处分权是否受限，必要时还可以到所在城市的不动产登记大厅进行查证。需要注意的是，如果房地产经纪人在核查不动产权证时发现该房屋上设有第三人的居住权，尽管在法律上居住权不会限制业主的处分权，但因居住权是"对他人的住宅享有占有、使用的用益物权，以满足生活居住的需要"的用益物权，会导致房屋的买受人在事实上无法占有和使用，因此，房地产经纪人应与业主进一步沟通，建议业主在居住权注销登记后再出售该房屋。如业主坚持委托出售设有居住权的房屋，房地产经纪人应在房源信息中注明该房屋已设立居住权。

（三）房源信息调查并编制《房屋状况说明书》

业主委托出售房屋时，房地产经纪人将通过询问、上门实勘等方式，对待售房屋进行信息调查和了解。房地产经纪人要告知业主根据《房地产经纪管理办法》的相关规定，房地产经纪人在查验房屋现状后要编制《房屋状况说明书》。该说明书需要业主签字确认，以确保与出售房屋相关信息真实可靠，这是存量房交易委托的必须程序和必备文件。房地产经纪人制作的《房屋状况说明书》，不仅便于掌握房屋信息，也是房屋销售过程中向意向购房客户进行推荐和描述房源的必备文件。

对房源信息的了解，在情况允许的前提下，应以实地走访的形式进行（遇到"凶宅"等特殊情形还要到公安部门或物业管理公司进行查询），并对房屋进行拍照处理，以便于信息发布；对涉及房屋权属、业主身份的相关信息，应对业主的证件、资质证明文件、不动产权证等进行查看，必要时在征得业主同意的情况下可通过拍照、复印等手段留存影印件。

有些客户委托房地产经纪机构出售或出租的房屋仅有房屋买卖合同而无房屋权属证书，即行业内俗称的"无房本单子"。此类房屋无论是买卖交易还是租赁交易，都可能面临委托人构成无权处分的风险，容易引发纠纷，甚至可能导致房地产经纪机构的法律责任。对此，《房地产经纪管理办法》第二十三条规定："委托人与房地产经纪机构签订房地产经纪服务合同，应当向房地产经纪机构提供真实有效的身份证明。委托出售、出租房屋的，还应当向房地产经纪机构提供真实有效的房屋权属证书。委托人未提供规定资料或者提供资料与实际不符的，房地产经纪机构应当拒绝接受委托。"依据该规定，房地产经纪机构不能接受"无房本单子"的委托。

（四）了解业主房屋售价的价格区间

业主最关心的问题是房产能以什么价位出售，最终获得的总收益额是多少。房地产经纪人在接待过程中，要向业主详细介绍该房产商圈范围内房地产价格现状，以及政府出台的关于房地产交易税费的最新规定。对市场价位和政策环境的介绍有助于房地产经纪人获得客户信赖。房地产经纪人可以采用房地产价格评估方法，初步评估房地产市场价格，为业主出售物业提供价格参考。房地产经纪人向业主提供一份专业的物业售价评估简报，是展示经纪人能力的一项重要工作。房地产经纪人可以利用在同一区域内近期内成功销售的同类型物业，作为销售价格评估的参考指标。一般情况下，房地产经纪人为业主给出的是一个价格范围，而不是一个具体价格，这样就给了业主自己决定价格的空间，也为今后价格商榷留有余地。

（五）了解业主的出售动机

房地产经纪人接待业主的过程中，要特别了解业主的售房动机。因为不同的出售目的对房屋售价、出售时间、回款要求等都不一样。例如，在房价上涨时期，业主将闲置房屋出售获得现金收益。这样的业主，其房产可租可售，对销售时间要求不高，可以较高的价格出售房产。对于急需资金而出售房产的业主，或因投资项目资金短缺，或因出国留学，或因离婚等原因需要现金，他们对房款支付时间要求高，希望比较合适的价格出售房产。进一步了解了业主出售房屋动机后，房地产经纪人可以精心设计物业营销计划向业主展示，并做出适当的营销承诺，以此来打消业主的疑虑，最终获得业主认可后签署《房屋出售经纪服务合同》。如业主将钥匙交由房地产经纪机构保管，则还应与业主签订钥匙托管协议。

【案例 4-1】

钥匙收据

物业地址：

业主姓名（名称）：＿＿＿＿＿＿＿ 代理人姓名（名称）：＿＿＿＿＿＿

身份证号（有效证件号）：＿＿＿ 身份证号（有效证件号）：＿＿＿

联系方式：＿＿＿＿＿＿＿＿＿＿＿ 联系方式：＿＿＿＿＿＿＿

现将该套物业钥匙＿套（共＿把）委托＿＿＿＿＿＿＿＿＿＿＿＿＿＿＿＿

公司（＿＿＿＿房地产经纪机构＿＿＿＿＿＿＿加盟店）保管，以便于经纪人带客户看房。＿＿＿＿＿＿＿＿＿＿＿＿公司（＿＿＿＿房地产经纪机构＿＿＿＿

＿＿＿＿＿加盟店）将保证妥善保管该物业钥匙。

业主/代理人签字： 保管方：

经纪人/助理签字：

日期： 日期

房屋设备及物品交接清单

甲方（业主方）：＿＿＿＿＿＿＿　乙方（客户方）：＿＿＿＿＿＿＿

丙方（中介方）：＿＿＿＿＿＿＿（＿＿＿＿＿房地产经纪机构＿＿＿＿＿

加盟店）

项目名称	品牌	数量	项目名称	品牌	数量
空调			床		
冰箱			床垫		
洗衣机			床头柜		
热水器			衣柜		
电视			书桌		
电视桌			椅子		
机顶盒			餐桌		
抽油烟机			餐椅		
电磁炉			茶几		
饮水机			沙发		
遥控器					

另：＿＿＿方收到甲方该房产钥匙＿＿＿＿套（含钥匙＿＿把，门卡＿＿张）

水表：＿＿＿＿＿　电表：＿＿＿＿＿

甲乙双方就以上房产的交接及相关手续办理完毕，特此确认。

甲方：　　　　乙方：　　　　丙方：

日期：　　年　　月　　日

（六）解释售房款的交付程序

对卖房客户来说，比较担心房子出售后无法及时拿到房款，因此，房地产经纪人要将售房款的交付程序、银行售房资金监管程序、抵押贷款银行放款时间等向客户解释清楚。

（七）业主出售（出租）租赁房注意事项

业主出售正在出租的房屋，根据《民法典》第七百二十六条"出租人出卖租赁房屋时，应当在出卖之前的合理期限内通知承租人，承租人享有以同等条件优先购买的权利；但是，房屋按份共有人行使优先购买权或者出租人将房屋出卖给近亲属的除外。出租人履行通知义务后，承租人在十五日内未明确表示购买的，视为承租人放弃优先购买权。"的规定，房地产经纪人在查看房屋信息时，一旦发现房屋有承租人时，应请业主（即出租人）在合理期限内通知承租人房屋将出售的情况，如承租人放弃优先购买权，提示承租人要签署《承租人放弃优先购买权》的证明文件。

业主出租的房屋租期即将届满，业主拟委托房地产经纪机构出租该房屋，房地产经纪人在承接该类业务时，需关注承租人的优先承租权。《民法典》第七百三十四条第二款规定："租赁期限届满，房屋承租人享有以同等条件优先承租的权利。"为防止承租人优先承租权的法律纠纷，房地产经纪人应提示业主在合理期限内通知承租人将继续出租的情况，如承租人放弃优先承租权，提示承租人要签署《承租人放弃优先承租权》的证明文件。

【案例 4-2】

放弃优先购买权声明

现接到房屋产权人_____的通知，需要将其位于_____，不动产证号_____，面积_____m² 的房产出售给第三人，本人作为该房产的现承租人，在此郑重声明，放弃对该房产的优先购买权，同时要求产权人必须及时协助新的产权人签订租赁合同的变更协议，并完成租赁押金的移交工作。

承租人：
年 月 日

（八）特别注重重要信息审核

信息的审核是保证交易顺利完成、减少纠纷的重要保证，因此必须引起房地产经纪人的重视。有些信息需要房地产经纪人与客户进行当面审核，有些信息需要到有关部门进行查证，才能保证信息的准确性和真实性。

首先是对出售房屋产权的审核。房地产经纪人与委托人签订独家委托协议或有委托意向后，应在第一时间核实产权，既避免可能发生的诈骗行为，又能防止债务陷阱，保障客户及自身利益。具体而言，经纪人要向业主核实是否已经取得《不动产权证》《房屋所有权证》《国有土地使用权证》）或《他项权利证书》；是否有共同产权人；是否设立了居住权，如果设立了居住权，要了解居住权的存续期限；是否以房屋作为抵押物办理了银行抵押贷款或其他借款。如果房屋设定了抵押权，要查询抵押权登记中是否包括禁止或限制抵押房屋转让的内容，提示业主应及时通知抵押权人房屋出售信息。为了核实房地产权属情况，经纪人也可以到不动产登记部门查询，如果无法查询，可尝试其他渠道，如城市档案馆、房地产开发企业、物业服务企业等进行查询，以辨识产权证的真伪。

其次是对委托人身份的核实。共有房屋出租和出售必须得到共有人的书面同意或委托书；委托代理出租和出售的，应当有房屋所有权人委托代理出租和出售的合法书面证明；对于出租房屋，在核实《不动产权证》及业务身份信息以外，对于转租的情形，还需查验转租人是否具备转租权利，房地产经纪人应要求转租人应提供相关证明材料，防止出现假房东给房地产经纪机构和承租人造成经济损失。如果房屋业主已经死亡，除不动产权证、遗嘱、继承人身份证明外，还要有业主死亡证明复印件、其他房屋共有人（继承人）同意出租或出售该房屋的书面声明，房地产经纪人应提示继承人尽快办理不动产转移登记，申领新的不动产权证。如果由代理人办理相关手续，房地产经纪人还要验证由代理人领取房租或售房款的书面声明和委托书。

三、购房客户信息调查

（一）对购房客户以购房需求为核心采集信息

对于房地产经纪人而言，客户接待环节的工作目标是了解客户与房屋需求相关的核心信息。与房的物理特性（户型、结构）相对稳定不同，房屋承购的信息有可能随时变化，这就需要经纪人与客户保持密切沟通，随时知晓客户的购房需求与购房心态的变化。通常情况下，对客户信息、需求的了解多是在"对话"情景下完成的。具体地，对购房客户的信息调查主要包括客户身份信息、客户需求范围、客户支付能力、客户特殊需求、客户购房资格共五个方面（表4-3）。

房屋承购经纪业务的相关信息调查项目　　　　　　　　　　　　表 4-3

需调查的事项	信息内容
客户身份信息	①客户的姓名与联系方式；②客户的职业类型；③客户的家庭人口构成，即购房后的居住人口；④单位客户名称、联系人姓名与联系方式
客户需求范围	①计划置业的地段；②主要活动区域（例如工作单位、现住址等，以方便经纪人判断其需求范围）；③需要的房型、居室、面积；④偏好的朝向、楼层、建筑形态等；⑤对装修是否有要求；⑥客户的购买动机
客户支付能力	①能接受的价格范围区间；②付款方式；③为此次置业所准备的购房资金数额；④目前的收入水平，以及该收入水平是否能支付贷款月供；⑤客户的贷款方式；⑥客户的年龄（分析年龄对贷款年限的影响）

需调查的事项	信息内容
客户特殊需求	通过引导式的发问，可以了解：①客户对于所购置房产是否有偏好，例如不要临街住房、需要附近有医院，为孩子教育置业希望选择学区房等；②客户偏好的看房时间范围
客户购房资格	由于政策的变化以及限制，购房客户有可能因为自身原因造成没有购买资格，这需要房地产经纪人随时了解政策的变化，根据政策变化针对性地确认客户是否具有购买资格以及在购买中是否会受到首付款比例等限制

（二）询问客户购买资格

房地产经纪人在为客户提供购买物业的专业服务过程中，首先需要了解客户的购买资格。

1. 城市购房资格

有些城市规定了限购政策，不符合资格的人士不能购买不动产，不建议房地产经纪人承接购房客户无购房资格的相关业务，即采用"借名买房"的方法购买房屋。"借名买房"在后期容易产生房屋归属方面的纠纷。对于客户因换房等在签约时暂无购房资格的经纪服务业务，房地产经纪人切记应当在合同中明确约定客户取得购房资格的时间以及相应的责任。尽管客户无购房资格所签署的合同，根据法律规定一般不构成无效合同，但是该合同已不具备履行的可能性，法院可能会根据实际情况判决解除合同的同时由购房客户承担违约责任，赔偿业主的损失。

2. 民事行为能力资格

在买受人资格审查中，房地产经纪人特别要重点关注限制民事行为能力人和无民事行为能力人。民事行为能力，是指民事主体能以自己的行为取得民事权利、承担民事义务的资格，自然人的民事行为能力分为三种情况：完全民事行为能力人、限制民事行为能力人、无民事行为能力人。

房地产经纪人在审查购房客户资格时，一定要注意限制民事行为能力人在房屋买卖过程中，不能亲自签署合同，需由其法定代理人代为签署合同。特别是遇到当事人为精神健康状况不佳的成年人，应核实其是否为限制民事行为能力人。根据《民法典》第二十四条"不能辨认或者不能完全辨认自己行为的成年人，其利害关系人或者有关组织，可以向人民法院申请认定该成年人为无民事行为能力人或者限制民事行为能力人"的规定，需经法院特别程序根据智力、精神健康状况来认定不能辨认或者不能完全辨认自己行为的成年人为无民事行为能力人或限制民事行为能力人。无民事行为能力或者限制民事行为能力的成年人由其监护人作为法定代理人代为签署合同。

在实际业务中，可能还会遇到无民事行为能力人。无民事行为能力，是指完全不具有以自己的行为从事民事活动以取得民事权利和承担民事义务的资格，包括不满 8 周岁的未成年人、完全不能辨认自己行为的成年人以及完全不能辨认自己行为的 8 周岁以上的未成年人。无民事行为能力人与限制民事行为能力人一样，其所从事的民事活动均应由监护人作为法定代理人代理实施民事法律行为，包括签署房地产经纪服务合同、房地产买卖合同或房屋租赁合同。

3. 外籍人士、港澳台地区居民或华侨购房资格

针对外籍人士、港澳台地区居民或华侨，他们购房仍然按照住房和城乡建设部与国家外汇管理局发布《关于进一步规范境外机构和个人购房管理的通知》（建房〔2010〕186 号）执行，境外个人在境内只能购买一套用于自住的住宅，即只能购买自用、自住的商品房，不能购买非自用、非自住的商品房，包括投资性质的写字楼、商业物业、住宅等都在严格限制购买范围内。房地产经纪人在接待外籍人士购房时，应提醒外籍人士需提供护照及护照的译文公证、涉外审批表（资料中如有外文资料，需要提供译本公证）。同时，房地产经纪人还应提醒外籍客户/业主在银行开通资金监管账户时，开户名必须是中文名字（须参照译本公证）。中国香港和澳门地区居民购房，房地产经纪人应核查其《港澳居民来往内地通行证》和在内地居住状况证明；中国台湾地区居民购房，房地产经纪人需核查其《台湾居民来往大陆通行证》和在大陆居住状况证明。

（三）询问购买房屋需求

在客户接待过程中，房地产经纪人应及时把握机会，仔细了解客户购房需求的标准和资金预算以及购房要求，即房屋的区域范围、价格范围、房型、楼层、配套等，以便推荐与客户需求相匹配的房源信息。特别地，要询问客户的资金状况。一般来说需要准备多少购房资金是客户关心的首要问题，房地产经纪人要将房价、首付比例、税费和佣金服务费等详细向客户解释清楚，以便于客户根据房屋价格等费用准备资金和贷款计划。

房地产经纪人还要了解客户在房屋购买方面的特殊需求。房屋属于耐用消费品，客户一生中购买房屋的次数十分有限。客户常常因为某些特殊情况才产生购房需求的，因此，房地产经纪人要了解客户购房的原因，即购房动机，从而推荐合适的房源。例如，当客户因房屋拆迁而购房时，经纪人需了解的重点信息包括：原住房何时拆迁？拆迁款何时到位？拆迁人给予的拆迁补偿多少？客户的自有资金有多少？了解了这些问题后，经纪人可以对其购房实力进行初步评估，进

而在合适的时间推荐合适的房子。当客户是为了结婚而买房时，除了关注其经济能力，还应问清楚大概的结婚日期，父母给予的购房资助有多少，是否有生小孩的计划，以判断其需求的紧急程度和房屋户型。客户如果是为了孝敬老人而买房，客户关心的要点是楼层、社区医院和社区环境。对于短期投资客户，房地产经纪人重点要推荐地段好、人流大的房源，房子本身的一些细节缺陷就不是关键点；但对于长期投资客户来讲，主要以获得出租获益为主，客户十分关注地段的租赁需求情况，对目标房屋的装修品质也会有所关注。

【案例 4-3】

认真核对房屋信息，避免后期合同签订纠纷①

叶某通过某房地产经纪公司的甲门店，看中了一套位置良好、性价比高的 A 房屋。叶某多次实地看房。甲门店的房地产经纪人周某复印了 A 房屋的不动产产权证后的附图，叶某利用该附图与实际相比对，发现该房屋要比不动产权证上面记载的面积还要大，感到非常实用超值。经过与家人协商后，叶某决定购买该房屋。经过甲门店撮合，叶某与业主吴某签订了《房屋买卖合同》，其后双方按照合同约定了房屋交易过户手续及银行的抵押贷款等手续。当手续办得差不多了，吴某与叶某进行房屋交付时，叶某猛然发现自己购买的房屋不是甲门店之前带看的 A 房屋，而是 A 房屋隔壁的 B 房屋。

原来，A 房屋业主吴某和 B 房屋业主李某都将房屋委托给甲门店委托出售。A 房屋和 B 房屋的门前没有明确的门牌标志，经纪人周某和叶某在签订《房屋买卖合同》时，都没有认真留意 B 房屋在不动产权证后附图所反映的所在位置，因此一直误以为 A 房屋是要购买的物业。

由于叶某没有证据证明甲门店和房地产经纪人周某有重大失误，叶某自己没有仔细核对所购买房屋与不动产权证上记载的附图是否一致，尽管叶某之前实地查看的房源是 A 房屋，在《房屋买卖合同》上是 B 房屋。所以，叶某不得不继续履行已经签订的房屋买卖合同。作为房地产经纪人，应该特别叮嘱购房客户仔细了解清楚房屋相关情况。

（四）关注客户的安全保障

对于买房客户，当购房金额较大或者购买高档楼盘的房屋时，客户会担心房地产经纪人是否能提供安全的服务。房地产经纪人在接待这类客户时，要保证客户信息的安全性以及房源信息的可靠性，充分尊重客户对隐私的要求，有足够的

---

① 广州市房地产中介协会公众号. 周末案例：2018 年第 10 期 [EB]. (2018-02-04).

耐心让客户享受到专业服务。

四、房屋租赁客户信息调查与告知

（一）租赁客户信息采集要点

在客户接待过程中，房地产经纪人要深度了解客户的核心需求，这对于房源信息和客户信息配对和实现最终交易十分重要。对于租赁客户来说，既有短期租赁，也有长期租赁，出租客户和承租客户的需求不同，房地产经纪人应针对不同客户了解相关信息，重点解决他们的核心问题。表4-4是租赁客户关心的要点，房地产经纪人在客户接待过程中要给予特别的关注。

租赁客户关心的要点

表 4-4

项目	出租客户	承租客户
时间性	房子被快速出租，减少空置期，提高收益水平	短期租赁多为临时性的、紧急性的需求，时间尤其重要；长期客户希望找到合适的、承租期稳定的房源
租金	房租越高越好	客户希望自己消费支出获得最大效用
安全性	对承租客户身份和信誉有所要求，以保证日后租赁期间的安全	希望业主承诺在承租期内不解除租约，确保房屋安全且符合居住要求。合租户通常需要了解另一个租户的性别、职业、生活习惯、家庭结构等信息
服务费用	希望优质的服务，服务费用与服务感受相一致	希望优质的服务，服务费用与服务感受相一致
特殊需求	可能对客户的年龄、家庭、生活习惯、职业有特殊要求	可能对物业品质有特殊需求，比如为陪读租赁学校附近陪读的房屋，或者为长期治疗租赁医院附近的房屋

（二）出租经纪业务信息调查与告知

对于出租客户委托房地产经纪人进行出租的房屋，经纪人可以参照表4-2"委托出售经纪业务的相关信息调查项目"所列之项目开展调查，但有一些信息调查是除上述所列信息之外的、适用于出租房屋信息调查中所独有的项目。同时，在客户接待阶段，房地产经纪人应向出租客户告知相关信息。

（1）**房屋权利状况**，包括所有权、居住权和抵押权状况。所有权状况要核实出租客户是否为房屋所有权人或其他有权出租人，如不是，需要出租客户提供房屋所有权人出具的委托授权书或其他有权出租的证明（如约定出租客户有权转租的租赁合同）；居住权状况要核查房屋是否设有居住权，如设有居住权，则会因承租人权利与设立在先的居住权冲突而导致房屋无法出租，除非居住权即将届满或者居住权人放弃居住权并办理居住权注销登记；抵押权状况要核实该房屋是否已设立抵押权，如已设立抵押权，则设立在先的抵押权优先于成立在后的承租人权利，在抵押权实现时，抵押权人一旦主张排除妨害就会导致房屋租赁无法继续。因此，设立抵押权的房屋并不是不能出租，但房地产经纪人应在房源信息中如实记录抵押权状况，并向承租客户告知和提示。

（2）除房屋主体结构之外，出租客户能够提供的室内配套设施，具体包括室内装修水平、家具家电档次品牌等方面的设施。房地产经纪人查验房屋后编制《房屋状况说明书》（房屋租赁），并须出租客户签字确认信息真实可靠。

（3）出租客户希望的租期、付款方式及相关税费的承担方式，具体包括出租时间、租金结算时间、押金数额（或比例）、经纪服务费用及相关税费的承担方式等。房地产经纪人根据房屋市场出租价格行情、通过房屋查验，与出租客户商定月租金额。

（4）出租客户对承租客户的特殊需要或者忌讳，例如出租客户希望将房屋出租给哪一类人群，或者出租客户不希望将房屋出租给哪一类人群使用的要求。

（5）出租客户对房屋使用方式的特殊规定，例如出租客户是否接受合租、短租以及其他对房屋使用过程中的限制性条件。

（6）告知出租客户房屋租赁经纪服务合同的内容、佣金收费标准和支付时间。

（7）要求出租客户交接房源钥匙，并签署《钥匙托管协议》。如出租客户不同意交接钥匙，则每次看房需提前告知，以便进入待租房源看房。

（8）房地产经纪人提示出租客户出租房屋应准备或签署的文件资料。这些资料包括不动产权证原件及复印件、出租客户身份证原件及复印件、共有产权人同意出租证明、《钥匙托管协议》《房屋出租委托登记表》，出租客户如果委托他人代理行使房屋出租事宜，则应出示《授权委托书》，及代理人身份证和复印件。

（9）房地产经纪人查验房屋后，如发现出租客户委托出租的房屋属于违法建筑，不符合安全、防灾等工程建设强制性标准，违反规定改变房屋使用性质，则应告知出租客户此类房屋不得出租的相关规定。房地产经纪人还应告知出租客户，应当以原设计的房间为最小出租单位，人均租住建筑面积不得低于当地人民政府规定的最低标准；出租客户不得将厨房、卫生间、阳台和地下储藏室出租供人员居住。如果出租客户将房屋出租委托给房地产经纪机构代管，房地产经纪机构同样需要严格执行以上规定。

（三）房屋承租经纪业务信息调查与告知

对于承租房屋客户而言，除了表4-3"房屋承购经纪业务的相关信息调查项目"所列信息项目之外，房地产经纪人还需要了解承租客户特殊需求，以便准确地为承租客户推荐合适的房源信息，并告知房屋承租相关事项。

（1）室内设施配套情况。承租客户对室内装修水平、家具、家电、网络等设施完备程度和档次的要求。

（2）承租客户的相关背景，包括承租客户的身份、职业、家庭人口，以及承租后的居住人数，还要询问承租客户对交通、医院、学校、公园、超市等设施方面的要求。

（3）询问承租客户承租房屋后的用途，特别关注承租客户改变房屋原始用途，改用为其他用途。例如，将承租的普通住宅单元改为家庭旅馆、家庭饭馆，这些都是违反房屋租赁管理办法的。

（4）询问承租客户对房屋租金的心理价位，告知承租客户房屋租金市场行情，帮助客户明确房屋需求。询问承租客户的支付能力、能承担的月租范围以及能够接受的付款方式，具体包括希望的租期、租金结算时间、押金数额与比例、税费的承担方式以及是否需要出租客户提供房屋租金的发票等。

（5）告知承租房屋经纪服务合同的内容、佣金收费标准和支付时间。

（6）审核承租客户身份证明原件，保留承租客户身份证明复印件。

五、获取业主（或客户）的委托

委托人既包括拟出售或出租房屋的业主，也包括拟购买或承租房屋的客户，本节及本章第二节将与委托房地产经纪机构提供房地产交易服务的业主或客户均统称为委托人。

获取业主或客户的正式委托意义十分重要，这不仅是与业主或客户建立信任关系的重要体现，从法律的角度也是使房地产经纪人与业主或客户之间委托关系以书面协议的方式得以确定，保障双方的权利与义务。业主将房屋委托给房地产经纪人进行出售（出租）或者客户委托房地产经纪人购房（承租）房屋的行为，依据房地产经纪机构在整个交易关系中地位的不同，可区分为中介模式和委托代理模式。中介模式，亦即业内所称的"居间"，房地产经纪机构的地位是在交易双方当事人之间起着介绍、协助作用的中间人，其在接受委托人委托后，向委托人报告订约机会，并居中斡旋，代为传达委托人与交易相对人的意思，努力促成其合同成立。实践中一般表现为房地产经纪机构"一手托两家"，与双方委托人均订立经纪服务合同。委托代理模式，亦即业内所称的"单边代理"，房地产经纪机构的地位是委托人的代理人，其以委托人的名义进行房地产交易，并将相应的法律效果归属于委托人，在此过程中要最大化地维护委托人的利益，实现委托人的诉求。《民法典》相关条款对委托代理和中介行为进行了规定。

（一）中介模式的相关规定

1. 签署中介合同

《民法典》第九百六十一条的规定："中介合同是中介人向委托人报告订立合同的机会或者提供订立合同的媒介服务，委托人支付报酬的合同。"委托人委托房地产经纪人向其提供报告订立房地产交易的机会或者提供订立房地产交易合同的媒介服务，需要签订房地产经纪服务合同，该合同即为中介合同。目前，委托人通常都采用中介模式委托房地产经纪机构为其房地产交易提供服务。

2. 中介的相关规定

根据《民法典》针对中介合同的相关规定，房地产经纪机构及其经纪人在执行一宗房地产经纪服务业务的过程中，应该：①就订立房地产交易合同的事项向委托人如实报告，如果存在故意隐瞒与订立房地产交易合同有关的重要事实或者提供虚假情况，损害了委托人利益，不得请求支付报酬并承担赔偿责任。这意味着，签订了房地产经纪服务合同后，房地产经纪机构及其经纪人一旦向委托人故意隐瞒了与交易相关的重要信息（如房屋存在重大结构缺陷、权属存在争议、房屋内曾发生非正常死亡事件等）或者提供虚假情况，使委托人在房地产交易过程蒙受损失，那么委托人可以不向其支付佣金并要求房地产经纪机构赔偿损失。②房地产经纪机构及其经纪人促成了房地产交易合同成立，委托人应当按照房地产经纪服务合同的约定支付佣金。③促成房地产交易合同成立过程中产生的费用，由房地产经纪机构及其经纪人负担。如果房地产经纪机构未促成房地产交易合同成立，委托人不需要向房地产经纪机构支付佣金，除非房地产经纪服务合同另有约定，房地产经纪机构也无权要求委托人支付经纪服务活动的必要费用。④针对房地产经纪业务中存在的"跳单"现象，《民法典》第九百六十五条规定："委托人在接受中介人的服务后，利用中介人提供的交易机会或者媒介服务，绕开中介人直接订立合同的，应当向中介人支付报酬。"也就是说，委托人接受房地产经纪机构的服务后，但利用房地产经纪机构提供的客源（房源）信息或者媒介服务，绕开房地产经纪机构直接订立房地产交易合同的，应当根据其已接受的服务内容向房地产经纪机构支付相应的佣金。

（二）委托代理模式的相关规定

1. 签署书面委托合同和代理的授权委托书

委托代理关系的成立通常包含两个步骤，即委托人与房地产经纪机构签订委托合同以及委托人签署代理的授权委托书。在第一个步骤中，尽管《民法典》并未对委托合同的形式作出规定，但基于明确双方权利和义务、避免纠纷的考虑，委托合同采书面形式为宜，在合同名称上仍可使用《房地产经纪服务合同》。在第二个步骤中，代理的授权委托书原则上也宜采用书面形式。根据《民法典》第一百六十五条的规定，委托代理授权采用书面形式的，授权委托书应当载明房地产经纪机构的名称或房地产经纪人的姓名、代理事项、权限和期限，并由委托人签名或者盖章。上述两个步骤可简化处理，将授权委托的内容作为委托合同的条款或作为委托合同的附件一并签署。一旦委托人与房地产经纪机构就不动产买卖或租赁事项签署了书面的委托合同并出具授权委托书，委托人就成为被代理人，而房地产经纪机构就是代理人。

2. 委托代理的相关规定

《民法典》对代理有很多限定，包括不得以被代理人的名义与自己实施民事法律行为，不得以被代理人的名义与自己同时代理的其他人实施民事法律行为。这意味着未经委托人同意，房地产经纪机构以及执行该代理事务的房地产经纪人不得购买（承租）委托人（业主）出售（出租）的房屋，也不得将自己名下的房产出售（出租）给委托人（承购或承租客户），也不得将房屋销售（出租）给自己代理的承购（承租）客户或者让自己代理的承购（承租）客户购买或承租自己代理的业主委托出售（出租）的房屋。房地产经纪机构及其经纪人也不得代理出售出租违章建筑，这涉嫌代理事项违法，需要承担连带责任。

如果房地产经纪服务合同明确约定由特定的房地产经纪人向委托人提供经纪服务，那么房地产经纪机构一旦更换或指派其他房地产经纪人提供服务，需要告知委托人，并经过他们的同意或追认。如果房地产经纪机构未经委托人同意或追认擅自更换或指派其他经纪人，应当对委托人承担相应的违约责任。当前，有些房地产经纪机构将房地产经纪业务按照流程分解为若干个业务单元，一个房地产经纪人只能负责其中一项业务。例如，房地产经纪服务合同约定由房地产经纪人小王提供服务。对小王而言，他只负责整个业务的一小部分，其他环节是由其他房地产经纪人完成的，那就需要房地产经纪机构告知客户，并取得客户的同意或追认。

《民法典》对委托代理终止的情形进行了详细规定。委托代理终止的情形包括五种：代理期限届满或者代理事务完成；被代理人取消委托或者代理人辞去委托；代理人丧失民事行为能力；代理人或者被代理人死亡；作为代理人或者被代理人的法人、非法人组织终止。上述五种情形十分好理解。以一宗房地产经纪服务事项为例，一旦发生房地产经纪业务当事人双方签署的房地产经纪服务合同到期、代理的房地产交易事项完成、委托人取消委托事项、房地产经纪机构辞去委托、委托人死亡、房地产经纪机构或作为被代理人的法人或非法人组织客户终止这些情形时，该房地产经纪机构与委托人之间的房地产经纪委托代理关系终止。

《民法典》第一百七十四条对被代理人死亡后委托代理人实施的代理行为依然有效的情形进行了规定，包括四种状况：代理人不知道且不应当知道被代理人死亡、被代理人的继承人予以承认、授权中明确代理权在代理事务完成时终止、被代理人死亡前已经实施，为了被代理人的继承人的利益继续代理。以房地产经纪委托代理业务为例，在房地产经纪业务执行过程中，作为被代理人的委托人不幸死亡，这时该业务中的房地产经纪机构已经实施的服务活动还有效吗？根据该条款的规定，发生房地产经纪机构不知道且不应当知道委托人死亡、委托人的继承人承认房地产经纪机构的服务活动、房地产经纪服务合同中明确授权该经纪业务代理权在房地产经纪服务合同约定的房地产交易代理事务完成时终止、委托人死亡前已经实施且为了委托人的继承人的利益而继续代理等四种情形，作为代理人的房地产经纪机构在委托人死亡后实施的民事法律行为仍发生代理的法律效果。

《民法典》对独家委托没有做出规定，亦即委托人将房地产交易事项委托一家房地产经纪机构为其服务，还是委托一家以上的房地产经纪机构为其服务，法律没有进行规定。但对两个以上受托人共同处理委托事务对委托人承担连带责任作出了规定。例如，如果委托人委托两家房地产经纪机构共同处理其房地产交易事项，这两家房地产经纪机构对客户承担连带责任。如果是委托人单独委托两家房地产经纪机构分别处理其房地产交易事项，这属于两个委托代理事项，两家房地产经纪机构对委托人不承担连带责任。

一般地，将委托人同时委托超过一家的经纪机构为其服务称为普通委托；独家委托，主要是指业主授予一家房地产经纪机构就其所委托出售房产独家的、排他性的代理权。例如，在房产出售委托业务中，绝大多数的业主采取普通委托方式，同一套房源在不同的房地产经纪机构挂牌出售，价格可能有高有低，业主希望最快找到交易价格最高的意向购买人。然而这种委托的缺点是服务质量得不到保障，业主同时还要花费更多精力与多家房地产经纪机构沟通。在房产出售独家委托中，业主承诺即使是通过其他人将该房产出售成交，均将向拥有独家代理权的房地产经纪机构支付佣金。在独家委托情况下，房地产经纪机构与业主的承诺义务是双边的，房地产经纪机构及其经纪人承诺投入精力和时间为业主全力销售房产，业主承诺委托期间佣金支付义务和不更改房产挂牌出售意愿，业主既可以将因区位不好、设施老化等原因而超过热卖期的房产做独家委托以增加交易机会，也可以将优质房产做独家委托以获取更好的服务或其他独家委托利益。因此，房地产经纪机构及其经纪人要求做独家委托也是对委托人权益的进一步保护。

委托人与房地产经纪机构选择普通委托还是选择独家委托方式完成其房地产交易呢？从目前市场情况来看，多数业主选择普通委托方式，即同时分别委托多家房地产经纪机构，少部分选择独家委托。从房地产经纪行业市场规范角度，独家委托对委托人、房地产经纪人和房地产经纪机构均有重要意义和作用，但现实中委托人委托多家房地产经纪机构，反而能更快速地完成委托事项。这与房地产经纪市场中房源信息和客源信息是分割性市场密切相关，即一个地区并没有形成一个统一房源和客源信息共享的房地产经纪信息系统，不同房地产经纪机构垄断经营各自的房源（客源）信息，导致委托人不得不进行多家委托，才能实现其最大收益。

（三）获取委托人委托经纪服务的步骤

无论是获取拟出售或出租房屋业主的委托，还是获取拟承购或者承租房屋客户的委托，其步骤基本相同，即获取委托人信任、收集完善信息（获取业主委托还需对房屋勘查评估）和签署委托代理或中介协议。以下将以获取拟出售房屋业主的委托为例，介绍获取委托经纪服务的步骤。

1. 获取业主信任

（1）制作并使用专业经纪人文件夹，展示经纪人专业形象和专业服务，使得无形服务有形化。

（2）接受有关获取委托的培训，掌握委托相关的知识和获取技巧，能够解答业主有关委托的疑义问题。

（3）在店内布置有关委托的营销材料，营造氛围。比如在店内悬挂有关清晰的交易流程图、明确的收费项目表、服务承诺协议等。

（4）使用FB销售法，展示特色。FB销售法即将"特色（Feature）"转化为"利益（Benefit）"，获取信任的特色展示包括房地产经纪人个人专业背景、所在团队的优势、个人所取得过的成绩、专业营销工具和表格表单。

2. 收集完善信息并进行房屋勘查评估

按照本书第二章内容收集业主和房屋相关信息，对物业进行勘查评估。

（1）对物业进行现场勘查评估，并将勘查结果填入《房屋现场勘查表》，将评估结果填入《不动产评估意见书》（参考第二章第二节相关内容）。

（2）提炼房屋卖点形成简要的《房屋状况说明书》，向业主通报勘查评估结果。

（3）具体的勘查评估注意事项和细节内容详见第二章第二节中的"物业勘查评估"。

3. 签署委托代理或者中介协议

（1）邀约业主并安排面谈（可再次运用经纪人专业文件夹做展示）。

（2）向业主展示制定的《房产推广计划书》或《房产营销日程安排表》，获取信任，并适当做解释说明。

（3）解除业主疑虑，讲解经纪服务合同内容、卖方顾客服务保证书等签署协议和附件资料。

（4）结束面谈，获得委托签订《房地产经纪服务合同》或《房地产出售委托代理合同》。

（5）与业主保持联系，及时反馈有关委托房地产交易事项的营销工作情况和销售进度。

【案例4-4】

卖方顾客服务质量保证书

作为专业的房地产经纪机构，我们为您提供专业、热忱和迅捷的服务，以帮助您更好地营销您的房产。为了实现这一承诺，我们保证为您提供以下服务：

1. 为您的房产制定营销计划，并在适当的情况下，为您策划推荐性宣传及其他活动。

2. 分析本地区的具体情况，向您推荐营销方案，提高您的房产在市场上的竞争力。

3. 在我们合作的各网络平台及平面媒体广告平台上发布您的房源信息，做营销推广。

4. 向通过各种渠道被推荐到本公司的房产购买人推荐您的房产。

5. 在整个推销期间定期向您提供进展报告，并就有关您房产的反馈意见与您进行磋商。

6. 根据您的要求约定有购买意向的买方来看房。

7. 以我们专业的服务方式来帮助您物色新房产，向您提供客户推荐表。

8. 向您提交已获得的所有书面报价；帮助您与客户进行谈判。

9. 在您接受报价之后，按照法律规定和当地惯例，在整个成交过程中监控成交的前期过程（签订合同）。

非常感谢您允许我们帮助您推销您的房产。如果有问题、意见或建议，请随时联系：

_____公司_____经纪人，联系方式：

本卖方服务保证书适用于不少于_____天的独家专卖权合同。如果任何经纪人出现违反本卖方服务保证书条款的行为，请提前10天书面通知我司，注明终止该合同的原因，并允许该经纪人在这10天期限内改正错误，如果该经纪人到期没有改正这个错误，卖方可以终止独家专卖权合同。

公司名称：_____   已收到本卖方服务保证书的副本。

经纪人签名：_____   业主签名：_____

委托房源：_____   委托期日期：_____

房产地址：_____

业主姓名：_____   联系方式：_____

【案例4-5】

房产营销日程安排表

业主姓名：_____   经纪人姓名：_____

房产位于：_____

1. 为您的房产做营销准备

☐ 展示用户化的营销系统

☐ 审议日程安排

☐ 提供具有竞争力的房产评估价格

☐ 评估您的净销售收益

☐ 讨论卖方服务承诺书

2. 审议能够帮助您尽快卖掉房产的专业技巧

3. 将您的房产登录到公司的信息管理系统，并在互联网站上发布（可行，并经您同意的情况下）

4. 散发房产宣传单或宣传册（经您同意）

5. 将您推荐给您所选择的新地点处的我司旗下分店（经您同意）

6. 让您时刻了解有关进展情况（经您同意）

经纪机构：_____   业主：

经纪人：_____   收到一份本日程安排表的副本

电话：_____

日期：_____年_____月_____日   电话：_____

第二节　房地产经纪服务合同的签订

委托人（业主或客户）一般不会无缘无故花钱委托房地产经纪机构为其提供一次房地产交易，肯定是为了某种需要，因此任何经纪业务均有委托目的。鉴于此，委托人与房地产经纪机构签署房地产经纪服务合同，以实现委托人的房地产交易需求，同时也是为了保护委托人和房地产经纪机构、房地产经纪人的合法权益。

一、正确选用房地产经纪服务合同

房地产经纪服务合同，是指房地产经纪机构和委托人之间就房地产经纪服务事宜订立的协议，包括房屋出售经纪服务合同、房屋出租经纪服务合同、房屋承购经纪服务合同和房屋承租经纪服务合同等。房地产经纪机构与委托人签订的房地产经纪服务合同的类型，应当根据委托人的委托目的确定。业主作为不动产权利人，自行委托或由代理人委托出售、出租房屋的，应当签订房屋出售经纪服务合同、房屋出租经纪服务合同；客户作为房屋求购、求租人的，应当签订房屋承购经纪服务合同、房屋承租经纪服务合同。签订的房地产经纪服务合同类型不同，开展的经纪服务流程和标准也不同。因此，房地产经纪人对任何一个委托人，首先应当明确业主或客户的委托目的，进而签订对应的房地产经纪服务合同。经纪业务、服务合同及缔约相对人对应关系见表4-5。

经纪业务、服务合同及缔约相对人对应关系表　　　　　　　　表 4-5

经纪业务	服务合同	缔约相对人
房屋出售经纪服务	房屋出售经纪服务合同	房屋出卖人（房屋所有权人或其代理人）
房屋出租经纪服务	房屋出租经纪服务合同	房屋出租人（房屋所有权人或其代理人）
房屋承购经纪服务	房屋承购经纪服务合同	房屋承购人（购房客户或其代理人），取得转租许可的承租人等房屋所有权人之外的有权出租人或其代理人
房屋承租经纪服务	房屋承租经纪服务合同	房屋承租人（租房人或其代理人）
贷款代办服务合同	抵押贷款代办服务	贷款人（购房客户或其代理人）
登记代办服务合同	不动产登记代办服务	房屋承购人（购房客户或其代理人）

2006 年 10 月，中国房地产估价师与房地产经纪人学会发布了《房地产经纪业务合同推荐文本》，包括房屋出售委托协议、房屋出租委托协议、房屋承购委

托协议和房屋承租委托协议。2017 年中房学发布了新版《房地产经纪服务合同推荐文本》，这对于规范房地产经纪业务合同具有重要的意义。正确选用并签订适用的房地产经纪服务合同，有以下 3 方面的作用。

一是有利于确立房地产经纪机构与委托人之间的委托关系。正是有了委托关系，房地产经纪机构和委托人之间的行为就受到《民法典》《城市房地产管理法》《房地产经纪管理办法》等法律法规的约束。

二是有利于明确房地产经纪机构和委托人的权利和义务。签订房地产经纪服务合同以后，当事人应当按照合同的约定履行自己的义务，非依法律规定或者取得对方同意，不得擅自变更或者解除合同。如果一方当事人未取得对方当事人同意，擅自变更或者解除合同，不履行合同义务或者履行合同义务不符合约定，从而使对方当事人的权益受到损害，受损害方有权向人民法院起诉或向仲裁机构申请仲裁要求维护自己的权益，人民法院或仲裁机构就要依法维护，对于不履行合同义务或者履行合同义务不符合约定的一方当事人承担违约责任。

三是有利于建立房地产经纪机构和委托人之间纠纷和争议的机制。在房地产经纪活动中，由于房地产经纪机构和委托人对房地产交易活动和经纪服务内容存在认知差异，难免产生纠纷和争议，而签订了房地产经纪服务合同，双方则可以依照合同处理纠纷和争议，避免产生更大的矛盾。

【案例 4-6】

以房地产经纪人个人名义违规承揽业务收费遭处罚

2016 年 4 月，宜昌市西陵区某房地产经纪机构经纪人杨某多次以个人名义承揽房地产中介业务，收取费用。在例行的行业巡查中，该房地产经纪机构被发现公司的房屋交易经纪服务合同多数以房地产经纪人个人签署，违反了《房地产经纪管理办法》第十四条"房地产经纪业务应当由房地产经纪机构统一承接，服务报酬由房地产经纪机构统一收取。分支机构应当以设立该分支机构的房地产经纪机构名义承揽业务。房地产经纪人员不得以个人名义承接房地产经纪业务和收取费用。"的规定。宜昌市房地产主管部门根据《房地产经纪管理办法》第三十三条规定，对房地产经纪人杨某进行了处罚，并将其记入宜昌市房地产中介行业诚信"黑名单"。

二、洽谈签署房地产经纪服务合同

（一）洽谈服务项目、服务内容、服务完成标准、服务收费标准及支付时间

房地产经纪服务项目、服务内容、服务完成标准、服务收费标准及支付时间是房地产经纪服务合同的重要组成部分，关乎委托人的切身利益。在签订合同前，房地产经纪人应向委托人仔细说明和解释上述内容，并就合同内容进行协商。

1. 经纪服务内容和服务标准洽谈

按照服务性质，房地产经纪机构所提供的服务项目可分为基本服务和其他服务。

根据《房地产经纪管理办法》第十六条和第十七条的规定，房地产经纪基本服务包括提供房地产信息、实地看房、代拟房地产交易合同等；其他服务包括房地产抵押贷款代办、不动产登记手续代办等。房地产经纪服务的标准。房地产经纪机构向委托人提供基本服务时，应当与委托人签订书面房地产经纪服务合同。2023年住房和城乡建设部、市场监管总局联合印发《住房和城乡建设部市场监管总局关于规范房地产经纪服务的意见》（建房规〔2023〕2号）（以下简称《意见》）中提出，基本服务是房地产经纪机构为促成房屋交易提供的一揽子必要服务，包括提供房源客源信息、带客户看房、签订房屋交易合同、协助办理不动产登记等。对比《房地产经纪管理办法》中关于基本服务的规定，《意见》中的基本服务除了用词有变化外，还增加了一项延伸服务，即协助办理不动产登记。同时，房地产经纪机构及其经纪人提供的房地产经纪服务，应当符合国家公布的相关法律法规以及行业组织公布的《房地产经纪执业规则》。委托人在签署房地产经纪服务合同时，要与房地产经纪机构及其房地产经纪人就选择的房地产经纪服务项目、具体服务内容、服务标准进行洽商。

2. 经纪服务费用（佣金）支付时间洽谈

服务收费支付时间，一般由房地产经纪机构和委托人自行约定。在中介模式下，按照《民法典》第九百六十三条的规定，房地产经纪机构促成委托人与交易相对人合同成立的，委托人应当按照约定支付报酬。也就是说，房地产经纪佣金通常在委托事项完成后，即达成房地产交易合同后，委托人才向房地产经纪机构支付佣金。反过来说，房地产经纪机构未能协助委托人订立房地产交易合同，房地产经纪机构就无权收取费用。因此，服务收费支付时间通常为房地产交易合同签订之时。委托代理模式则有所不同。《民法典》的第九百二十一条的规定："委托人应当预付处理委托事务的费用。受托人为处理委托事务垫付的必要费用，委托人应当偿还该费用并支付利息。"《民法典》第九百二十八条规定："受托人完成委托事务的，委托人应当按照约定向其支付报酬。因不可归责于受托人的事由，委托合同解除或者委托事务不能完成的，委托人应当向受托人支付相应的报酬。当事人另有约定的，按照其约定。"也就是说，委托人应当向房地产经纪机构预付实施该项房地产经纪服务的费用，并在房地产经纪机构完成经纪服务后支付相应的报酬。但事实上，通常情况下经纪业务所发生的成本费用没有单独计算并要求委托人预付，一般都是由房地产经纪机构垫付，并将其计算在完成委托事项的报酬中一并由委托人支付。为避免纠纷，房地产经纪机构应与委托人在经纪服务合同中就上述事项予以约定，以排除《民法典》第九百二十一条预付费用条款的适用。

3. 变更委托事务和转委托合同条款洽谈

房地产经纪人应该按照委托人的指示处理委托事务。但遇到需要变更委托人指示的情况，房地产经纪人应经委托人的同意。但是情况紧急，难以与委托人取得联系，房地产经纪人应当妥善处理委托事务，但事后应当将该情况及时报告委托人。例如，业主秦某委托甲房地产经纪机构出租其房屋，甲房地产经纪机构指派房地产经纪人小王负责向秦某提供经纪服务。秦某认为其房屋设施完好，家电齐全，指示小王按房屋当前状态出租，不得对房屋进行任何装修或改造。后小王带租房客户看房时发现该房屋出现漏水现象，不仅影响房屋出租，如不及时修缮还可能导致房屋损坏，恰好秦某出国无法取得联系，小王此时可以自行对该房屋进行修缮，事后及时向秦某报告。

房地产经纪机构接受房地产交易事务委托后，应该亲自处理该委托事务。在有些情况下，房地产经纪人有可能将该房地产交易事务转给其他房地产经纪人或经纪机构完成。根据《民法典》第九百二十三条的规定："受托人应当亲自处理委托事务。经委托人同意，受托人可以转委托。转委托经同意或者追认的，委托人可以就委托事务直接指示转委托的第三人，受托人仅就第三人的选任及其对第三人的指示承担责任。转委托未经同意或者追认的，受托人应当对转委托的第三人的行为承担责任；但是，在紧急情况下受托人为了维护委托人的利益需要转委托第三人的除外。"由此，房地产经纪机构确实需要将委托人委托的房地产交易事务转委托给其他房地产经纪机构，或者改由经纪服务合同约定的房地产经纪人之外的其他房地产经纪人执行房地产交易事务，应该与委托人进行协商，委托人同意后再转委托，否则房地产经纪机构应向委托人承担违约责任。

上述关于变更委托人指示、转委托的相关事项在与委托人协商一致后，宜在经纪服务合同条款中予以明确约定。如果双方对此有《民法典》规定之外的其他约定的，应当写入经纪服务合同条款。

4. 合同责任条款洽谈

在执行房地产经纪服务合同过程中，常常因各种原因房地产经纪机构、委托人或第三人不履行义务而出现纠纷，这时候需要根据《民法典》的相关规定在合同中对责任条款进行约定。

《民法典》第九百二十九条、第九百三十条和第九百三十一条对委托人和受托人过错导致的损失赔偿问题进行了规定。房地产经纪服务合同一般都是有偿的委托合同，因房地产经纪机构的过错造成委托人损失的，委托人可以请求赔偿损失。房地产经纪人超越权限造成委托人损失的，应当赔偿损失。这意味着房地产经纪机构因其过错或者超越权限，造成了委托人损失，都应该向其赔偿损失。另一方面，如果房地产经纪机构在处理房地产交易委托事务时，因不可归责于自己的事由而受到损失，可以向委托人请求赔偿损失。委托人经房地产经纪机构同意，在房地产经纪机构之外委托第三人处理其房地产交易事务，但是因此而造成房地产经纪机构损失的，房地产经纪机构可以向委托人请求赔偿损失。

根据《民法典》第九百三十三条的规定，委托人或者受托人可以随时解除委托合同，因解除合同造成对方损失的，除不可归责于该当事人的事由外，无偿委托合同的解除方应当赔偿因解除时间不当造成的直接损失，有偿委托合同的解除方应当赔偿对方的直接损失和合同履行后可以获得的利益。一般来说，房地产经纪服务合同均为有偿服务合同，如果委托人或者房地产经纪机构因解除房地产经纪服务合同而造成对方损失的，在证明事由不可归责于该当事人的情况下，合同的解除方应当赔偿对方的直接损失和合同履行后可以获得的利益。需要特别注意的是，作为"合同履行后可以获得的利益"的佣金是以房地产经纪机构促成委托人与对方签订房屋交易合同为前提，委托人在房屋交易合同签订之前解除房地产经纪服务合同的，除"跳单""飞单"情形外，其无须赔偿房地产经纪服务机构在合同履行后可获得的佣金。实践中，委托人与房地产经纪服务机构可能会在房地产经纪服务合同中特别约定委托人在特定时间点之前享有无责的任意解除权，此时应优先适用合同约定，委托人行使任意解除权后无须赔偿房地产经纪机构的直接损失。

5. 委托人或受托人出现死亡等意外情况的合同终止条款洽谈

在现实中偶尔会出现房地产经纪服务合同执行过程中合同双方中的某一方出现死亡、被宣告破产或解散等情况而导致需要终止合同的情况。针对这种情况，双方当事人应防患于未然，根据《民法典》第九百三十四条、第九百三十五条和九百三十六条的规定，在合同条款中对此类情况进行洽谈，并写入合同条款内。具体应注意以下 3 点：

第一，房地产经纪服务合同当事人中的委托人出现死亡、被宣告破产或解散、终止或者房地产经纪机构破产、解散的，房地产经纪服务合同终止。如当事人仍想继续完成经纪服务事项，可在房地产经纪服务合同中做出特别例外约定。

第二，委托人死亡、终止或者被宣告破产、解散，致使房地产经纪服务合同终止并将损害委托人利益的，在委托人的继承人、遗产管理人或者清算人承受委托事务之前，房地产经纪机构应当继续处理该房地产交易委托事务。

第三，因房地产经纪机构宣告破产、解散，致使房地产经纪服务合同终止的，房地产经纪机构的清算人应当及时通知委托人。如果该房地产经纪服务合同终止将损害委托人的利益，应该约定在委托人作出善后处理之前，房地产经纪机构的清算人应当采取必要措施。

（二）查看委托人身份和不动产权属有关证明

为防止某些身份不明的人员虚报房屋权属资料，甚至给房地产经纪机构和房地产经纪人员带来经济损失或形象损害，房地产经纪机构在与委托人签订房地产经纪服务合同前，应先查看委托人的身份证明。查看身份证明的目的是确定委托人是否具有民事行为能力。对于不同身份的委托人，其身份证明也是不同的。房地产经纪人在查看身份证明时，应区别对待。对于自然人民事主体的民事行为能力的判断，一般采取如下核查方式：

第一，审查其身份证件（如身份证、护照等），以判断其年龄是否已经成年。对于境内自然人，应查看居民身份证；对于军人，应查看居民身份证或军官证、士兵证、文职干部证、学员证等；对于香港、澳门特别行政区自然人，应查看香港、澳门特别行政区居民身份证、港澳居民来往内地通行证等；对于台湾地区自然人，应查看台湾居民来往大陆通行证。

第二，观察、询问其健康状况、生活情况、工作情况等，以判断其智力和精神状况是否健全。房地产经纪人可以通过与委托人谈话聊天，观察对方的身心健康状况，了解房屋交易是不是委托人自己的真实意思表示。

第三，如果该自然人已经明确陈述其患有精神疾病、身体不健全或智力不健全等，则可要求其提供鉴定结论以证明其民事行为能力。根据《民法典》第二十八条、第三十条和第三十一条，无民事行为能力或者限制民事行为能力的成年人，由下列有监护能力的人按顺序担任监护人：①配偶；②父母、子女；③其他近亲属；④其他愿意担任监护人的个人或者组织，但是须经被监护人住所地的居民委员会、村民委员会或者民政部门同意。依法具有监护资格的人之间可以协议确定监护人。协议确定监护人应当尊重被监护人的真实意愿。对担任监护人的确定有争议的，由被监护人住所地的居民委员会、村民委员会或者民政部门指定监护人，有关当事人对指定不服的，可以向人民法院申请指定监护人；有关当事人也可以直接向人民法院申请指定监护人。审查被监护人身份证、户口簿或出生证明，监护人需提供身份证明，同时需提供有效的法定代理关系证明。为避免纠纷，对未成年人的监护人的委托关系的确认，最好经父母双方确认。根据《民法典》第一千零七十二条规定，继父或继母和受其抚养教育的继子女间的权利义务关系，适用于《民法典》关于亲生父母子女关系的规定。这也就是说，重组家庭的继父、继母也是法定监护人。

第四，对于境内法人，应查看企业法人营业执照。对于法人和其他组织，经纪人员通过审核其营业执照、组织机构代码证等，以判断其是否已经依法成立并在合法存续状态。必要时可通过国家企业信用信息公示系统进行查验。

第五，对于委托出售或出租情形查看房屋权利人之委托人相关信息。对于委托人的委托目的是出售或出租，且委托人与房屋权利人为同一人的，除了查看委托人的身份证明，还应查看出售或出租房屋的权属证明，并通过实地查看房屋，核实房屋的坐落、楼层、建筑面积、规划设计用途等基本情况和共有权人情况、土地使用状况、房屋性质、抵押情况等权属及权利情况。房屋的权属证明通常为房屋所有权证或不动产权证书，房屋共有权证或房地产共有权证、房屋他项权利证或房地产他项权利证等。

若委托人与房屋权利人不是同一人，除了查看委托人的身份证明，出售或出租房屋的权属证明，还应查看房屋权利人的身份证明，房屋权利人出具的出售或出租房屋的委托书。房屋是否为夫妻共有，如有，则需提供房屋权利人《配偶同意出售声明》。如果委托代理人签署相关合同，还需要代理人提供《授权委托书》。针对不动产权属证书，如果怀疑证书不真实，可以到所在城市的不动产登记大厅进行查证。房地产经纪人不仅应了解各种不同的证明材料，还应具备一定的识别能力，即能够识别明显虚假的证明材料。

三、签订房地产经纪服务合同

房地产经纪机构与委托人签订房地产经纪服务合同，应符合法律法规的要求，特别是《房地产经纪管理办法》的有关规定，同时要避免合同签订中的常见错误，预防房地产经纪业务纠纷。

（一）做好房地产经纪服务合同签订前的书面告知工作

房地产经纪机构与委托人签订房地产经纪服务合同前，应当做好各项准备工作，其中最重要的是书面告知工作。根据《房地产经纪管理办法》，必要事项告知是房地产经纪机构在签订房地产经纪服务合同前应当履行的义务。而信息不透明和必要事项告知不清是导致房地产经纪纠纷产生的主要原因。

1. 是否与委托房屋及当事人有利害关系

此项告知体现了房地产经纪机构和房地产经纪人在房地产经纪活动中应遵循

的回避原则。房地产经纪机构和房地产经纪人是业主（房屋出租人）或者购房客户（承租人）本人，或者是业主（房屋出租人）或者购房客户（承租人）的近亲属，或者是业主（房屋出租人）或者购房客户（承租人）的股东（委托人为企业），以及其他会影响房地产经纪机构和房地产经纪人公正性和专业性的情形，应当回避或如实披露并征得另一方当事人同意，向交易当事人如实告知。

【案例 4-7】

中介以炒房为目的签买卖合同被业主起诉①

2017 年，业主郭某为出售其名下一套房产而委托了某房地产经纪公司。该经纪公司的经纪人朱某与业主签订了房屋买卖居间合同，在合同中约定办理房屋手续时可以过户给第三方。后来朱某为业主找到了一个买家，但郭某发现这个买家是从事炒房的房产中介人员，就表示要解除合同。朱某不愿意解除合同，就将业主郭某起诉到法院，要求继续履约并赔偿损失。法院受理后，根据《合同法》第五十二条对确认合同无效情形的条款规定，认为原告房地产经纪人朱某利用房源信息优势及熟悉房屋交易流程等优势，签订房屋买卖合同的目的只是先占房屋的购买机会，同时另寻买主，将房屋转售他人从中牟利，并非要购买被告郭某名下的房屋，其签订的房屋买卖合同不是真实意思表示，故该买卖合同不成立。最终法院判决不予支持经纪人朱某的诉讼请求。

2. 应当由委托人协助的事宜、提供的资料

一般地，房地产经纪机构会印制一些要求委托人提供的文件清单，主要包括身份证明、不动产权相关文件，以及协助调查委托出售、出租房屋的有关信息、配合看房的时间等事宜。房地产经纪人可以将该文件清单交给委托人，请委托人按照清单提供相应资料。

3. 委托房屋的市场参考价格

市场价格是某种房地产在市场上的一般、平均水平价格，是该类房地产大量成交价格的抽象结果。房地产经纪人应当搜集近期大量真实的交易实例，选取其中与委托事项相近的交易案例作为可比实例，向委托人提供真实客观的市场参考价格，便于引导委托人根据房屋本身实际情况，合理设定心理价格和对外报价。

4. 房屋交易的一般程序及可能存在的风险

房地产经纪人应当根据委托交易方式的需求，将有关交易程序告知委托人。

---

① 深圳市房地产中介协会公众号. 中介以炒房为目的签合同，法院首判合同无效意义 [EB]. (2017-05-03).

在"互联网＋"和优化营商环境的背景下，各地不动产管理部门一般都在门户网站和不动产交易大厅公示了不动产交易流程，使不动产交易审核流程更加简化和亲民。房地产经纪人还要特别告知房地产交易中可能出现的风险，包括不可抗力、金融政策调整、城市规划调整等。

5. 房屋交易涉及的税费

在房屋交易中，根据权属性质、房屋用途、购买年限、房屋所在城市的不同，所缴税费也有所不同。一般地，房地产经纪机构都会制作一份房地产交易中涉及的可能缴纳税费的标准和计算方法，房地产经纪人可以按照所在城市的房地产交易税费缴纳要求，向委托人介绍相关税费。

6. 房地产经纪服务的内容及完成标准

房地产经纪业务，其所涉及的房地产经纪业务服务内容和完成标准也有所不同，需要房地产经纪人就该委托房屋的实际情况以及针对委托人的实际需求予以详细告知。按照《民法典》的规定，房地产经纪服务完成的标准是促成交易合同的签订，也就是说房地产经纪人员只要协助交易当事人订立完成房地产买卖合同或者房地产租赁合同，就标志着房地产经纪服务完成；如果是房地产委托代理业务，完成标准应当是委托代理事项的办结或者完成，具体内容可以通过合同进行约定。

7. 房地产经纪服务收费标准和支付时间

佣金是房地产经纪服务成果的回报，但必须以合法的方式收取。在房地产经纪活动中，经常出现由于房地产经纪机构未明确或未公示服务标准和佣金标准，房地产经纪机构与委托人对实际中的经纪服务和收取的佣金有明显的认识差异，并产生冲突和纠纷。因此，房地产经纪机构应当事先告知委托人具体的收费标准和支付时间，并在房地产经纪合同中写明。一般地，佣金都是在交易完成后收取。但是，很多情况下，房地产经纪人已经完成了大部分经纪服务工作，委托人以房价突然上涨或者房价突然下跌的理由而不愿意继续履行经纪服务合同，造成房地产经纪人的损失。为此，部分城市规定房地产经纪合同一经约定，卖方就支付一定金额的佣金，如果因委托人原因没有履行合同，则该佣金不退还给委托人。根据《民法典》的规定，如果是房地产委托代理模式，委托人应当预付处理委托事务的费用，同时房地产经纪人为处理委托事务垫付的必要费用，委托人除了偿还该费用还应当支付利息。因此，房地产经纪服务合同一旦约定，如果是委托代理模式，除房地产经纪服务合同另有约定外，委托人应该向房地产经纪机构预付一定的费用。

例如，深圳市的房地产经纪服务合同对佣金支付时间有明确约定。房地产经纪机构通过深圳市房地产信息系统录入《深圳市二手房预约买卖及居间服务合同》后，买卖双方就要根据合同约定向房地产经纪机构支付佣金。《深圳市二手房预约买卖及居间服务合同》第二十条［佣金收取］第二款约定："居间方在买卖双方签订《深圳市二手房买卖合同》时，向卖方收取佣金（含前条已收取的款项）人民币：　佰　拾　万　仟　佰　拾　元　角　分（小写：　　　元）。如买卖双方最终未能完成该房地产产权过户，则此交易佣金无需退还，因居间方原因导致的除外。"

8. 书面告知房地产经纪服务以外的其他服务相关事项

如果房地产经纪机构开展代办贷款、代办不动产权属转移登记等其他服务的，还应当将相关服务的完成标准、收费标准告知交易当事人，当事人根据需求书面予以选择和确认。

书面告知的最终成果是房地产经纪机构与委托人在《房地产经纪服务事项告知确认书》（见【案例4-8】）上签字确认的内容。

【案例4-8】

房地产经纪服务事项告知确认书

告知书编号：

×××××××××××公司　编制

××××年××月××日

说　　明

一、本房地产经纪服务事项告知书（以下简称告知书）根据《房地产经纪管理办法》并结合房地产经纪活动实际情况制订。

二、签订房地产经纪服务合同前，房地产经纪人员据实解说应告知的内容并填写告知书。

三、告知本告知书所列事项时，房地产经纪人员应当向被告之人出示职业资格注册证书。

四、本告知书□中选择内容，以划√方式选定；对于不涉及的内容，应当在□中打×，以示删除。空格部位填写相应内容，所有项目不得漏填。

五、签订房地产经纪服务合同前，委托人认真聆听房地产经纪人员告知的内容，并仔细阅读告知书内容。

六、房地产经纪人员和委托人对告知内容确认没有异议后，双方分别在最后一页和全文骑缝签字（单位需加盖公章），告知书经签字（盖章）后有效。

七、本告知书原件由房地产经纪机构留存，留存期限不得少于5年；委托人留存复印件。原件和复印件具有同等效力。

八、本告知书可以用作举证之用。

房地产经纪服务事项告知内容

一、房地产经纪服务合同和房地产交易合同相关内容

1. 房地产经纪服务合同

☐房屋出售经纪服务合同（＿＿＿＿＿＿＿＿＿推荐文本）；

☐房屋出租经纪服务合同（＿＿＿＿＿＿＿＿＿推荐文本）；

☐房屋承购经纪服务合同（＿＿＿＿＿＿＿＿＿推荐文本）；

☐房屋承租经纪服务合同（＿＿＿＿＿＿＿＿＿推荐文本）。

2. 其他服务合同

☐房屋贷款代办服务合同（＿＿＿＿＿＿＿＿＿推荐文本）；

☐房地产登记代办服务合同（＿＿＿＿＿＿＿＿＿推荐文本）；

☐其他：＿＿＿＿＿＿＿＿＿＿＿＿＿＿＿＿＿＿＿＿＿＿。

3. 房地产交易合同

☐存量房屋买卖合同（＿＿＿＿＿＿＿＿＿推荐文本）；

☐商品房房屋租赁合同（＿＿＿＿＿＿＿＿＿推荐文本）；

☐房地产抵押合同（＿＿＿＿＿＿＿＿＿推荐文本）；

☐其他房地产交易合同：＿＿＿＿＿＿＿＿＿＿＿＿＿＿。

二、房地产经纪机构及其从业人员与委托房屋的利害关系

☐与委托房屋无利害关系。

☐与委托房屋有利害关系，利害关系为：

☐1. 本机构或本机构从业人员为交易当事人之一，具体情况为：＿＿＿＿＿

＿＿＿＿＿＿＿＿＿＿＿＿＿＿＿＿＿＿＿＿＿＿；

☐2. 本机构从业人员与交易当事人系亲属关系，具体情况为：＿＿＿＿＿

＿＿＿＿＿＿＿＿＿＿＿＿＿＿＿＿＿＿＿＿；

☐3. 本机构或从业人员与委托房屋有其他利害关系，具体情况为：＿＿＿＿＿

＿＿＿＿＿＿＿＿＿＿＿＿＿＿＿＿＿＿＿＿＿。

三、委托人应当协助的事宜

☐协助配合编写《房屋状况说明书》；

☐提供委托出售、出租房屋的钥匙或配合看房；

☐协助办理抵押贷款手续；

□协助办理房地产登记手续；

□协助办理房地产交接手续；

□其他协助事项：_____。

四、委托人应当协助提供的资料

所有资料需查看原件并交存复印件。

（一）委托人及相关人员的身份证明

□委托人身份证件：□身份证 □护照 □营业执照 □其他_____；

□代理人身份证件：□身份证 □护照 □其他_____；

□法定代表人身份证件：□身份证 □护照 □其他_____；

□房屋所有权人身份证件：□身份证 □护照 □营业执照 □其他_____；

□婚姻证明；

□户口簿；

□家庭成员（夫妻、未满18周岁子女）身份证件：□身份证 □护照 □其他

_____；

□非本市户籍居民暂住证或工作居住证；

□外籍人士中文名公证和在中国居住1年以上的大使馆相关证明；

□其他资料：_____。

（二）房地产权属证明

□不动产权证；

□房屋他项权证（土地他项权证）；

□其他资料：_____。

（三）其他应当提供的资料

□公证委托书；

□监护公证书；

□房屋共有权人同意出售、出租的文件；

□承租人放弃优先购买权的文件；

□境外个人在境内居留状况证明；

□股东（大）会、董事会决议；

□家庭购房申请表、购房承诺书；

□收入证明文件；

□非本市户籍居民连续5年（含）以上在本市缴纳社会保险或个人所得税缴纳证明；

□央产房上市审批表；

□涉外审批单；

□其他资料：_____。

五、委托房屋的市场参考价格

委托交易房屋的价格参考区间：□买卖单价_____元/m² 至 _____元/m²；□买卖总价_____元至_____元；□租赁单价_____元/m²（月）至_____元/m²（月）；□月租金_____元至_____元。

□半年来，委托房屋所在区域本机构服务成交房屋的价格：

□每月买卖成交均价（按建筑面积）：_____元/m²、_____元/m²、_____元/m²、_____元/m²、_____元/m²、_____元/m²；

□每月租赁成交均价（按建筑面积）：_____元/m²、_____元/m²、_____元/m²、_____元/m²、_____元/m²、_____元/m²。

□半年来，委托房屋所在区域非本机构服务成交房屋的价格：

□每月买卖成交均价（按建筑面积）：_____元/m²、_____元/m²、_____元/m²、_____元/m²、_____元/m²、_____元/m²；

□每月租赁成交均价（按建筑面积）：_____元/m²、_____元/m²、_____元/m²、_____元/m²、_____元/m²、_____元/m²。

六、委托房屋交易的一般程序

□存量房屋买卖一般程序：_____；

□新建商品房屋买卖一般程序：_____；

□房屋租赁一般程序：_____；

□其他房地产交易一般程序：_____。

七、委托房屋交易可能存在的风险

□价格变动风险：_____；

□政策调控风险（贷款风险）：_____；

□非住宅类房屋居住使用及投资风险：_____；

□交易资金安全风险：_____；

□房地产权属风险：_____；

□交易房屋的保管及使用风险：_____；

□其他风险：_____。

八、委托房屋交易涉及的税费（现行）

□存量房屋买卖涉及的税费种类、缴纳人、计税（费）依据、税（费）率及减免规定：_____；

□房屋租赁涉及的税费种类、缴纳人、计税（费）依据、税（费）率及减免规定：_____；

☐其他房地产交易涉及的税费情况：_____。

九、房地产经纪服务的内容和完成标准

经纪服务 类别	经纪服务内容	完成标准
房屋出售 经纪服务	☐提供与委托出售房屋相关的法律法规、政策、市场行情咨询； ☐制作《房屋状况说明书》； ☐发布房源信息； ☐寻找并提供客源信息； ☐协助查看买受人身份情况； ☐引领买受人看房； ☐协助签订《存量房屋买卖合同》等	签订《存量房屋买卖合同》完成
房屋承购 经纪服务	☐提供与委托购买房屋相关的法律法规、政策、市场行情咨询； ☐发布客源信息； ☐寻找并提供房源信息； ☐协助查看出卖人身份情况和房屋权属证书； ☐协助实地查看房屋并核实《房屋状况说明书》； ☐协助签订《存量房屋买卖合同》等	签订《存量房屋买卖合同》完成
房屋出租 经纪服务	☐提供与委托租赁房屋相关的法律法规、政策、市场行情咨询； ☐制作《房屋状况说明书》； ☐发布房源信息； ☐寻找并提供客源信息； ☐协助查看承租人身份情况； ☐引领承租人看房； ☐协助签订《房屋租赁合同》； ☐代出租人完成房屋出租登记或备案等	签订《房屋租赁合同》完成，并协助出租人完成房屋出租登记或备案
房屋承租 经纪服务	☐提供与委托租赁房屋相关的法律法规、政策、市场行情咨询； ☐发布客源信息； ☐寻找并提供房源信息； ☐协助查看出租人身份情况和房屋权属证书； ☐协助实地查看房屋并核实《房屋状况说明书》； ☐协助签订《商品房屋租赁合同》等	签订《房屋租赁合同》完成
房地产经纪 延伸服务	☐协助代办房屋产权登记手续； ☐协助代办抵押贷款手续； ☐协助代办_____	☐取得不动产权证； ☐完成贷款手续； ☐_____

十、房地产经纪服务收费标准和支付时间

（一）收费依据文件名称：＿＿＿＿＿＿＿＿＿＿＿＿＿＿＿＿＿＿＿；

（二）房地产经纪服务分类收费标准

经纪服务类别	交费主体	收费标准	支付时间
存量房出售经纪服务			
存量房承购经纪服务			
房屋出租经纪服务			
房屋承租经纪服务			
……			

十一、其他服务内容及收费标准

其他服务内容	交费主体	收费标准
□代办贷款		
□代办房地产登记		
□……		

十二、其他需要告知的事项

＿＿＿＿＿＿＿＿＿＿＿＿＿＿＿＿＿＿＿＿＿＿＿＿＿＿＿＿＿＿＿＿＿＿

＿＿＿＿＿＿＿＿＿＿＿＿＿＿＿＿＿＿＿＿＿＿＿＿＿＿＿＿＿＿＿＿＿＿。

房地产经纪人签名：＿＿＿＿＿＿＿＿　注册证号：＿＿＿＿＿＿

房地产经纪人协理签名：＿＿＿＿＿＿＿　注册证号：＿＿＿＿＿＿

房地产经纪人协理签名：＿＿＿＿＿＿＿　注册证号：＿＿＿＿＿＿

房地产经纪机构盖章：

告知日期：＿＿＿＿＿年＿＿月＿＿日

经房地产经纪人员详细解说，本人已知悉上述事项。

委托人签字（单位加盖公章）：

知悉日期：＿＿＿＿＿年＿＿月＿＿日

（二）签订房地产经纪服务合同

依据《房地产经纪管理办法》的有关规定，房地产经纪机构与委托人签订房地产经纪服务合同时应注意以下 5 方面的要求：

第一，房地产经纪服务合同应以书面形式签订。根据《民法典》第四百六十九条的规定，书面形式是合同书、信件、电报、电传、传真等可以有形地表现所载内容的形式。以电子数据交换、电子邮件等方式能够有形地表现所载内容，并可以随时调取查用的数据电文，视为书面形式。可以看出，书面形式的合同包含的形式很丰富，不仅是纸质的合同书、信件、电报、电传、传真，也包括电子数据交换和电子邮件这类不是纸质的数据电文。常用的是当事人双方对合同有关内容进行协商订立的并由双方签字（或者同时盖章）的合同文本，也称作合同书或者书面合同。鉴于房地产经纪服务合同既涉及缔约双方的合法权益，又涉及不动产权益的转移问题，所以规定当事人应采取书面形式订立合同，避免口说无凭，使订立的合同规范化、法制化。

第二，房地产经纪服务合同应加盖房地产经纪机构印章。结合实际业务情况，加盖的房地产经纪机构印章，可以是机构的公章，也可以是机构的合同专用章。房地产经纪机构分支机构签订的合同也应加盖设立该分支机构的房地产经纪机构的印章。

第三，房地产经纪服务合同应由从事该业务的一名房地产经纪人或者两名房地产经纪人协理签名。根据《电子签名法》第三条规定的电子签名适用范围，房地产经纪专业人员的签名可以是电子签名。电子签名或手写签名之外，还应当在房地产经纪服务合同写明房地产经纪专业人员的注册号和身份证号。

第四，房地产经纪服务合同应由委托人签名或者盖章。委托人是自然人的，应签名或加盖签名章，包括以"点击确认＋人脸识别"等方式实现的电子签名；委托人（客户）是法人的，除了有法定代表人或委托代理人签字外，并加盖公章，包括符合法律规定的电子印章。

第五，在签订房地产经纪服务合同时，还应该避免一些常见的错误。这些错误包括：①合同信息与证件信息不一致。合同信息与证件信息不一致是指合同上与证件上的姓名或名称不一致，身份证号或营业执照号码不一致，住址不一致，以及合同上与权属证书上的房屋所有权人、共有人不一致，房屋坐落和面积不一致等。为避免这类常见错误，房地产经纪人应仔细核对相关文件和资料。②合同服务内容未明确界定。房地产经纪机构和委托人往往由于各自知识和经验的不同，造成对经纪服务内容的认知也不同。在合同中未明确界定服务内容或服务内容界定笼统，双方容易产生矛盾。因此，必须与委托人一一核对每一项经纪服务项目，双方对服务内容的内涵要理解一致，达成一致的看法。③合同有效期限未标明。合同的有效期限是指合同生效和废止的时间长度。目前，委托人通常委托多家房地产经纪机构同时开展经纪业务，不在合同中约定有效期限，容易发生经纪业务交叉的情形，产生不必要的纠纷。④格式合同空白处未作必要处理。格式合同中的空白处一般是需要双方协商沟通的条款，房地产经纪人应向委托人说明。若委托人没有对空白处没有意见，房地产经纪人应将空白处划掉。

（三）房地产经纪业务风险防范

做任何事情都存在风险，房地产经纪业务也不例外。房地产经纪人承接房地产经纪业务时，务必要认识到随着经纪业务的开展，各种经纪业务风险也相随相生。房地产经纪业务风险通常来自两个层面：一是宏观社会经济环境层面中各种因素引发的风险；二是房地产经纪业务具体环境层面中各种因素导致的风险，包括房地产客体、参与房地产交易主体、房地产经纪行业和其他相关参与者。房地产经纪业务风险存在是客观的，重要的是要识别风险、规避风险、管理风险。例如，房地产经纪机构资金管理存在漏洞，造成个别经纪人携款外逃，这时资金管理的漏洞就是房地产经纪机构发展的威胁因素。又比如，房地产市场交易量大幅度下降，消费者购房意愿降低，这些风险因素影响了房地产经纪业务发展获得收益的不确定性。通俗地说，风险就是一些影响某一个事件与事件结果的因素。

考察风险可以从三个角度进行①。一是风险与人们组织的活动有关，即人们会考虑这个活动最终能不能成功？是否有损失？损失有多大？二是风险与行动方案的选择有关，即选择哪个方案损失最小？哪个方案损失最小而收益最大？三是风险与外部环境有关，一个项目或一个组织受到外部环境的影响，而外部环境又是变化的。外部环境的变化引起项目或组织的损失或收益产生什么变化？变化有多大？

风险与不确定性有联系也有区别。联系在于，风险是未来发生结果的不确定性。但二者是有区别的。当项目实施者或组织管理者知道某一个行动方案的可能结果或出现概率时，风险就存在了②。例如，假设银行不再实施监管房地产交易资金的做法，房地产经纪机构或经纪人出现挪用交易资金的比例达到20％，那么房地产交易资金被挪用的风险就是20％。对于不确定性来说，备选方案的各种可能结果的出现概率是不能确定的，未来结果是什么样也是未知的，这时就存在不确定性。如果项目或组织管理中出现了不确定性，那么管理者只能摸索着进行决策。例如，买方代理人提出可以提高总房价1万元，但他并不知道卖方得知提高1万元的购房总额后，同意出售房子的概率有多大。这时买方代理人的提价

---

① 刘新立. 风险管理［M］. 北京：北京大学出版社，2006：4.
② 【美】加雷斯·琼斯、珍妮弗·乔治. 管理学基础［M］. 黄煜平，译. 北京：人民邮电出版社，2006：104.

对成功交易结果的影响是不确定性的，不能估计出来。不确定的水平分级见图 4-2[①]。

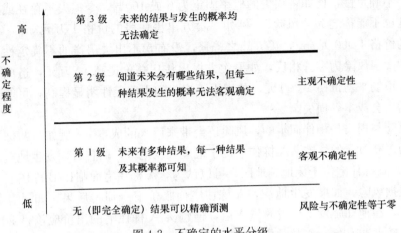

图 4-2　不确定的水平分级

　　在不确定性三个水平中，第 1 级不确定性水平最低，知道结果和概率分布，但不能确定哪种结果会发生，属于"客观不确定性"。例如，房地产经纪人与客户共同参观了一套房源，经纪人知道客户的购买决策只有两种，要么买，要么不买，各有 50% 的概率。第 2 级不确定程度高了一些，知道多种结果，但不知道发生的概率。造成不确定程度变高的原因有两种，一种是目前不知道结果发生的概率，没有统计，或者没有发生所以无法统计；另一种是影响结果发生的因素太多，无法分析结果的可能性。例如，房地产经纪人与客户实地察看了多套房源，房地产经纪人这时很难估计客户到底要选择哪套房，因为影响客户选择某一套房的因素太多了，包括价格、位置、户型、装修和社区环境等。第 3 级的不确定程度最高。例如甲房地产经纪机构放弃某个市场的销售活动，但甲机构不能确定其他机构对该市场会有什么行动决策。风险中的不确定指的是第 1 级和第 2 级中的不确定[②]。

　　风险可以理解为客观存在的、在特定情况下、特定时期内，某一事件导致的最终损失的不确定性[③]。这一定义包含两个要素：一个是损失[④]，另一个是不确

---

① 刘新立. 风险管理［M］. 北京：北京大学出版社，2006：5.
② 刘新立. 风险管理［M］. 北京：北京大学出版社，2006：6.
③ 刘新立. 风险管理［M］. 北京：北京大学出版社，2006：10。
④ 损失是非故意的、非预期的和非计划的经济价值的减少或消失。

定性。没有损失，就无所谓风险，例如，国家出台了鼓励二手房交易的税费减免政策，这对房地产经纪公司经营业务来说没有任何损失，也就没有政策风险。而排除了不确定性，比如将损失的概率固定为 0 或 100%，令损失不存在或必然发生，这也不能称之为"风险"。例如，卖方出售住房的价格 1 万元/m²，低于市场平均价格 1 000 元/m²，买方趋之若鹜，没有卖不出去房产的不确定性，所以卖方的卖房风险为零。相反，如果卖方提出住房总价提高 10 万元，造成房屋单价高于市场平均价格 1 000 元，住房卖不出去的不确定性明显提高，可能还会造成包括机会成本等损失。

风险与损失是相伴而生的，风险还会带来巨大的成本[①]。例如，两栋原始价值同为 100 万元的住宅。A 栋住宅位于地震频发地区，而且近期发生地震的概率为 0.1；B 栋住宅位于无地震地区。可以认为，A 栋住宅面临比 B 栋住宅更大的价值减损风险。如果发生地震，A 栋住宅面临价值全损的后果。如果有客户购买房产，在他知晓发生地震的概率后，他购买 A 栋住宅的出价应该是 90 万元，因为比较 B 栋住宅，A 栋住宅由于 0.1 地震概率使其价值减损了 10 万元。对于 A 栋住宅的拥有者来说，0.1 地震概率造成的 10 万元售房损失，就是风险的成本。

房屋产权人同时也面临着其他不确定性带来的价值减损，或者说是风险成本。例如，近期房地产市场价格波动剧烈，A 栋住宅受到较大影响，售价从一个月前的 100 万元跌至 50 万元，有买主愿意以该价格购买；B 栋住宅由于位于良好的地段，没有受到影响，价值依然保持为 100 万元。对于 A 栋住宅的所有者而言，市场波动带来的风险导致房屋售价大幅降低，他要承担的风险成本是 50 万元。因此，风险带来了损失，越大的风险通常带来更大的成本。

风险带来的损失有直接损失，也有间接损失。例如，地震震损了房屋，A 栋住宅的直接损失是 100 万元，间接损失是没有住房后引起的其他经济损失，如住旅店的住宿费。

风险是一种客观存在，是不可避免的。企业和个人需要对风险进行管理，降低风险或减少风险带来的损失。房地产经纪人要有风险意识，要对风险进行管理。所谓风险管理，是一种全面的管理职能，是对组织面临的风险进行识别、衡量分析，并在此基础上有效地处置风险，以最低成本实现最大安全保障的科学管理方法。任何组织和个人都面临风险，房地产经纪机构也不例外，也要主动地认

---

① Scott E. Harrington, Gregory R. Niehaus. 风险管理与保险：第二版 [M]. 陈秉正等，译. 北京：清华大学出版社，2005:2.

识风险，积极地管理风险，有效地控制风险。一般来说风险管理的过程包括 5 个主要步骤[①]：

第一，识别各种重要风险。

第二，衡量潜在的损失频率和损失程度。

第三，开发并选择适当的风险管理方法。

第四，实施所选定的风险管理方法。

第五，持续地对风险管理方法的适用性进行监督。

针对日常房地产经纪业务而言，房地产经纪机构及其经纪人要充分认识到在经纪业务的每个环节都可能会发生的各种类型的风险，以及这个风险发生的可能性和造成损失的程度。就房地产经纪人而言，识别房地产经纪风险和衡量风险可能造成的损失程度，是房地产经纪人必备的认知能力，是培养风险管理能力的关键环节。

复 习 思 考 题

1. 一个完整的房地产经纪业务流程包含哪几个环节？

2. 到店客户接待流程有哪几个步骤？

3. 电话接待客户流程有哪几个步骤？

4. 网络方式接待客户需要注意什么？

5. 业主信息调查的内容包括哪几大类？

6. 为什么要核实业主资格信息？

7. 房源信息勘查后，要制作房屋状况说明书吗？

8. 为什么要了解业主房屋销售的价格区间和销售动机？

9. 业主销售正在出租的房屋，房地产经纪人应注意核查什么信息？

10. 房地产经纪人核查哪几大类购房客户信息？

11. 举例说明核查购房客户资格的重要性。

12. 怎样了解购房客户的购买需求？

13. 针对房屋承租客户，房地产经纪人应了解哪些信息？

14. 针对房屋出租客户，房地产经纪人应了解哪些信息？

15. 《民法典》对委托代理和中介有哪些规定？结合房地产经纪服务进行

---

① Scott E. Harrington, Gregory R. Niehaus. 风险管理与保险：第二版 [M]. 陈秉正等，译. 北京：清华大学出版社，2005：7.

分析。

16. 普通委托与独家委托的差异性体现在哪几个方面?
17. 什么原因导致委托人不愿意签署房地产经纪服务独家委托?
18. 房地产经纪人签订房屋销售委托的步骤包括哪些?
19. 如何根据房地产经纪业务选择适合的经纪服务合同?
20. 签订房地产经纪服务合同的重要意义有哪些?
21. 在签订房地产经纪服务合同前,房地产经纪人应做哪些准备工作?
22. 签订房地产经纪服务合同时应注意什么要点? 避免哪些失误?
23. 什么是风险? 房地产经纪人进行风险管理的步骤有哪些?

第五章　存量房交易配对与带客看房

在房地产经纪机构接受了委托后，房地产经纪人就需要为业主的待售房产积极寻找购房客户；同时根据客户需求，迅速为客户匹配合适的房源。这其中的关键环节是带客户实地看房，并在看房过程中实现买卖双方的交易配对。

第一节　交易配对

交易配对是指将合适的房源和合适的客源进行匹配，为买方选择符合其需求的房源，为卖方选择对应的购买对象，房地产经纪人尽力撮合买卖双方达成交易。经纪人在整个过程中的立场是同时为买卖双方服务。

一、配对原理和方法

（一）交易配对原理

交易配对实质是交易信息的配对，是指房地产经纪人将自己所掌握的房源和客源信息进行匹配，在初步分析后认为向房源需求方推荐该房源信息可能会获得购房客户的认可，并促成客户实地看房的一个经纪业务流程环节，是房地产经纪人应该具备的专业能力之一。如果配对成功，那么意味着距离成交就不远了。一般来说，潜在客户做出房屋交易决策的过程，既要衡量自己的资金条件，还要考虑房地产经纪人提供的房源信息条件，只有当二者条件吻合时，客户才会做出最终的决策。图 5-1 是潜在客户做出购房（承租）房屋的决策过程[①]。其中的第二步和第三步就是房地产经纪人进行信息配对的过程。

配对的方法基本有两种：一是以房源为基础，以客户需求为标准，房地产经纪人围绕客户需求将多套房源逐一与之相匹配的过程（即一个客户去匹配多套房源）。另一种是以客户为基础，以房源特性为标准，房地产经纪人围绕房源特性将多个客户逐一与之相匹配的过程（即一套房源去匹配多个客户）。例如甲经纪机构掌握了 50 套房源，100 个客源，按照每个客源匹配一次房源计

---

① 【美】威廉·M·申克尔. 房地产营销［M］. 马丽娜等，译. 北京：中信出版社，2005：65.

算，1个客源与50套房源匹配50次，100个客源匹配50套房源的配对机会就有5 000次；乙经纪机构掌握101套房源，50个客源，按照每个客源匹配一次房源计算，1个客源与101套房源匹配则有101次，50个客源匹配101套房源的配对机会就有5 050次；丙经纪机构掌握99套房源，50个客源，按照同样的匹配方法计算，那么配对的机会就有4 950次（表5-1）。从以上三个机构的房源和客源数量来看，以最终不动产交易成功为结果导向，经纪机构（经纪人）掌握更多的房源可以达成更多的匹配次数，意味着房地产经纪人开拓房源是一项持续工作。

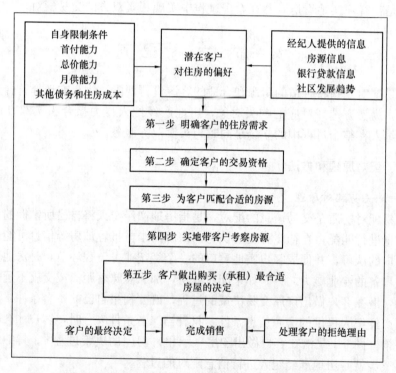

图5-1　潜在客户做出购买（承租）房屋的决策过程

房源与客源匹配次数模拟表　　　　　　　　　　　表5-1

经纪机构	房源数量（套）	客源数量（个）	匹配次数（次）
甲	50	100	5 000
乙	101	50	5 050
丙	99	50	4 950

（二）交易配对步骤

图 5-2 和图 5-3 模拟了房地产经纪人进行房源客源信息配对的步骤。当房地产经纪人获取了新房源后，可与库存客源信息进行匹配。反之，当房地产经纪人受理了新客户委托后，立即将库存的房源与之进行匹配。其中关键点是按照客户购买意向进行排序。

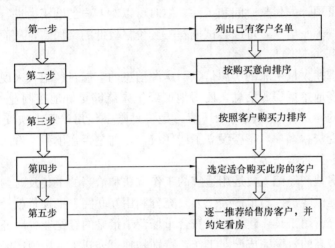

图 5-2 房源与库存客源信息配对的步骤

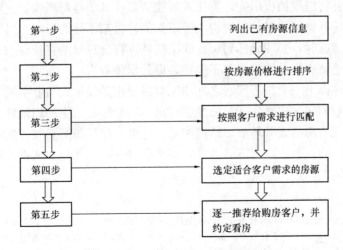

图 5-3 客源与库存房源信息配对的步骤

房地产经纪人在进行配对时应注意三个核心问题——客户信息（Leads）、房源信息（Listings）和杠杆效率（Leverage）①，通常称为三个"L"②。

第一，了解客户需求信息。房地产经纪人要全面了解和挖掘客户信息，以客户的需求为中心，寻找及变通适宜的房源，尽量为客户提供符合其基本需求和预算的房源，以减少客户看房次数，提高看房效率。对于置换购买的客户，还应考虑资金规划，可将推荐房源要求的付款时间和付款条件与客户确认，以免谈判的时候出现不可预计付款时间和条件。同时可以对客户的购买力进行试探，例如客户称需要一个一居室，可以尝试推荐一套价格较低的两居室，从而得到客户真实的购买预算。

第二，掌握大量可靠的房源信息。房源信息的掌握对经纪人来说是十分重要的，应尽量多地挖掘房源信息，使房地产经纪人能够更好地控制业务进程。如：业主出售目的，是否有贷款尚未还清，是否是唯一住房，距上次交易是否满五年，能否接受贷款客户，是否设立了居住权，目前是否在出租，看房的时间和方式，家具家电是否赠送等。

第三，房地产经纪人要运用适宜的工作方法和恰当的工具及时为客户寻找房源和为业主提供客户。房地产经纪人要充分利用互联网、抵押贷款计算器、可视化房源展示等营销工具，建立一套符合市场营销策略的经纪业务服务方法，为业主和客户以最高的效率完成配对工作。特别是独家委托中，房地产经纪人和委托人在独家委托协议中都对经纪服务期限做出了约定，一旦超出最终期限还没有找到房源或没有将房屋销售出去，委托人可能会委托其他经纪机构。这不仅会失去委托人的委托，也可能对经纪机构或经纪人信誉带来不好的影响。另外，在与客户沟通房屋情况时，要使其感到房屋的某些特点符合自身的特殊要求，使客户明白这样适合他特殊要求的房屋并不多见，促其尽快看房。

除了关注以上三个核心问题之外，配对过程也是经纪人与业主或客户建立相互信任、了解购房客户真实需求的关键时机，需要经纪人更加坦诚地面对。配对不仅仅是促成看房的业务环节，通过配对，还可以保持与买卖双方的沟通；对于客户提出的疑问，如了解得不够详尽，不要信口开河，而应在调查了解之后再向客户进行反馈。

---

① 杠杆效率，是指利用某种技术或方法来提高某种效果或达到某种目的。在《百万富翁房地产经纪人》一书中将 leverage 翻译为工作效率，该翻译是引申出来的，其内涵是为了获得最佳的金钱与时间的比率，最终关键的是工作效率。提升工作效率的三个因素是人、方法和工具，希望更巧妙地工作，用同样的时间挣更多的钱。

② 【美】加里·凯勒，等. 百万富翁房地产经纪人［M］. 余德平，等译. 北京：机械工业出版社，2006：9.

二、房源的推荐

(一)房源推荐的技术要点

配对过程中,房地产经纪人推荐房源是关键环节,特别是对客户而言,向其推荐房源关系到客户能否购买到满足住房需求又符合其经济承受能力的住房。因此,房地产经纪人在推荐房源时要考虑以下 4 个技术要点:

1. 对房源信息进行列表。在表格中显示符合客户需求的地理位置、商圈、户型、面积、楼层、房价、小区环境、交通条件等各项信息,提供给客户以备挑选。近年来,随着互联网的发展,向客户推荐房源信息更加注重可视化效果。房地产经纪人在提供房源信息时以互联网手段向客户提供房源照片、视频、VR 全景等信息,让客户更直观、感性地了解、认识房源。从目前实际操作经验来看,向客户提供真实、全面的照片、视频和 VR 全景房源信息时,房地产经纪人的客户带看与成交概率大幅上升,客户体验感增强,经纪人的工作效率大大提高。在介绍房源信息的同时,对房源情况进行简单介绍。客户根据简单信息进行初步选择。如果客户对推荐房源表示认可,房地产经纪人可以与其签订客户看房书,以避免相关纠纷。如果是卖方独家代理,房地产经纪人要给业主发送客户确认书,告知业主有潜在购房客户对委托物业感兴趣,并着手安排看房。

2. 房地产经纪人向客户客观介绍房源的优缺点。在向客户介绍房源之前,经纪人应提前了解房源各种情况,特别是吸引客户购买的令其十分满意的地方。介绍房源时要特别注意真实性,不能夸大其词,故意掩盖房屋缺陷。房地产经纪人可以根据客户的需求,重点介绍与客户购买需求有关的房屋信息。例如,安全的儿童游乐环境、方便的上下班交通条件、周到的物业服务、方便的社区医院等,让客户感觉到房源有十足的吸引力。房地产经纪人也不能只说优点不说缺点,客户对房子的印象是根据房地产经纪人的描述所产生的,不要误导客户,比如房屋装修、交通或环境方面的介绍要实事求是。描述越好,客户的期望值越高,实地看完房后的失落感也就越强,从而使客户容易对经纪人或经纪机构产生不信任或者抵触的情绪。有时,以恰当的方式说明房源缺点,也是有必要的。特别是法律法规要求告知客户的内容必须及时告知。例如,有一套待出售房源,多个客户和经纪人都看过房,但一直没有卖出去。某房地产经纪机构的一位优秀房地产经纪人,带一位客户去看房。当这位客户问经纪人这套房子怎么样时,他回答说"房子性价比很高,买没什么大问题。但是有两个小问题:一是房子位于管道层,装修的时候要多费点心;二是房子打开窗子会看到马路,特别是在夏天会有一点噪声,别的就没有了。"后来客户与房源业主签约成交了。这位优秀的房地产经纪人之所以能把这套房子卖出去，就是他告诉了客户真实信息，客户认为房地产经纪人不是仅仅为了获得佣金而提供服务，而是从客户角度维护了他们的利益。

3. 对供求双方的情况和需求预先熟悉掌握的前提之下，向客户提出经纪人的专业观点。比如，片区内同样价格的房源有几套在出售，都是什么户型和楼层的；同样户型的房源有几套在出售，都是什么价格的；如果购买推荐的房源，所涉及的税费需要多少。分析所推荐房源，应提出自己的专业观点。房地产经纪人在与客户进行房源情况沟通的过程中，要细心体会客户需求的变化，引导客户将理想需求落实为实际需求，不断地修正其购房愿望。

4. 向遴选出的房源业主致电，进一步了解房源信息的同时，也可通过电话判断该房源现在是否已经成交以及业主比较方便的看房时间。致电看中推荐房源信息的客户，向其详细描述房源信息情况，询问对方是否有实地看房的意向。如果对方有看房意愿，则预约业主时间实地看房；如果对方并无意愿，则询问客户对该房源不满意的原因并记录在案，以备今后分析客户需求和房源状况时使用。

（二）配对过程中对客户和业主心理特征进行分析和引导

在房源配对和推荐过程中，要特别对客户和业主心理特征进行分析和引导。

对客户而言，要了解客户购买房产是否是首次置业。如果客户是首次购买房产，通常客户的心理活动会比较复杂，这源于存量房交易需要很多流程并且需要签署很多相关文件。这种心理活动就像第一次购买一个 DIY 电脑一样，他需要征求家人及朋友的意见，并且多数是找一个懂行的朋友一起去电脑城买电脑。所以经纪人要解释存量房交易中要经过哪些流程，在这些流程中容易出现哪些交易风险，这些交易风险如何规避，如何发现房源的隐含缺陷等，以此来打消客户的顾虑。对于多次购买过存量房的客户，可以说明每个交易环节经纪人都会做哪些工作，比如每个环节上需要谁做出决策，在什么时间，带着哪些文件或证明，去哪些部门，办什么手续，这样来提高客户的体验度和信任感。

对于业主而言，除了解释交易环节及风险外，还要对出售的价格进行梳理。业主通常是想卖一个比较高的价格，但又担心卖不出去或短时间内不能成交，同时又怕房价卖低了而带来的损失。对于这种情况，经纪人可以和业主一起分析看过房的客户一共有多少、他们是否有意向、他们的付款条件是什么、出价是多少等。根据这些已经梳理的信息，给出业主一个最可能成交的价格区间，而不是一个唯一的价格。

第二节　带客看房

不论是卖方代理人还是买方代理人，都要带购房客户进行看房。带客户实地看房的目的是让客户对房屋有切身感觉，让客户对房源进行了解，激发客户对房源的兴趣，促成交易。另一方面也是通过看房了解客户的真正需求，进行面对面的沟通与交流，为下次带客户找到合适房源做好准备工作。带客看房时不但要掌握步骤，而且要注意一些重要的细节。带客看房是实现存量房交易的关键环节之一，房地产经纪人务必重视这个流程。一些房地产经纪机构将带客看房记入房地产经纪人的工作业绩中，并将其进一步细化为带看量、一带多看、陪看量、约看量、二看量、带看转换率等考核指标。

一、与业主共同查勘房源

（一）提前勘查房屋

房地产经纪人获取房源信息后，应联系业主进行实地看房，以便掌握更为准确详细的房屋信息。有些情况下，买方客户委托的房地产经纪人在正式带客户看房前，通常要提前联系业主或业主委托的房地产经纪人独自勘查房源以及房源周边公共设施状况。这个过程在部分地区俗称为"空看"。

房地产经纪人进入房屋后，在业主同意的前提下，可以拍照、丈量房屋尺寸、记录房屋家具设施情况。房地产经纪人提前空看房源，争取了一次与业主见面的机会，进一步了解业主关于售房的一些想法。同时，空看房源后，房地产经纪人在约客户看房时，描述也能更有画面感（表5-2）。

与业主共同查勘房源的流程及具体内容　　　　　　　表5-2

看房流程	具体内容
与业主交谈	了解业主和房源相关信息（参考第二章第二节相关内容）
记录房源	在业主同意的前提下对各个房间和主要的设施、家具、家电进行拍照或拍摄视频，丈量房屋尺寸，详细记录房屋家具和设施尺寸、品牌、使用状况
编制《房屋状况说明书》	根据《房屋状况说明书》（中房学）或者本经纪机构要求的项目，尽量做到每一项内容都详细填写，做到不漏项，准确客观描述，并请业主签字确认（可参考第二章相关内容）
房源分析	通过区域成交行情以及近期报价进行分析，协助业主确定符合自身需要且有竞争力的出售价格
房源发布	协商房源门店橱窗广告、机构网页等途径发布房源及挂牌价格

（二）请房屋业主对房屋进行"包装"

为了顺利销售房源，房地产经纪人应建议业主对房屋适当地进行装饰、装修，目的是提高看房效果。对房屋本身尽量创造有利成交的条件，主要是弱化房屋缺陷，强化房屋优点。具体做法有：

（1）建议业主修复缺陷，如打扫灰尘、油漆墙壁、修补裂缝渗漏、电灯更新、暗处使用玻璃补光、歪斜处摆放饰品家具等；

（2）留意通风采光，空屋应常开窗通风，避免客户看房时呼吸不适；

（3）建议业主花费适当的成本加以整修，甚至装潢，提升房屋的格调；

（4）建议业主清理家具，不用的杂物全部抛弃，体现家的温馨；

（5）准备好赠送家具电器清单，贵重家具如不想赠送，则宜提前搬出，免生异议；

（6）通知业主准备好不动产权证、室内平面图、物业管理公约（业主管理规约）及其他文件。

客户看房往往是带着挑剔的眼光，谨慎而小心地查验房屋。因此，房地产经纪人可以事先通知业主看房时间，并请其清洁房屋卫生，打开窗子通风，将物品摆放整齐，厨房和卫生间最好没有异味。如果是晚上看房，希望业主尽量将房屋灯光提高亮度，给客户留下满意的印象。房地产经纪人还应该提醒售房业主，在看房过程中尽量不要过多与客户进行言语的交流，对客户提出的对房屋质量的挑剔问题和价格问题，最好不要采取辩护的态度进行讨论，应由房地产经纪人与客户进行沟通和解释。在看房过程中，业主最好能安静地等在一旁，给客户以充足的时间查验房产；如果是空房，业主则不必亲自陪同看房，签署钥匙委托协议后，由房地产经纪人负责即可。业主应该充分相信和尊重房地产经纪人的职业道德和业务水平，同时，房地产经纪人也应该竭尽全力为业主提供最优质的服务。

二、以卖方代理人身份陪同购房客户看房

（一）预约看房时间和设计看房路线

如果客户对房地产经纪人推荐的房屋比较感兴趣，经纪人要与购房意向较迫切的客户约好看房时间，一同实地看房，目的是让客户对房源状况进行实地了解。事实上，当客户提出希望去看房时，房地产经纪人要做好陪同购房客户看房前的准备，包括安排看房路线，有步骤、有技巧地进行引导介绍，从区位、居室、建筑面积、朝向、楼层、装修、价格和建成年代等方面专业化地展示房源，并征询客户意见，进一步沟通了解购房客户的需求，特别是其满意的和不满意的方面，处理客户的异议，从而为后期的实质性谈判作准备。

房地产经纪人要与客户提前约定看房时间。房地产经纪人在看房前，应与业主和客户通过固定电话、手机短信、电子邮件、即时聊天工具、房地产经纪机构APP等方式约定具体的看房时间、见面地点，要提醒双方带好各种证明文件和资金。房地产经纪人要与交易双方约定具体的看房时间，比如上午10点或下午6点等，不要大概约定"明天看房"，否则容易造成互相等待，耽误时间。房地产经纪人要根据房源情况、业主取向协调和选择看房时间，最好是交易双方感觉十分舒服的时间。约看房时间与实际看房时间相隔一天以上的，需要在看房前再次与业主和客户确定。约定地点要准确，尽量与客户约定在人流少、有明显标志物的地点见面，引导客户以最便捷的方式到达。约见的地点最好是在经纪门店。房地产经纪人出发前应对所看房屋及行车路线尽可能多地熟悉，可向业主咨询行车路线，设计最佳看房路线并将看房路线准确告诉客户。

为了提高带客看房的效果，了解客户对商圈内哪些类型的不动产感兴趣，一些房地产经纪机构利用客户看房历史大数据开发了"客户看房轨迹"系统[1]。这个系统将过去一段时间内（一个月或一周内）客户的看房记录录入到地理信息系统内，形成一个客户看房数据库，并以可视化技术显示出客户看房最集中的区域、社区、楼盘、户型以及客户看过的关联楼盘。通过这个数据库，房地产经纪人可以清晰地了解到最近一段时间热销区域楼盘和户型，并在看房过程中展示给客户，增强客户对房地产经纪人所推荐楼盘的信心和兴趣程度。

【案例5-1】

看房忘记关水阀门，给业主和客户造成损失

房地产经纪人小王带客户看房，在为洗衣机试水后，出门忘记关掉屋内的水阀门，导致水管爆裂。大水不仅将本屋内所有家具和家电给淹了，而且自来水还渗透到楼下邻居，损坏了大量家具和家电。最后公司赔偿业主及楼下邻居2.6万元才平息了事件。在这次看房过程中，房地产经纪人风险意识不够，看房后没有关掉室内水电设备。为了防止这样的问题，带客户看房完毕后，特别是无人居住的空房或者是委托经纪机构全程代理的出租房，房地产经纪人一定要检查水阀门、电开关、试用的家电有没有关好，并且一定要确保全部关闭才能离开房屋。

（二）向客户沿途讲解房源周边设施

在看房当天，经纪人出发前再次与客户确认好联系方式及约定时间、地点。

---

[1] 谭杰辉. 基于客户看房轨迹的客户偏好分析系统及分析方法：CN10163685A [P/OL]. 2019-08-23. https://xueshu. baidu. com/usercenter/paper/show? paperid＝1a4f0480pc6908509y5q0tq0fb579332&site＝xueshu _se.

业主尽量能在看房当天在家中接待客户。为了能够让购房客户顺利找到业主的房屋地址，房地产经纪人最好能将客户约在距离业主房屋有一段距离、易找到的地点，比如社区经纪门店，然后与购房客户 同出发拜访业主。房地产经纪人与客户最好能提前看房时间 10～15 分钟到达约定地点，以方便带其先了解周边环境。房地产经纪人要充分利用这宝贵的从门店到房源的时间，这是房地产经纪人建立自我形象、展示个人专业能力、宣传企业品牌、了解客户需求的一个绝妙机会。房地产经纪人通过对话和发问，以足够的热情和真诚赢得客户的信任。

房地产经纪人出发前仔细阅读已经搜集到的房屋介绍资料，再次确认已准确掌握该房屋的各项信息，包括市政配套设施、教育设施及交通状况等周边环境，并确定到达房屋的最佳路线。房地产经纪人按选择好的路线带客户到达所看房屋，并适时向客户介绍周边环境。尤其是可能影响客户购房意愿的特殊环境因素，例如，房屋周边存在大片墓地，或者邻居房屋未实际居住而是用于摆放骨灰盒和灵位。

房地产经纪人一般应提前 10 分钟到达约定地点迎接客户，不能让客户等候，房地产经纪人自我介绍并主动递名片。在查看房屋前，应向客户出示并解释《看房确认书》条款，并请客户签名确认。《看房确认书》应包含客户委托事项，如购房需求、资金预算等，并特别注明所推荐的房屋，同时请业主也在确认书上签字。看房时要有礼貌，出入要和业主打招呼，不要大声喧哗。房地产经纪人要准备一个文件夹，将客户看房确认书、服务承诺书、税费计算表等资料放置在内。

（三）主导看房过程

房地产经纪人带客户看房，关键要向客户明确、客观、全面地讲解房源状况，向购房客户传达业主的售房信息。房地产经纪人要按照《房屋状况说明书》上的相关内容向购房客户介绍房屋产权和使用现状。

如果看房时，业主也在场，应征得业主同意后进入房间，如果是与业主初次见面，要向业主自我介绍并主动递名片，还要向业主介绍客户。房地产经纪人要时刻跟紧客户，不要让客户脱离自己的视线范围，不要让客户与业主有太过亲密的接触，但要注意有礼有节。

看房过程中，房地产经纪人要站在业主的立场上，通过专业的营销手段，推销业主委托的房源，直至最后成交。看房对客户而言是一个十分重要的过程，特别在购买一处价格比较昂贵的住房时，客户通常会十分小心地考察房屋的质量细节，比如厨房是否漏水、楼板是否隔声、窗户保密性是否良好、阳光是否充足等。这些对承租者而言同样重要。

房地产经纪人要主导看房过程，使双方认可自己的专业水平。如果房地产经纪人也是第一次到访业主房源，进门后应迅速对房屋状况进行判断，如照明、噪声、装修、格局，并根据这些判断引导客户逐一查看房屋的组成部分，如客厅、卧室、厨房、卫生间、阳台等。在这个过程中注意要引导客户的视线和思维，并提醒客户可能轻视或忽略的优点。房地产经纪人要将所展示的房屋优缺点尽量列在表上，针对优点款款道来；而当客户提出缺点时，也能客观回答，分析利弊。

在看房过程中，房地产经纪人要注意引导客户到不同的居室，提醒客户可能轻视或遗忘的房屋优点，同时也让客户关注房屋的缺点。如果客户十分满意看过的房产，有可能在看房过程中就决定了购买房屋。因此，陪同购房者看房是一个十分重要的环节，关系到最终是否能完成交易。房地产经纪人还要有意识地提起客户的背景话题，如从事职业、家庭人口、教育程度等，从而判断对方是否是本房源的目标客户。进入某个房间看房，应时时征求业主的同意，例如在进入房间时，特别是业主的卧室时，要询问业主是否需要换鞋或戴鞋套，是否可以进入。在客户看橱柜或衣柜内部格局前，要先问是否可以，尊重业主的隐私。

房地产经纪人要替业主回答一些客户关心的问题，如房屋年代、结构、邻里关系、物业服务、供暖、停车、社区环境等。给客户分析房屋的优缺点，保持客观公正的立场。每个缺点都要配以相应的建议，针对某些老户型固有的缺点，则需向其讲解年代较早的存量房多数存在这些问题的现实情况，引导客户正确认识该房屋。在可能及必要的情况下请业主出示不动产权证或房地产购买协议书，确认业主的身份并了解业主登记信息是否与产权证登记相符、产权单位对房屋出售是否有限制条件及该房上市审批情况。

三、以买方代理人身份陪同购房客户看房

如果购房客户对房地产经纪人推荐的房屋比较感兴趣，房地产经纪人就要与客户约好看房时间，一同实地看房，目的是让购房客户对房源状况进行实地了解。

（一）合理安排和掌握看房时间

与客户看房，除了要提前预约外，在安排看房时间方面，还有注意以下两点：

首先，要确认客户能有多少时间看房，然后根据客户的时间长度准备备选房源及看房的顺序，列出待看房源清单，计算合理的看房交通时间，以作顺畅安排。首次看房时，房地产经纪人最好在约定好的时间前半小时与客户再联系确认，并提前5～10分钟在见面地点等候。

其次，最好安排客户在某一集中的时段连续看几套房，如周末时间比较宽裕。在多数情况下，为了提高看房效率、节约客户时间成本，房地产经纪人会带客户一次看几套房源，即所谓"一带多看"。"一带多看"的好处是向客户推荐了几套与客户需求基本吻合或者接近客户需求的房源，客户一次就可以从尽可能多的房源中选择一套最符合其需求的房源，提高了房地产经纪人的房源匹配效率。在"一带多看"过程中，房地产经纪人应根据客户对所看房源的评价和反馈，迅速了解客户的实际需求，评估客户对所推荐房源的购买可能性，并向客户提出专业建议和购房方案。

（二）注重看房细节

1. 熟悉房源所在商圈的特点和优势

房地产经纪人应该特别熟悉被挑选房源所在地区的公共设施和商业设施情况，对值得向客户介绍的优势应该重点介绍。例如，教育质量优异的小学、方便的购物场所、免费的开放公园、便捷的交通、安静的社区环境、和谐的邻里关系、新组建的志愿者组织、温馨的社区医院等。通过向客户介绍房屋社区环境，可以增加客户对购买房屋的意愿。房地产经纪人要对项目情况及各种细节一一掌握，避免出现一问三不知的尴尬。

2. 客观展示房源的优缺点

如果是买方客户的独家代理人，房地产经纪人一天与购房者看房不应该超过5套，即"一带多看"不能超过5套，否则容易给客户带来"看花了眼"的感觉，使客户不容易比较和挑选合适的房源。在看房顺序上，房地产经纪人可以按照"较好—好—差"的顺序安排。这时房地产经纪人预计购房者在比较了三处房源后，可能会挑选第二处房源作为最后的选择。当然，房地产经纪人还要根据客户的喜好和关注点适时调整看房顺序。在看房过程中，房地产经纪人要与购房客户客观地讨论房源的优点和缺点，分析性价比。

3. 带上必要工具

每次看房前应准备一个专业文件夹，避免携带私人手袋，要给客户一个专业形象。经纪人个人专业文件夹是指经纪人在与客户沟通过程中用以展示自己专业、为客户提供各类服务信息的文件夹。文件夹应常备多套带看确认书、小型计算器、记事本、圆珠笔、指南针、地图、皮尺、名片等，而在夜间看房则应多准备一把小电筒，以防急用。同时要注意保持手机始终处于开机状态，并充足电源，或带移动充电设备。目前，很多房地产经纪机构都开发了智能工作手机，手机上的很多实用的应用小程序，帮助经纪人查看房源信息、计算贷款额等，甚至还能虚拟设计房屋装修方案。

（三）看房过程中注重双向沟通

看房时，房地产经纪人必须双向沟通，言行要得体。适度渲染是技巧，但要找重要和关键的话题引导谈话，多站在客户的立场讲话，如"门厅可以摆设艺术花台""转角可摆设简约雕塑"之类，让客户产生美好联想，并接受小小遗憾。房地产经纪人是买方代理人，要站在购房客户的立场上，协助或代理客户与业主合理磋商价格，力争使买卖双方达成一致。

如果客户最终对带看的房源不满意或因为价格等原因无法实现成交，经纪人要重新为其寻找或推荐新的房源。一方面，可以从房地产经纪人掌握的房源信息中进行匹配，满足客户的房屋需求；另一方面，如果客户对所看房源有犹豫和不确定，要分析房源的优势和劣势，为什么客户对所看房源不满意，再从更大的范围内为客户寻找适合的房源。

房地产经纪人在看房过程中，应该尽可能地了解购房者的经济状况、个人兴趣、家庭情况、对社区管理和物业管理的态度。在带看过程中，房地产经纪人应深度了解和挖掘客户需求，通过分析客户背景、性格、买房动机来分析客户需求，并适当引导客户需求，降低客户盲目或不切实际的需求。

（四）做好看房后记录和收取定金工作

看房结束后，房地产经纪人应做好回访准备，对客户看房结果进行回访，确认客户看房结果，并将看房结果在第一时间反馈给业主。有的客户对所看房源十分满意，甚至会在看房现场向业主提交一部分定金，锁定房源。如有客户还价，则应与业主进行友好的商量沟通，在反馈过程中，跟业主累积良好的关系。

如果客户看房后不满意，则对客户的购房需求进一步分析，再次配对带看直到满意为止。如果客户对房屋带看结果满意，则经纪人需再次核查业主房屋产权状况，确认是否可以交易；同时还要再次确定客户是否具备购买条件。确认产权人的房屋产权和购房客户资格无误后，房地产经纪人可以与买卖双方进行房屋价格协商，直至达成合理交易价格。

四、房屋带看工作中的注意事项

（一）做好带看后回访工作

房地产经纪人带客看房后，应着重做好以下 3 方面的工作：

1. 做好回访前的准备。购房客户看房结束后，房地产经纪人应以多种方式了解购房客户对待购房屋的看法，这项工作叫回访。为了做好回访工作，房地产经纪人应提前做好准备，具体工作包括预估看房结果、准备说服方案或备选方案以及准备用于记录的纸笔等。

2. 确定客户看房结果。一般情况下，客户对看房结果有不同的反应，见表5-3。有些购房客户在看房过程中就表示十分喜欢该物业，接受售房者的条件，愿意签署房屋买卖协议。这是最理想的状况。但通常情况下，由于购买房产是客户的一项重大支出，买方要花很多时间进行考虑，征询亲属、朋友、公司股东的意见后才能最后决定。

购房客户看房结果列举　　　　　　　　　　　　　　　　　表 5-3

顾客态度	房地产经纪人对策
不满意	首先，询问不满意之处并做好记录； 其次，分析房源优缺点，客户的承受能力； 最后，进一步明确客户的购房需求
基本满意还要考虑	房子本身的问题或缺陷没能完全达到客户的要求，经纪人应及时找到问题的关键，逐一进行解决
房子满意，但嫌贵	及时了解客户在价格上的心理底线
满意	客户一般仍然会继续讨论价格

3. 分析客户行动，引导客户签署购房确认书。购房客户完成购房行动不是一蹴而就的事情，房地产经纪人撮合买卖成交也是一个缓慢的过程。经纪人应该细心地观察客户的行为，从中获得客户拒绝还是同意购买的蛛丝马迹。例如，客户向经纪人询问"房价还可以再降1万元吗？""业主最晚搬出房屋是哪天？""我们想在10天内完成搬家。"等问题时，就表明客户愿意购房。一旦客户发出希望签署购房确认书的信号，经纪人应该及时把握，试探性地引导客户签署购房确认书或房屋买卖定金合同。房地产经纪人此时应该告知客户支付定金的规则，并与客户讨论关于购房的一些细节问题。

（二）引导客户做出决策

引导客户做出购买决策是整个销售过程的重要部分。房地产经纪人在与客户洽谈的过程中，通过自己的真诚和专业服务，建立起客户对自己的信心。在这个过程中要增强客户的信赖感。针对销售进展情况，房地产经纪人以各种方式判断或建议交易双方达成交易，完成销售。具体可用的方法有如表5-4所示的六种①。

---

① 【美】威廉·M·申克尔. 房地产营销 [M]. 马丽娜，译. 北京：中信出版社，2005：201-205.

引导客户做出购买决策的方法 表 5-4

技巧	适用条件	具体方法
假设法	前期准备十分充分、客户看中房子、已下决心购房（租房）、购房时机成熟	经纪人提问："我们可以先向卖方支付 2 万元购房定金，您看这个数额高不高？"
总结法	已经遴选了多处房源	经纪人提示："您买这套房太值得了，可享受某某医院的健康体检服务。"
直接法	购房者具有丰富的购房经验，偏好固定，或者急于购房，房源（价格）符合客户需求	经纪人提示："您看我们明天签购房合同吧，您能安排一下时间吗？"
对比法	接触很长时间，了解客户需求，参观了多套房源	经纪人提示："您看这几套房源中，您看中哪套了？"并与客户对每套房源详细分析
重点突破	仅有一个缺陷不满足客户意愿	重点突破难点，找到解决办法
善意威胁	客户主意拿不定、拖延了很长时间	经纪人提示："您如果还不签署认购书，这套房明天要被另外的客户买走了。"

（三）充分展示房地产经纪个人和团队的能力

受过专业训练的房地产经纪人可以通过专业的营销方案、营销工具、专业能力以及对房地产市场的了解，最终赢得业主信任。看房时，房地产经纪人要充分展示房地产经纪人和经纪机构的实力。通过系统地展示房地产经纪人专业优势，能让业主对经纪人的能力及专业性印象深刻，促成交易似乎成为自然而然的事情。

1. 房地产经纪人个人能力与优势

经纪人个人能力与优势通常可以表现为：知识渊博、工作努力、责任感强、为人诚实、训练有素、资源丰富、经验丰富、本地区业务优势、善于合作、关注细节等。

经纪人以往的个人业绩表现是展示经纪人实力的最佳证据。专业背景与获奖情况也是非常具有说服力的资源，那些获奖照片往往会给业主留下深刻印象，经纪人专业形象大为提升。经纪人个人的良好兴趣爱好，也许会给业主带来共鸣，更加容易获得业主好感。

2. 房地产经纪人所属团队的竞争优势

房地产经纪人所属团队的合作精神、专业实力、品牌形象、公司规模、知名度、市场占有率、广告宣传力度、店面形象、门店推荐业务量等竞争优势，不仅提升经纪人的形象，而且也是促成经纪服务交易达成的重要保证。

3. 房地产经纪人优势将给业主带来的显著利益

将经纪人个人能力与团队优势转化为业主的利益，是经纪人要掌握的一项谈判技能，称为FB法则，其中F为英文"feature"，意为"特点"，B为英文"benifit"，意为"利益、好处"。该项谈判技能通常可以这样描述："我们拥有这些优势……，这意味着……，这对您的好处是……"。

（四）看房时间和突发事件处理

在看房过程中，业主与看房客户最好不要在房屋里商谈价格，并且要事先和业主、客户沟通好。看的时间不宜过长，一般控制在10～15分钟为宜，房地产经纪人要提醒客户不宜在房屋内评价房屋，尤其是房屋的缺点。看完房后向业主致谢告辞。

看房时可能会出现一些突发事件，房地产经纪人对突发事件要有处理预案，应该沉着应对。一般有两种突发事件。第一种，业主/客户未按约定时间到或者失约。首先，房地产经纪人要及时向另一方解释；其次，房地产经纪人可以找一些合适的话题与先到的一方交谈；同时，如确定业主不能来，经纪人可以向客户推荐附近的房子，但条件要相近或更好；如确定客户不能来或约好的客户临时决定不想买房了，经纪人可以联系同事，让其带其他客户来看房。如果没有客户看房，应亲自或安排同事去业主家登门致歉、说明情况。另外，切忌在一方面前发泄对另一方的不满。第二种，房屋实际情况与业主介绍的不符。针对这种情况，经纪人一方面向客户真诚道歉，征得客户的谅解，另一方面可以婉转地让业主做出价格让步。

（五）约看过程中防止跳单

所谓"跳单"行为，是指买卖双方经过经纪机构牵线后，撇开房地产经纪机构或房地产经纪人，私自交易由房地产经纪人介绍的房源（或客源），以逃避支付房地产经纪服务费的行为。这种情况在房地产经纪业务中比较常见。根据《民法典》第九百六十五条的规定"委托人在接受中介人的服务后，利用中介人提供的交易机会或者媒介服务，绕开中介人直接订立合同的，应当向中介人支付报酬"，委托人即使发生了"跳单"行为，也要向房地产经纪人支付房地产经纪服务费。因此，对于已经发生的"跳单"行为，房地产经纪人应在保留证据的前提下，通过法律途径维护自己的合法权益。作为房地产经纪机构和经纪人来说，需要通过以下3个合理的方法预防"跳单"行为的出现。

1. 看房前，事先告知跳单的危害。 应该向双方陈述"跳单"行为的危害，可以以案例的形式向看房客户和业主告知越过经纪机构直接交易后发生纠纷、欺诈的案例，尽量向买卖双方解释："房产交易，安全第一，私下交易无保障，无人对交易负责，公司还会追究法律责任。"另外，对于未签订房地产经纪服务合同的房屋最好不要进行带看活动。在看房前，应请客户在《看房确认书》上签字确认。如果客户跳单，其签署的《看房确认书》是房地产经纪人的带看记录，可以作为未来向跳单客户起诉追讨经纪服务费的证据之一。在实际业务操作中，许多业务人员在看房后才让客户签订《看房确认书》，甚至不签订。这都为将来房地产经纪人维权追讨经纪服务费留下隐患。

2. 看房时，如果出现跳单征兆，房地产经纪人一定要果断制止。经纪人应该全程陪同客户看房，注意不要当着客户的面念出业主的电话号码。看房过程中，房地产经纪人要及时制止双方交换联系方式，也尽量不要让业主和客户面对面添加社交软件。如果业主与客户要添加社交软件，房地产经纪人最好以温和但坚定的口气当面制止，并告知这可能导致后期的跳单行为，这样的做法是违反委托代理关系的。尽量避免双方单独在一起进行交谈，避免客户使用业主的手机或房屋电话等，避免双方同时离开。

3. 在看房全过程中，房地产经纪人应寻求业主配合。跳单行为对于业主并无太多的额外利益，如果能通过沟通得到业主方面的配合，那么"跳单"事件自然孤掌难鸣，无法实现。

复习思考题

1. 存量房交易配对的原理和流程是什么？
2. 房地产经纪人如何进行房源推荐？
3. 房地产经纪人在配对过程中怎么对客户和业主进行心理分析和引导？
4. 在房源配对过程中，房地产经纪人应注意什么？
5. 房地产经纪人带客看房的步骤有哪些？
6. 房地产经纪人如何陪同业主完成看房？
7. 房地产经纪人如何陪同客户完成看房？
8. 房地产经纪人在房屋带看过程中应该注意哪些事项？
9. 在看房过程中，房地产经纪人如何预防"跳单"行为？

第六章　存量房买卖交易条件协商

房地产交易能否顺利达成，交易双方针对交易条件进行直接协商沟通以及房地产经纪人在双方协商中的撮合过程是十分重要的。本章重点介绍房地产经纪人协助房屋交易双方就交易条件进行磋商这个关键环节的相关内容和需要注意的要点。

第一节　交易条件达成的过程

房屋买卖的核心在于买方和卖方交易条件的一致性。房地产经纪人在交易双方当事人进行交易条件协商时，需要协助双方就交易价格、付款方式、定金数额、定金支付方式、房屋买卖合同等项目的具体内容进行磋商，以期达成一致，促成交易。

一、交易价格磋商

存量房交易当事人就交易条件进行磋商时，交易价格是一个十分关键的因素，显著影响着整个交易的成败，也是交易条件的必备要素之一，交易价格也是买卖合同的主要条款之一。经纪人需要引导买卖双方主要就房屋价格和房款支付方式两个方面进行磋商。

（一）撮合房屋价格

在交易撮合过程中最主要的问题就是价格的磋商，价格撮合是交易撮合阶段最难的一个环节，需要考虑的因素众多，影响着最终交易的结果。业主希望将价格进一步提升，不想对买方有任何让步；购房客户则千方百计挑剔房屋瑕疵，希望业主尽可能降低一些价格。由于这样的现象存在，在价格的磋商上一般会出现价差，卖方往往要个好价钱，有的卖方关心单价，跟买入价比较，或跟行情比较；有的卖方关心总价，想买新房，或用于其他方面的投资，甚至还债；有的卖方在乎成交速度或付款方式。购房客户希望以较低的价格购买，房地产经纪人需要了解买方预算或对意向物业所能够承受的最高心理价格。房地产经纪人应该积极协调二者的价差，说服购房客户站在卖方的角度上分析其要价的理由，也要说服业主站在对方的立场上分析其出价的根据。房地产经纪人应该分析双方的价格心理底线，耐心地与买卖双方分别进行协商，最终使二者达成一致。

业主有时认为自己的房子是优质房源，定价太高。这通常会带来两个问题：一是没有客户愿意购买；二是延长了销售时间。即使在交易双方接受了对方出价后，常常也会希望房地产经纪人能够协助再进行一番讨价还价，从而达成双方都更理想的价格。根据各地房价高低和需求程度的不同，讨价还价的范围基于总房价基数的不同可能在 5000 元～30 万元不等，在特殊的情况下也会远远超过这个范围。房地产经纪人在这个过程中，可能要协调买方和卖方共同让步，请卖方降价，请买方多出点，最终目标是买卖双方有一个共同认可的交易价格。针对买方，房地产经纪人可以商请业主附送装修、家具、家用电器等，而请买方略提高给付价款。针对卖方，房地产经纪人可以以缩短付款周期、增加首付款、全款支付、买方承担税费和佣金等为理由，请卖方略降低总房价。

（二）撮合房款支付方式

一般而言，房款支付方式的撮合包括付款方式和付款条件的撮合。现行主要的付款方式包括全款购买、商业贷款、公积金贷款和组合型贷款。付款条件指的是在什么时间、什么条件下分别支付多少金额的款项。在房屋总价格差距不大的情况下，可以利用付款方式的多样组合进行撮合，为双方提供更多的便利，满足不同的资金需求。比如卖方并不急需资金，可以接受组合型贷款购买，可以使买方减少很多贷款利息和部分首付款，这样可以劝说买方接受卖方的出价。再比如，买方可以在很短的时间内凑齐除贷款以外的全部首付款，或多付首付款少贷款，这样可以使业主更多更快地拿到现金，可以劝说业主酌情降价。

（三）房地产经纪人在价格磋商中应掌握的操作原则

房地产经纪人，不论是作为业主的代理人还是作为购房客户的代理人，或者作为中介方来撮合双方达成交易，在进行当事人交易撮合时，都要按照以下三个原则进行磋商：首先，分析交易双方的分歧点，区分是主要矛盾还是次要矛盾，经纪人要主导解决双方的分歧，不能让双方自行协调；其次，要依照公平、公正的原则和市场惯例解决分歧；最后，当分歧较大时需要尝试将双方分开，进行分别磋商协调。

【案例 6-1】

业主加价 30 万元，导致买方卖方中介三方官司忙[①]

买家温某与业主何某经过 A 房地产经纪公司撮合，双方签订了《二手房买

---

① 广州市房地产中介协会公众号. 周末案例：业主加价 30 万元，导致买方卖方中介三方官司忙 [EB]. （2018-01-27）.

卖合同》。买卖双方约定由买家温某向 A 经纪公司支付佣金，温某与 A 经纪公司签订了《佣金支付承诺书》。在买卖合同履行过程中，业主何某受房地产市场影响加价 30 万元，要求买家温某签订补充协议，在原总价基础上再支付 30 万元。温某与何某协商不成，不能继续履行房屋买卖合同，而将业主何某起诉到法院，同时将 A 房地产经纪公司作为第三方一同起诉到法院。

法院经过审理后判决何某继续履行《二手房买卖合同》，并通过法院强制过户给了温某。温某以该判决为由，认为 A 房地产经纪公司没有尽到积极的居间服务，不同意向其支付佣金。A 房地产经纪公司因温某不支付佣金而将其起诉到法院。法院经审理后，确认 A 房地产经纪公司作为居间方，向买家提供信息、价格磋商等媒介服务，在涉案房产买卖发生纠纷的情况下，积极参与诉讼，最终完成涉案房产的产权变更，可以认定为中介方已经提供了居间服务。法院最终判决买方温某应向 A 房地产经纪公司支付佣金，连同诉讼期间的利息一并补偿给 A 房地产经纪公司。

二、撮合签署定金合同

（一）撮合签订定金合同

如果客户对所看房源十分满意，房地产经纪人可以建议购房客户与业主签订《房屋买卖定金合同》，交纳一定金额的定金以明确购房的意向。事实上，房地产经纪人撮合存量房买卖双方签署《房屋买卖定金合同》是房屋买卖过程中非常重要的环节。房地产经纪人就房屋买卖事宜进行磋商时，要善于抓住成交机会，促成双方明确交易意向，达成共识。如果交易双方已经基本达成共识，经纪人必须时刻注意客户的动向，抓住机会，帮助客户迅速做出决定，促成交易。当客户已经决定成交时，经纪人不能松懈，必须立即协助业主锁定客户，签订定金合同，收取定金，否则客户一出门，就很有可能改变主意。总体而言，经纪人必须把握好签订定金合同的各个环节，以避免前功尽弃。

在房屋买卖过程中，在购房客户明确购房意向、买卖双方达成共识之后，客户一般会及时向业主缴纳一定数额的定金，这种行为实质上是后续订立房屋买卖合同的担保，表示购房之诚意，也同时具有一定的法律效力。一般情况下，定金合同是由房屋买卖双方共同签订，但在有些地方，根据不同的交易习惯，在房地产经纪机构撮合之下，可以由房地产经纪机构与买卖当事人三方共同签订《房屋买卖定金合同》。合同中需要明确的内容主要包括房屋状况、房屋交易价格、定金的额度和支付方式、买卖合同签订时间、交易税费承担方式以及违约处理方式。由房地产经纪机构撮合成功的存量房交易，房地产经纪机构还会在《房屋买卖定金合同》中设立经纪服务佣金支付的相关条款。

进入定金合同撮合阶段,房地产经纪人主要与买卖双方就定金合同的具体条款进行解释和磋商。这个阶段同样非常关键,签订了定金合同但最终交易失败,就要执行《房屋买卖定金合同》中的违约条款,甚至可能因此导致双方对簿公堂。

定金合同签订之后,房地产经纪机构要协助业主向买方收取相应定金并由业主向买方开具收据。如果买卖双方就购房事宜达成一致,在签订了《房屋买卖合同》后,定金可以转为购房款的一部分。为了保护客户的利益,防范不必要的损失,要避免让客户缴纳大额定金,定金的具体数额应当以能够适当保障正常交易为宜,不需要给买卖双方造成太大的压力。根据《民法典》第五百八十六条的规定:"定金的数额由当事人约定;但是,不得超过主合同标的额的百分之二十,超过部分不产生定金的效力",在签署定金买卖合同时,房地产经纪人也应当明确告知双方定金数额不能超过房屋总价款的 20%,超过部分并不产生"定金罚则"的效果。

【案例6-2】

房屋买卖定金三方合同

合同编号:

出售方(以下简称甲方):

预购方(以下简称乙方):

房地产经纪方(以下简称丙方):

甲乙双方,就乙方委托丙方购买　　　市　　　区(县)　　　路　　　号　　　室,共计　　　套房屋事宜,经协商一致,达成如下合意。

一、房屋状况

不动产权证/商品房买卖合同编号		房屋面积	
房屋总楼层/所在楼层		房型	
抵押情况	□无 □有 权利人: 设定金额:设定年限:		
共有情况	□无 □有	租赁情况	□无 □有

乙方在签订本合同时,对该房屋具体状况已充分了解,并自愿买受该房屋。

二、乙方愿意依下列条件购买以上房屋

房款支付方式：

购买总价款：□人民币　　　　　　　　　　元整（￥　　　　　　）
第一次 签订买卖合同时，支付购房款　　　　　元（含定金　　　元整）给甲方；
第二次 房地产交易中心收取甲乙双方产权移转申请文件之时，支付购房款　　　　元整（￥　　　　）给甲方；
第三次 乙方向银行申请贷款　　　　元，该贷款由银行直接转至甲方账户。
备注：□是□否约定通过房地产经纪机构或交易保证机构划转交易结算资金

三、定金之支付

1. 乙方为表示购买之诚意，同意于签订本合同时，支付不低于购买总价款之　　％，作为定金。该定金作为甲、乙双方当事人订立该房屋买卖合同的担保，签订房屋买卖合同后，乙方支付的定金转为房价款。甲方在收取定金后，应当向乙方开具收款凭证，并注明收款时间。乙方逾期未支付认购定金的，甲方有权解除本认购书，并有权将该存量房另行出卖给第三方。

2. 乙方支付定金情况如下：

□现金 □转账 □支票	金额：□人民币　　　元整（￥　　　　）
乙方（签章）	
支付日期	年　月　　日

3. 本合同自签署后约定的有效期间为至　　年　月　　日　时。在有效期内，乙方于　　年　月　　日前到　　　　与甲方签订《房屋买卖合同》。

四、买卖合同之签订

在本合同之有效期内，若乙方同意依甲方条件购买房屋，则丙方将乙方支付的意向金（如果支付了意向金）转为定金，买卖双方即应于达成一致意向之日起　　日内，依丙方之安排签订房屋买卖合同，丙方协助甲乙双方办理不动产权转移、收付款、按揭贷款、房屋交付等相关手续。

五、经纪服务佣金的支付

1. 甲方应于和乙方签订房屋买卖合同时，支付成交总额的　　％作为丙方经纪服务佣金。

2. 乙方应于和甲方签订房屋买卖合同时，支付成交总额的　　％作为丙方经纪服务佣金。

3. 权证代办过户费用为：人民币　　　　　　元整（￥　　　），其中甲方支付　　　元整，乙方支付　　　　　　　元整。

4. 若逾期支付，则每逾期一日按应支付金额的千分之五违约金支付给丙方。

六、交易税费承担

1. □①各自承担；□②甲方承担；□③丙方承担；

2. □其他。

七、出售方（甲方）意见及义务

1. 出售方（甲方）意见：

□同意：本人同意乙方以上出价和付款方式。出售方（甲方）签名：

□不同意：本人对乙方以上总价或付款方式不同意，并有以下意见：

2. 甲方接受乙方以上总价和支付方式时，意向金（如果支付了意向金）按以下　　　方式处理：①同意乙方支付的意向金暂由丙方保管，并视为已经收到乙方定金。②意向金由丙方直接支付给甲方。

3. 甲方同意依乙方购买总价与付款方式出售房屋后，应即于同意之日起　　　日内依丙方之安排与乙方签订房屋买卖合同。

八、违约处理

乙方于甲方同意出售房屋后，若反悔不买或不按约前来签订房屋买卖合同，致使丙方无法促成甲乙双方签订房屋买卖合同，则乙方自愿将上述定金（包括已收意向金）作为违约金支付给甲方；如甲方不愿依约履行时，则甲方应加倍返还已收定金（包括已收意向金）给乙方，以解除甲、乙双方承诺之交易。对此，甲、乙双方同意由获得违约金的一方支付原定金（包括已收意向金）的　　　％给丙方，作为丙方之服务费用成本支出。

九、本合同一式三份，本合同一经甲乙双方签字，并经甲方签字确认同意乙方出价与付款方式，本定金合同即行生效。

十、争议解决办法

本合同履行过程中，若各方出现争议，应友好协商解决；若协商不成，各方同意提交本市仲裁委员会裁决。

十一、补充条款

甲方签名：　　　　　　　　　　　　　乙方签名：

有效证件号码：　　　　　　　　　　　有效证件号码：

住址：

丙方（房地产经纪机构）：

经办人：　　　　　电　话：

地　址：

签订日期：　　　　　年　月　日

【案例6-3】

定金收据

兹收到　　　先生/小姐（身份证明号：　　　　　　　）购买位于＿＿＿＿＿市区　　　小区　　楼　　室房产的购房定金人民币　　　　　　　　　　元整（￥：　　　　）。

此　据

收款人：

身份证明号：

收款日期：　　　　　年　月　日

（二）定金的作用

定金在房屋买卖过程中具有担保双方交易的作用。《民法典》第五百八十六条规定："当事人可以约定一方向对方给付定金作为债权的担保。定金合同自实际支付定金时成立。"《民法典》第五百八十七条规定："债务人履行债务的，定金应当抵作价款或者收回。给付定金的一方不履行债务或者履行债务不符合约定，致使不能实现合同目的的，无权请求返还定金；收受定金的一方不履行债务或者履行债务不符合约定，致使不能实现合同目的的，应当双倍返还定金。"这也就是通常所说的"定金罚则"。由此可以看出，存量房买卖交易过程中的定金实质是为了确保房屋买卖合同的订立，由买方向卖方预先给付一定金额的货币，在房屋买卖合同订立后可以抵作价款或者由买房回收，而在一方违反约定的情况下又能够产生一定的惩罚效果，因此具有担保作用。也就是说，房屋买卖双方就房屋买卖事项签订了《房屋买卖定金合同》，买方向卖方支付了一定数额的定金之后，如果发生了合同双方中的任何一方违反定金合同约定甚至出现违约导致合同无法签订、履行的情况，守约方可以按照上述规定主张违约责任，要么买方无权要求卖方退还定金，要么卖方双倍返还定金给买方。因此，定金合同对于房屋买卖双方都有一定的约束力，是对交易双方当事的保护。

由于法律规定了定金合同自实际支付定金时成立，因此定金合同属于实践性合同，在买方向卖方支付定金之前合同并未成立。在买卖双方达成了初步交易意向并签订了定金合同后，经纪人需要提醒买方及时足额支付定金，同时也需要提示卖方及时收取定金。

【案例6-4】

业主拒绝收受客户定金，只能判定实际支付定金适用定金罚则[①]

2021年7月12日，购房客户黄某与业主沈某在A房地产经纪机构的撮合下签订了《购房意向合同》，黄某以332.5万元的总价购买沈某的存量商品住房1套。为了表示黄某的购买诚意，黄某支付定金20万元给A经纪机构，其中于该意向合同签订当日支付1万元，剩余定金19万元于2021年7月19日支付。黄某支付了1万元给A房地产经纪机构，但沈某未依约将不动产权证等资料交给经纪机构。7月13日，沈某告知A房地产经纪机构，要求黄某不要再支付定金。7月16日13时，沈某发送短信给A经纪机构房地产经纪人李某，再次明确要求不要再支付定金。李某确认收到了该短信。7月16日16时，黄某到A房地产经纪机构支付了剩余的19万元。双方未能成功签订正式的房屋买卖合同。7月28日，黄某委托律师向沈某发送律师函，明确通知解除《购房意向合同》。8月8日，A房地产经纪机构将20万元返还给黄某。9月，黄某认为该案使用"定金罚则"，将沈某起诉至法院，要求沈某再返还黄某定金20万元。

法院受理了黄某的起诉后，双方签订的《购房意向合同》是当事人的真实意思表示。沈某在签订合同当日，未按约定将不动产权证交给房地产经纪机构，并于次日即告知A房地产经纪机构要求黄某不要再支付定金，亦于7月16日明确表示要求原告不要再支付定金。从沈某的上述行为中看出，其预期违约的意思表示已经非常明显，双方未能签订房屋买卖合同，应归责于沈某，沈某应按约承担违约责任，黄某就沈某的违约行为主张适用定金罚则，符合约定及法律规定，法

---

① 李玉梅. 论定金罚则适用的严格性——从一则房屋买卖合同纠纷案例说起[J]. 法制与社会，2015(20)：83～85.

院予以支持。对于黄某于签订合同当日即支付的 1 万元定金，沈某理应双倍返还，鉴于 A 房地产经纪机构已将 1 万元返还给黄某，故法院判令沈某还应支付给黄某 1 万元。但对于黄某于 2021 年 7 月 16 日支付的 19 万元，根据《民法典》第五百八十六条的"实际交付的定金数额多于或者少于约定数额的，视为变更约定的定金数额"的规定，法院最终否定了该款项的定金性质，认为不能适用定金罚则，从而驳回了黄某的该部分诉讼请求。

三、协商签订存量房买卖合同

当存量房买卖双方签订了定金合同后，房地产经纪人应当协助交易双方按照先前约定签订正式的存量房买卖合同，达成存量房买卖目的。

房地产经纪人在与交易双方就合同条款商洽时，对于一些较为敏感、关键性的条款，要在适当的时候提出。过早提出，会打击客户购买的积极性；过晚提出，容易导致客户对经纪人产生不信任。

如果交易双方确认了交易条件，并就签署《存量房买卖合同》达成了一致意向，房地产经纪人应协助交易双方在签约过程中仔细审查交易条款的每一项内容，务必明确将首期款、按揭贷款、月供数额及支付时间、税费明细等内容以及具体的法律后果全部向双方交代清楚明白。同时，如果双方前期签订了《房屋买卖定金合同》，经纪人需要协助处理定金转化为房款或者予以回收，如果双方没有商定定金条款，可以提示在《存量房买卖合同》约定相应定金或者选择使用违约金条款。如果对合同条款均无异议，双方签字盖章予以确认无误后，经纪人需要提示各方收好合同，并向交易双方表示祝贺。为了体现服务品质，一些经纪机构在双方买卖合同签订完毕之后，会向客户发送一封正式的感谢信，并提供用于收纳各项交易合同和发票的文件夹，将经纪机构、经纪人的联系方式和必要的提示信息放入该文件夹，以期通过人性化的服务与客户建立长久的联系。

第二节　房屋买卖合同签订与款项支付

一、签订房屋买卖合同的重要意义

房屋买卖合同作为一种特殊的买卖合同，它是指为约束出卖人将房屋交付并转移所有权给买受人，买受人支付房屋价款给出卖人的行为所订立的一种契约文本。转移房屋所有权的一方为出卖人或卖方，支付房屋价款而取得所有权的一方为买受人或买方。房屋买卖合同的法律特征既有买卖合同的一般特征，也有其自身固有的特殊属性。这主要表现为：①出卖人将所出卖的房屋所有权转移给买受人，买受人支付相应的价款；②房屋买卖合同是诺成、双务、有偿合同；③房屋买卖合同的标的物为不动产，其所有权转移必须办理登记手续；④房屋买卖合同属于法律规定的要式法律行为。签订房屋买卖合同的重要意义表现在以下 3 方面：

一是确立了出卖人与买受人之间的买卖关系。正是有了买卖合同中的合同条款约定，买卖双方的权利义务就此明确，其行为也将受到《民法典》《城市房地产管理法》等法律法规的约束。签订房屋买卖合同以后，当事人应当按照合同的约定履行自己的义务，非依法律规定或者取得对方同意，不得擅自变更或者解除合同，保证了买卖行为的规范性。

二是建立了出卖人与买受人之间纠纷和争议解决的基本规则。在房屋买卖活动中，由于房屋交易的复杂性以及房地产市场信息不对称等原因，买卖双方难免会因为某些认知的差异，产生纠纷和争议。签订房屋买卖合同，通过合同条款明确交易双方的权利义务，使得双方可以依照合同中应当遵守的条款和规定来处理纠纷和争议，避免产生更大的矛盾。

三是标志着房地产经纪活动取得重要进展。房地产经纪机构和经纪人的主要工作就是促成房地产交易。当买卖双方签订了房屋买卖合同后，这就标志着房地产经纪活动取得重要进展，一般情况下，房地产经纪机构可以以此为基础收取经纪服务佣金了。

【案例 6-5】

房地产经纪人利用职务便利试图赚取差价

2016 年 2 月，安徽某地产代理销售有限公司分公司经理何某、业务员朱某，勾结社会人员刘某试图利用房地产中介居间业务的职务便利，试图赚取存量房交易差价。刘某在经纪公司经理何某和朱某的安排，冒充"买家"与售房业主钟某签订了存量房买卖合同；然后刘某又冒充"卖家"，以高于真正业主钟某出价 2 万元的价格与购买该套房屋的实际购房客户沈某签订存量房买卖合同，试图赚取差价 2.5 万元。在签署合同过程中，业主钟某发现存在两份房屋买卖合同，并向当地房地产管理部门举报。房地产主管部门接到举报后，进行了核查，并根据《房地产经纪管理办法》第二十五条规定责令该公司立即整改，对相关责任人员进行处理，并记入信用档案。分公司经理、业务员都被清退。

二、房屋买卖合同的主要内容

根据《民法典》第五百九十五条和第五百九十六条的规定："买卖合同是出卖人转移标的物的所有权于买受人，买受人支付价款的合同""买卖合同的内容一般包括标的物的名称、数量、质量、价款、履行期限、履行地点和方式、包装方式、检验标准和方法、结算方式、合同使用的文字及其效力等条款。"结合存量房买卖的一些特点，《存量房买卖合同》一般包括以下一些内容：

1. 当事人

存量房买卖的当事人双方多数情况是自然人。在合同中应注明当事人的姓名、身份证件号码、住所及联系方式等。当事人是自然人的，需要核验双方卖房购房资格、行为能力以及房屋权利人与出卖人是否一致等基础信息。同时，如果存在买卖房屋的当事人是公司、企事业单位等法人机构的情况，这就需要根据具体的法人类型来核验法人单位的全称、社会统一信用代码、法定代表人、住所及联系方式等信息，要防止虚构的单位或者冒用别人名义的公司签订合同。在一些情况下，经纪人还需要了解该法人机构的经营近况。

2. 房屋基本状况

房屋是买卖合同的主要标的，因此买卖合同中应具体写明房屋的坐落位置、面积、交通状况、建筑结构、楼层、朝向、装修、物业管理等与房屋基本状况直接关联的内容。房屋是房地产交易的标的物，因此房屋的基本状况的描述对于房屋交易过程中模糊问题的厘清也具有重要的证据作用，便于在后续潜在的纠纷中确认争议焦点是否已经在沟通过程中明确提出并得到双方认可。

3. 价款及支付方式

存量房买卖一般以最小可切分的房屋进行买卖交易，也就是通常情况下一个不动产权证对应一个交易，因此在签订买卖合同时记载的价款一般只有总价，没有单价。合同房屋价款支付方式一般有三种：以所购存量房抵押贷款的方式付款；一次性付款；分期付款。抵押贷款方式，应明确约定买受人应支付的首期金额及支付时间与方式，向哪家银行申请贷款，如贷款申请不获批准时有关事项的处理等。如为一次性付款或分期付款方式，则应明确房款或各期房款的支付时间及方式。由于支付方式的不同能够显著影响房屋交付的进度和当事人资金占用情况，因此在合同中需要详细确认支付方式以及对应的时间节点。

4. 房屋交付时间及条件

房屋交付时间是指买卖双方商定并且在合同中约定卖方将房屋交付买方的具体日期。房屋交付一般是在买卖双方办理完毕房屋权属转移登记之后的一段日期内完成，当然不动产交易当事双方也可以自由约定房屋交付时间，但仍然需要在合同条款中约定办理产权登记的相关事宜，并约定为双方办理产权登记提供便利。卖方在房屋交付前应结清交付房屋之前的水、电、燃气、物业管理等费用，或者预留相应的款项以保障交付过程顺畅。同时，双方还需要对房屋装修状况以及一些设备、设施的使用情况进行必要说明或承诺。

5. 违约责任

违约责任的规定对督促当事人自觉而适当地履行合同，保护守约方的合法权益，维护合同的法律效力起着十分重要的作用，同时也能避免出现日后双方互相扯皮的情况，避免潜在的法律纠纷。在合同中应明确约定买方不按期支付购房款所应承担的违约责任，卖方不按期交付房屋所应承担的违约责任，以及卖方所交付的房屋不符合合同约定或一方不履行合同特别约定所应承担的违约责任等。

6. 合同双方认为应当约定的其他事项

房屋买卖还存在一些较为琐碎的事项，这也构成了房屋买卖的组成部分，必不可少。例如，合同双方还需要就水卡、电卡、燃气卡、有线电视、户口等过户手续办理的时间和方式进行约定。还有其他关于房屋交付前维修责任、交付后的保修责任以及面积差异的处理等事项的约定或者进行相关承诺。《民法典》第六百零四条规定，在标的物交付前，标的物毁损、灭失的风险由出卖人承担，交付后则由买受人承担，但法律另有规定或当事人另有约定的除外。这一条规定了买卖合同中标的物毁损、灭失的风险承担规则，由于房屋买卖合同标的较大，一些情况下双方也可以根据需要对相关风险问题进行约定。

三、签订存量房买卖合同

房地产交易合同的签订是房地产经纪人销售工作初步完成的标志，后续的工作将依据具体的合同条款执行，因此关系到经纪人的代理业务能否获得最终的成功，是十分重要的环节。在存量房买卖合同签订的过程中，房地产经纪人需要谨慎地完成如下各项工作。

（一）再次审核房屋产权信息

在买卖双方准备签订房屋买卖合同前，房地产经纪人应再次审核房屋产权信息，包括核实房屋是否有查封、抵押或以其他形式限制房地产权利的情形。关于不动产查封问题，已经在第二章做过分析。对于设立抵押权的不动产，在抵押期间能否转让，《民法典》第四百零六条做出了明确规定。该条第一款规定："抵押期间，抵押人可以转让抵押财产。当事人另有约定的，按照其约定。抵押财产转让的，抵押权不受影响。"也就是说，一般情况下，设定了抵押权的不动产，抵押期间不动产权利人可以转让该不动产，并不影响该房产的买卖过程以及买卖的效力。同时，该条第二款规定："抵押人转让抵押财产的，应当及时通知抵押权人。抵押权人能够证明抵押财产转让可能损害抵押权的，可以请求抵押人将转让所得的价款向抵押权人提前清偿债务或者提存。转让的价款超过债权数额的部分归抵押人所有，不足部分由债务人清偿。"依据该规定，不动产权利人如果转让设定了抵押权的不动产，需要及时通知抵押权人（银行）。如果抵押权人（银行）有充分证据证明转让该不动产有可能会损害抵押权，则抵押权人（银行）有权利要求抵押人（不动产权利人）将转让所得价款提前偿还给抵押权人（银行），或者进行提存，从而保障担保物权的实现。

《民法典》改变了原《物权法》的规定，允许抵押人在抵押期间转让抵押财产，同时明确抵押财产转让，抵押权不受影响。该规定维护了抵押物所有权人的处分权，符合抵押权制度设立的法理，有利于更好地发挥抵押权的担保作用。但在当前的实务操作中，抵押人转让设定了抵押权的不动产时，一般仍然需要提前清偿债务解除抵押，然后才能转让不动产，这种做法仍是为了维护交易安全。同时，有些不动产权利人对新颁布的《民法典》第四百零六条内容非常熟悉，他们按照本条款的规定也会请求在不提前清偿债务解除抵押的前提下直接进行不动产的买卖。部分银行已经受理这种业务，但现状是房屋抵押权只能在同一个银行内部办理转抵押手续，亦即该不动产的购买人继续向同一个银行借款并设定抵押权。

另外，房地产经纪人还应当再次核实房屋是否正在出租。如果该房屋在交易过程中已经出租，则需要出售人提供该房屋的承租人出具的在同等条件下放弃优先购买权的声明。《民法典》第七百二十六条规定："出租人出卖租赁房屋的，应当在出卖之前的合理期限内通知承租人，承租人享有以同等条件优先购买的权利；但是，房屋按份共有人行使优先购买权或者出租人将房屋出卖给近亲属的除外。出租人履行通知义务后，承租人在十五日内未明确表示购买的，视为承租人放弃优先购买权。"这里要注意 3 点：①不动产权利人交易的房屋已经出租，应当告知承租人该房屋即将出售的消息，而承租人应该在接到通知后 15 日内表示是否要购买该房屋。如果在 15 日内没有向不动产权利人明确表示要购买，则视为承租人放弃优先购买权，否则承租人在同等条件下拥有优先购买该不动产的权利。因此，在告知承租人出售消息的同时，也应当告知房屋交易的大致价格和方式。②如果该不动产的权利人是多人按份共有，根据《民法典》第三百零六条的规定，按份共有人转让其享有的共有的不动产份额的，其他共有人在合理期限内依法可以行使优先购买权，这种优先购买权优先于承租人的优先购买权。③不动产权利人将房屋出卖给近亲属的情形不适用承租人的优先购买权。通常情况下，业主将房屋出卖给近亲属时，其出售价格会基于亲属关系而低于市场价格。这时，承租人并不能享受优先购买权，亲属权利要优先于承租人享有的权利。根据《民法典》第一千零四十五条的规定，近亲属包括配偶、父母、子女、兄弟姐妹、祖父母、外祖父母、孙子女、外孙子女。

关于出卖租赁房屋还需要关注两个问题。一是如果出卖方式是以拍卖方式出售租赁房屋的，应当在拍卖 5 日前通知承租人。如果承租人未参加拍卖会，视为放弃优先购买权。这是《民法典》第七百二十七条的规定。实务中，不动产权利人如果委托房地产经纪人以拍卖方式出售自己的房产，务必在拍卖前 5日告知承租人要参加不动产拍卖会。二是如果不动产权利人未将出租房屋出售的消息通知给承租人或者有其他妨害承租人行使优先购买权的情形，承租人可以请求出租人承担赔偿责任。但是，承租人请求出租人赔偿损失并不影响出租人与第三人已经订立的房屋买卖合同的效力，也就是说出租人和房屋购买人继续执行该房屋买卖合同，出卖人仅对承租人承担相应的赔偿责任。此外，房地产经纪人还应核实房屋是否设立居住权。如该房屋已设立居住权，房地产经纪人应进一步了解居住权的具体设立情况及其存续期间，并如实告知当事双方，并撮合双方协商居住权的处理方式，确保房屋买卖合同中约定的交付方式不会损害居住权人的合法权益。

（二）买卖合同签订前的准备工作

1. 再次确认合同条款细节

当房地产交易双方对售房和购房全部细节达成一致后，就可以签署房屋买卖交易合同了。但在正式签署合同前，为避免合同签订当时产生不可调和的矛盾，房地产经纪人还应做好以下准备：

第一，要明确双方前期异议所在，争取事先充分沟通，积极帮助双方寻找解决办法。房地产经纪人在完成此环节工作时，一方面，注意避免双方私下交易；另一方面业主临时涨价或买方二度议价时，经纪人需注意在谈判中掌握主动，控制谈判的节奏，要保持客观冷静的态度，公正，不偏不倚，在出现僵局时要将买卖双方分开说服。例如，购房方因为资金筹措困难，需要分期付款，而售房方因急需资金要求一次性付款。对于这种矛盾，房地产经纪人应积极帮助购房方解决资金问题，如采取抵押贷款方式，使售房方获得现金；并告知购房方因为卖方急需用钱，因此房价较一般市场价要便宜，可以抵消部分办理抵押贷款而增加的利息负担，从而促成交易。

第二，房地产经纪人要设计谈判过程，准确把握谈判进度和强度，避免双方因重大分歧而发生严重的争执。当交易双方对最终交易价格进行谈判时，房地产经纪人应该敏锐地观察双方的出价，并做适度的价格折中类协调，促成他们达成最终的价格。

第三，房地产经纪人在签约前应与双方再次核查细节、确认房屋买卖合同的主要条款，特别是付款方式和房屋交付的条件是否已经达成一致。

第四，履行告知职责。为了保护交易双方的利益以及整个交易过程的顺利进行，在合同签约前房地产经纪人要向交易双方再次确认必要事项是否已经告知，或将重要信息已经披露给相关方。例如，房屋抵押状况或其他权利状况是否已经如实告知，出租房屋是否已经与承租方签订了放弃优先购买权声明书，其他影响房屋价值或使用功能的重要信息。

第五，为交易双方准备好合同文本、收据和签字笔，并告知双方及委托代理人签约的时间地点，并提醒带齐各种身份证件和必要文件等。尽量在合同双方当事人全部在场的时候签订合同，避免一方签署合同而另一方最终放弃签署的情况。

2. 证件审查

房地产经纪人需要认真审查的证件包括：不动产权证（房屋所有权证、房屋共有权证、房地产共有权证、国有土地使用权证）、身份证、户口簿、结婚证（或离婚证）、工商营业执照、委托书等必要证件和法律文书；房地产经纪机构也应出示工商营业执照、备案证书，经纪人出示经纪人资格执业证书，并应在交易合同中进行记载。

房地产经纪人如果承接的是无不动产权证的房屋买卖交易业务，在签订房屋买卖合同时需要注意以下 4 点：①注明不动产权证领取的时间：由于业主拿到不动产权证的时间经常由开发企业或者不动产权登记部门决定，常常因文件有各种问题而不能在预设的时间里取得产权证，而签署房屋买卖合同时业主又被迫需要写明不动产权证下发时间，而合同履行后期，不动产权证未按时下发，业主常常面临退还房款或定金、客户免费居住房屋，且支付巨额违约金的风险。因此，房地产经纪人应建议将合同约定的不动产权证下发时间预留得比预想的要长一些。②避免约定和支付大额定金，降低不能有效成交时双方的风险和成本。③在房屋买卖合同中，应写明房屋出售人与房地产开发企业公司签署的商品房买卖合同编号。④鉴于无不动产权证交易风险较大，交房后还没取得不动产权证而购房客户急于要装修房屋时，应建议购房客户尽量保留装修的相关票据，以便在交易产生瑕疵时，最大限度地维护自身的合法权益。

（三）签订存量房买卖合同

1. 合同文本讲解

房地产交易合同属于专业合同，一些合同文本中的条款具有专业性并可能承担相应的后果，需要由房地产经纪人向双方进行必要的解释。房地产经纪人要向买卖双方讲解签订书面合同的意义，简述买卖手续办理的整个流程及合同中与之对应的约定内容，并向买卖双方讲解双方交易过程关注的重点条款。重点条款包括双方权利义务、付款方式、违约条款、合同履约条件和履约地点等。讲解后让双方再次确认合同文本，如有疑问，要请当事人明确提出，经纪人针对其提出的问题进行详细解答，若无异议，经纪人即可正式填写合同。

2. 协助双方签订房屋买卖交易合同

签订房屋买卖交易合同时，房地产经纪人要提示合同双方注意以下细节：

（1）合同的填写应当使用蓝色或黑色钢笔或签字笔，涉及钱款金额的数字应注意大小写。需要注意的是，双方当事人签的名字必须与身份证上的名字一致，不能签"小名""昵称"、曾用名、别名等，如果是企业等机构当事人，还须核对机构信息以及合同签署人员的合法授权。为了防止墨迹消失，经纪人可以先行准备符合要求的书写工具。

（2）合同中关于"房屋所在地"、业主的姓名等有关物业基本内容的栏目必须和不动产权证上注明的一致。经纪人在合同签订的过程中，必须仔细核对。

（3）查看房屋所有权人的有效身份证件。合同的签约人必须是合法的当事人，属于代理人代签性质的，必须出具相关的委托书。房屋所有权人是一位还是多位对签订买卖合同具有显著的影响，不同的所有权状况对签约的要求不同。依据现行的法律法规，如果是多位按份共有，则要取得至少占份额三分之二的按份共有人同意；如果是多位共同共有，则要取得所有共同共有人的同意。在签订房屋买卖合同时，也要全部到场。如有特殊情况不能到场，当事人须出具委托书及代理人身份证件，由委托代理人替其签字方为有效。有些情况下，为了保障交易安全，需要提供经过公证的委托书才可以，否则委托书不能作为证明受托人有行使委托人委托事项相关权利的有效证明文件。但即使这样，经纪人也需要留意判断交易过程中受托人的可信程度、委托代理的效力、最终成交过户的可能性等，如果有疑问，需要及时提出，并消除可能存在的风险点，保障交易的安全。

【案例 6-6】

业主朋友代签合同需慎重①

2021 年 2 月业主张某因单位急事突然出差，不能按照约定时间到中介公司门店与购房客户钱某签署房屋买卖合同，于是告知中介公司委托其朋友吴某前来签署二手房买卖合同。由于时间紧迫，吴某也没有拿到张某的授权委托书。为了尽快买房，在中介机构的见证下，购房客户钱某与吴某在买卖合同上签了字，并委托中介机构向张某转交了 5 万元定金。但是，过去了十几天，张某本人一直未在买卖合同上补签名字。钱某很担心张某万一反悔，自己不能买到房子，也不能拿到违约金。

根据《民法典》第一百七十一条"行为人没有代理权、超越代理权或者代理权终止后，仍然实施代理行为，未经被代理人追认的，对被代理人不发生效力。"的规定，张某本人没有亲自在交易合同上签字，同时没有在吴某催促其应在三十日内追认吴某代其签署交易合同的行为，应视同张某拒绝追认吴某代理签署该房屋买卖合同。该条进一步规定"行为人实施的行为未被追认的，善意相对人有权请求行为人履行债务或者就其受到的损害请求行为人赔偿。但是，赔偿的范围不得超过被代理人追认时相对人所能获得的利益。"钱某可以依据本条款向吴某要求其赔偿损害，即双倍返还所交定金。但《民法典》第一百七十二条："行为人没有代理权、超越代理权或者代理权终止后，仍然实施代理行为，相对人有理由相信行为人有代理权的，代理行为有效。"的规定，张某即使不追认吴某代其签署房屋买卖合同的民事行为，但中介机构可根据之前已经签署的房屋出售委托合同、看房记录、签署房屋买卖合同预约记录、电话或其他方式告知吴某代其签署房屋买卖合同留存信息等证据，可以认定张某授权吴某代其签署房屋买卖合同的行为有效，要求张某继续履行买卖合同。

中介机构面对这种突发情况时也要慎重。业主委托亲友代理出售房产，一定要谨慎核验是否获得业主的授权。如果业主本人实在不能到达现场，中介公司和买方要采取必要措施维护自身合法权益。例如，签合同时现场给业主打电话并进行录音；向业主发送社交软件或短信核实情况并做好记录。

（4）合同的签约日期及生效日期一定要注明，并反复与双方当事人确认。

（5）合同填写完毕并核对无误后，买卖双方及经纪人签字并加盖房地产经纪机构的公章。当事人一方如果是法人机构的，不仅需要有法定代表人或授权代表

---

① 深圳市房地产中介协会公众号. 亲友代签合同，中介如何合理避免风险？[EB]. (2016-11-30).

的签字，还需要同时加盖法人公章或合同专用章。

（6）实行网上签约的，应将合同内容录入到网上交易系统或者直接在网络系统里签订存量房交易合同，同时进行房屋买卖合同网签备案。

根据《住房城乡建设部等部门关于加强房地产中介管理促进行业健康发展的意见》（建房〔2016〕168号）提出的关于全面推行交易合同网签制度的规定：市、县房地产主管部门应当按照《国务院办公厅关于促进房地产市场平稳健康发展的通知》（国办发〔2010〕4号）要求，全面推进存量房交易合同网签系统建设。2019年8月16日住房和城乡建设部在《住房城乡建设部关于进一步规范和加强房屋网签备案工作的指导意见》（建房〔2018〕128号）的基础上，制定并发布了《住房和城乡建设部关于印发房屋交易合同网签备案业务规范（试行）的通知》（建房规〔2019〕5号）。该业务规范明确规定在城市规划区国有土地范围内开展房屋转让、租赁和抵押等交易活动，试行房屋网签备案，实现新建商品房、存量房买卖合同、房屋租赁合同、房屋抵押合同网签备案全覆盖。2020年3月住房和城乡建设部发布《住房和城乡建设部关于提升房屋网签备案服务效能的意见》（建房规〔2020〕4号）提出各地政府建立"互联网＋网签"服务，提供自动核验服务、实现网签即时备案、生成备案编码等服务，并同时发布了《房屋网签备案业务操作规范》。

房屋买卖合同网签备案，是买卖双方当事人通过政府建立的房屋交易网签备案系统，在线签订房屋买卖合同并同步完成备案的事项，是房屋交易的重要环节。首先，政府部门需要按照规定建立健全覆盖所辖行政区域的存量房屋楼盘表。其次，房地产经纪机构要在房屋网签备案系统进行用户注册，取得存量房买卖房屋网签备案系统操作资格。楼盘表是住房和城乡建设部门基于房产测绘成果建立，记载各类房屋基础信息和应用信息的数据库，是实施房屋网签备案业务操作、开展房屋交易、使用和安全管理的基础，在不同业务应用场景中可表现为表格、数据集等形式，并动态更新。房屋交易网签系统，可以通过与自然资源、公安、财政、民政、人力资源社会保障、市场监管、统计等部门联网，实现信息共享，通过人脸识别等方式确认交易主体，并自动识别交易主体的交易资格，对于买受人属于失信被执行人的，买受人和出卖人不具备购房、售房条件的，存量房存在查封等限制交易情形、政策性住房未满足上市交易条件的都能够进行数据比对，自动核验交易当事人和房屋是否具备房屋交易网签条件，从而大大降低了房屋交易的风险。根据政策规定，由房地产经纪机构促成成交的存量房买卖，由房地产经纪机构办理网签备案手续。地方政府向网签备案系统注册的房地产经纪机构、金融机构等提供网签备案端口，交易当事人在房地产经纪机构可以当场办结，确保交易安全、高效。

2019年底发布的《房屋交易合同网签备案业务规范（试行）》规定房屋网签备案基本流程包括5个步骤：①房屋网签备案系统用户注册；②提交房屋网签备案所需资料；③检验交易当事人和房屋是否具备交易条件；④网上录入房屋交易合同；⑤主管部门备案赋码。在第三个步骤中，检验交易当事人和房屋是否具备交易条件，主要通过信息共享检验买受人是否具备购房资格、检验出售人是否具备售房资格、对房源信息进行核验。其中，检验买受人是否具备购房资格，重点核验是否属于失信被执行人、是否属于限制购买房屋的保障对象、是否属于实施限购城市（县）的限购对象、是否属于不具备购房资格的境外机构或个人、其他依法依规限制购买情形。检验出售人是否具备售房资格，重点核验出售人是否属于房屋所有权人、出售人是否属于限制民事行为能力的自然人。对房源信息进行核验，重点核验新建商品房是否取得预售许可或现售备案、是否属于按政策限制转让的房屋、是否满足政策性住房上市交易条件，是否存在抵押、查封、已设立居住权等影响交易情形，以及其他依法依规限制转让情形。

《住房和城乡建设部关于提升房屋网签备案服务效能的意见》（建房规〔2020〕4号）制定了《房屋网签备案业务操作规范》，对房屋买卖合同网签备案的基本流程进行了统一规范，包括：①录入合同。房屋网签备案系统自动导入买卖双方当事人及房屋信息，当事人在线填写成交价格、付款方式、资金监管等合同其他基本信息，自动生成网签合同文本。②签章确认。买卖双方当事人在打印出的网签合同上签章确认并将合同签章页上传至房屋网签备案系统。有条件的城市，可以采用电子签名（签章）技术，在网签备案系统中予以确认。③备案赋码。核验通过的，完成网上签约即时备案，赋予合同备案编码。④网签备案信息载入楼盘表。网签备案后，将合同备案编码、购房人基本信息、成交价格、付款方式、资金监管等房屋买卖合同网签备案信息载入楼盘表。⑤将楼盘表信息推送至相关部门。

通过这样的方式，当事人仅需录入交易合同必填字段，房屋网签备案系统即可自动比对核验楼盘表信息及交易主体资格，自动生成合同文本。当事人完成签约后，通过相关技术手段实现即时备案，生成备案编码，在楼盘表中自动更新房屋交易状况信息，实现网签即时备案（图6-1）。

四、房款及费用收支

（一）交割存量房交易房款

房地产买卖的房款支付需要控制风险。稳妥的做法是取得完税凭证后支付主

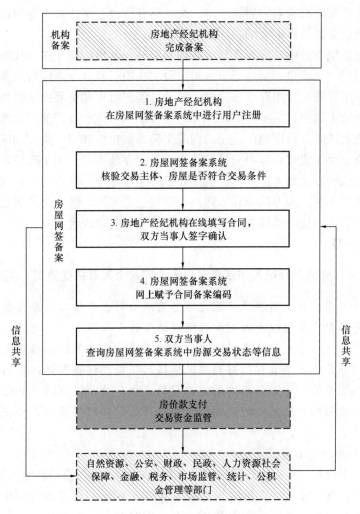

图 6-1　房屋交易网签流程示意图

要房款，拿到新不动产权证及最后交接完毕时再支付尾款；通过银行办理资金托管业务，或通过有资质的第三方机构进行资金的储存和支付，这是当前最安全的钱款交割方式。

2006 年，建设部、中国人民银行联合发布了《关于加强房地产经纪管理规范交易结算资金账户管理有关问题的通知》（建住房〔2006〕321 号）。该通知要求通过房地产经纪机构或交易保证机构划转交易结算资金的，房地产经纪机构或交易保证机构必须在银行开立交易结算资金专用存款账户，账户名称为房地产经纪机构或交易保证机构名称后加"客户交易结算资金"字样，该专用存款账户专门用于存量房交易结算资金的存储和支付。

在每次经纪业务中，房地产经纪机构和交易保证机构应在银行按房产的买方和卖方分别建立子账户。交易当事人根据需要在银行开立个人银行结算账户。开立客户交易结算资金专用存款账户时，房地产经纪机构和交易保证机构应当向银行出具工商营业执照、基本存款账户开户许可证和房地产管理部门出具的备案证明。子账户划转时要有房地产经纪机构或交易保证机构和房产买方的签章。房产买方应将资金存入或转入客户交易结算资金专用存款账户下的子账户，交易完成后，通过转账的方式划入房产卖方的个人银行结算账户。当交易未达成时，通过转账的方式划入房产买方的原转入账户；以现金存入的，转入房产买方的个人银行结算账户。客户交易结算资金专用存款账户不得支取现金。

【案例 6-7】

房地产经纪人违规将客户定金存入个人账户受处罚

2016 年 6 月，福州某房地产经纪服务有限公司在提供二手房交易居间服务过程中，将客户定金违规存入到公司经理魏某的个人账户中，并挪为他用。魏某因个人债务问题导致无法支付客户定金，致使该客户无法办理房屋产权过户手续。福州市房地产主管部门得到客户举报后，经过调查取证，根据《房地产经纪管理办法》第二十五条规定对该公司的违规行为予以通报，并记入信用档案。针对魏某触犯刑法的行为，福州市房地产主管部门将其移送公安机关立案侦查。

（二）收取经纪服务费

佣金（中介费）是房地产经纪服务成果的回报，但必须以合法的方式收取。佣金的数额、支付方式、支付时间必须事先告知客户并在书面合同中明确。另外，房地产经纪人不得私下收取费用，不可索取佣金之外其他形式的报酬、利益、茶钱等。经纪人在收取佣金后，应该向佣金支付方开具足额发票。

（三）协助办理缴纳存量房交易税费

目前，国家对存量房交易开征了增值税、个人所得税、契税、土地增值税等交易税费，而且根据权属性质、物业用途、购买年限的不同，所缴税费亦有所不同，交易税费计算比较复杂。

个人转让房屋所涉及的税费一般有 7 个税种。其中，增值税、城市维护建设税、教育费附加三个税种合起来简称为增值税及其附加，其余的四个税种分别为：契税、印花税、个人所得税、土地增值税，另外属于单位已购公房性质的房屋入市还涉及土地收益或土地出让金，而经济适用住房的转让将会涉及综合地价款。房地产经纪人应协助交易双方缴纳各项税费。现行政策规定，个人将购买不足 2 年的住房对外销售的：按照 5% 的征收率全额缴纳增值税。北京市、上海市、广州市和深圳市之外的地区，个人购买 2 年上（含 2 年）的住房对外销售的，免征增值税。

目前，对个人销售或者购买住房暂免征收印花税，对个人销售住房暂免征收土地增值税。

复 习 思 考 题

1. 存量房交易配对的原理和流程是什么？
2. 房地产经纪人如何推荐房源？
3. 房地产经纪人在配对过程中怎么对客户和业主进行心理分析和引导？
4. 在房源配对过程中，房地产经纪人应注重什么？
5. 房地产经纪人带客看房的步骤有哪些？
6. 看房过程中应注意什么？
7. 房地产经纪人如何配合业主完成房屋勘验？
8. 房地产经纪人如何配套客户完成看房？
9. 在交易撮合时，房地产经纪人应注意哪些要点？
10. 签订房屋买卖合同的重要意义有哪些？
11. 房屋买卖合同有哪些重要内容？
12. 签订房屋买卖合同注意事项有哪些？
13. 房屋网签备案流程包括几个步骤？
14. 检验交易当事人和房屋是否具备交易条件，都包括哪些内容？
15. 房屋买卖价款支付时应注意什么？

第七章 存量房租赁经纪业务撮合

存量房租赁经纪业务是房地产经纪业务中一项主要业务。特别是人口数量大、年轻人多、流动人口多的特大和大型城市，房屋租赁市场规模很大。房地产经纪人针对现实的市场需求，灵活提供专业的房屋租赁经纪服务，可以有效地满足承租人对房屋租赁的多元化需求。

第一节 存量房租赁经纪业务流程

一、存量房租赁经纪业务流程

（一）一般流程

存量房租赁经纪业务流程一般包括客户接待、出租（承租）委托、房源配对、房屋带看、达成交易意向、签订租赁合同、款项支付（支付租金、押金和佣金）、房屋交付八个环节，见图 7-1。其中出租（承租）委托在第四章存量房经

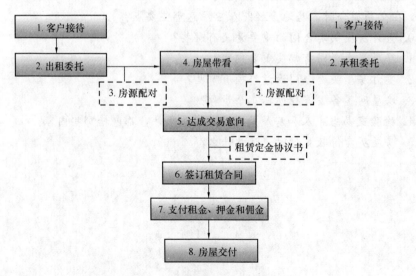

图 7-1　房屋租赁经纪业务流程图

纪业务承接做了介绍，本章重点分析客户接待、房源配对、房屋带看、达成交易意向、签署房屋租赁合同和款项支付这六个环节。第八个环节房屋交付将在第九章中详细分析。

（二）房屋租赁经纪业务关键环节分析

1. 客户接待

房地产经纪人得到业主出租房屋或客户承租房屋信息的途径包括电话咨询、店面接待、互联网房产栏目、手机 APP、社交平台、网络个人主页等。当前，随着互联网产业和数字经济的进一步发展，很多业主和客户在专门从事房屋租赁业务的经纪机构的网站或者提供房屋租售信息的互联网平台上登记拟出租的房源信息或寻找可承租的房产。

在房地产经纪人提供租赁经济业务服务的流程中，房屋出租客户一旦将房屋出租事项委托给房地产经纪人，房地产经纪人应告知出租人出具房屋出租委托书（或房屋出租登记表），并告知出租人房屋租赁经纪服务的内容、收费标准和营销途径。房地产经纪人要对出租的房屋进行查验，编制《房屋状况说明书》（房屋租赁），还需结合区域内出租物业的租金价格行情，与出租人协商确定月租金额，编写出租物业广告信息。对于依照相关法律法规不得出租的房屋，房地产经纪人不能承接租赁经纪业务。根据 2010 年住房和城乡建设部发布的《商品房屋租赁管理办法》的规定，不能出租的房屋包括：①属于违法建筑的；②不符合安全、防灾等工程建设强制性标准的；③违反规定改变房屋使用性质的；④法律、法规规定禁止出租的其他情形。

【案例 7-1】

违规代理出租经济适用房遭处罚

2015 年 9 月，杭州某房地产经纪有限公司违规代理钱某的经济适用房出租，被房地产主管部门在例行行业巡检时发现。根据《房地产经纪管理办法》第三十七条规定，杭州市房地产主管部门对该机构下达限期改正通知书，并作出暂停网上签约资格一个月的处罚。对于不符合规定的住房，房地产经纪人不能代理出租。根据《经济适用住房管理办法》第三十三条："个人购买的经济适用住房在取得完全产权以前不得用于出租经营。"钱某购买的经济适用住房没有取得完全产权，其委托房地产经纪机构出租获利，也违反了经济适用住房的管理规定。

对于业主出租房屋，房地产经纪人除了按照第二章第二节表 2-2《房屋现场勘察表》对房屋进行勘查外，还要根据房屋出租业务特点和《房屋状况说明书》（房屋租赁）中要求的特殊事项进行实地调查。这些内容包括：①出租房屋配置的家具、家电。一般来说，配置的家具、家电越齐全、越符合租用的目的，房屋越容易出租出去。房地产经纪人在调查配置的家具和家电时，应该特别细心，要详细记录名称、品牌、规格、数量、检查是否能正常使用以及其他需要记录的事项。②房屋使用相关费用。房屋使用过程中会发生很多费用，如最基本的水电费、燃气费、供暖费、上网费、有线电视费、物业管理费等。这些费用是全部由承租人缴纳，还是包含在房屋租金中，还是部分由承租人缴纳，部分包含在房屋租金中，需要双方协商。但作为协商的基础，房地产经纪人应将费用的缴纳标准和计量单位核实清楚。③需要说明的其他事项。在进行房屋现状调查时，房地产经纪人要与房屋出租业主核实是否为独立电表、独立水表，以及是否同意承租人转租房屋，房屋可以居住的最大人数，是否同意合租，房屋有无漏水等情况。

【案例7-2】

房地产经纪人员违规参与出租"群租房"案

2016年1月，北京市朝阳区房地产主管部门根据线索查实北京丁丁租房公司中介人员存在违规参与出租"群租房"行为。根据《房地产经纪管理办法》第三十七条规定，北京市朝阳区房地产主管部门对丁丁租房公司下发了责令整改通知书，并进行了处罚。

2. 房源配对

为了尽快协助出租客户寻找到承租人，房地产经纪人应将委托出租物业的信息，通过报纸、经纪机构门店广告、互联网、人员推荐等方式进行广告宣传，尽快推广房源信息。房地产经纪人传播房源信息所发布的广告内容需要经过委托人的书面同意后才能进行，以避免不必要的纠纷。针对房屋承租客户，房地产经纪人要重点了解客户对承租房屋的具体需求以及承租房屋的主要目的，主要在商圈服务区域内（也可以跨商圈提供服务和资源信息）为客户寻找并推荐接近承租人需求的房屋，最终实现房源信息和客源信息的匹配。

3. 房屋带看

在房屋租赁经纪业务中，房屋带看是一个重要的现场服务环节。与存量房买卖业务类似，也包含带看预约、带看前工作准备、陪同带看、带看后工作几个步骤。

房地产经纪人将可能符合承租人需求的房源信息进行列表，确定建议的看房次序，并约请承租人看房。如果带看房源钥匙未在经纪机构托管的，每次带客户看房需提前告知出租人看房时间，并确定出租人是否方便。约好时间后，房地产经纪人应提前通知承租人，以便进入待租房源看房。针对房屋承租人，无论是中介服务还是承租独家代理，房地产经纪人都应当陪同委托人现场勘查房屋，并依据《房屋状况说明书》的相关内容，向承租人详细介绍。实际看房过程中，与第六章存量房买卖经纪业务带客看房步骤类似，房地产经纪人要为承租人详细介绍和分析房屋的优缺点，引导承租人正确认识所看房屋，以便承租人对房屋形成客观认知，并作出最终决策。

房地产经纪人带承租人看房后，一般有两种结果。一种是承租人对所看房源不满意。这时房地产经纪人应进一步询问客户的房屋需求是否有变化，本次看房与预期的差距，总结客户对带看房屋不满意的地方，然后再从商圈房源信息中继续为客户寻找合适房源，再次约请承租人看房。另一结果是承租人对所看房源十分满意，意味着房地产经纪人促成了承租人达成房屋租赁意向。

4. 达成房屋租赁意向

当承租人对带看房源表示满意后意味着达成房屋租赁意向，房地产经纪人就需要锁定该意向房屋并办理后续手续。首先，应再次核查出租人房源产权状况，查验房屋实际使用状况，确认房源可以交易。其次，房地产经纪人需要站在中间人立场上，与租赁双方协商房屋租赁价格，直至达成租赁双方都能接受的合理交易价格。此时如果租赁双方没有时间当场签订房屋租赁合同，或者还没有最终完全确认是否租赁该房屋，房地产经纪人要与第一时间租赁双方共同签订《租赁定金协议书》，并协助出租人向承租人收取定金并由出租人向承租人开具收据，以及约定正式签订租赁合同的具体日期。如果租赁双方需要由委托代理人签订《租赁定金协议书》的，房地产经纪人需查验委托证明《授权委托书》及代理人身份证明。

5. 房屋租赁合同签订和收取租金、押金及佣金

当租赁双方对租赁价格表示满意，也对房屋状况表示认可后，租赁双方应签订书面房屋租赁合同。房地产经纪人在这个阶段，需要为租赁双方详细讲解合同条款，重点讲解双方权利义务、付款方式、违约责任等条款，对关键事项进行必要的说明。在正式签约前，房地产经纪人应当提醒租赁双方签约时需要注意的事项，提醒携带并现场查验身份证件、房屋产权证明文件或有权出租该房屋的证明文件。

确认双方信息和合同条款无误之后，双方当事人就可以在房地产经纪人协助下现场签订合同。合同签订完毕后，房地产经纪人需要核对签章准确性、有效性，并提醒承租人及时支付租金和押金，同时要求出租人确认收到承租人支付的相应款项并出具收款凭证。同时，房地产经纪人可以办理佣金收取的手续。

在租赁合同签订后 30 日内，房屋租赁双方当事人持《房屋租赁合同》、房屋

租赁双方身份证明、房屋产权证明文件和政府主管部门要求的其他材料到市、县人民政府房产管理部门办理登记备案手续。房地产经纪人要帮助租赁双方在房屋租赁合同订立后，立即约定备案时间。

6. 特殊情形

对于出租人与第三人之间就拟出租房屋存在有效租赁合同关系的情形，出租人应提供该第三人放弃优先承租权的声明。《民法典》第七百三十四条规定："租赁期限届满，承租人继续使用租赁物，出租人没有提出异议的，原租赁合同继续有效，但是租赁期限为不定期。租赁期限届满，房屋承租人享有以同等条件优先承租的权利。"如果该房屋租赁期限届满之后，出租人未与承租人续租，并与第三人签订了租赁合同，那么在同等条件下，承租人有权直接要求出租人将房屋继续出租给自己，合同租赁条件与第三人的租赁合同条件相同。根据该条款的规定，房屋现在的承租人享有法定的优先承租权，为了避免产生纠纷，房地产经纪人在撮合出租人和承租人签订房屋租赁合同前，应跟出租人再次核实该房屋是否存在有效的房屋租赁合同关系；如果存在房屋租赁合同关系的，出租人应核实书面租赁合同是否已经到期，且该承租人没有继续向出租人支付房租，并已经实际搬离房屋或已明确表示不再承租该房屋。同时，为了保护出租人和承租人双方的利益，出租人在租赁合同届满前的合理期间内应及时通知承租人房屋租赁合同期限已经届满，并将房屋出租给第三人的消息告知给承租人，尽到必要的提示义务。

在房屋租赁合同签订环节，需要双方确认房屋租赁价格，房地产经纪人同时代表了出租人与承租人的利益，而不是只站在单方（出租人或承租人）的立场，应积极撮合租赁双方完成合同签订。租赁双方签订合同后，承租人按照合同条款约定向出租人缴纳押金和租金，押金一般为1个月的租金；收取押金和租金后，出租人向承租人开具《押金收据》和《租金收据》。

无论租赁期限长短，房屋租赁经纪服务收费一般都按半个月至一个月租金额收取，具体金额以协商为主。租赁双方分别向经纪机构支付服务佣金（视房租价格及地区交易习惯决定由哪一方负担或由租赁双方分担），经纪机构向租赁双方开具佣金发票。

二、存量房租赁经纪业务撮合操作要点

房地产租赁业务撮合是房地产经纪人的主要业务之一。租赁房屋的承租人，往往是中短期居住或商业经营、办公需求，对房地产经纪人而言，客户群具有很大的流动性。如果客户基于信任而成为经纪人的长期客户，有可能由于更换居住

地而需要经常为其代理住房承租服务,从而形成较为固定的代理模式。有些出租人是以出租房产获得经常性收益的投资客,为他们代理房产出租,要为他们寻找长期稳定的租赁客户。由于房地产经纪人所面临的客户需求多样,房地产市场也呈现周期性特征,在进行租赁业务撮合时,要注意以下 3 点。

1. 房地产经纪人要十分熟悉和了解市场租金的变化。如果房地产经纪人是出租人独家代理,当承租人对房屋横加批评时,经纪人应该以专业角度站在业主的立场上,婉转地说明房屋的优势所在。在租赁双方对租金有较大分歧时,经纪人应从租金支付方式、租金折扣多少、是否提供充分的家具和其他常用设施设备等方面,尽量促使租赁双方从对方角度考虑,折中缓和双方的分歧,最终在租金价格、租金支付等核心内容达成一致。

2. 房地产经纪人需要考虑从多种因素来撮合双方,包括房源紧俏程度、位置与交通情况、配套设施情况、周边环境、居住人口素质等。需要注意的是,无论房地产经纪人寻找何种理由,都应该是客观真实的,最好是租赁双方都很在意的方面,切忌为了促成交易而编造不实或夸大陈述。

3. 与租赁双方协调租金交纳方式、租金水平和明确相关费用。房地产租金通常按季度交纳,也可根据约定按月度、半年或年度交纳。租期内租金可以不变,也可商定每年的递增比例或随行就市。写字楼租金是否包含空调费和物业管理费应特别注意,水、电、燃气等消耗性费用通常由租户承担。

三、租赁合同签订与款项支付操作要点

(一)签订房屋租赁合同的重要意义

签订房屋租赁合同在现实生活中具有以下 4 个重要意义。

1. 确立出租人与承租人之间的租赁法律关系。通过签订合同,双方形成了租赁法律关系,租赁双方的行为就会受到《民法典》《商品房屋租赁管理办法》等法律法规的约束。

2. 明确出租人与承租人的权利和义务。签订房屋租赁合同以后,当事人应当按照合同的约定履行自己的义务,非依法律规定或者取得对方同意,不得擅自变更或者解除合同。如果一方当事人未取得对方当事人同意,擅自变更或者解除合同,不履行合同义务或者履行合同义务不符合约定,使对方当事人的权益受到损害,受损害方向人民法院起诉要求维护自己的权益时,法院就要依法维护,通过判决擅自变更或者解除合同的一方当事人以继续履行、赔偿损失、支付违约金等方式承担相应的违约责任。

3. 建立出租人与承租人之间纠纷和争议解决的机制。在房屋租赁活动中,

由于房屋状况以及有关配套设施比较复杂，租赁双方难免会由于某些认知的差异，产生纠纷和争议。签订房屋租赁合同，使得双方可以依照合同条款的规定处理纠纷和争议，避免产生更大的矛盾，引导双方通过合法手段解决纠纷，化解矛盾。

4. 如果房屋租赁是通过房地产经纪机构服务实现的，签订房屋租赁合同或房屋租赁中介协议标志着房地产经纪活动取得重要进展。房地产经纪机构和经纪人的主要工作就是促成房地产交易。当租赁双方签订了房屋租赁合同后，房地产经纪机构也就可以收取经纪服务的佣金。

（二）房屋租赁合同的主要内容

根据《民法典》第七百零三条租赁合同相关条款规定："租赁合同是出租人将租赁物交付承租人使用、收益，承租人支付租金的合同。"房屋租赁合同是指房屋出租人将房屋提供给承租人使用，承租人定期给付约定租金，并于合同终止时将房屋完好地归还出租人的协议。如果房屋租赁当事人是通过房地产经纪人完成房屋租赁行为的，则需要三方共同签署《房屋租赁合同》。房屋租赁合同是指房屋出租人通过房地产经纪机构将房屋提供给承租人使用，承租人定期向出租人支付约定租金，经纪机构在此项经纪活动中获取相应报酬（佣金），且承租人在合同终止时将房屋完好地归还出租人的协议。《民法典》第七百零四条规定："租赁合同的内容一般包括租赁物的名称、数量、用途、租赁期限、租金及其支付期限和方式、租赁物维修等条款。"一般而言，房屋租赁合同的主要内容包括下列10个方面的主要事项。

1. 房屋租赁当事人的姓名（名称）和住所地

当事人是指房屋租赁的出租人和承租人。如果是签署房屋租赁中介合同，除了房屋租赁当事人以外，还包括房地产经纪机构的名称、住所地。房屋租赁合同中不仅要写明当事人的姓名或者名称，为保障交易安全，还要求写明当事人的身份证号和住所地，并可以在合同附件中要求附上当事人的身份证明文件。

2. 标的物

房屋租赁的标的物是特定物，故在租赁合同中应当写明租赁房屋的以下具体要素：①房屋的坐落。房屋的坐落应当具体到房屋的地址、门牌号码等。②房屋的面积。房屋的面积有多种表现方式，通常有建筑面积和使用面积，因此在租赁合同中要约定面积的性质。③房屋的结构和附属设施。房屋的结构有钢结构、钢筋混凝土结构、混合结构、砖木结构等。附属设施有电梯、网络、安防设备、照明设备、消防设备、监控设备等。④家具和家电等室内设施状况。房地产经纪人应对待出租房屋进行查验，该房屋必须是符合出租条件的。房地产经纪人应当明白，若租赁标的物为法律法规禁止的，所签订租赁合同无效。

3. 租金和押金数额、支付方式

支付租金，是承租人主要的义务，在合同中必须明确约定每期租金的支付时间和方式。承租人可以与出租人约定支付租金的具体内容，包括几个月支付一期租金，则由租赁双方协商决定，通常采用按月、季度、半年或者年支付的形式。同时，承租人还要支付房屋押金，即我们通常提及的"押×付×"。"押×付×"是租赁市场中对租金和押金支付方式的俗称，比如押一付三，即指租金按 3 个月为一期支付，押金数额为 1 个月的租金。房屋租赁中的押金在法律上称为"租赁保证金"，主要用于冲抵承租人应当承担未缴付的费用或者由于房屋出现毁损而用于维修房屋预付的费用，是一种担保的方式。押金应支付多少并没有统一的标准，应当按照租期长短、装修程度、家具家电数量和价值等因素来确定。对于出租人而言，押金数额越高，保障性能越强，而另一方面，承租人往往不希望缴纳过高的押金。

租赁双方还应约定逾期未支付的法律后果和违约责任。《民法典》规定，承租人无正当理由未支付或延迟支付租金，出租人可以请求承租人在合理期限内支付；如果逾期不支付，出租人可以解除合同。这样做，既有利于保护出租人的租金收益，又能给承租人合理的宽限期。合理期限是 30 日还是 15 日，《民法典》尚未明确规定，需要租赁交易当事人双方进行协商约定，并在租赁合同中予以明确。同时，房屋租赁合同期内，出租人不得单方面随意提高租金水平。

4. 租赁用途和房屋使用要求

房屋用途依据土地的类型可以分为住宅用房、商业用房、工业用房，而租赁用途主要分为住宅、公寓、宿舍、办公、商业、仓库、工业厂房等，不同的租赁用途需要的房屋条件和属性不同。承租人使用房屋用途首先必须符合用途合法，而出租人则有义务保证房屋能够用作房屋租赁合同中约定的租赁用途。同时，由于房屋本身分类的法定性以及不同租赁用途存在不同领域的法律法规监管要求，可能存在房屋条件和属性不符合租赁实际用途的情形，这就需要看在合同签订过程中出租人或者承租人是否存在过失。例如，出租人以居住用途将住房出租给承租人，但承租人私自改变房屋用途，用于公司办公。若因此在房屋使用中出现纠纷或导致公司地址无法注册，则应由承租人自行承担，出租人也有权进行追责并解约。但是，如果在合同中直接约定房屋的具体用途，那就会被认为出租人有义务保证承租人提供的房屋满足该具体用途的条件，实际如果该房屋存在无法满足合同约定目的的情况，就会给出租人造成额外的责任，甚至是巨大的损失，在实践中就出现过因出租房屋约定具体用途而使出租人受损的情况。例如，由于出租人并不了解餐厅开设的消防要求，但仍然将写字楼的底商出租给承租人，约定该底商用于开设一个餐厅。但因该餐厅需要使用明火而无法通过消防部门验收，导致餐厅无法开业。承租人要求出租人完成开设餐厅的条件，出租人因无法实现该条件而赔偿承租人的损失。

承租人在使用房屋的过程中需要承担谨慎使用的责任。《民法典》第七百一十四条规定："承租人应当妥善保管租赁物，因保管不善造成租赁物毁损、灭失的，应当承担赔偿责任。"承租人在使用房屋过程中，造成房屋内设施设备毁损的，需要承担赔偿责任。例如，承租人的未成年子女在承租屋的墙壁上乱涂乱画，在承租期终止时，或将墙壁恢复原状或适当赔偿出租人一定的经济损失。

有时在房屋使用过程中，承租人可能根据实际需求需要改善或增设一些设施，《民法典》第七百一十五条对此作了明确规定，即"承租人经出租人同意，可以对租赁物进行改善或者增设他物。承租人未经出租人同意，对租赁物进行改善或者增设他物的，出租人可以请求承租人恢复原状或者赔偿损失。"例如，承租人承租房屋后，根据个人喜好希望更换窗帘。按照《民法典》的规定，承租人应该主动与出租人进行联系，得到出租人的同意后，才能更换窗帘。

在房屋租赁期间因房屋使用所产生的收益归属，《民法典》第七百二十条规定："在租赁期限内因占有、使用租赁物获得的收益，归承租人所有，但是当事人另有约定的除外。"例如，出租人将自己的别墅出租给承租人，出租人在别墅花园里种植了一棵山楂树，如果出租人对山楂树所结果实没有特别约定，那么在房屋租赁期间所结的山楂果实归承租人所有。

5. 房屋和室内设施的安全性能、维修责任

房屋和室内设施的安全性，是承租人最为关心的问题之一。因此在租赁合同中应约定房屋和室内设施的安全性能以及有关设施的使用说明等。近年来，多地出现出租人为了降低出租成本，安装劣质或不符合安全标准的电热水器，因其漏电造成使用人伤亡的事件。根据《民法典》第七百三十一条，如果房屋存在危及承租人安全或者健康的情形，即使承租人订立合同时明知该房屋质量不合格，承租人仍然可以随时解除房屋租赁合同。例如，承租人承租了一套位于顶层的住宅，在查看房屋状况时虽然看到房屋屋顶存在漏水痕迹，但依然承租了该住房。雨季到来之后，暴雨导致屋顶漏水很严重，尽管租期还没届满，承租人依然可以跟出租人解除合同。这是承租人行使法定解除权的结果。另外，在正常使用的情况下，发生了因设施设备在使用过程中造成人员、财产损失的，由出租人承担相应责任。

房屋承租人应当按照合同约定的租赁用途和使用要求合理使用房屋，不得擅

自改动房屋承重结构和拆改室内设施，不得损害出租人和其他使用人的合法权益。《民法典》第七百一十条规定："承租人按照约定的方法或者根据租赁物的性质使用租赁物，致使租赁物受到损耗的，不承担赔偿责任。"第七百一十一条规定："承租人未按照约定的方法或者未根据租赁物的性质使用租赁物，致使租赁物受到损失的，出租人可以解除合同并请求赔偿损失。"由此，依据法律的规定，承租人因使用不当等原因造成承租房屋和设施损坏的，承租人应当对擅自改造改装负责修复或者承担赔偿责任。反之，正常使用环境下，房屋和设施发生毁坏，则由出租人负责修复。如果承租人请求出租人在合理期限内维修，但出租人未履行维修义务的，承租人可以自行维修，维修费用由出租人负担。进一步地，因未及时修复损坏的房屋而影响承租人正常使用的，出租人还应当减少租金或者延长租期。另外，在正常使用的情况下，发生了因设施设备在使用过程中造成人员、财产损失的，由出租人承担相应责任。

对出租人而言，《民法典》相关条款规定，首先出租人应当按照约定将房屋交付承租人，并能够保证在租赁期限内保持房屋符合约定的用途；其次，出租人应当履行对房屋的维修义务。但现实中往往不是简单地运用法律条款规定就能解决维修争议的，因为维修责任往往隐藏在其他事项中，造成责任划分不清晰问题。因此在租赁合同中，租赁双方应约定维修责任，并规定越详细越好。一般地，出租人应当按照合同约定履行房屋的维修义务并确保房屋和室内设施安全。

6. 合同的期限与合同形式

《民法典》第七百零五条规定："租赁期限不得超过二十年。超过二十年的，超过部分无效。租赁期限届满，当事人可以续订租赁合同；但是，约定的租赁期限自续订之日起不得超过二十年。"房屋租赁合同约定的租赁期限也不例外，最长不得超过二十年。房地产经纪人可以提醒出租人有权在签订租赁合同时明确租赁期限，并在租赁期满后，收回房屋。同时，承租人有义务在房屋租赁期满后返还所承租的房屋。

《民法典》第七百零七条规定："租赁期限六个月以上的，应当采用书面形式。当事人未采用书面形式，无法确定租赁期限的，视为不定期租赁。"这里包含两个要点：一是如果房屋租赁期限超过六个月，房地产经纪人应要求房屋租赁双方签订书面合同；二是如果未采用书面形式，而是采用口头合同形式，无法确定租赁期限，视为不定期合同。在这种情况下，虽然双方存在有效的合同，但租赁当事人可以随时终止租赁关系，即出租人有权随时要求承租人归还房屋，承租人也有权随时将房屋归还出租人，当然，应当在合理期限之前通知对方，而不是随心所欲地解除租赁合同。所以，为了维护双方的权益，房地产经纪人需要提示双方房屋出租要尽量签订书面形式的租赁合同，以减少租赁纠纷隐患。出租人解除合同前应在合理期限内通知承租人。

根据《民法典》关于租赁期限的相关规定，房地产经纪人应注意到：①房屋租赁双方对租赁期限没有约定或者约定不明确的，当事人没有签订补充协议，或者不能达成补充协议的，视为不定期租赁。②房屋租赁期限届满，承租人继续使用房屋，同时出租人没有提出异议，原租赁合同继续有效，但租赁期限为不定期。③租赁期限届满，房屋承租人享有同等条件优先承租的权利。承租人如需继续租用原租赁的房屋，承租人应当在租赁合同中约定告知时间，并征得出租人的同意，重新签订租赁合同。出租人应当按照租赁合同规定的期限将租赁房屋交给承租人使用，并保证租赁合同期内承租人的正常使用。

7. 合同应对转租加以约定

有的承租人租房的目的并不是自住，而是想通过转租取得租金收入。由于，转租行为及其效果直接影响出租人的利益，因此合同条款对转租行为加以明确约定就显得十分必要。

《民法典》第七百一十六条对承租人将租赁物转租事项作了规定。承租人经出租人同意，可以将房屋转租给第三人。承租人转租的，承租人与出租人之间的房屋租赁合同继续有效。如果发生第三人在使用过程中造成房屋及其设施设备损失的，承租人应当赔偿损失。关于房屋转租有以下四个方面需要注意：①转租行为有合法与非法之分，其根本区别是：合法转租是经出租人同意的，非法转租则是承租人未经同意擅自转手出租该房屋。②如果承租人未经出租人同意转租的，出租人可以解除房屋租赁合同。但是，出租人知道或者应当知道承租人转租房屋的，在六个月内未提出异议，视为出租人同意转租。③在转租期间，承租人拖欠租金，次承租人（即房屋转租承租人）可以代承租人支付其欠付的租金和违约金，但是转租合同中对出租人不具有法律约束力的除外。次承租人代为支付其欠付的租金和违约金，可以充抵次承租人应当向承租人支付的租金；超出其应付的租金数额的，可以向承租人追偿。④对于转租的约定，可以作为租赁合同的一部分，也可以在租赁合同订立之后另行约定。如果在合同中设立了转租条款，可以具体注明相关内容，包括转租期限、转租用途、转租房屋损坏时的赔偿与责任承担、转租收益的分成、转租期满后原房屋租赁关系的处理原则以及违约责任。

8. 物业服务、水、电、燃气等相关费用的缴纳

通常情况下，在物业服务企业等相关单位登记的物业服务、水、电、燃气等相关费用的交纳人，是房屋所有权人。但是在租赁期限内，享受物业服务，所消耗的水、电、燃气等的具体数量，又是承租人在使用房屋中产生的。因此，在租

赁合同中应当明确规定这些费用是由谁来承担，一般以"谁使用谁承担"为主。

9. 争议解决办法和违约责任

争议，是指合同当事人之间对合同履行的情况和不履行或完全履行合同的后果产生的各种纠纷。通常情况下，争议解决方式一般分为四类：协商解决、调解、提交仲裁机构仲裁或向人民法院提起诉讼。违约责任，是指当事人一方不履行合同义务或者履行合同义务不符合约定条件时的法律责任。为了便于纠纷解决，在合同中需要明确违约构成的条件以及违约责任承担，同时还需要约定终局性解决纠纷的方式，实践中通常约定的是在协商不成后，合同双方当事人都可以将纠纷提交房屋所在地的人民法院诉讼解决。

10. 其他事项

在房屋租赁过程中，可能会产生一些特殊的情形，需要经纪人了解并解答客户疑问，如果经纪人或一方当事人认为有必要，应当在合同中进行特别约定。主要包括以下几个方面：①房屋租赁期间内，因赠与、析产、继承或者买卖转让房屋的，原房屋租赁合同继续有效。"买卖不破租赁"原则是对房屋受让人的限制，同时也是对承租人利益的保护。根据该原则，在租赁期限内，租赁房屋的所有权发生变动的，原租赁合同对承租人和房屋受让人继续有效。但该原则的适用存在例外，依据《最高人民法院关于审理城镇房屋租赁合同纠纷案件具体应用法律若干问题的解释》规定："租赁房屋在承租人按照租赁合同占有期限内发生所有权变动，承租人请求房屋受让人继续履行原租赁合同的，人民法院应予支持。但租赁房屋具有下列情形或者当事人另有约定的除外：（一）房屋在出租前已设立抵押权，因抵押权人实现抵押权发生所有权变动的；（二）房屋在出租前已被人民法院依法查封的。"故"买卖不破租赁"是有条件的，租赁行为原则上应发生在相关影响物权变动的行为之前，房屋租赁的经纪人在提供房屋租赁经纪服务的时候，需要留意房屋抵押权设立的情况。②承租人在房屋租赁期间死亡的，与其生前共同居住的人或者共同经营人可以按照原租赁合同租赁该房屋。③房屋租赁期间出租人出售租赁房屋的，根据《民法典》第七百二十六条的规定，房屋租赁期间出租人出售租赁房屋的，应当在出售前合理期限内通知承租人，承租人在同等条件下有优先购买权。同时，《民法典》第七百二十六条还规定，出租人履行通知义务后，承租人在十五日内未明确表示购买的，视为承租人放弃优先购买权。这意味着，出租人不得晚于房屋出售前15日通知承租人，这是法律对合理期限设定的最低标准。④房屋租赁当事人应当在房屋租赁合同中约定房屋被征收或者拆迁时的处理办法。如果出租房屋正在棚户改造区，随时可能面临拆迁的风险，经纪人在协助签订房屋租赁合同的时候就需要提示双方将面临拆迁时的具体解决处理措施写入合同，避免可能产生较大的纠纷。

（三）签订房屋租赁合同应注意的事项

当房屋租赁双方对房屋租赁的相关事宜达成一致时，就可以签署房屋租赁合同（或房屋租赁中介合同）了。在租约签订过程中，房地产经纪人应该做好以下工作：

第一，经纪人核实租赁双方的身份及有关证件原件。承租人证件包括身份证、工作证、居住证、军官证或公司的授权文件等；出租人证件包括房屋产权证、身份证、军官证、结婚证等；代理人证件包括身份证、委托人的授权委托书。

第二，确定合同份数。合同应至少一式四份，租赁双方各执一份，经纪机构存档一份，一份合同交政府部门登记备案。如果租赁双方丢失了合同，又发生了矛盾，可以依据经纪机构留存的合同协助双方解决问题。

第三，确保合同字迹清楚，尽量避免涂改。如有涂改，双方应该在涂改之处共同签字。

第四，引导双方阅读合同，由房地产经纪人对合同有关条款进行详细解释，确保双方对主要条款不存在误解。主要包括：①房屋坐落地点应与房产证相同，双方姓名、身份证号、联系方式等填后与租赁双方确认。详细记录所出租屋内的家具、家电设施设备情况、可能需要的售后服务等内容；②用途条款要明确；③数字要有大写形式；④租金及支付方式：应详细填写支付时间、押金情况等；⑤在租赁期内水、电、煤气、电话费及其他相关费用的缴付方式。出租人交付出租房屋时，可向承租人收取 1~3 个月不等租金数额作为押金，违约时作为一种担保，如无违约情况合同期满时无息退还。

第五，经纪机构收取佣金、开具发票。和存量房买卖相同，佣金是房地产经纪人和房地产经纪机构提供租赁服务成果的回报。租赁合同签订之后，房地产经纪机构就可以依据中介合同约定的佣金的数额、支付方式、支付时间收取佣金。收取佣金后应该向支付方开具足额发票。

第六，协助租赁双方办理租赁合同登记备案。根据 2010 年 12 月 1 日住房和城乡建设部发布的《商品房屋租赁管理办法》（住房和城乡建设部令第 6 号）的规定，房屋租赁实行合同登记备案制度。签订、变更、终止租赁合同的，当事人应当向房屋所在地直辖市、市、县级人民政府房地产管理部门登记备案。房地产经纪人可以为租赁双方代办合同备案事项，由房地产经纪人撮合的合同，房地产经纪机构应当按照规定为双方办理租赁合同备案手续。

由于房地产市场属地的属性非常明显，各地大都出台了相应的地方性文件用来规范房屋租赁的行为。例如，《上海市居住房屋租赁管理办法》第十三条规定，租赁合同订立后 30 日内，租赁当事人应当到租赁房屋所在地社区事务受理服务中心办理租赁合同登记备案，但通过房地产经纪机构订立租赁合同的，由房地产经纪机构代为办理租赁合同登记备案。租赁合同登记备案内容发生变化、续租或者租赁关系终止的，租赁当事人应当在 30 日内，到原登记备案部门办理租赁合同登记备案的变更、延续或者注销手续。该办法第三十三条规定，违反本办法第十三条规定，租赁当事人未在期限内办理租赁合同登记备案手续的，由区、县房屋行政管理部门责令限期改正；逾期不改正的，对个人处以 1 000 元以下罚款，对单位处以 1 000 元以上 1 万元以下罚款。因此，如果一旦存在未办理租赁合同登记备案手续的，执法人员将首先开具《责令改正通知书》，要求其履行义务配合完成租赁合同登记备案。在期限内如果仍未完成备案，将处以罚款的行政处罚。

这样的目的是防范房屋出租所存在的潜在风险，合法依规地完成房屋租赁行为，保障出租人和承租人的合法权益，进一步规范房地产经纪市场。

第二节　房屋租赁业务的新形态与操作

业主将房屋出租给承租人，一般可以归纳为三种途径，业主自己直接出租、委托房地产经纪机构出租、将房屋委托给房屋租赁托管机构出租。伴随着房屋租赁市场日趋成熟，房屋租赁市场的专业化运营主体逐步发展起来，房屋租赁运营模式更加多元。

一、房屋租赁业务的类型

（一）房屋租赁的三种模式

在房地产经纪人从事的经纪活动中，根据产权、出租和运营主体属性，可以将房屋租赁业务分为自营模式、代管模式、包租模式。

1. 自营模式

自营模式指业主和租客之间签订住房租赁合同，由业主直接对接租客、管理住房，即房屋出租和经营管理服务均由业主提供。第一节中有关房地产经纪人提供的经纪服务的讲解和介绍，主要是针对房屋租赁的自营模式。自营模式下，产权主体、出租主体和运营主体均为业主，因此房地产经纪人需要有效撮合出租人（业主）和承租人（租客）之间的房屋租赁合同，经纪服务的目的是促成双方租赁法律关系的形成，并以此为基础收取经纪服务费用。

2. 代管模式

同时，随着市场逐步活跃以及新的经济形态出现，租赁领域中出现了很多新的形态，传统租赁关系以及经济业务也因此发生了一定的变化，例如代管模式就是新出现的经纪服务形态之一，其与传统自营模式下房地产经纪人提供的促成租赁合同签订和租赁法律关系形成为主要目的有所区别。

代管模式指的是业主和租客签订租赁合同，同时引入第三方住房租赁机构签订代管合同，由其负责租客寻找、日常管理、维修、收取租金等事务。代管模式下，产权主体和出租主体为业主，运营主体为经纪机构，并由经纪机构负责落实相应的服务。代管方式与自营模式最大的区别是业主不参与租赁房屋的日常维护工作。由于现在生活节奏的加快，出租人往往存在没有时间和精力应对租客日常的维修或频繁的其他需求，也可能并不愿意直接与租户进行接触，怕影响其生活质量品质等问题。同时，出于对房屋所有权和房屋本身属性的顾虑，一些出租人也不愿意将房屋直接委托给房地产经纪机构进行租赁，因此代管模式在租赁过程中与自营模式在租赁成交过程中具有相似性，相比于直接委托经纪机构成交要慢，交易成本相对较高，而且通常情况下出租人需要自行承担房屋空置期的租金损失。

在自营模式下，房地产经纪人提供的增值服务的是促成双方的交易或让租赁双方对经纪服务更加的满意，提升经纪服务的口碑，主要目的仍然是服务于促成房地产租赁业务的成交。而代管模式并不相同，在代管模式下，业主和租客都可以委托房地产经纪人提供代管服务，目的是减轻交易双方在房屋租赁过程中的额外负担。代管服务的内容通过合同约定，双方签订代管服务合同，房地产经纪机构通过代管合同介入出租人和承租人租赁关系的之中，成为其中一方或是双方的具体事项代理人。

3. 包租模式

包租模式指的是业主和住房租赁机构签订住房租赁合同，先将住房出租给租赁机构，此后住房租赁机构和租客签订住房租赁合同，并由住房租赁机构负责出租和运营维护。包租模式下，产权主体为业主，出租主体和运营主体为机构。

包租模式根据产权主体与出租主体之间收益分配的方式不同区分为两类，其中业主（出租人）以固定的租金将房屋出租给房屋租赁机构，房屋租赁机构与租客（承租人）独立结算租金，不与业主分配收益的方式属于"固定收益型包租"；如果业主以基础租金出租给房屋租赁机构，并签订合约将房屋出租收益按照相应的比例在业主与房屋租赁机构之间进行分配，则属于"收益共享型包租"。固定收益型包租和收益共享型包租两者的主要区别在于对于市场风险分担以及潜在收益分配方面存在不同。

同时，包租模式根据使用目的不同，主要分为商业包租和住宅包租两个领域，根据业主的不同产权归属，企业、个人、地方政府都有可能参与其中。包租模式的最大特点就是贴合市场需求，无论何种类型的包租模式都类似于传统的房屋包租，都由房屋租赁机构统一进行租赁运营，业务流程上存在一致性，本部分内容重点介绍与包租模式相关的业务操作。

（二）房屋包租业务对出租人的好处

对业主即出租人而言，有以下四个方面的优势。

1. 保障出租人收益

居间租赁的收益产生点相对于包租业务来说是滞后的，是在房屋出租当时才产生的而且具有不稳定的特点，一旦承租人退租，收益就终止了，而且出租人还需要承担此房屋因承租人退租出现空置而无法实现的收益，但包租业务在包租合同生效的当天就知道该房屋在包租合同期限内的全部收益（或者保底收益）。同时，由于房屋租赁运营机构资金实力相对较强，租赁目的单一，除特殊的市场原因外，其履约稳定性要相对高于个人和其他类型承租人。

2. 免除不必要的电话骚扰

一般情况下，业主将房屋挂牌出租后，即使房屋在出租期间会有很多的房地产经纪人给出租人打电话询问房屋状况、看房时间和出租条件等，很难避免经纪人甚至一些客户的直接联系。但只要出租人和房屋租赁运营机构签订《出租房屋托管合同》，房屋租赁运营机构就会指派专人和出租人联系，在出租期内也可以通过提前约定来明确需要沟通的事项，避免了频繁无效的沟通。

3. 降低经济和时间成本

从成本角度来看，房屋包租服务，可以免除业主（出租人）以下3个方面的成本：①免除出租前因陪承租人看房而产生的时间成本；②免除出租前因承租人需求要配置家具家电等物品而产生的资金成本和时间成本；③免除出租期间因发生维修而产生的维修费用和时间成本。但业主将房屋托管给房屋租赁运营机构出租，只要出租人和房屋租赁运营机构签订《房屋出租托管合同》或者其他房屋包租合同之后，即由房屋租赁运营机构带客户看房、根据租户需求来单独配置物品，还会承担在租赁期间相应的屋内设施维修责任。这大大降低了业主（出租人）的时间成本和资金成本。

4. 免除出租人与承租人之间的直接纠纷

在签订租赁合同的时候，一般情况并不能保证签署合同的承租人不存在退租或中途退租的可能。出租人也许会面临承租人中途搬离的情况，也有可能同时造成屋内物品丢失。如果遇到这种情况，必然不只是在经济上，甚至也可能会导致身心的损失，由此会存在提心吊胆、忐忑不安的情况。但只要出租人和房屋租赁运营机构签订《房屋出租托管合同》，承租人出现的违约行为，都由房屋租赁运营机构和承租人协商解决，房屋租赁运营机构承担责任的能力也相对较强。

5. 免除房屋出租过程中的质量保障和设备维修责任

房屋出租使用过程中难免出现这样或者那样的问题，房产房屋包租机构为了提高承租人的服务满意度通常情况下会配备专业的服务人员和团队，专门负责房屋质量的维护和设备设施的维修。这样能够极大地减少承租人的责任，减轻承租人的负担，也降低了维修维护房屋的成本。

（三）房屋包租业务对承租人的好处

对承租人而言，有以下 5 个方面的优势。

1. 提高了承租人的安全性

房屋转租的情形在房屋租赁市场普遍存在，有些承租人通过转租方式承租住房后，将租金交给了转租人（即二房东），但是会面临个别不法转租人将承租人的房租及押金卷款而走的情况，造成业主（第一出租人）和承租人的重大损失。但是，如果承租人承租的是房屋租赁运营机构的托管房屋，不仅房屋租赁合同均经过住房与城乡建设部门的备案，房屋租赁运营机构自身也经过合法注册，通过识别房屋租赁运营机构的运营状况以及资产状况，能够大大提高承租人的租房资金安全性。

2. 提高了房屋维修的及时性

一般地，房屋租赁运营机构在房屋包租业务中承担着维修房屋设施设备的责任，同时也会成立相应的部门或者委派专门的人员负责该项工作，接到承租人维修房屋设施设备的需求后 1~2 小时内及时响应，并会在 12~24 小时内约定上门维修。相比较于承租人向业主发出维修房屋设施设备的需求后得到响应的时间，房屋租赁运营机构作为专业服务机构在提供相关服务的时间会缩短很多，服务的专业性也会更强。

3. 租赁方式灵活性强

针对承租人的各种需求，房屋租赁运营机构会提供长租、短租、日租等各种房屋租赁服务。在租金支付方面，承租人可以按日、月、季度，通过门店、银行转账、第三方支付平台等多种方式向房屋租赁运营机构支付租金和费用。整体上，房屋租赁运营机构提供的租赁方式灵活性更强，自由度更大，更加符合市场多样化的需求。

4. 保障了承租人的私密性

在一般的房屋租赁活动中，出租人出于对房屋安全性的考量，会经常在未预约的情况下造访承租人，以增加出租时的保障性。但是，很多情况下承租人可能会反感出租人这样的行为。但是，在房屋包租业务中，房屋租赁运营机构隔离了业主与实际承租人，保护了双方的隐私。同时，为了确认房屋的使用状况，房屋租赁运营机构会指定专员定期并提前预约承租人，到访房屋，查看房屋使用状况，主动询问承租人是否有需要维修或改进服务的地方。这样很好地保障了承租人的私密性，也提高对房屋本身使用状况的监管。房屋租赁运营机构也可以依据《房屋出租托管合同》定期向出租人报告相关情况，打消出租人突击造访承租人的疑虑。

5. 为承租人提供丰富的增值服务

房屋租赁运营机构在房屋包租服务中，积极吸取国外先进的管家服务，例如英式管家服务，可以为承租人提供增值服务，如房屋保洁、洗衣服、接送快递、送机服务等增值服务，提升承租人的满意度，树立自身的品牌。随着包租模式的逐步成熟，一些房地产经纪机构也开始采用多种经营的模式，逐步梳理自己的包租公寓品牌，通过提供统一化的装修、服务等养成特定租赁人群的消费习惯，打造地域的口碑以及群体之间的口碑。

（四）房屋包租业务与传统租赁经纪业务的异同

房地产经纪人一定认识到，单宗房屋租赁经纪服务业务与房屋包租业务在主体要求、合同类型、租赁费用、租赁当事人权利义务等方面都存在差异，这是房地产经纪人在从事相关业务时需要掌握的。

1. 主体要求不同

单宗租赁经纪业务的主体满足房地产经纪机构的条件即可，而房屋包租业务的主体可以是企业，也可以是自然人。根据要求，对于从事房屋租赁经营的企业，以及转租房屋 10 套（间）以上的自然人，都应当依法办理市场主体登记，取得营业执照，其名称和经营范围均应当包含"住房租赁"相关字样。住房租赁企业跨区域经营的，应当在开展经营活动的城市设立独立核算法人实体。

2. 租赁合同类型不同

单宗租赁经纪业务所签署的合同，其主体为三方，即出租人、经纪机构和承租人，签署一份《房屋租赁中介合同》，形成一个租赁法律关系。该合同一式四份，出租人、承租人和经纪机构各持有一份，政府部门登记备案一份。而房屋包租经纪业务，需要房屋租赁运营机构分别与出租人和承租人签署不同的合同，即出租人与房屋租赁运营机构签署《房屋出租托管合同》，承租人与房屋租赁运营机构签署《房屋租赁合同（经纪机构代理成交版）》，形成了两个独立的租赁法律关系。

3. 房屋租赁费用支付方式和监管目的不同

在房屋租赁过程中，可能出现的费用有房屋租金、押金、佣金、其他需要出租人和承租人承担的相关费用等。房屋租赁中介业务的租金付款方式与房屋包租业务完全不同。前者通常是承租人将租金直接交付给出租人，或者由房屋租赁运营机构以代收代付的方式将承租人支付的房租转交给出租人，这种资金交易规模较小，相对独立，不容易产生金融类风险。但后者是两对房屋租赁关系。在房屋租赁运营机构与业主之间的"收房"租赁关系中，房屋租赁运营机构通常以类似托管的方式，将房租按年支付给业主；在房屋租赁运营机构与承租人之间的"租房"租赁关系中，承租人一般按照季度将租金囤交给房屋租赁运营机构。如果房屋租赁运营机构按照年来预收承租人的租金，又没有支付给出租人，即所谓"长收短付"，房屋租赁运营机构利用形成的资金池投向具有一定风险的金融领域，有可能产生经营风险，损害出租人和承租人利益。2021 年 2 月北京市住房和城乡建设委员会发布的《关于规范本市住房租赁企业经营活动的通知》（京建发〔2021〕40 号）中规定，住房租赁企业向承租人预收的租金数额原则上不得超过 3 个月租金，同时规定收、付租金的周期应当匹配。目的就是为了规避可能存在的金融风险。

4. 房屋租赁合同约定特殊事项不同

在房屋租赁中介合同中，出租人、承租人与经纪机构不约定空置期。出租人也许持续将房屋出租，也许房屋空置一个月甚至几个月，房屋未出租导致的租金损失实际由出租人自行承担。而在房屋包租合同中，房屋租赁运营机构与出租人要约定时间长短不一的空置期。空置期内，房屋租赁运营机构将房屋出租出去而获得的收益，由房屋租赁运营机构获得；没有出租出去导致的损失，由房屋租赁运营机构承担。

5. 签订合同时间不是同一时间点

在房屋租赁中介业务中，房地产经纪人在确保出租人和承租人产权、身份等信息的准确安全下促使出租人和承租人达成意向，三方同时在场共同签署《房屋租赁中介合同》，经纪机构的经纪活动在做完物业交验后结束。而在包租业务中，出租人、承租人和房屋租赁运营机构的权利义务是在两份甚至多份合同中分别体现的，不同的合同综合起来构成了房屋包租模式的全过程。在包租阶段，出租人与房屋租赁运营机构签订房屋包租（托管）协议，委托期可以长达 3~5 年之久；在房屋出租阶段，承租人与房屋租赁运营机构签订房屋承租协议，租期相对灵活多变，某一个承租人可能仅承租几个月到一年，甚至还有短租、日租的情况，但无论承租人如何变化，他们都与出租人并不产生直接的法律关系。

6. 纠纷解决的主体不同

房屋租赁中介合同的合同内容体现了出租人、承租人和经纪机构三方的责任与义务。如果在房屋租赁合同存续期间出现了房屋租赁纠纷或相关问题，由出租房和承租方双方自行沟通协商解决并各自承担责任，房地产经纪人和经纪机构仅作为协调的角色出现。而在包租业务中，如果合同期间出租人或承租人产生的房屋租赁纠纷由房屋租赁运营机构指派特定的人员单线联系解决。如果出租人和房屋租赁运营机构产生矛盾，承租人一般情况下并不需要介入。

（五）收益共享型包租模式

随着房屋租赁市场的活跃以及相应的金融服务需求不断扩大，房屋长期租赁市场以及传统的房屋托管服务中出现了一种商业模式的突破，这种模式可以概括为"收益共享型包租模式"。租赁运营机构专业化程度的提高，装修、服务等元素的增加，长租的商业模式变得复杂都为这种新型的包租模式出现提供了成熟的前提条件。收益共享型包租模式融合了固定收益、风险共担与增益共享的特征，不仅保障了出租人的收益，同时也降低了租赁运营企业的金融风险和资金压力，实现了租赁双方利益的最优化。

首先，与传统的包租模式相比，业主可以选择参与到房屋的装修过程中，符合业主所有权的基本心理，业主出钱装修，则业主获得的是资产收益，同时用装修带来的品质溢价在长期中去分担装修费用，显著降低了房屋租赁企业的前期成本。

其次，因为新模式消除了传统差价的影响，平衡了业主与房屋租赁企业的心理防线，房屋租赁企业主要从服务中收益，甚至以服务性收入为主，不再获取资产性收入。在收益共享型包租模式之下，企业的服务性收入包含装修、风险承担、营销、租务处理、保洁维修等"资产管理"方面。因此，收益共享型包租模式的主要收入来源于资产管理收入，而不是赚取差价。

总结来说，在收益共享型的包租模式下，房地产租赁运营企业与业主形成了利益共同体，企业从"持有物业"变为"提供服务"，降低了长期持有物业的金融风险，也优化了企业的商业模式和管理资产结构，也因此成为传统房地产经纪机构转型的一种重要模式。

二、房屋包租业务流程

房屋包租模式不是房屋租赁中介业务，其与单宗的房屋租赁经纪最大的区别是租赁运营机构承租业主（出租人）的房屋后，经过标准化装修后转租给承租人。在房屋包租模式业务活动中，租赁运营机构需要与双方分别签订房屋租赁合同。一方面，房屋租赁运营机构与出租人签订《房屋出租托管合同》，取得房屋出租权，之后再将房屋再转租给承租人，并与之签订《房屋租赁合同（经纪机构代理成交版）》。2019年12月13日住房和城乡建设部等六部门联合发布的《关于整顿规范住房租赁市场秩序的意见》（建房规〔2019〕10号）和2021年4月5日住房和城乡建设部等六部门发布的《关于加强轻资产住房租赁企业监管的意见》（建房规〔2021〕2号）均规定经由房地产经纪机构、住房租赁企业成交的住房租赁合同，应当即时办理网签备案。根据监管要求，房屋租赁运营机构将《房屋出租托管合同》和《房屋租赁合同》涉及的经营房源信息上传到所在城市住房租赁管理服务平台上，包括租赁合同期限、租金押金及其支付方式、承租人基本情况等租赁合同信息。

从经营模式来看，房屋租赁托管主要包括"集中式"和"分散式"两种。集中式一般以独栋楼宇或一栋中多层楼宇为运作标的，以较长的租约（一般5～10年甚至更长）向房屋产权人或出租人承租后进行改造，然后再将房屋出租给租户。分散式一般是从分散的出租人承租到房屋，通过房屋装修改造和标准化的服务，将房屋再出租给租户。无论是"集中式"还是"分散式"，房屋租赁托管一般都会提供标准化的服务。

从房屋包租运营企业的全流程来看，包括了拿房拓展－装修改造－招租带看－租后服务－维修保洁－客服催收－房源续签－财务结算八个环节。本书将该房屋包租业务流程分为出租委托和承租委托两方面。

（一）出租委托业务流程

出租委托业务流程一般包括出租客户接待、实地查看房屋、租金价格谈判、签订《房屋出租委托代理合同》、物业交验（交房）、标准化装修装饰、发布房源广告等环节，见图7-2。

1. 出租客户接待

房地产经纪人得到出租客户信息的途径包括互联网、手机软件、电话咨询以及到店咨询等方式。接待出租客户时，需要核实出租客户的身份证件，初步了解出租人对出租房屋的想法，并需要告知并解释房屋租赁托管的主要业务模式，询问出租客户是否接受房屋租赁托管的形式。

2. 实地查看房屋

接待出租客户之后，与其约定看房时间，需要实地查看房屋，主要包括出租房屋实物状况、权属状况、周边环境状况、交通状况以及配套设施等。通过实地查看，与接待客户时所获取的信息进行核对，确保出租房屋信息完整、准确，并编制《房屋状况说明书》（房屋租赁），对出租房屋布局和设施设备进行拍照。

3. 租金价格谈判

实地查看房屋之后，结合区域内出租物业的租金价格水平及房屋新旧程度、房间布局等，与出租人协商确定租金价格。

4. 签订房屋出租委托代理合同

协商确定租金价格之后，房地产经纪人应尽快代表房屋租赁运营机构与出租人签订《房屋出租委托代理合同》，明确双方的权利义务。特别地，要在出租托管合同中明确约定房地产经纪机构享有转租第三人的权益，并就出租房屋的租金标准、空置期、物业管理费、供暖费（如果有）、维修支出、租金支付时间等与房屋租金相关的核心问题进行沟通，并落实到具体条款上，以防止后期出现矛盾和纠纷。

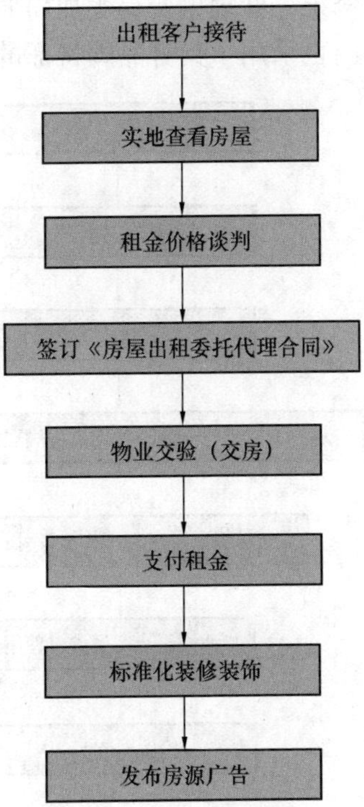

5. 物业交验（交房）

业主将房屋托管给房屋租赁运营机构进行经营之后，房屋租赁运营机构要与业主共同进行房屋验收，对房屋内的设施设备一一进行查验，登记到表格内并由双方签字确认。

图 7-2　房屋租赁托管业务
出租委托流程图

6. 支付租金

按照房屋租赁运营机构与业主签订的《房屋出租委托代理合同》中关于房屋租金支付的条款，向业主支付租金，并向业主索取收到房屋租金的收据或凭证。

7. 标准化装修装饰

房屋租赁托管业务中，房屋租赁运营机构为了提升托管房屋在市场的竞争力，在出租客户同意的情况下，一般会对出租房屋进行一定的装修改造，配置相应的家具家电等，以便为承租人提供更好的入住条件，有利于房屋再次出租。分散式房屋租赁托管的房屋装修通常不是标准化统一装修，多为利用原来业主的家具家电，适当进行装修改造，以提升居住或办公品质为目标。集中式房屋租赁托管的房屋，进行统一的标准化装修更加便捷，也有利于建立品牌风格，为后期出租打下良好的基础。随着家装市场的活跃，分散式房屋租赁托管的房屋进行统一装修统一管理也变得更加简便，一些公司为了树立自己的品牌在分散式托管的房屋内也采用了具有品牌特征的统一装修、装饰、家具、家电等。

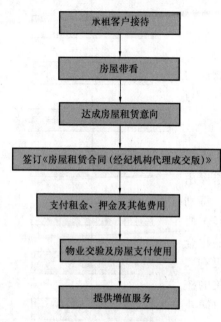

图 7-3　房屋租赁托管业务承租委托流程图

8. 发布房源广告

在签署完《房屋出租委托代理合同》后，房地产经纪人需要通过电话、互联网、手机 APP、电视、报纸、人员推荐等多种方式进行广告宣传。目前一些企业已经推出了针对年轻人群体和特定群体也进行房屋租赁托管业务的独立品牌。

（二）承租委托业务流程

承租委托业务流程一般包括承租客户接待、房屋带看、达成房屋租赁意向、签订《房屋租赁合同（经纪机构代理成交版）》、支付租金和其他费用、物业交验及房屋交付使用、提供增值服务等七个环节，见图 7-3。

1. 承租客户接待

房地产经纪人得到承租客户信息的途径包括互联网、手机软件、电话咨询以及到店咨询等方式。房地产经纪人在接待客户时，需要了解客户需求，并根据客户需求和客户的租金支付能力对客户进行分类。在这个环节，房地产经纪人最重要的工作是进行房源信息与客源信息快速匹配，为承租客户提供与其需求相吻合的房源信息列表，供承租客户遴选。

2. 房屋带看

本部分房屋带看与存量房租赁经纪业务流程中相应的流程基本一致，重点是根据《房屋状况说明书》上的内容向承租人介绍房屋状况，记录承租人对带看房屋满意和不满意的地方，目标是达成房屋租赁意向。

3. 达成房屋租赁意向

应该说，达成房屋租赁意向是房屋带看的结果。一旦承租人对租赁运营机构提供的租赁房源表示满意，希望达成租赁意向，就进入下一个环节。

4. 签订《房屋租赁合同（经纪机构代理成交版）》

承租人与房屋租赁运营机构达成房屋租赁意向后，就要签订房屋租赁合同。在该合同中，房屋出租方是房屋租赁运营机构，而不是房屋原始出租人。承租人与房屋租赁运营机构仍然需要对房屋租赁条款具体内容进行协商，以满足承租人的承租需求。

根据政策文件的要求，房屋租赁运营机构不得变相开展金融业务，不得将住房租赁消费贷款相关内容嵌入《房屋租赁合同》，不得利用承租人信用套取住房租赁消费贷款，不得以租金分期支付、租金优惠等名义诱导承租人使用住房租赁消费贷款。

5. 支付租金、押金及其他费用

签订房屋租赁合同之后，承租人需要根据约定向租赁运营机构支付租金、押金及其他费用。其他费用包括租赁运营机构提供保洁、维修、代缴水电费等增值服务所产生的费用。

根据监管要求，房屋租赁运营机构应当在商业银行设立一个住房租赁资金监管账户，向所在城市住房和城乡建设部门备案，并通过住房租赁管理服务平台向社会公示。如果房屋租赁运营机构单次收取租金超过 3 个月的，或者单次收取押金超过 1 个月的，应当将收取的租金、押金纳入监管账户，并通过监管账户向出租人支付租金，向承租人退还押金。

6. 物业交验及房屋交付使用

签订完房屋租赁合同，租赁运营机构要与承租人办理物业交验工作。承租人在运营机构的房地产经纪人引导下，对承租房屋的装修状况、家具家电、厨房卫生间设施设备等一一进行核验。对于刚刚装修的房屋或者新家具，承租人可能还需要测试一下房屋甲醛浓度。对于存在的问题，房地产经纪人要一一记录，争取及时解决。由于是租赁运营机构统一管理，对于经常面临的问题，可以通过统一的装修或服务来提前解决，以更好地提高客户体验，促成房屋租赁交易。

7. 提供增值服务

房屋租赁托管业务经常会提供增值服务，一般包括代收代付水、电、燃气、电话、有线电视、物业服务费等；代出租方查验清理退租房屋；提供居室保洁、专业管家、订餐服务、出行服务等。随着租赁群体呈现年轻化的趋势，一些"集中式"的房屋租赁托管品牌，也打造健身房、电竞室等具有社群属性的公区配套来提高居住体验，增加租户黏性。

（三）房屋包租业务操作要点

房屋包租业务主要包含 5 个方面的操作要点：

1. 房屋租赁运营机构与业主（出租人）和承租人分别签订房屋租赁合同，也就是说，这种租赁关系的建立是由两份合同组成的，一份是房屋租赁运营机构与业主（出租人）签订的《房屋出租托管合同》（俗称包租合同、收房合同），另一份是房屋租赁运营机构与承租人签订的《房屋租赁合同（经纪机构代理成交版）》（俗称承租合同）。房屋租赁运营机构与业主（出租人）和承租人形成了两个独立的租赁法律关系，这与所谓的"中介租赁"通过一份"三方合同"完成租赁业务的业务模式截然不同，所形成的租赁法律关系数量也不同。

2. 因为房屋包租不是签"三方约"，房屋租赁运营机构与出租人约定的租金和房屋租赁运营机构与客户约定的租金没有必然相等的数学关系。在实际操作中，业主并不干预经纪机构的出租价格，也就是说，业主在《房屋出租托管合同》中已经对可能出现的"差价"表示认同。但是，根据住房和城乡建设部等部门联合发布的《住房和城乡建设部等部门关于加强轻资产租赁企业监管的意见》（建房规〔2021〕2号）的规定，除市场变动导致的正常经营行为外，房屋租赁运营机构支付给出租人的租金原则上不高于其收入客户的租金，这是为了规避利用房屋租赁运营所可能存在的金融风险。当然，金融风险与经营风险并不相同，由于房屋租赁运营机构的原因导致的房屋空置损失应当由经纪机构承担。

3. 房屋租赁运营机构向承租人收取租金的方式和期限与房屋租赁运营机构向业主支付租金的方式也不一定相同根据住房和城乡建设部等部门联合发布的《住房和城乡建设部等部门关于加强轻资产租赁企业监管的意见》（建房规〔2021〕2号）的规定，房屋租赁运营机构单次收取租金的周期不超过3个月，一般是押1付3。同时，房屋租赁运营机构向业主支付租金的方式一般是每月或每季（3个月）支付。

4. 房屋租赁运营机构为了最大限度地降低自身的空置风险，会向业主要求一段时间的所谓"空置期"（免租期），一般是30～60天不等。这段空置期在房屋租赁运营机构与业主签订的合同中有明确的规定，且房屋租赁运营机构在此期间将该房屋出租后的所得归房屋租赁运营机构所有。这就意味着房屋租赁运营机构已经通过合同的规定将空置期内可能产生的收益划入房屋租赁运营机构的名下，是双方协商的结果。

5. 业主、客户和房屋租赁运营机构任何一方违约都要以不同的形式承担违约赔偿责任。一般情况下，违约金的额度大体相当于1～2个月的租金，如果违约方在合同规定的违约条款之外给守约方造成其他损失，还要根据实际损失承担其他赔偿责任。例如，由于租期过短导致房屋租赁运营机构装修成本浪费，这样的损失也应当在合同中进行明确约定。

复习思考题

1. 存量房租赁业务流程包括哪几个环节?
2. 房地产经纪人在撮合存量房租赁业务时的要点有哪些?
3. 签订房屋租赁合同有什么意义?
4. 房屋租赁合同包括哪些内容?
5. 签订房屋租赁合同时,房地产经纪人应注意哪些要点?
6. 与房屋租赁合同相关的费用如何支付?
7. 什么是房屋包租业务?
8. 房屋包租业务流程包括几个环节?
9. 收益共享型包租的特点有哪些?
10. 房地产经纪人在操作房屋租赁托管业务时,应重视哪些要点?
11. 房屋租赁托管业务有哪些优势?
12. 房屋租赁经纪业务与房屋包租业务有哪些异同点?

第八章　新建商品房租售代理业务操作

"新建商品房销售代理"是指房地产开发企业将开发建设的房地产项目委托给专业的房地产经纪机构代为销售的一种方式。房地产销售工作一般在项目开始时就启动，因此，经纪机构通常会介入房地产项目开发经营的全过程，包括为房地产开发企业提供市场调查、产品定位、客户定位、营销推广、销售组织以及协助物业交付和代办不动产产权登记、融资贷款等一系列服务。根据物业类型的不同，住宅、写字楼、商业等在销售过程中的客户类型、购买行为与销售执行会存在差异。

第一节　新建商品房销售准备

房地产经纪机构获取销售代理项目后，将针对项目的具体特点制订营销方案，并在正式销售前，准备好项目的宣传资料、现场展示、批准销售的必要法律文件以及销售人员的培训，为顺利实现项目的销售目标提供充分保障。

一、营销方案制订

在制定新建商品房的营销方案时，需要注意做好市场定位、制定推广策略和销售计划三方面内容。

（一）做好市场定位

判断项目市场定位，是进行市场营销工作的第一步。房地产项目市场定位，以项目指标属性为基础，符合相应政策为前提，根据房地产开发企业自身的开发目标，从项目的本体特征、目标客户和市场竞争状况等客观因素进行综合分析，判断项目是市场领先者、市场补缺者、市场追随者还是市场挑战者。例如，天津某城市综合体项目位于友谊路附近、临近五大道，地理位置和交通条件优越，集聚中央商务区商务功能与区域历史人文氛围于一身，该项目可以定位为天津市最高端的综合公寓楼，成为区域商务综合体项目的市场领先者。

（二）制订推广策略

项目的市场定位明确后，根据其定位可以制定后续的宣传推广策略，包括项目形象展示、推广渠道、宣传资料以及活动组织等一系列销售执行活动。这些销售执行活动需要围绕项目而展开，并要结合项目的营销总费用和预算来编制和实施。表8-1是以深圳某一新建商品房项目为例，介绍了营销推广的渠道及费用占比，供读者参考。

深圳某项目销售推广渠道及费用占比　　　　表8-1

类别	渠道	费用占比（%）	费用（万元）
推广类	户外楼盘广告	9.6	100
	网络宣传（门户网站）	5.7	60
	报纸广告	5.7	60
	自媒体广告	2.4	25
	路旗广告/交通指示牌广告	2.9	30
	电台	2.4	25
	地铁广告	14.4	150
	公交站台	4.8	50
	社交软件	1.9	20
	围墙/楼体条幅	3.8	40
	电梯框架/快递柜	1.9	20
拓客类	商场巡展	3.8	40
	社区巡展	1.9	20
	扫街派单	1.0	10
	电话邀约	0.5	5
活动类	产品/品牌发布会	2.9	30
	重大活动（售楼处、样板房开放、开盘）	19.1	200
	现场暖场活动	3.8	40
展示类	售楼处模型（区域、户型、楼体）	4.8	50
物料类	销售物料	4.8	50
	拓客物料、礼品	1.9	20
合计		100	1 045

2018 年全年项目推广总费用 1 045 万元，推广费用占销售金额之比为 0.7%

（三）制订销售计划

营销方案的重要组成部分是制定销售计划。首先，销售计划可分解为项目入市前的预热期、公开销售期、持续在售期和尾盘销售期等关键时间节点。其次，针对每个关键时间节点确定销售团队应达成的销售金额、销售速度等总体目标。在计划实施过程中,销售团队领导要对照实际执行效果与计划指标的差异,找出原因、及时解决问题,以保证总体销售目标的顺利达成。

二、宣传资料准备

宣传资料是将项目的定位、产品、建筑风格等信息,以画面、文字、图示的方式传递给客户,以增加客户对项目的感知。房地产销售宣传资料通常由房地产开发企业委托专业的广告公司设计和制作,以项目楼书、户型手册、折页、宣传单张、宣传片、网站等形式呈现给客户。

(一)项目楼书

项目楼书将项目的综合信息,以图片、文字及数据形式来描述。项目楼书包括形象楼书和功能楼书。形象楼书多采用图片及较容易产生联想的感性语言,向客户传递项目的形象和卖点。形象楼书的内容主要包括楼盘的整体效果图、位置图、整体规划平面图、核心卖点、建筑风格、楼体形象、主力户型图、会所、物业管理服务等。

功能楼书专业性较强,可以理解为一本简单的"产品说明书",主要介绍规划说明、小区交通组织、建筑要点、会所功能分区、完整户型资料、社区公共配套、周边基础设施配套、交楼标准等内容,目标是为了增加客户对项目的全面了解。

(二)户型手册

户型手册是一本将项目所有的户型详细完整展现出来的小册子。通常第一页有项目的总平面图,客户可以从总平面图清楚地了解项目的整体布局、不同户型所在的位置,更有利于销售人员向客户讲解,另外也方便客户自己查阅。

(三)宣传展板、折页、单张

宣传展板是将项目楼书上的核心卖点进一步提炼抽取,或将销售信息以展板的形式在销售现场展示,达到项目价值点渗透宣传、销售信息(如促销措施等)及时公布的作用。折页和单张是项目楼书的简要版本,内容主要是形象定位、项目介绍与主力户型介绍等,一般主要在房地产销售展会、商业大厦周边大量派送。

三、售楼处设置与销售现场展示

房地产项目在销售前,需要对售楼处、样板房、看楼通道、形象墙、导示牌等销售现场进行形象设计和装修,目的是将项目的质量品质、房企品牌影响力、服务体验等有形和无形的品牌价值成功传递给客户，达到促进客户购买决策的效果。展示内容和展示形式可以多样，并且不同的展示内容其功能也不一样，具体见表8-2。

项目销售现场展示内容与功能一览表 表 8-2

功能	展示内容		展示形式
成功传递项目价值	产品价值	区域价值	□区域板块图
			□区域沙盘
		规划价值	□项目沙盘
		户型价值	□户型模型
			□样板房
	品牌价值	企业资质、荣誉等	□奖杯证书
		企业背景和发展历程	□背景墙、形象墙
		社会责任	
	物管价值	物管资质、理念和标准	□证书
		服务内容	□背景墙、形象墙
		智能化	
	诚信价值	行业公示	□公示文件（五证二书）
		风险提示	□提示牌等
营造融洽的洽谈氛围	融洽氛围		□洽谈桌椅
			□洽谈 VIP 室
			□礼品、抽奖区
			□音乐氛围
为客户到达与成交提供便利	停车场		□充足的车位
			□方向指示牌
			□保安
	看楼通道		□样板房、售楼处导视牌
			□通道围挡
			□看楼车
	客户导示		□导示牌、楼体条幅等

（一）售楼处设置的工作程序

售楼处，在房地产经纪行业内又常被称为"案场"，是新建商品房经纪业务中销售环节进行的主要工作场所，同时也是以新建商品房经纪业务为主的房地产经纪机构下设项目组的所在地。严格来讲，售楼处设置并不是房地产经纪机构的工作，而是房地产开发企业在项目规划设计时就应予以考虑的。但是，目前在我国商品房市场上，有些开发商未能在项目前期进行充分考虑，以致到了项目销售阶段，房地产经纪机构不得不帮助开发商来设计与设置售楼处。还有一种较常见的情况是，房地产经纪机构的服务越来越向商品房开发的前期延展，在项目前期就与开发商建立了业务服务关系，房地产经纪机构协助开发商进行售楼处设置的工作。售楼处设置一般包括 5 个流程。

1. 售楼处功能的确定

售楼处的基本功能是展示商品房项目的信息，提供商品房销售服务。但是，展示商品房信息的内容会因商品房项目情况的不同有很大差异。根据项目的工程进度，可以在楼体内设置样板房。有些项目在开盘时无法提供真实的样板房展示，则售楼处现场就有必要按照 1：1 比例提供搭建的样板房仿真品。如果销售的商品房是全装修房，售楼处就必须提供装修建材、设备的样品展示。房地产开发商对售楼处的功能亦有多样化的考虑，如以后改作会所、商铺等。而售楼处的功能，直接影响售楼处的面积大小、选址要求、视觉形象等。因此，设置售楼处的第一步就需要房地产经纪机构充分了解房地产开发商的要求和项目的特性，并与开发商充分沟通、认真研究确定售楼处的主要功能。

2. 售楼处的选址

售楼处的位置，对售楼处的功能实现具有直接影响。但售楼处位置的选择，常常受到项目自身条件（地理位置、规划布局、施工进度等）的制约。房地产经纪机构应根据具体项目的售楼处功能定位与项目条件，认真研究，寻找到两者的平衡点，据此选定售楼处的位置。

3. 售楼处的布置

售楼处布置包括售楼处户外功能布置、内部功能区域布置、人流动线设计、装修装饰风格及档次设计等内容。布置售楼处应根据售楼处的功能、项目目标客户的类型（收入、年龄、职业等）、经费预算等因素，综合考虑后确定布置方案。

4. 售楼处管理制度的制定

售楼处管理制度包括工作流程、关键内容说辞、接待时间、保洁要求等。其中工作流程是最为核心的部分，主要包括客户接待流程、签约流程、收款流程、交房流程等。关键内容说辞，是对销售人员向客户解说重要事项（如房源、合同条款、价格、交房时间、贷款办理、交易登记与产权等）的具体内容、表述方式的规定，应根据项目的具体情况和项目营销方案详细制定。

5. 售楼处工作团队的组建

售楼处的工作团队一般情况下包括销售人员、管理人员和辅助人员三大类。具体人数及构成应根据项目的房源数量、销售期、市场推广方式等情况综合考虑而定。

（二）售楼处的选址

如前所述，售楼处选址应在售楼处功能要求与项目自身条件约束之间寻求平衡点。在售楼处选址时应注意以下事项：

（1）保证售楼处的可视性。尽量保证从项目周边的主要道路上能看到售楼处。

（2）保证售楼处的通达性。保证车辆能从项目周边的主要道路上直接行驶到售楼处门口。

（3）保证售楼处的空间容纳性。在销售关键环节（如开盘、交房）或举行重大活动时，售楼处会集聚大量的人流，要保证售楼处室内、室外容纳大量人流的空间，室外还要考虑停车、举行仪式的场地。

（4）保证售楼处与项目（特别是样板房）之间通达的便捷性。虽然售楼处一般都设在项目现场，但受项目规模、出入口安排、建筑施工状况等因素影响，不同位置的看房路线长短是不一样的，应尽量在靠近样板房、出入口的位置设置售楼处。当然，对于规模较大的项目，要综合考虑各销售期通行的便捷性。

（5）保证进出售楼处人员的安全性。由于商品房预售时，项目施工尚在进行之中，因此，售楼处选址应尽量设置在项目较早完工或可在销售工作结束后再行施工的部分，以减少安全隐患。

（6）尽可能减少售楼处的浪费。搭建临时售楼处，会产生大量的浪费，并产生很多建筑垃圾，既不环保，也不经济。如果商品房项目中具有能满足售楼处基本功能的建筑单位（如会所、商铺等），应尽量在这些建筑单位中设置售楼处。

（三）售楼处的布置

1. 户外功能布置

售楼处的户外功能包括广告功能、广场功能、停车场功能、通往样板房的道路功能等。为了实现售楼处的广告效应，可在售楼处的高处设置项目标识，在售楼处外靠近主要道路的位置设置大型户外广告牌。室外应有较大面积的空地，以作为举行项目营销活动时的广场，客流多时也可作为人流驻留的场地。室外场地应专门开辟停车场，以备有车客户停车。如果项目开设看房专车，还要另设专用的停车区及供客户候车的座椅、凉棚等。项目有真实样板房的，要开辟从售楼处通往样板房之间的通道。

2. 人流动线设计

为了保证各类信息的充分展示，应对售楼处内的客户人流动线进行合理设计，并据此安排不同功能区域的具体位置。售楼处和样板房要设置引导购房客户参观路线移动的销售导示牌。一般地，售楼处会对首次来访客户和二次来访客户分别设计流动线路。

首次来访客户的流动线路为：停车→入/出口→接待台→休息区→影音展示区→模型展示区→样板房→建材展示区→开发商品牌展示区→洽谈区→休息区→入/出口。二次来访客户的流动线路为：停车→入/出口→接待台→洽谈区→入/出口。

3. 装修装饰风格

售楼处的装修装饰风格展示了房地产项目的品质水平和品牌价值。售楼处的建筑外形、外墙立面的用材、色调，均应与项目本身的建筑风格协调、统一；内部装修风格和档次应根据目标客户的偏好进行设计；家具、装饰品等应选择有利于激发客户购买欲的品种；并可适当地配置背景音乐来烘托售楼处现场销售气氛，但要注意背景音乐的文化属性与项目定位的统一。当然，售楼处装修装饰风格也可结合开发商及经纪机构的品牌元素。

（四）售楼处的日常管理

作为销售楼盘的前沿，售楼处（包括样板房）的地位日渐提升。售楼处（包括样板房）在展示、沟通、交易等基本功能的基础上，除了在设计建造的"硬件"方面张扬项目个性，凸显项目品质之外，通过加强"软件"层面的开发—对售楼处（包括样板房）的管理和服务，从而使其功能得以进一步扩展。

对于购房者，在参观样板房或在售楼处进行买卖洽谈时，置身于整洁有序的环境并感受到细致周到的良好服务是十分重要的。销售人员在洽谈买卖合同时，为购房者提供其所关心的和需要了解的诸如物业服务收费标准、服务项目、安全措施等涉及后期物业管理方面的咨询，使之感受超前提供的专业化物业管理服务，已成为现代房地产项目传递营销理念、展现楼盘特色、营造销售气氛、树立企业形象的有效辅助手段，对促进商品房销售具有一定作用。

因此，房地产经纪机构应秉承既往的管理经验，运用成熟先进的管理理念，配备专业的管理服务人员，为售楼处及样板房提供良好的管理服务。售楼处（包括样板房）日常物业管理工作主要包括如下四方面内容，如表8-3所示。

售楼处（包括样板房）日常物业管理工作的内容　　　　表 8-3

服务项目	服务内容
接待服务	迎宾准备茶饮； 清理接待处； 提供客户关于项目及后期物业管理事项咨询
工程技术服务	设施设备的运行及维护保养； 日常小修工作
保安服务	门岗服务； 停车场交通管理； 售楼处周边巡视； 看房通道指引及维护服务； 防火、防盗
清洁服务	样板间清洁； 卫生间保洁； 售楼处清洁； 垃圾清理； 特殊装修材料（地毯等）定期清洁

四、商品房销售许可文件公示及文件准备

（一）商品房销售许可文件公示

国家按照未竣工项目和竣工项目的商品房销售分别设定了不同的法律条件，且要求公示在项目销售处，达到信息透明及便于购房客户查阅的目的。前者为商品房预售项目，后者为商品房现售项目。

根据《城市房地产开发经营管理条例》和《城市商品房预售管理办法》的规定，房地产开发企业进行商品房预售时，应当在销售现场向商品房买受人公示《商品房预售许可证》，售楼广告和说明书应当载明《商品房预售许可证》的批准文号。房地产开发企业进行商品房预售应该符合的条件包括 3 个：①已交付全部土地使用权出让金，取得土地使用权证书；②持有建设工程规划许可证和施工许可证；③按提供预售的商品房计算，投入开发建设的资金达到工程建设总投资的 25％以上，并已经确定施工进度和竣工交付日期。

根据《城市房地产开发经营管理条例》和《商品房销售管理办法》的规定，房地产开发企业进行商品房现售时，应当符合以下 7 个条件：①现售商品房的房

地产开发企业应当具有企业法人营业执照和房地产开发企业资质证书；②取得土地使用权证书或者使用土地的批准文件；③持有建设工程规划许可证和施工许可证；④已通过竣工验收；⑤拆迁安置已经落实；⑥供水、供电、供热、燃气、通信等配套基础设施具备交付使用条件，其他配套基础设施和公共设施具备交付使用条件或者已确定施工进度和交付日期；⑦物业管理方案已经落实。这意味着，房地产开发企业在商品房销售现场应公示房地产开发企业取得的《企业法人营业执照》《房地产开发企业资质证书》《不动产权证》《建设用地规划许可证》《建设工程规划许可证》《建筑工程施工许可证》《房屋建筑工程竣工验收报告书》等文件。房地产开发企业销售商品住宅时，还应向买受人提供《住房质量保证书》和《住房使用说明书》。

如果委托房地产经纪服务机构销售商品房时，房地产经纪机构除了向买受人出示商品房销售的上述证明文件外，还要公示与房地产开发企业签署的商品房销售委托书和《房地产经纪服务机构备案证明》。

房地产开发企业在与买受人订立商品房买卖合同之前，应该向买受人明示《商品房销售管理办法》和《商品房买卖合同示范文本》。

商品房销售前要进行的价格及销售公示，是指经房地产开发企业盖章及物价局备案的价格信息及政府房地产交易联网的销售信息。房地产开发企业在销售现场还应向买受人公示本企业制定的《房地产买卖认购须知》《购房流程》《项目周边影响因素公示》《房源销售进度控制表》。

【案例 8-1】

代理销售不具备销售条件的项目受处罚

2015 年 8 月，河南某房地产咨询有限公司在明知代理的商品房项目未领取《商品房预售许可证》、不符合销售条件的情况下，仍代理销售该项目房屋。根据《商品房销售管理办法》第四十三条规定，郑州市房地产主管部门对该机构作出警告，并处以罚款。

（二）销售文件

1. 价目表

最终确定并用于销售的价目表须有房地产开发企业的有效盖章，以作为当期交易的价格依据。价目表的内容应包含：楼盘名、楼栋号、单元号、房号、户型、建筑面积、套内面积、公摊面积、单价、总价以及重要提示。重要提示有可能是价目表生效日期，定价标准是以建筑面积还是套内面积，定价为折前价还是折后价，价格如有更改以项目当期公（出）示的为准。

　　销售人员必须熟悉价目表中每个单位房号与实物的对应关系，以及不同房号之间的关系。销售人员最好做到熟记价目表，有利于在销售过程中引导客户购买与其需求相符的房产。

　　2. 置业计划

　　客户置业计划是根据购房者的需求，向其明确展示付款方式与支付金额的一种销售工具。销售人员需要认真了解置业计划的使用方法，填写的内容要书写工整。在置业计划书内，应写明销售人员的姓名和联系方式，同时注明该份置业计划制定的日期及有效期。

　　置业计划应包括下列内容：推荐房号（单元）、户型、面积、价格、付款方式、首期款、月供、购房折扣、定金、备注以及购房者需要申明的事项。

【案例 8-2】

某项目的客户置业计划

推荐方案一：

房号：_____ 栋_____单元_____层_____号

户型：_____ 面积：_____ m²

标准价：_____ 元，定金：人民币_____ 元

1. 一次性付款_____折，折后总价：人民币_____ 元

2. 银行抵押付款：

A）首期_____ 成，_____ 折，折后总价：人民币_____ 元

首期_____％，人民币_____ 元

贷款_____％，人民币_____ 元

_____年月供：人民币_____ 元

推荐方案二：

房号：_____ 栋_____单元_____层_____号

户型：_____ 面积：_____ m²

标准价：_____ 元，定金：人民币_____ 元

1. 一次性付款_____折，折后总价：人民币_____ 元

2. 银行抵押付款：

A）首期_____ 成，_____ 折，折后总价：人民币_____ 元

首期_____％，人民币_____ 元

贷款_____％，人民币_____ 元

_____年月供：人民币_____ 元

备注：

1. 以上价格及款项不包含税费；

2. 以上资料仅供当日参考，最终以有效法律条文为准；

3. 价格如有变动，以售楼处当日公开价格为准；

4. 发展商保留最终解释权，如有疑问，请与我们联系。

置业顾问：_____   联系电话：_____

3. 购房须知和认购流程

购房须知拟定后应由相关法律人员审核，销售人员必须了解各种手续的流程及相关条件，并能在客户办理手续过程中进行解说。为了让购房者明晰购买程序，事前需制定书面的购房须知和认购流程。购房须知的内容应明确购房者所购物业的具体信息、付款方式，并提醒购房者对所购物业应清晰详细地了解这些内容。

有些房地产开发项目还会采取一些更加规范的做法，在购房须知书中增加了风险提示。风险提示是指项目周边的配套设施可能存在的危险或不安全因素，如加油站、油库、垃圾（场）站等。

【案例 8-3】

深圳市×××项目认购须知

一、认购前敬请详细阅读本《认购须知》。

二、认购手续

1. 个人购房请带齐本人身份证等有效身份证明文件，并需提供准确的联系电话、通讯地址、邮政编码。

2. 公司购房请带营业执照、法定代表人身份证复印件盖公章、法人授权委托书、受托人身份证复印件盖公章。

3. 认购方认购该物业须刷借记卡支付定金_____万元整（每套单位），并同时签署《认购书》及相关认购资料。认购方对《认购书》及相关认购材料的内容已知晓，无异议。

4. 认购方签署《认购书》后，须在约定时间内交付首付款，并签署《深圳市房地产买卖合同（预售）》及其补充协议，按揭付款者同时办妥按揭手续（请携带个人征信报告及银行按揭资料）。逾期不办妥上述手续者视为自动放弃认购权，发展商有权对其认购的物业另作处理，定金不予退还。

5. 认购方在签署《认购书》后，不可更/加/减名/及更改房号/不得要求退房退定。

三、签约手续

1. 认购方签署《深圳市房地产买卖合同（预售）》及其补充协议时所有署名业主须亲自到场，如委托他人办理的，必须有业主亲笔签署的经公证处公证的委托书。

2. 认购方签署《深圳市房地产买卖合同（预售）》及其补充协议时须带齐认购资料、定金收据及 POS 单，并缴纳首期款、办理银行按揭及身份证原件。需要贷款请同时按《按揭贷款申请资料》的要求带齐相关资料。

3. 签署银行按揭时需准备的资料：（1）家庭成员户口本、身份证复印件；（2）收入证明原件（以银行要求为准）；（3）连续近半年银行流水（以银行要求为准）；（4）定金、首期款收据及 POS 机刷卡单；（5）婚姻证明：结婚证、离婚证；（6）按揭银行的银行卡；（7）视情况，银行可能会要求提供资产证明等其他资料。以上按揭资料具体以客户所选按揭银行实际要求为准。

4. 各期购房款请客户按《深圳市房地产买卖合同（预售）》及其补充协议规定的时间准时缴纳，出售方不再另行通知。

以上认购条款中所需资料，如在认购时无法提供的，可在签订买卖合同前补交相应的资料。相关认购、签约资料最终以政府或相关单位要求为准。

四、商用物业类办证收取相关费用

序号	收费项目	收费标准	收费单位	备注
1	契税	总楼款 3%	深圳市地税局，买受人承担	可选择发展商代收代付
2	印花税	总楼款 0.05%	买受人承担	可选择发展商代收代付
3	贴花	5 元/每证	深圳市地税局，买受人承担	可选择发展商代收代付
4	转移登记费	550 元/户	深圳市财政局，买受人承担	可选择发展商代收代付

温馨提示：办证费用为代收代付的，具体计征标准以政府最终收费标准为准，办证费用可刷卡（仅支持借记卡）。

五、注意事项

1. 详细楼宇实图以政府最后批准之图纸为准。

2. 该物业的建筑面积以深圳市地籍测绘大队所测量为准。

3. 以上费用标准仅供参考，实际以相关部门最新公布的收费为准。

六、其他未列明事项，以认购方与发展商双方最终签署的《深圳市商品房买卖合同（预售）》及补充协议等相关法律文件约定和法律规定为准。

认购方：

发展商：＿＿＿＿＿＿＿＿＿公司

销售代理商：＿＿＿＿＿＿＿＿＿公司

现场地址：

销售热线：

4. 商品房认购协议书

购房者通过销售人员的介绍，对所购物业全面了解后，选定自己购买的房屋单元，这时需要以交纳定金并签订《商品房认购协议书》的形式，来确定购房者对该房号的认购权、该房号的成交价格及签订正式《商品房买卖合同》的时间等事项。通过签订《商品房认购协议书》，可以保证购房者与房地产开发企业的合法权利。

销售人员在协助购房者签署《商品房认购协议书》时，应向其作如下提示：

第一，签订《商品房认购协议书》后是否可更名；

第二，签订《商品房认购协议书》后是否可换房；

第三，《商品房认购协议书》所指的单价是以套内面积还是建筑面积定价；

第四，应提示购房者认真阅读《商品房认购协议书》的所有内容；

第五，应提示购房者在确认购买前需了解的后续将要签署的相关文件及所展示的各项法律文书。

【案例 8-4】

××市房地产认购协议书
特别提示

一、购买房地产存在一定风险，请消费者结合自身经济状况，谨慎选择，慎重落定。

二、签署认购书前，买方应认真查阅并理解以下文件，卖方应提供查阅便利并解答：

1. 土地使用权出让合同书及其补充协议或《不动产权证》；

2. 《建设用地规划许可证》《建设工程规划许可证》《建设工程施工许可证》；

3. 《商品房销售（预售）许可证》；

4. 主管部门批准的总平面图、立面图、楼层平面图、分户平面图；

5. 卖方与物业管理企业签订的《前期物业管理服务合同》；

6.《临时业主公约》；

7.《商品房买卖合同》文本及其补充协议；

8. 一手楼购房指引。

认购协议书正文

卖方：

资质证书编号：

联系人：　　　　　　　联系电话：

委托代理机构：

备案证书编号：

联系人：　　　　　　　联系电话：

买方：

□身份证明/□护照号码联系电话：

公司或机构名称：

联系人：　　　　　　　联系电话：

委托代理人：

□身份证明/□护照号码联系电话：

第一条 买方自愿认购卖方　　　　　　　　项目的第　栋　单元　层　号房（以下称"本房地产"），用途为□公寓/□住宅/□别墅/□办公/□商业/□厂房/□　　；套内建筑面积　　m^2，以上面积为□预售测绘面积/□竣工测绘面积。土地使用期限自　年　月　日起至　年　月　日止。

第二条 本房地产总价款为人民币　　亿　仟　佰　拾　万　仟　佰　拾　元（小写　　　元）。按套内建筑面积计算，单价为每m^2人民币　　　元。

第三条 买方愿意采取下列第　　种方式付款：

（一）一次性付款；

（二）分期付款；

（三）向银行借款方式付款。

第四条 签订本认购书时，买方应向卖方支付定金人民币　佰　拾　万　仟　佰（小写　　元）。

签订正式的商品房买卖合同（以下称"买卖合同"）后，买方已付的定金自动转为购房款的一部分。

第五条 自签订本认购书之日起　　日内，买卖双方应签订正式的商品房买卖合同。商品房买卖合同一旦签订，本认购书的效力即行终止。

若买卖双方未在约定的时间内签订买卖合同，除非买卖双方书面同意本认购书时效延期，否则本认购书的效力即行终止，本房地产可另行出售。

如因买方原因导致买卖合同无法在约定时间内签订，买方已付定金不予退还。

如因卖方原因导致买卖合同无法在约定时间内签订，卖方应双倍返还买方已付定金。

本认购书在履行过程中发生纠纷时，由买卖双方协商解决；协商不成的，循法律途径解决。

第六条　本认购书自买卖双方签订时起生效。本认购书一式　　份，买方执　　份，卖方执　　份，代理机构执　　份。

卖方（签章）：　　　　　买方（签章）：　　　　　代理机构（签章）：

卖方代理人（签章）：　　买方代理人（签章）：　　经纪人员（签章）：

　年　月　日　　　　　　年　月　日　　　　　　年　月　日

5. 购房相关税费须知

购房相关税费一般包括契税、印花税、《不动产权证》登记费、房地产抵押登记费以及其他当地政府要求缴纳的相关税费。由于各税费的标准也因地区而异，详细情况需要向当地政府机关咨询。

6. 抵押贷款须知

抵押贷款须知应由项目的贷款银行提供，一般包括办理抵押贷款的程序介绍、办理抵押贷款的条件和需要提供的资料说明、抵押贷款的方式介绍、抵押贷款的注意事项等。

五、售楼处人员配置与销售人员培训

（一）售楼处人员配置

1. 销售人员配置与管理

售楼处内销售人员的数量，应根据项目销售单位的多寡以及所处的销售期而定，但售楼处的大小也是必须考虑的因素，面积较大或分层布局的，应相应配置更多数量的销售人员。此外，要考虑销售人员数量对销售人员积极性的影响，人数太少，缺乏竞争，容易造成销售人员的懈怠心理，影响总体销售业绩；而销售人员数量过多，可能会导致销售人员之间的恶性竞争，甚至影响客户的感受。

售楼处的管理人员即案场经理，是非常关键的人员，其对案场团队的管理能力，直接影响项目的销售业绩。应根据项目的特性、销售难点及房地产经纪机构

内相关专业人员的过往经历、业绩情况，合理选择配置。售楼处也是收取定金、首付款的场所，因此应配置专门的会计和出纳人员。

售楼处的销售人员是售楼处的核心，其开展业务必须遵循以下6个方面的准则：①销售工作必须坚持房地产开发商利益导向以及客户满意导向；②在对外业务交往中，不得泄露公司机密；③一切按财务制度办事，客户交款应到售楼处办理，个人不得收取客户定金及房款；④不得以任何形式收取客户钱物及接受客户宴请，如有必要须事先向经理请示；⑤所有客户资源均为公司所有，员工不得私自保留及泄露客户资源、向客户推荐其他项目；⑥必须遵守销售流程，完成接听电话、接待客户、追踪客户、签订认购书、签署合同、协助办理贷款、督促客户按期付款、办理入住等手续。

销售人员在进行客户接待时，需要遵循以下五方面的要求：①销售人员按顺序接待客户；②当日负责接待客户的销售人员在接待区、洽谈区等候，其余人员在工作区接听电话、联系客户；③接待客户的销售人员负责向客户翔实地介绍项目情况，引导客户参观样板房，与客户签订房屋认购书；④销售人员应认真解答客户的提问，不得使用"不知道、不了解"等用语，如遇不明白的问题及时向有关人员了解，落实清楚后尽快答复客户，不得以生硬、冷漠的态度接待客户；⑤严格按照开发商的承诺回答客户提问，向客户介绍，不准超范围承诺。

售楼处销售人员在接待来电和来访客户时，必须对客户信息进行详细登记。①销售人员应每日及时、详细、真实地填写客户来电登记表、客户来访登记表，并及时按经理要求定期上报。不可隐瞒或上报虚假客户；②销售人员与客户的每次接触都要详细记录，填写客户档案表，并要询问是否为已登记客户；③确认由销售人员接待客户顺序时，均以第一次接听电话、接待客户时登记为准；④销售人员之间严禁争抢客户，在工作中对客户接待的确认有争议时，应立即通报售楼处经理，由其调查、协调后裁定。

2. 其他人员配置与管理

此外，根据房地产经纪机构对销售过程管理的制度，可相应配置办证员（负责办理登记、贷款等手续）、文员（负责文件准备、填写报表等）、物业管理人员（负责售楼处和样板房的物业管理服务的日常运作及监督、控制；解答客户关于后期物业管理事项的咨询等）、网管（负责计算机系统、影音展示设备维护）、工程技术（负责售楼处的各种设施、设备的日常维护保养工作）、司机（负责看房车辆使用与维护）、保安（负责售楼处安全、秩序维护，为售楼处提供安全、高效、礼貌的保安及迎宾服务）、保洁（为售楼处提供高效、高质量的清洁维护服务）等人员。

（二）组建销售团队

房地产销售中，一般根据项目的销售阶段、项目销售量、销售目标、宣传推广等因素决定销售人员数量，然后根据销售情况进行动态调整。

售楼处销售人员的数量与项目所处的销售阶段相关。项目销售阶段分为：销售筹备期、正式公开发售、持续销售期、尾盘销售期。在销售筹备期，因项目未正式发售，广告宣传力度较小，上门客户量相对较少，销售人员的数量也相应较少。当临近正式发售日，通常正式发售前一个月开始，随着项目宣传推广的集中投放，到售楼处的客户量越来越多，尤其是发售当日，有的项目可能会发生客户集中买房的情况，因此，这个阶段需要调配足够多的销售人员来应付客户接待不过来的局面，具体根据项目的实际情况进行调整。

进入持续销售期后，上门客户的数量相对比较平稳，就可根据销售目标来安排销售人员。在此期间，上门客户量也会随着项目阶段性的推广策略和力度调整而变化，销售人员的数量也要相应做出调整。

选择销售人员时，应注重基本的专业素质和沟通能力的考察。根据不同的房地产项目选择熟悉该地区、目标客户、该房地产物业类型的销售人员，为房地产销售打下良好的人力基础。

（三）销售人员的培训

遴选出了销售人员之后，还要系统地对销售人员进行业务培训，内容既包括房地产领域的专业知识，也包括与人沟通的策略与技巧。具体培训内容包括以下6方面。

1. 市场调研培训

销售员在上岗前需进行市场调查，了解市场情况、城市规划、片区配套等相关情况，只有在充分了解与销售项目相关的各种信息后才能上岗，才有可能对购房者进行清晰准确的讲解，有助于达成最终交易。市场环境调查详见表8-4。

市场环境调查　　　　　　　　　　　　　　　　　　　　表8-4

周边环境因素	关注点
交通配套	详细区分5分钟、10分钟、20分钟步行、车行圈等，并清晰标注每个交通方式半径内的主要商业配套和交通枢纽位置，包括距离最近的地铁（轻轨）站站名、最近出口名称与距离
商业配套	周围的餐饮、商业、商务等各类配套，如有特色的老字号、精致的餐厅等，让客户联想起入住后的生活场景

周边环境因素	关注点
教育配套	幼儿园（公立或私立，每年招生人数、教学特色、入园条件或难易程度）、小学、中学、大学等学校情况，学校的简要介绍、在城市的排名、办学特色等
医疗配套	医院的等级、就医环境；距离远近，就医的便利性等
区域价值	区域规划和利好，包括区域定位、产业规划、基建情况，尤其是轨道交通、大型交通枢纽等

2. 竞争项目分析

竞争对手情况，在项目销售前是制定营销策略的重要影响因素。在项目进入正式销售后，也要做到"知己知彼"，要清晰了解周边竞争项目的优劣势和销售进度。具体内容可参照表 8-5。

深圳某竞争楼盘分析表示例　　　　表 8-5

对比项		竞争楼盘 1	竞争楼盘 2	本体
核心价值		无地铁	无地铁	地铁物业 独有五星级酒店 物业管理 高投资回报
区位		关外	关口	前海规划区
建筑指标与配套	容积率	略高于本体	高出本体 2 倍	容积率低
	总建筑面积	占地大于本体，总建筑面积约本体 2 倍	占地面积略大于本体，总建筑面积约本体 4 倍	总建筑面积小，舒适度高
	商业面积	无商业	无商业	有底商、周边配套成熟
	车位户数比	1：3	1：1.5	1：1
	教育	无名校资源	无名校资源	省一级小学学位
	交通	无地铁	无地铁	地铁口、公交便利
	……	……	……	……
装修		3 000 元／m²	3 200 元／m²	3 500 元／m²
……		……	……	……
户型对比		A 户型：60m² 2 房；平面、小阳台	B 户型：60m² 2 房	A 户型：67m² 2 房；复式、高实用率；朝向好
		E 户型：50m² 1 房；平面、小阳台	E 户型：50m² 1 房	A 户型：67m² 2 房；复式、高实用率；朝向好

续表

对比项		竞争楼盘1	竞争楼盘2	本体
竞争项目动态	工程进度	丰体封顶	主体封顶	主体封顶
	购房优惠	一次性98折，贷款99折	不分贷款方式一律99折	一律99折，按时签约99折；签约送会所服务

3. 购房客户分析

销售人员需通过市场调查及对项目的定位理解，进行目标客户分析，不同的客户类型所要分析的内容也不一样，详见表8-6。

购买客户群分析内容　　　　　　　　　　　　表8-6

客户类型	分析内容
意向客户调查	（1）在项目开盘前，可针对有购买意向的客户，了解其购买动机、需求、以往置业经历、生活工作习惯、环境背景、自用或租用物业的优劣势认知。 （2）到竞争项目进行观察，与项目的工作人员、客户进行沟通，了解目标客户情况及购买需求
成交客户分析	已经购房的客户对项目的价值关注点和认可点非常重要，对主要客户来自哪里、所属行业、收入水平、人口素质等进行详细分析，能体现小区档次，增强上门来访客户的购买信心

4. 项目本体分析

项目销售前通常会邀请专业建筑设计人员进行项目规划设计、园林规划、户型设计等内容的专业培训。目的在于让销售人员了解项目规划设计的内容、建筑特色、规划优势、产品特点及设计过程等，以加深对产品的熟悉和理解，以便于准确清晰地向客户传递产品的独特价值，并区别于周边的竞争项目。

模拟讲解培训是让销售人员更真实地学习和体验面向客户全面介绍项目特点的过程，主要是针对项目地理位置、区域整体规划、项目本身等方面，采用指导或模拟的方式进行培训。在样板房讲解培训方面，销售人员要重点针对户型图的格局、结构尺寸、户型优势、样板房风格等进行模拟培训。

5. 销售资料学习

新建商品房销售人员上岗前需充分熟悉项目的情况，要经过周密的培训及考核后方可上岗。销售资料的学习主要包括：

（1）公司背景的了解与培训；

（2）对项目楼书、折页及各类宣传材料使用和发放方面的培训；

（3）销售规则培训：指针对销售现场管理制度、销售流程、接待制度、付款方式、促销优惠、相关合同文件的签订规则等方面的培训；商品房买卖合同签订程序的培训；

（4）合同签订程序方面的培训：①售楼处签约程序；②如何办理银行抵押贷款及计算；③合同说明及其他法律文件的讲解；④物业入住程序及相关费用；⑤须填写的各类表格等；

（5）物业管理方面的培训：①物业管理服务内容；②收费标准；③管理规则；④物业管理公约；⑤其他。

6. 其他培训内容

销售人员除了进行以上培训外，还要进行关于销售辅助文档、销售使用的表格、客户档案录入培训；服务礼仪、物业销售技巧、投资分析、谈判等方面的专业课程培训；国家及地方的政策法规、税费规定、涉及房地产交易的费用培训；房地产基础术语、建筑常识、户型面积计算方法、银行抵押贷款知识培训；心理学基础学习；当地的宏观经济政策、房地产价格走势学习；公司制度、组织架构和财务制度知识学习等。

（四）销售人员的上岗考核

销售人员上岗前需要进行系统的上岗考核。考核内容主要包括以下 6 方面：①项目产品知识考核；②项目竞争对手与市场情况考核；③项目开发企业与合作单位相关背景考核；④项目销售人员在岗行为指引考核；⑤项目销售口径考核；⑥项目销售接待流程考核。

考核通常由项目销售经理组织进行。上岗考核的目的主要是推动销售人员学习项目的相关知识，同时通过这种方式保证项目的销售人员尽快进入工作状态；其次，考核也是人员选拔的一种方式。考核通常采用笔试和现场模拟的方式，有些对语言也有一定要求的项目，也会考虑对销售人员进行必要的口试。考核未通过的销售人员不能上岗，直到考核最终合格。

六、客户拓展实践

拓客是新建商品房开发客户的最为直接和有效的客户开拓方式之一，其成本低、成效高的优势备受众多开发企业的青睐，常见的拓客方式包括线上渠道和线下渠道两类。

（一）线上渠道

自媒体、即时聊天工具等社交平台已逐渐成为拓客的流行方式，且常常在项目重要节点活动、节气活动等时发布楼盘信息，以吸引购房客户。互联网的房产信息频道和房源信息平台，通过发布楼盘信息，成为新建商品房开拓客户的主要渠道。

（二）线下渠道

渠道线下拓展的形式产生，主要基于对线上推广的互补，以达到通过线下的方式将项目产品信息更加全面、立体化地传递给目标客群，从而促进客户上访量。

1. 电话拜访客户

电话拜访客户是项目常用的拓客方式之一，案场销售人员通过拟定的电话说辞对客户进行项目信息推介，逐步挖掘客户需求并邀约客户来访。电话拜访客户来源主要通过公司内部客户资源、各种拓客渠道资源、第三方合作方资源、企业客户服务 APP 等。获取的电话号码资料应符合《个人信息保护法》的要求，必须已获得客户的授权或同意。

2. 派单

派单曾经是房地产市场使用最为广泛的一种拓客方式，但随着互联网和平台技术的发展，这种方法使用的频率减少了。定点派单拓展的方式是直接与客户接触来进行楼盘推荐和宣传。一般派单地点选择在项目周边或重点商业繁华、人群易聚集的地段，如社区、写字楼、超市、百货商场、学校、地铁出入口、各条街道店铺等。很多项目为了进一步提升客户到访量，在派发的传单上会附属一些小的福利活动，如持传单到售楼处可以获得纸巾、牙膏、香皂等。

3. 巡展

巡展是一种低成本、高覆盖的拓客方式，它主要包括社区巡展、商圈巡展、路演等方式。巡展就是在目标客户区域范围内，通过设置展厅、搭建帐篷等宣传方式形成固定或移动的展厅，为客户提供项目信息咨询服务。路演方式主要在区县采取较多，地点一般选择在人群聚集地，如社区、休闲广场、大型百货商场入口处等，路演过程中穿插了很多的活动环节，如有奖问答、文艺表演、游戏比赛等活动内容，在短时间内积聚人气，快速提升项目的知名度。

4. 大客户拓展

大客户拓展的依据主要来自于项目客户地图和客户分析，针对项目所在区域内的大型企事业单位、政商机构等群体性客户进行拓展、挖掘和维系。由于大客户拓展周期比较长，且需要相应的维系工具，在实践过程中对人员配置、活动策划、目标群体筛选、关键人培养等都有较高的要求。

5. 客户拦截

客户拦截是所有拓客渠道中聚集目标客户最多的拓客方式之一。它主要是选择在主要竞品项目的关键营销节点时，在竞品项目、目标客户所在区域的主要干道或沿途必经之路对目标客户进行拦截，通过向客户灌输项目优势或与竞品项目优劣势对比信息，将竞品项目的客户带访至本项目。由于竞品看房的客户准确度较高，该方法能直接缩短客户成交周期。使用客户拦截开拓客户的前提是不能影响竞争项目的正常经营，也不能限制客户的行动自由。例如项目销售人员不能站在竞争项目售楼处门口拦截客户，以阻挡客户步入竞争项目售楼处。

6. 渠道电商

渠道电商是近几年迅速发展的一种新型电商，它的本质其实就是渠道整合。在房地产整体市场低迷，以及房地产项目多坐落在城市郊区，购房人很难到达销售现场（售楼处）的情况下，项目仅凭单一代理销售渠道难以高效突破开发企业的销售目标，房地产开发商与积累了大量客户群的房地产经纪机构、电商平台等渠道进行合作，通过分散的销售渠道拓展客户，实现为开发企业快速拓客、加速销售的目的。整合之后的集中渠道也更有能力向开发企业拿到更多的优惠以及更快的结算佣金。目前，该方式在新房销售中应用非常广泛。

7. 老带新

老带新，是一种成本低、转化率高的客户拓展方式，即老业主成功推荐亲友购房，本质上是老客户推荐方式。各种形式的优惠或激励政策，比如给老客户一定金额的现金奖励、免收半年物业管理费、赠送礼品等，是老业主带动新客户、新客户参与购房的直接动力来源。在房地产整体市场低迷情况下，这是一种简单易行的方式。

七、新建商品房现场销售流程

项目进入正式销售阶段，主要包括现场接待、商品房认购、买卖合同签订三个关键环节；后续的跟进工作，包括协助客户办理贷款和不动产登记、协助物业交付及其他服务。

（一）现场接待

销售人员在现场接待客户的过程中，一是要根据项目特点，利用现场的销售工具，尽可能充分了解客户需求意向，适当地运用销售技巧及时捕捉成交信号。二是应注意风险防范。新建商品房销售若开展新建商品房之间的销售联动的情况下，上门客户对其他项目有需求，应与上门客户做好信息确认与联动转介确认；若购房客户因购房资格或资金不足等问题需要销售旧房，方可购买新房，即一二手房联动销售，销售人员可协助客户将旧房推荐给本机构或合作的存量房经纪机构，并做好相应的转介确认。在所在城市未取消限购措施背景下，应详细了解客户购房、贷款资格。

现场接待包括七个关键环节，这七个关键环节以及每个关键环节对应的销售工具介绍见表8-7。

销售现场接待关键环节与销售工具 表 8-7

序号	关键环节	销售工具
1	上门客户信息确认、新旧房置换销售登记表	□《上门客户登记表》：记录客户基础信息 □《联动登记表》：记录联动客户信息
2	区域、沙盘、模型讲解；观看影像介绍	□竞争项目分析
3	参观园林、样板房	□项目手册
4	洽谈、沟通购房意向、算价	□竞品分析/项目手册 □房贷计算器 □算价单
5	告知购房流程、提示购房风险	□《购房须知》
6	（有限购情况下）购房、贷款资格了解	□《购房、贷款资格确认单》 □《某城市限购政策与购房资格说明》
7	记录客户信息	□《客户登记本》：详细记录客户信息

（二）商品房认购与合同签订

1. 商品房认购

建设部发布的《关于进一步整顿规范房地产交易秩序的通知》（建住房〔2006〕166号）要求：房地产开发企业取得预售许可证后，应当在10日内开始销售商品房。未取得商品房预售许可证的项目，房地产开发企业不得非法预售商品房，也不得以认购（包括认订、登记、选号等）、收取预定款性质费用等各种形式变相预售商品房。商品房认购关键环节与销售工具见表8-8。

商品房认购关键环节与销售工具 表 8-8

序号	关键环节	销售工具
1	（限购背景下）购买、贷款资格确认	□客户资料（身份证明）、银行经理核实
2	确认房号	□《房号确认单》或《房号管理单》
3	付认购定金、开具定金收据	□如委托他人买房，应出示《公证委托书》
4	签署认购书	□使用开发企业的版本《房地产认购书》
5	客户信息录入	□成交信息及时录入客户管理系统

在签订商品房认购协议书时，销售人员应关注以下 3 类风险：

风险 1：房号销售与算价风险

（1）房号销售前，必须与项目经理仔细核对房号，避免错卖房号；

（2）利用房贷计算器算价，避免算错。

风险 2：（针对限购未取消的城市）购买、贷款资格风险

（1）客户支付认购定金前，必须通过银行的征信系统进行信用情况查询，还要确认客户是否具备购房或贷款资格。

（2）客户支付认购定金前，须出示各地不动产档案资料查询大厅出具的《购房查档证明》。

风险 3：变更风险

在签署认购协议书前须告知客户，认购协议书一旦签订并到房地产交易网上锁定房源，就不能随意进行增名、减名和改名，房号也不得随意变更。如果增名、减名或改名，需要办理相关手续，变更商品房买卖合同相关条款。

另外，认购协议书约定了房地产开发企业与认购人之间签订商品房预售合同的时间，通过管理系统办理商品房买卖现售（预售）合同网上签约手续。超过认购协议书约定时间未签订商品房买卖现售（预售）合同的，该套房屋的公示信息恢复显示该套（单元）商品房未预订且未销售。故销售人员在指引认购人签订认购协议书时，有义务提醒认购人在认购协议书约定时间内办理商品房买卖现售（预售）合同的签署以及抵押贷款等购房相关手续。

2. 商品房买卖合同签订

房地产开发企业应使用住房城乡建设部、国家工商总局于 2014 年制定的《商品房买卖合同示范文本》，与购房者签订商品房预（销）售合同。部分省市允许中国港澳台及外籍人士购房，其所签的合同书要经过公证或认证。未满 18 周岁人士购房，须开具《监护公证》。房地产开发企业如果与购房客户商定商品房买卖合同补充条款时，不得合理地免除或者减轻开发企业责任、加重购房客户责任、限制购房客户主要权利，也不得排除购房客户的主要权利。商品房买卖合同示范文本及格式条款应在订立合同前向购房客户明示。

根据住房和城乡建设部 2019 年发布的《房屋交易合同网签备案业务规范（试行）》，新建商品房要办理商品房买卖合同网签备案手续，并由房地产开发企业现场办理。新建商品房网签备案包括 5 个流程：①房地产开发企业在房屋网签备案系统中进行用户注册；②房地产开发企业在房屋网签备案系统中提交买受人的身份证明，该系统对买受人资格、出售人资格和房屋是否符合交易条件进行核验。房源信息核验中需要核查新建商品房是否取得预售许可或者销售备案。③交

易双方和房源核验成功后，房地产开发企业在线填写合同，双方当事人签字确认；④房屋网签备案系统自动在网上赋于合同备案编号；⑤房屋网签备案系统进行房源交易状态公示、交易信息查询。双方当事人签订了房屋销售合同并进行备案后，买受人向房地产开发商支付房价款，该房价款进入交易资金监管账户中。

如果买受人需要以抵押贷款方式购买房产，买受人要与银行在售楼处签订借款合同和商品房抵押合同。在签订借款合同和商品房抵押合同之前，银行要审核买受人提交的收入证明、身份证明等资料。由于买受人仅与房地产开发企业签订了商品房买卖合同，开发商尚未办理不动产首次登记，买受人也并不能立即取得其名下的不动产权证，银行即抵押权人，通常会以买受人提交的相关资料到不动产登记中心办理他项权利登记和预告登记，目的是证明该套房产设定了抵押权，产权人为买受人。抵押权证明资料一般交由银行保管。一旦买受人取得其名下的不动产权证后，买受人与银行共同到不动产登记中心将预告抵押登记转为正式抵押登记。在一些城市，银行为了缩短贷款审批时间，通常将借款合同和抵押合同合并为一个合同，并在合同条款中对抵押登记办理条件和程序进行约定。

房地产交易管理部门对新建商品房销售实施严格的监管，通过严格执行商品房买卖合同登记备案制度，落实购房"实名制"。对房地产销售过程中实施合同欺诈，利用虚假合同套取银行贷款、偷逃税款等违法违规行为，房地产管理部门可暂停办理其商品房网上签约、合同登记备案等房地产交易手续；市场监管部门加大了对合同违法和侵害消费者权益行为的查处力度；构成犯罪的，移送司法部门处理。

销售人员在买卖双方办理交易手续、正式签订商品房买卖合同之前，必须将交易程序、合同条款、需要提交的资料、应纳税费明细、银行抵押贷款流程、房款支付方式及时间安排等一系列问题向买受人说明清楚。商品房买卖合同签订关键环节与销售工具见表8-9。

商品房买卖合同签订关键环节与销售工具   表8-9

序号	关键环节	销售工具
1	认购后7～15天签约（以合同规定为准） 提前3～5天通知客户交首期款、办按揭	如需延期，填写《延期付款申请书》
2	客户提供购房、贷款资格文件	签署《置业承诺书》：明确所提供材料真实性
3	银行当场出贷款承诺函（银行现场办公） 2～3天后出贷款承诺函（不现场办公）	——

续表

序号	关键环节	销售工具
4	客户办理按揭申请	—
5	签订房地产买卖合同并进行网签备案	《商品房买卖合同》
6	交首期款，定金、首期款收据换正式发票	《税费说明》：应告知客户

3. 商品房买卖合同签订中的风险

商品房买卖合同签订过程中，可能遇到一些风险。最常见的风险有购房资金风险、变更风险和政策风险。

风险1：购房资金风险

客户签订了商品房买卖合同后，如果在合同中约定支付首付款后，剩余款项以银行贷款方式支付，则可能存在购房客户贷款资格被贷款银行审查不通过或者因金融政策调整不符合贷款资格条件情况。如果客户的现金资金量不能支付全部购房款，就存在客户与房地产开发企业毁约的可能性。

另外，客户提供的用于确认购房、贷款资格资料需经客户本人签字确认，承诺资料真实性。一旦客户提供了虚假材料，有可能造成银行资格审查不通过，造成购房客户违约的可能性。

风险2：变更风险

商品房预售合同签约后，同一购房主体退房或换房的，经买受人和房地产开发企业双方当事人协商一致，先签订解除该商品房预售合同协议，通过管理系统填写并打印解除合同申请，并共同到房屋行政管理部门办理解除合同手续。

同一购房主体退房的，该房屋在楼盘表内及时恢复可售标识；同一购房主体换房的，双方当事人要重新办理网上或纸面合同签约手续。

商品房买卖合同其他条款变更的，双方当事人可签订补充协议，不再通过管理系统变更合同内容。

风险3：政策风险

近年来，有些城市出台了限购政策，涉及购房客户资格、首付款额度、贷款利息优惠等方面。例如，在限购政策发布前有些购房客户签了认购协议书，并交纳了购房定金。但由于没有及时网签商品房买卖合同，在限购政策发布后，购房客户就不具备购房资格而导致不能签署商品房买卖合同，并失去了购房机会。鉴于此，销售人员应及时了解政府相关部门发布的政策规定，与购房客户保持时时沟通，尽早网签商品房买卖合同。

4. 交纳商品房购房款及相关税费

付款方式是根据购房者的经济情况及银行规定来确定的。一般分为一次性付款、分期付款、银行抵押贷款。①一次性付款是指购房者在约定时间内一次性付清全部购房款。购房款交到房地产开发企业指定的账户。②分期付款是指购房者按照双方的协议，将购房款、按协议约定的比例分期支付给房地产开发企业。③银行抵押贷款是指购房客户以所购买的房产作抵押，向银行申请贷款，用来支付部分购房款，再分期向银行归还本金和利息的付款方式。在贷款实务中，中国人民银行和中国银行业监督管理委员会自 2010 年以来发布了一系列关于实施差别化住房信贷的政策，对首付款、贷款利率等作出详细的规定，不同城市的房地产贷款政策也有一定的差别，即所谓"限购""限贷""限售"等组合政策。一旦购房人符合银行的抵押贷款政策，需要确定借贷期限、贷款额度和贷款利率。

购买新建商品房所需交纳的税费在售楼处现场都有公示。

第二节　住宅项目的销售代理

房地产经纪机构承担最多的销售代理项目是住宅项目。住宅项目的销售代理流程可以参照第一节的相关内容，本部分主要介绍住宅项目销售代理中的住宅客户消费特征和重点营销工作。

一、住宅客户的类型

（一）依据购房面积划分客户

根据购房面积大小，客户表现出不同的消费特征。

1. 小户型客户特征

小户型客户，一种是首次置业客户，以满足刚性需求为购房目的，家庭结构相对简单，多为单身客、新婚小夫妻、异地养老客户。另一种客户是投资型客户，以满足获取出租收益或转售增值收益为目的。由于小户型总价低、容易出租和转售，很多客户青睐于此而购买小户型。

2. 中大户型客户特征

中大户型客户，多为二次或多次置业客户，目的多为改善居住条件。大中型客户通常家庭人口较多，多为三代人同住；对居住面积、产品户型及居住配套条件有更高的追求，关注生活便利性、舒适性，要求有较好的小区环境和物业服务。

3. 大户型及别墅客户特征

大户型和别墅客户的置业经验相对比较丰富，对物业有自己独有的判断。他们表现比较低调，很讲道理，容易沟通，对自己的选择较自信，朋友的影响较关键，同时也接受销售人员提出的好建议。这类客户十分注重物业品质及物业形象，追求物业与客户身份地位的匹配度。

（二）依据置业目的划分客户

根据成交客户置业目的，可以将客户分为自用客户和投资客户。

1. 自用客户特征

自用客户，购买的住房用于自己居住，其作为终极置业，看房非常仔细，关注建筑的每一个细节。客户会反复比较每栋房子的户型合理性、层高、采光、噪声、景观、室外花园、购房客户群等。朋友以及家人对客户购房决策有较大影响。

2. 投资客户特征

投资客户，以获取租金收益和转售增值收益为目的，他们十分关注房产的保值增值空间和物业性价比，对房子的细节没有自用客户那么细。房屋总价低是吸引投资型客户购房的重要因素之一。

二、住宅项目的销售执行

（一）客户积累

房地产经纪人最重要的工作是客户积累，如果没有客户，就没有了交易。客户积累通常会借助某种渠道或工具。目前市场上积累客户的方式有两种：客户主动上门、通过渠道拓展的客户。

在客户积累的过程中，更重要的是了解客户的购房意向，以便更准确地指导销售工作。

【案例 8-5】

某项目客户意向表

尊敬的客户：

您好！

为了使您能够选到满意的住房单位以及为您提供更优质的服务，请您准确如实地填写此意向表，同时此意向表也是参观 A 项目样板房的凭据，请您妥善保管。多谢合作！

姓名：_____　　电话：_____

身份证明号码：_____　　现居住地：_____

_____

意向户型

1. ____单元____层____房

2. ____单元____层____房

3. _____ 单元 _____ 层 _____ 房

您能接受的总价

一房：约 51m² □50～55 万元   □56～60 万元

二房：约 72m² □70～75 万元   □76～80 万元

约 80m² □80～85 万元   □86～90 万元

三房：约 95m² □100～105 万元 □106～110 万元

用途：□自住   □过渡型自住   □投资   □SOHO   □其他 _____

销售代表：_____   电话：_____   日期：_____

（二）住宅项目价格制定

作为房地产经纪机构，在展开制定价格策略工作前，最重要的一个步骤是与开发企业充分沟通，将开发企业的回款目标、企业运营战略作为定价基础。通过与开发企业沟通价格目标及价格策略，确定其对项目的价格预期，解决开发企业的现金流压力，是合理定价的一个关键前提。

此外，再结合市场调研、专业定价流程以及客户的购买力研究，对开发企业的价格预期进行验证。在这个过程中需要反复与开发企业沟通并达成共识，找到目标与市场的平衡点，制定出符合当前市场规律，同时满足项目价值最大化的定价策略。

价格是面向消费者的语言。价格的制定需要通过市场调研、确定价格策略及方法、推导核心均价、价目表形成及验证、推售安排五个主要步骤完成。

1. 市场调研

价格制定阶段的市场调研目的是通过分析现在与未来的市场竞争情况，了解市场的大环境及发展趋势，同时锁定竞争对手，提供决策的依据。这个阶段的市场调研侧重于收集竞争项目销售与价格信息、价格表、各房号之间价格平面差与垂直差等信息。

【案例 8-6】

以深圳某片区某特定时间段市场供应状况动态监测

项目\套数	合计 片区总量统计	中心区 A项目	中心区 B项目	南岭区 C项目	南岭区 D项目	生态新区 E项目	生态新区 F项目
总套数	3146	560	582	188	201	340	555
一房套数	230	148	0	24	19	30	0
两房套数	729	56	170	39	59	40	152
三房套数	1892	352	313	124	104	218	359
四房套数	216	4	99	1	16	40	20
五房及以上	79	—	—	—	3	12	24

续表

套数　　项目	合计	中心区		南岭区		生态新区	
	片区总量统计	A 项目	B 项目	C 项目	D 项目	E 项目	F 项目
剩余套数	1 167	160	79	34	68	150	297
一房套数	188	148	0	0	1	30	0
两房套数	192	2	12	3	4	40	74
三房套数	609	6	54	31	50	32	199
四房套数	107	4	13	0	11	40	3
五房及以上	71	0	0	0	2	8	21
销售率	—	71%	86%	82%	66%	56%	46%

竞争楼盘打分表

打分人员：　　　　　　　　　　打分日期：

名称　　项目		竞争项目	权重（%）	打分	得分	备注
地理位置35%	片区环境	片区形象				
		噪声				
	交通	公共交通				
		地铁				
	配套	教育配套				
		生活配套（购物、餐饮）				
		商务配套				
楼盘本体状况35%	小区规划	项目规模				
		楼间距				
		小区商业配套规划				
	平面设计	通风、采光、朝向				
		户型设计				
		梯户比				
		得房率				
		实用率				
	景观设计	园林规划设计与面积				
		景致内容				

续表

项目＼名称		竞争项目	权重（%）	打分	得分	备注
楼盘本体状况35%	形象	立面造型/色彩				
		入户大堂及公装效果				
	会所	会所规模				
		会所配置				
	投资价值	投资价值				
	装修	装修				
	设备、材料	智能化、电梯、门窗、管线				
楼盘附加值30%	品牌形象	发展商实力				
		承建商				
	物业管理	品牌				
		收费				
		附加服务				
	现场包装	售楼处、样板房				
		导示系统（昭示性）				
	工程进度	潜在风险				
	周边景观资源	园林景观				
		水系景观				
竞争对手均价		影响因素折扣合计				

注：①打分取值范围：−0.5～＋0.5，项目与比较对象对比，打出项目的相对分值，0 为项目与之相
当，−0.5～−0.4 为项目很差，−0.4～−0.2 为差，−0.2～0 为略差；0～0.2 为略好，0.2～0.4
好，0.4～0.5 很好。②得分＝权重＊打分。

2. 确定价格策略及方法

价格策略的确定步骤包括：①了解本项目所有的产品；②将产品根据户型、资源及客户需求进行分类，并进行细分；③结合产品分类、客户需求和销售目标确定价格策略。

同一类户型的产品因其位置不同，价格也会有很大的变化。不同房号的价差是基于市场增长及客户价格敏感点确定的，在销售过程中有效地实现各类产品价格过渡是项目价值得以实现的关键。同时稳定的销售速度也是验证价格策略是否合理的指标之一。

3. 推导核心均价

核心均价是指该楼盘所有房屋单位面积的成交价的平均值。核心均价的确定有很多种，包括市场比较法、收益法、成本法、目标利润法等。目前确定住宅项目核心价格常用方法是市场比较法。市场比较法的前提是市场上能找到可同比的产品类型。繁荣的房地产市场为使用市场比较法创造了条件。

4. 价目表形成及验证

制定价格前，首先需要对市场进行调查、对竞争楼盘详细深入了解、对本体楼盘进行勘查及爬楼打分，重点记录竞争楼盘、本项目各楼层各单位的差异。这些是制定价格的基础。这些调研工作需要借助各种打分工具，对参与打分的人员要求有一定行业经验，通常由项目负责人、策划人员、销售经理、销售人员组成打分团队，共同进行。

【案例 8-7】

A 项目实勘平面差打分表

……

打分要求：有利因素越明显分值越高，不利因素越明显分值越低，如景观越好，分值越高；噪声越大，分值越低。

打分人员：　　　　　　　　　　　　　　　　　打分日期：

项目名称：＿＿＿＿＿＿＿

楼栋名称		1栋					2栋					
单元名称		1单元		2单元			1单元			2单元		
影响因素	权重(%)	01	02	03	04	……	01	02	03	04	05	06	……
房型												
面积												
影响因素打分：												
景观												
朝向												
视野												
通风												
采光												
噪声												

续表

楼栋名称		1栋					2栋					
单元名称		1单元		2单元			1单元			2单元		
影响因素	权重（%）	01	02	03	04	……	01	02	03	04	05	06	……
结构													
户型													
面积													
……													
合计	100%												

调查日期：

打分结果须反复审核，将市场调研结果、打分结果进行整理，作为制定价格的基础（确定层差、平面差、赠送面积调差、特殊调差、影响价格的其他因素及其权重）。

价格表打分权重是根据市场情况客户关注度和产品差异确定的，所以对基础数据和产品的研究就成为至关重要的环节。

标准层调差因素及权重表

影响因素	景观	朝向	面积/户型	视野	采光	通风	噪声
权重	30%	15%	20%	15%	10%	5%	5%

以上各项因素确定后，价格表就随之形成了。价格表制定完后，需要对其合理性进行验证，验证方法包括敏感点分析和点对点分析。敏感点分析是对客户的需求进行检验，在合理的目标下将客户的风险降到最低。

点对点验证表

	本项目	A项目
户型		
单位		
建筑面积		
套内面积		
景观		
朝向		
户型特点		
单价		
总价		

点对点验证选取本项目中不同类型的单元，例如不同物业类型中选取的单元、不同楼层段中选取的单元或不同价格段中选取的单元，再找与这些单元属于同区同质同时的其他项目单元进行一对一比较，以判断本项目定价的合理性。

……

5. 推售安排

推售安排是指每一次推售根据开发企业的回款目标合理确定各类产品的组合比例。价格的确定是与推售策略息息相关的，合理的推售方案是确保价格实现的关键。

（三）销售执行

1. 销售文件和销售计划

房地产项目进入市场销售，其首要条件是需要符合预售条件。房地产开发企业要根据国家和地方的法律法规，办理商品房销售（预售）许可证。

项目在正式销售前，需要检验客户积累目标达成性，销售项目经理须把握积累诚意客户的真实需求与意向，根据这些信息拟定预销售目标，并和销售代表进行分解销售目标的沟通。

在进行新建商品房销售前，除了准备好销售资料，还需要准备好正式发售方案。发售方案应根据客户积累情况以及与开发企业沟通后的内容来制定。

2. 销售方式

销售方式分为集中销售和自然销售两种。集中销售指当项目达到销售条件后，通知所积累的诚意客户集中于某日前来销售地点进行认购；自然销售方式指项目在确定销售时间后，按客户自然上门的时间和顺序进行认购。集中销售和自然销售内容对比表见表 8-10。

集中销售和自然销售内容对比表 表 8-10

内容	集中销售	自然销售
操作流程	确定前期积累客户选房顺序，正式发售前统一发出通知信息，客户凭借顺序号或现场摇号进行选房，未到或迟到者视为自动放弃	选房当天客户按照到场排队顺序进行选房，先到先得
开盘风险	当天到场选房的客户非常集中，若服务或购房流程设计不恰当，容易引起客户不满	热销盘客户会提前排队，维持秩序、解释规则所需的成本过高，容易引起客户情绪激化，风险较大
客户流失度	客户诚意度高，易于把握。但新客户很可能由于选不到心仪的房而流失	对客户没有约束力，客户诚意度难以把握，客户流失度高

续表

内容	集中销售	自然销售
市场关注度	只针对前期积累客户开盘，前期积累客户量多，具有一定的市场关注度	通过"先到先得"的形式引发客户了解欲、购买欲，市场关注度高
开盘销售率	由客户储备量和客户诚意度以及现场销售氛围决定	新老客户同等待遇，前期积累客户容易流失，对楼盘性质要求较高
适用楼盘	常规楼盘	产品类型、客户均少的楼盘

第三节　写字楼项目销售代理

一、写字楼产品特性和运作目标

（一）写字楼的产品特性

1. 与宏观经济的正相关性

企业客户购买写字楼用于商业经营和日常办公，企业经营状况和资金实力直接影响购置物业的品质和面积大小。企业作为市场经济活动的主体，其经营状况与国家宏观经济走势密切相关。当国家宏观经济状况良好时，企业购买或租赁写字楼的需求较为旺盛，相反，需求变弱。因此，写字楼销售市场发展走势与国家宏观经济形势基本保持同向变化。

2. 购房（承租）客户多为企业

与住宅市场客户最大的不同在于，写字楼的主流客户多数为法人或非法人组织，自然人客户相对较少。大部分客户购买写字楼往往要综合考虑企业发展需求及资金周转状态，属于企业行为，并非简单的个人购买行为。这就决定了写字楼成交周期较长，从办事人员的首次咨询到企业董事会（领导层）最终决议，多层次的引导与谈判使写字楼销售更体现出商务博弈的特点。即使当私企老板以个人名义购买写字楼物业时，仍然需要综合考虑该企业在其产业链的上下游位置、企业员工便利性、企业发展阶段形象、企业资金链状况等因素。

3. 产品硬件设施具有较强的技术性

写字楼属于城市公共建筑，楼宇形象影响城市形象，并在一定程度上反映着城市经济发展水平。写字楼的建筑设计、建筑结构、建筑材料、内部设施设备、智能系统、装修标准等决定了写字楼的品质。写字楼产品与入驻企业的运营成本等密切相关，购置（租赁）成本影响着企业经济效益。因此，相对于住宅产品，写字楼产品的技术性更为明显。写字楼的销售、策划、代理人员均需要掌握从建筑设计、材料应用到硬件匹配等各方面内容，清晰了解细分产品技术的应用、功效以及市场反馈等。

4. 销售商务性

基于写字楼客户的企业客户属性，以及写字楼购买的企业行为特征，针对该类客户的项目销售各个环节均需明确体现商务属性。例如，在项目案名、广告画面、推广语、售楼处装修风格、活动主题、销售人员形象、销售流程与销售语言等方面均以突出商务属性为核心原则。

5. 项目运作专业性

写字楼项目的产品技术性与销售商务性，决定了写字楼项目运作的专业性。主要体现在产品设计施工、项目销售推广到项目销售执行的所有环节及所有合作公司都应具备相关的专业性或写字楼运作经验。

（二）写字楼项目运作目标

写字楼项目在投入建设之前需要严格依据土地规划的法定用途进行前期的市场定位与大致的产品类型界定。写字楼项目投资大、回收期长，在代理销售过程中，房地产经纪机构需要与房地产开发企业充分协商写字楼项目的运作目标。

1. 综合收益最大化目标

在综合收益最大化目标下，开发企业要求创造写字楼价值的最大化。开发企业追求或保留优质物业，获取长期收益，或出售优质物业，获取高额溢价。此时在进行写字楼的项目市场定位及产品类型界定时，应该打造优质资产，产品具备特色且较为超前，同时尽量将项目后期运营成本降低。

2. 快速回收成本目标

在快速回收成本目标下，开发企业要求严格控制项目风险，如财务成本风险、工程进度风险、未来区域竞争风险，以最快的速度将写字楼建设并销售出去，尽快收回前期土地和建设成本。该情况下，在进行写字楼的项目市场定位及产品类型界定时，应该建造适销对路的产品；缩短开发周期，合理控制项目成本投入，确保项目较高的投入产出比。

3. 品牌目标

在品牌目标下，开发企业根据企业自身发展需求，可能会赋予项目更多的品牌使命。该情况下，进行写字楼前期的产品类型选择与市场定位时，除了考虑项目投资回报与回款速度外，往往趋向于建立产品领先或差异化策略，设计高于市场现有水平和档次的产品，以便后期利用标杆性或差异化产品与企业品牌之间形成正向性关联，产生品牌识别性，进而产生社会知名度。

二、写字楼定位及物业发展建议

（一）本体项目资源属性判断

相对于住宅，写字楼项目资源属性判断的指标有显著不同。分析写字楼项目的产品定位可以从以下几个方面分析其资源条件。

1. 项目规划指标分析

项目规划指标主要包括项目四至、建设指标分析和地块形状分析。具体包括地块总用地面积、容积率、建筑面积、限高、建筑密度、退红线、地块形状、地块内部状况等。同时还要特别分析地块周边的现状情况、区域发展趋势，同时寻找地块的主昭示面，判断地块位置是否紧邻城市主要道路两侧，未来楼体位置是否吸引城市人流及便于车流的视觉关注。

2. 项目经济指标分析

写字楼项目经济指标涉及土地取得成本、建设成本、管理费用、销售费用、投资利息、销售税费、开发利润。分析项目的收益性，可以通过计算年收益率、内部收益率、预期销售价格、预期出售租金等分析项目的经济性。

3. 区域属性判断

判断地块所属区域的商务属性，即地块位置是否归属于城市核心商务区、次级商务区、非主流商务区，或区域根本无商务氛围等。

4. 景观资源分析

判断地块周边视觉范围可达的景观价值，例如：水景、山景、公园、院校、城市广场、特色建筑、旅游及文化景观资源等。

5. 周边商业配套成熟度判断

判断地块周边区域与企业办公相关的商业服务设施的配套程度，重点考察餐饮服务配套、金融服务配套，以及便利服务设施等。例如：餐厅、银行、电信服务厅、便利店等。

6. 路网情况判断

判断地块位置是否紧邻城市主要干道或高速公路入口，地块附近地铁站点或其他公共交通站点设置状况，细致考虑步行或车行进入项目地块的人流动线与车行动线的便捷程度；同时分析项目到达周边其他区域和重要交通节点的需要时间，考察交通是否便利等。

7. 其他资源优劣势判断

判断项目其他资源优劣势。例如：品牌增值、综合体规划增值、区域产业链增值、区域政府利好性规划、烂尾形象贬损等。

（二）入市时机分析

1. 宏观经济

写字楼项目运作与宏观经济的正相关性决定了对写字楼市场的判断应当从城市宏观经济的发展大势入手。具体而言，写字楼市场的发展与城市 GDP 产值、CPI、第三产业、相关经济政策等有着极为密切的关系。例如，2020 年发生的疫情影响了全球经济，旅游、餐饮和住宿行业受到明显冲击，人们选择居家办公，有些地区出现写字楼退租与缩小现有办公面积的现象。

2. 城市规划分析

城市规划对写字楼的升值影响也格外重要，主要通过城市群规划定位、城市规划定位、城市空间结构、城市产业规划、片区区域规划、其他利好信息等方面了解城市规划对该项目的影响。例如，2009 年根据北京市政府规划，中央商务区（CBD）向朝阳北路东扩，东扩后打造现代化高端商务区。这意味着未来几年该区域将增加甲级写字楼占比，提供定制专业楼宇，满足企业总部、外资银行、世界 500 强及跨国公司总部入驻需求，为 CBD 产业升级提供空间载体，也为现有的甲级写字楼带来更多机会。

（三）写字楼项目的市场分析

1. 写字楼市场发展态势分析

与城市经济发展水平与城市定位相关，不同城市的写字楼市场发展阶段不同，客户构成也不同。对于一个城市的写字楼市场的把握可从产品、客户、售价/租金走势三大方面来分析。

2. 区域写字楼市场分析

（1）市场供求分析

由于一个城市不同区域的发展历程与功能定位存在差异，与之相关的区域经济构成和企业特征也有所不同，因此写字楼市场的区域属性非常明显。以北京为例，朝阳区的写字楼以商务金融企业为主，而海淀区的写字楼以科技教育企业为主。对于区域写字楼市场的供求分析，直接影响写字楼项目开发的整体定位。区域写字楼市场供应状况分析项目见表 8-11 和表 8-12。

区域写字楼市场供应状况分析项目　　　　表 8-11

项目	内容
产品档次	建筑设计合理性、软硬件配置水平等
产品类型	纯写字楼、商务公寓、LOFT
供应量	预估市场总供应量、细分不同产品类型供应量
竞争项目分析	市场定位、入市时间、销售量、销售价格等

区域写字楼市场需求状况分析项目　　　　　表 8-12

项目	内容
客户主要特征	区域属性、行业属性、置业目的等
外部因素关注重点	区位、交通、商务配套等
项目本体因素关注重点	形象档次、景观、平面布局、硬件配置等

（2）区域写字楼市场价格水平分析

根据同区域内不同入市时期的写字楼个盘项目的价格水平，综合分析个盘产品差异性，可以判断区域内写字楼市场价格的变化趋势，以及不同产品类型的价格水平。区域写字楼市场价格和供需关系的变化是市场的"晴雨表"。因此，需要及时跟踪分析写字楼市场租金与售价的变化趋势，考察市场投资回报率。具体分析时可根据项目档次不同分类统计，便于个盘项目同比参考。图 8-1 是某市写字楼市场年度平均售价与租金走势图。

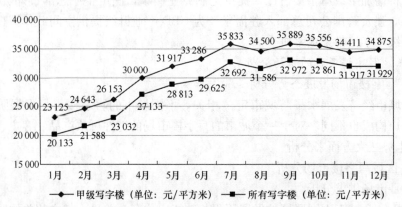

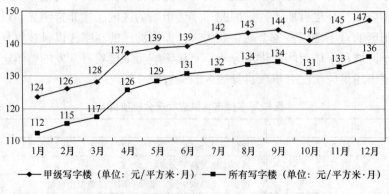

图 8-1　某市写字楼市场年度平均售价与租金走势图

3. 竞争项目的分析

通过对未来入市竞争项目的分析，找到本项目赢得主要竞争对手的突破点。销售人员要分析竞争项目的空间分布状况、项目未来供应量、竞争项目产品的亮点和不足等信息。

（四）项目市场定位与产品类型界定

1. 市场定位

综合考虑开发企业的开发目标、项目资源属性、地区经济与写字楼市场发展趋势以及区域写字楼市场发展现状后，应基于"核心目标导向、优质资源利用、客户需求支撑、市场风险最小化"原则，对项目进行科学的市场定位。

2. 产品类型的界定

办公用途物业伴随其企业客户群的核心需求变化不断演绎，形成了细分产品：

（1）商务公寓。商务公寓以办公为主要用途的小面积办公空间，也可以作为城市中心区家庭居住，多设置独立卫生间，适合于小型企业办公需求，运营成本相对于纯正写字楼较低，物业硬件水平及形象档次亦较低。

（2）写字楼。以办公为唯一用途的典型办公物业，根据建筑设计要求及软硬件配置水平，可分为超甲级、甲级、乙级等，不同档次的写字楼与不同发展阶段与规模实力的企业相匹配。

（3）LOFT。LOFT办公室指由旧厂房或仓库改造而成的空间形式，少有内墙隔断的高挑开敞空间。在现代写字楼产品链中，指层高满足室内可灵活搭建为两层甚至三层的办公空间，适合于文化创意产业类企业空间需求。

目前还出现了商务综合体，它是以商务功能为核心，将写字楼、商务公寓、商业、酒店、居住型公寓等产品类型有机结合为一体的综合物业类型，以规模化、高端化、多元化为核心竞争力。

（五）写字楼项目的物业发展建议

1. 项目定位模式

（1）基于项目既定市场定位

不同的市场定位决定写字楼的产品设计与软硬件配置水平，例如：定位于城市中心区的商务标杆型写字楼项目，在其建筑设计感、产品配置国际标准化、环保节能技术的领先运用等方面均需明显超越市场现有写字楼产品。

（2）基于客户体验点

考虑到开发企业合理的投入产出比，将有限的资金运用于最能打动客户的写字楼产品方面，进而实现良好的收益，写字楼物业发展建议必须建立在充分了解市场客户需求与体验点，将其进行优先级/重要性排序，使每一分钱花在刀刃上。

（3）基于物业产权分散性

有些写字楼开发企业资金实力雄厚，有能力持有一部分甚至是全部物业，因而并不急于将全部物业对外销售，期望通过出租物业逐步回收资金。根据市场经验，单一产权物业即开发企业持有经营型写字楼物业，往往需要考虑项目未来持续的竞争能力，因此在产品设计与硬件配置方面更需要适度超越市场现有产品。

（4）基于市场实操案例反馈

根据现有市场产品的客户反馈制定适当的产品建议，将有效避免新产品、新技术应用的风险，结合客户建议改良提升产品设计，增强客户认可度与市场竞争力。

2. 影响项目物业发展建议的关键要素

除了基于项目本身的物理属性、客户的专项访谈、项目定位标准等高端客户产品感知关键要素指标外，写字楼的物业发展建议还需要考虑建筑物外部形态、内部空间、硬件配置、支持设备、物业管理等因素，见表8-13。

影响写字楼项目物业发展建议的关键要素一览表　　　　表 8-13

要素		内容
建筑外部形态	建筑外立面	立面整体、材质、线条、夜景工程
	建筑造型	造型本身、与周边建筑关系、楼体标识
	与周边建筑连接	连接形式、内部舒适度、休闲设施
	建筑外部空间	整体设计、动线规划、标志性建筑物、建筑小品
建筑内部空间	建筑结构	框架结构、框架-剪力结构、筒体结构
	大堂	尺度、功能布局、装修风格、档次
	核心筒	形状、功能配置、功能分区、设置位置
	办公空间	净高、进深、产权面积划分、柱距跨度
	公共走道	空间尺度、特色设计
硬件配置	电梯配置	数量、品牌、轿厢尺寸与载重、运行速度、群控系统、内装配置
	空调配置	空调系统种类、计量方式、人性化与节能效益
	幕墙材质	视野、采光、节能、防噪、私密、智能化
	智能化配置	办公智能化、楼宇自动化、通信传输智能化、消防智能化、安保智能化

续表

要素		内容
硬件配置	卫生间配置	人性化分区、洁具品牌筛选、VIP专属配置、过渡前室空间、装修材质
	停车位数量	在建筑规范基本要求之上的合理停车位数量
	公共导视系统	国际标准化符号、特色设计与商务质感
	生态节能高新技术	太阳能遮光窗帘、呼吸式玻璃幕墙、环保材料应用等
支持设备	供电系统	电力供应、电源安全
	室内电器照明系统	亮度、光源位置、节能、备用照明、安全照明、疏散照明
	综合布线系统	实用性、灵活性、模块化
	通信和网络系统	通信信号、通讯质量、无线网络
管理服务与商业配套专业化	物业管理品牌与管理形式	国际一线品牌托管、国际一线品牌顾问、其他品牌托管
	商务会所功能	会议厅、票务中心、行政中心等
	裙楼商业必要业态	与商务活动相关的银行、餐饮、便利店、文具店等

三、写字楼项目销售策略制定

（一）写字楼项目的形象定位

1. 项目属性定位

界定项目在当前写字楼市场的档次定位与特色属性，依据项目的产品特点和内外部资源优势。例如，"CBD首席商务综合体""商务地标""花园CBD""高端写字楼"等都精准地表达了项目的属性定位。

2. 目标客户锁位

（1）片区写字楼客户调查

房地产经纪机构代理写字楼项目的销售和出租，需要对片区正在运营中的写字楼客户进行调查。一般有三种调查方式：第一种是楼层指引牌统计，即通过经纪人现场到每个写字楼大厅，记录各栋物业在企业标牌上登记的现有进驻企业名录，估算各企业的使用面积，整理分析片区企业客户的行业特征、办公面积需求、企业性质等；第二种是电话访问客户，了解客户在产品购买、使用过程中的关注价值点；第三种是大客户访谈，重点了解高端客户对区域写字楼的关注价值取向。通过翔实的调查数据，对片区企业客户的行业特征、规模实力、办公面积需求、来源区域、购买关注点、置业目的等进行总结和分析，描述客户的购买和使用特征，为项目客户定位提供支撑。

（2）目标客户锁位

① 核心客户群锁定：根据片区现有写字楼客户的调查分析，将主流行业（主导产业或者政府规划的主导产业方向）、主流发展规模（占比较大的企业发展规模）、主流来源区域（企业迁出的来源地）的企业作为项目核心客户群；

② 重要客户群锁定：根据片区现有写字楼客户的调查分析，将次主流行业、次主流来源区域的企业以及基于片区新增规划利好、项目产品特色吸引性等因素，判断可能新增的企业客户作为项目重点客户群；

③ 游离客户群锁定：根据片区现有写字楼客户调查分析，将非主流行业、非主流来源区域的企业，以及在非投资过热时期的纯投资型客户作为游离客户群。

3. 项目形象定位

结合项目的产品定位和客户定位，融合项目区域价值、本体价值及其他有利因素，如开发企业品牌价值，对项目进入市场的标志性形象进行描述，或提炼关键词。写字楼项目形象定位的注意要点有三个，即清晰的商务感、核心卖点体现、语句简练具有张力。

（二）写字楼项目的销售策略制定

1. 销售策略制定的出发点

制定写字楼销售策略通常要综合考虑市场竞争环境、目标客户群需求、项目优势价值和竞争对手策略。在具体的销售策略制定时，由于每个项目的资源条件差异很大，往往会以一个最为关键的思路为主导，同时融合其他因素。因此，在实际操作中，写字楼销售策略制定大致可分为以下 3 种。

（1）以市场竞争优势为主导的销售策略制定

该方式适用于同期市场可能存在有力竞争对手的情况。在制定项目的销售策略时，需针对自身与竞争对手进行更为细致的点对点比较分析，总结项目的优势以作为日后销售推广的重点，见表 8-14。

写字楼竞争点对点分析项目一览表　　　　　　　　　　表 8-14

对比内容	本项目	竞争项目
区域属性		
客户属性		
区域配套		
景观资源		
交通配套		

续表

对比内容	本项目	竞争项目
建筑规模		
产权年限		
建筑指标（需细分）		
硬件指标（需细分）		
特色附加值（需细分）		
开发企业品牌		
入市时间		

（2）以目标客户需求为主导的销售策略制定

该方式适用于写字楼初始进入非成熟商务区域，或同期市场不存在明显竞争对手的情况。在制定销售策略时，需在明确目标客户群的基础之上，进一步分析潜在客户的关注重点，结合项目自身的匹配因素，作为日后销售推广的关键。

（3）以项目差异化特点为主导的销售策略制定

该方式适用于项目本身具有独特性、商务客户群体较为成熟的情况。在制定销售策略时，往往与竞争分析紧密结合，提炼出项目独一无二的特质，并针对细分客户群体敏感点，深化作为日后销售推广的关键。

2. 销售推广策略

由于写字楼项目主流客户的企业属性与商务属性，在选择推广渠道，以及制定相关设计及活动方案时，应当关注以下 3 方面内容：①营销渠道受众面重点为企业高层人员或社会高端人士；②在广告宣传的画面与文案设计方面，必须明确体现商务气质；③在活动主题的选择时，把握商务客户的敏感点，并在活动形式方面体现高端商务特色。常见的写字楼项目推广渠道一览表见表 8-15。

写字楼项目推广渠道一览表　　　　　　　　　　表 8-15

推广渠道	内容
报纸广告	硬广同时配合软文，权威且信息传递完整，同时受众固定，夹报费用低，时效好
户外广告	通过筛选能够覆盖目标客户群位置的公路立柱广告牌，向商务客户传递项目信息
框架广告	分为住宅及写字楼电梯内部广告；首层电梯厅电视广告
楼体广告	通过在高层建筑楼体外悬挂项目名称及电话，低成本传播项目信息
电台广告	项目社会知名度的扩大，重大销售节点的辅助造势手段
网络推广	1. 通过房地产门户网站广告，向商务客户传递信息，同时利用网站的浏览量树立项目的市场认知； 2. 聘请专业人士在论坛中炒作、造势，吸引关注，持续整个销售期

续表

推广渠道	内容
产业杂志	高管、产业客户获知信息的渠道，有一定品牌价值
手机软件	1. 通过向社交软件、办公软件投放广告，向潜在客户宣传项目楼盘信息； 2. 通过社交软件软文间接介绍项目优点
直邮 短信	在写字楼销售中，直邮和短信对增加上门量，是最直接有效的推广手法。可以多轮次不同目标客户群传播，与逐层递减精准锁定有效客户群有机结合、交叉运用，直达目标客户
联动	所有项目均适用；联合代理项目（常用）
陌生拜访	适用于陌生商务区项目、特殊产业结构区域项目等
大型活动	1. 在销售中前期采用产品发布会、封顶或开盘仪式、品牌客户签约活动等提升项目社会知名度与客户认知； 2. 进入持续销售期，通过不同规模形式的相关主题活动持续吸引社会关注并挖掘新客户。例如：经济论坛、行业协会联合活动、投资金融讲座等

3. 销售展示策略

写字楼项目现场展示与住宅的差异主要源于主流客户的商务性与高端性，同时客户集中上门可能性较小，因此在现场包装设计、服务内容与流程制定时，应当确保提升品质感与尊贵感，体现商务气质，建立专业形象，即通过展示内容及服务交流内容的专业程度，建立与高端商务客户的对话平台。展示销售处及样板区展示同样重要，写字楼与住宅不同于产权单位内部实际使用方式与布局多元化，因此销售期内通常进行样板层展示，概念样板间或清水样板间引导，而非精细化的样板间展示。写字楼项目现场展示要点一览表见表8-16。

写字楼项目现场展示要点一览表　　　　　　　　　　**表 8-16**

项目	要点
外围包装	通过具有明确商务感的形象围墙、灯杆旗、导视系统、广场等清晰界定项目差异化高端商务形象，提升项目销售现场氛围
售楼处展示	通过对初始接待、3D宣传片放映、模型讲解、洽谈、休憩、签约等环节的合理分区，实现售楼处内部客户引导动线最优化
样板层展示	针对不同的项目，通过选择毛坯、简装、精装示范、工程材料展示等不同的形式，不同程度地展现写字楼的产权单位优势、公共空间特点、实际空间感及景观资源等
看楼动线包装	通过对未全面完工的公共空间、电梯厅、电梯、施工现场等环节的过渡性包装，提升客户看楼过程的舒适感与项目品质感

续表

项目	要点
系统接待流程	针对写字楼客户的商务属性与高端属性，匹配专业从事写字楼销售的顾问人员，进行系统的"接待-推介-交流-维护"服务流程，如预约登记、一对一顾问服务、阶段性写字楼市场信息交流、董事会报告提供等
现场物料准备	区域板块图、沙盘、模型、展板、灯箱、背景墙、工法展示、公示文件、折页与楼书、3D宣传片、销售物料等

4. 客户策略

写字楼项目中的客户销售策略，通常是基于锁定的目标客户群，结合相应推广渠道，形成针对细分客户类型的有效诉求点及销售解决方案，见表8-17。

写字楼项目客户策略一览表　　　　　　　　表 8-17

客户细分	有效诉求点或销售解决方案
前期客户	注重维护、提前告知项目信息；增强物管服务意识；会员资格；产品信息传播及时；寄送产品手册及小礼品；产品推介会参与；老带新优惠政策
本区域主流客户	突出资源优势，强化高端产品；注重外围包装展示；强化商业资源及整体规模优势；高端产品档次及区域标杆形象
区域周边企业客户	突出区域发展潜质或高性价比；区域写字楼稀缺性；突出写字楼高端配置、低运营成本
海外客户	突出经济一体化背景下的更便捷商务区价值；突出区域成为地区经济一体化的核心枢纽
投资型客户	突出更高的投资回报率、区域规划前景和写字楼稀缺价值

四、写字楼项目的销售执行

（一）制定销售推广计划

写字楼项目自销售团队进场至销售完成一般需要经历进场期、蓄客期、开盘期、持销期以及稳定消化期五大阶段，其中前三个阶段内由于涉及形象导入与推广以及集中开盘销售等重要环节，因此成为一个写字楼项目销售执行的重中之重。房地产经纪机构需要制定详细的销售推广计划表，见表8-18。

销售推广计划表 表 8-18

序号	任务名称	工作日	开始时间	完成时间	责任方
1	一、工程进度				
2	符合预售条件				
3	二、销售节点				
4	1. 售楼处开放				
5	2. 全面展示（样板层、广场等）				
6	3. 公开发售				
7	三、合作公司确定				
8	1. 售楼处设计公司				
9	2.3D 公司				
10	3. 模型公司				
11	4. 网站制作公司				
12	5. 包装礼仪公司				
13	6. 物管公司确定				
14	四、内外装设计及效果图提供				
15	1. 公共空间装修设计及交楼标准确定				
16	2. 大堂、电梯厅设计定稿				
17	3. 外立面效果图提供				
18	4. 广场设计定稿				
19	五、现场包装、展示				
20	1. 项目 VI 及延展设计				
21	(1) 项目Ⅵ与延展设计初稿				
22	(2) 项目Ⅵ与延展设计定稿				
23	2. 形象墙				
24	(1) 过渡性形象墙设计进度及定稿				
25	(2) 过渡性形象墙包装施工				
26	(3) 正式形象墙设计进度及定稿				
27	(4) 正式形象墙包装施工				
28	3. 楼体灯光字				
29	(1) 楼体灯光字设计				
30	(2) 楼体灯光字施工				

续表

序号	任务名称	工作日	开始时间	完成时间	责任方
31	4. 售楼处				
32	（1）售楼处装修设计				
33	（2）售楼处装修施工				
34	（3）售楼处内部包装设计				
35	（4）售楼处包装施工				
36	（5）售楼处家私设备采购				
37	（6）物管相关人员到位				
38	5. 售楼处广场布置与引导				
39	6. 展示层				
40	（1）样板层的交楼标准装修进度及支付				
41	（2）样板层包装设计				
42	（3）样板层包装施工				
43	7. 局部公共空间（含停车场、大堂、电梯厅等）				
44	（1）局部公共空间装修进度及交付				
45	（2）局部公共空间包装设计				
46	（3）局部公共空间包装施工				
47	8. 本项目周边的道路包装与导示				
48	（1）道路包装与导示设计				
49	（2）道路包装与导示施工				
50	六、宣传物料				
51	1. 模型制作				
52	2.3D 片制作				
53	3. 折页制作				
54	（1）折页文案创作				
55	（2）折页平面设计及定稿				
56	（3）折页印刷到位				
57	4. 其他物料				
58	（1）纸杯、纸袋、商务礼品设计				
59	（2）纸杯、纸袋、商务礼品制作				
60	（3）置业计划、户型单张设计及定稿				

序号	任务名称	工作日	开始时间	完成时间	责任方
61	（4）置业计划、户型单张印刷				
62	5. 楼书				
63	（1）楼书文案创作				
64	（2）楼书平面设计及定稿				
65	（3）楼书印刷到位				
66	七、推广渠道				
67	1. 网站制作				
68	2. 户外广告				
69	（1）户外广告设计及定稿				
70	（2）户外广告施工				
71	（3）更换户外广告设计				
72	（4）更换户外广告施工				
73	3. 报纸广告				
74	（1）配合售楼处开放、展示区开放、公开发售的硬广与软文设计				
75	（2）配合售楼处开放、展示区开放、公开发售的硬广与软文宣传				
76	4. 圈层推介				
77	（1）圈层推介活动方案制定				
78	（2）圈层推介活动筹备				
79	（3）圈层推介活动开展				
80	八、销售物料				
81	1. 销售手册确认				
82	2. 销售人员培训				
83	3. 提供预查账资料				
84	4. 预售相关证明准备				
85	5. 认购书认购须知相关税费表到位				
86	6. 抵押贷款银行确定				
87	九、其他工作				
88	1. 商业部分包装				

续表

序号	任务名称	工作日	开始时间	完成时间	责任方
89	（1）商业部分包装设计				
90	（2）商业部分包装施工				
91	2. 招商前置工作进度				
92	3. 售楼电话号码申请				

（二）确定价格

确定写字楼项目价格可以依据第一章定价方法，对于写字楼而言，确定核心均价还有以下一些不同的地方：

（1）要基于项目目标。根据目标理性定价，兼顾利润及回款速度。

（2）要基于蓄客期现场客户反馈。在写字楼正式销售前的1～3个月内，销售人员提前接待客户，同时适度了解客户对项目的价格预期。

（3）基于合理租金和收益率下测算销售价格。即：选取具有借鉴价值的写字楼项目，通过市场调查获取当期平均租金水平时可针对多个参考项目建立比准体系，修正获得本项目核心参考租金，进而利用租金反算核心均价。采用市场比较定价法计算写字楼租金的流程见图8-2。

（4）基于竞争项目价格对比计算租金和销售价格。根据写字楼市场比较法一般方法论及本项目的具体情况，遵循同质、同片区、同时段、同客户的原则选择参照楼盘。一般可以选择3个及以上楼盘进行参照，通过市场调查分析，得出每个项目的核心租金值；然后再从区位优势、楼盘质素、品牌三大因素下的九项指标进行比准；选取加权平均租金作为参考租金。

【案例8-8】

某写字楼项目比准租金判定

参照项目名称	当期平均租金水平	比准系数	修正后租金
A	105 元/m²	0.93	97.65 元/m²
B	95 元/m²	1.12	106.4 元/m²
C	100 元/m²	0.97	97 元/m²
D	110 元/m²	0.91	100.1 元/m²
E	95 元/m²	1.1	104.5 元/m²
本项目	加权平均后比准租金为 101.13 元/m²		

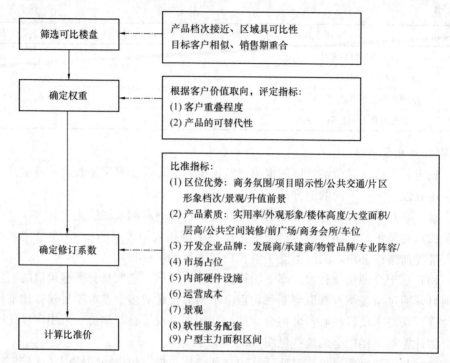

图 8-2 写字楼市场比较法定价流程

（三）销售开盘准备

1. 积极与意向客户进行沟通

根据前期客户积累与信息反馈，在正式销售前总结诚意客户意向的楼层与单位房号，制定销控方案，确保正式开盘期主推的楼层，既能满足诚意客户如愿购买意向房号，同时又能通过不同楼层的价格比较，促进客户成交，提高开盘成交率。

写字楼与住宅销售最大的不同在于其客户量相对较少，且集中上门可能性较低，写字楼产品单位形态相对统一，内部替代性较强，因此写字楼项目较少采取集中式开盘形式，而是在取得预售许可证后，采用大客户先行策略，先分批消化大客户及诚意客户，确保前期积累客户及时消化。其后在适当节点举行公开开盘活动，利用前期认购有效保障公开发售效果，营造市场口碑，同时亦可利用开盘活动再次吸引前期未成交客户关注，增加成交量。

2. 开盘活动造势

开盘活动虽有可能并非真正意义的初始发售节点，但依然是写字楼项目引起市场集中关注的关键节点，因此开盘活动的形式及销售成果均对写字楼项目的持续销售与市场口碑起到至关重要的作用。确保到场客户人数及现场良好的成交氛围，是举办开盘活动重要目标。

（1）开盘活动的时机

开盘活动现场的人气与氛围直接影响项目的市场形象与客户感知，因此开盘活动必须在充分的蓄客准备，以及前期一定量客户成交或准成交的基础之上举办。

（2）开盘活动的场地选择

在通常情况下，若项目现场满足活动场地布置的需要，开盘活动均在项目现场举办，这样有利于销售引导与客户决策；如果项目现场不具备条件，写字楼开盘活动可租用临近项目现场的高级酒店会议厅举行，这种形式在卖方市场状态下较为适用。

（3）开盘活动的形式

写字楼项目的开盘活动往往可以与产品发布会、封顶活动等相结合，增加开盘当日正向信息传递，提升客户信心。商务感与高端属性是把握写字楼开盘活动调性的两大原则。

（四）写字楼项目销售管理

1. 写字楼销售人员的筛选与培训

（1）商务气质形象

写字楼销售人员通常面对企业高层管理者、企业老板或高端投资客户，因此销售人员首先应从个人形象与言谈举止方面更多体现商务感，特别需要注意能够以不卑不亢的平等交流姿态面对高端客户。

（2）具备丰富的综合知识面

写字楼销售人员相对于住宅更加需要着重提升个人综合素质，增加与企业客户对话的知识点与信息面。例如，写字楼销售人员除需要及时掌握基本的房地产信息外，还需要更为全面地了解宏观经济走势与政策精神、金融知识、产业发展以及企业运营知识等。

（3）具备基本外语交流能力

由于存在与外资企业领导者直接沟通的需要，写字楼销售人员需掌握简单的英语交流能力，便于与涉外人员沟通。

2. 写字楼销售流程的重点与难点

（1）现场高端商务印象建立

相对于住宅客户，写字楼客户具有视野高远、决策理性的特点，因此在上门客户到达销售现场时，项目整体的第一印象能否给客户造成冲击，成为后期成功销售与否的关键之一。因此，在写字楼销售现场往往需要利用品质感强、制作技术先进、具有一定规模气势或创新的 3D 片、区域及楼体模型对客户视听感受与第一认知产生冲击，建立良好的项目印象。此外，在整体的接待与销售服务方面，需要力求体现专业性与商务感。

（2）房号销控

与住宅的最大不同，写字楼销控的难点是由于企业需求面积跨度较大，产品通常存在灵活的可拼合性。这对楼层销控与平面层不同房号单位的销控均提出较高要求。良好的写字楼销控往往应该保持整栋或整层销售的连续性，避免出现个别房号拆散滞销。

（3）银行抵押贷款协助

写字楼销售一般分为个人购买与企业购买两大类型，银行对于不同购买主体的抵押贷款审批要求与流程也有所不同，尤其是企业购买行为的银行抵押贷款申请与放款流程相对更为复杂，因此，写字楼销售人员需要投入更多的精力与工作量协助客户提供资信证明并顺利取得贷款。

（4）制作写字楼销售手册内容

为了培训销售人员和实现销售中的统一标准，房地产经纪公司要制作写字楼销售手册。内容涵盖：①整体概述，包括项目的整体优势、核心价值、规划指标；②交通；③产品介绍，包括总平面图、外立面、大堂、电梯厅、电梯、空调、标准层及户型、其他；④配套介绍，包括项目自带配套、周边配套（区域配套酒店配套、餐饮配套、住宅社区、商业配套、金融配套等）；⑤物业服务；⑥品牌；⑦项目的价值，包括区域价值、投资价值、价格等；⑧成交客户群分类等。

（5）严格的成交和签约办理流程

一般说来，整个成交签约过程分为三个环节。第一是现场接待，此阶段重点沟通客户的购房意向，算价，告知其购房流程和购房风险，并对客户的购房及贷款资格进行了解。第二是认购，这一阶段主要对客户的贷款资格进行确认，在确认房号后，到项目经理处进行销控，到财务处付定金、开定金收据，并签署认购书。第三是签约，这一阶段是整个过程的核心。整个签约流程见表8-8。

3. 写字楼客户消费特征与心理分析

购买写字楼客户的心理特征，与住宅客户购买关注点不同，主要体现在 5 方面：

（1）客户更关注写字楼的形象。购买企业需要通过物业提升形象，在购置物业时，写字楼客户对于写字楼的名称、外立面形象、公共空间尺度感、品质感以及形象档次极为关注。

（2）写字楼客户对周边交通的便捷程度有较高要求，对到达机场、火车、港口、地铁站口的时间比较关注。企业为控制长期运营费用，写字楼客户对于写字楼产品硬件配置在节能、提升效率等方面的性能与效果也较为关注。

（3）具有自用兼顾投资的心理特征。由于写字楼客户群体的经济体特征，其购买物业时即便以自用为主要置业目的，同时考虑其物业的增值潜力和未来的投资回报，因此客户较为关注物业稀缺性、片区发展潜力等影响物业中长期投资价值的外部因素。

（4）购买决策更加理性。作为企业领导者，由于长期涉及商务交涉且信息面较广，因此在写字楼购买决策时会体现出更为理性、更具策略性的购买特征，这对写字楼销售人员的综合素质与销售能力提出更高要求。

（5）后续使用成本的核算，包括物业服务、电梯、空调、停车、水电、网络等。

第四节　商业地产的租售代理

随着国内综合体的发展，商业物业作为综合体的核心组成部分，承担了项目未来持续现金流回笼的角色，同时也成为各大发展商开发过程中的难点和重点，原因在于商业物业的投入高回报慢，商业物业总体上以出租经营为主。本部分主要从商业地产的操作现状入手，介绍综合体定位下的商业物业持有部分和销售部分的租售代理业务。

一、商业地产的特征

（一）商业地产的定义和分类

商业地产是指用于各种零售、餐饮、娱乐、健身服务、休闲等经营用途的房地产形式，从经营模式、功能和用途上区别于普通住宅、公寓、写字楼、别墅等房地产形式。商业地产是一个具有地产、商业经营与投资三重特性的综合性行业，兼有地产、商业经营、投资三方面的特性，既区别于单纯的投资和商业经营，又有别于传统意义上的房地产行业。商业地产根据不同的划分标准可以分为多种类型，见表8-19。

其中，购物中心作为商业地产开发的主要模式，也是商业房地产中最复杂的形式，实现购物中心价值的12个基本元素，分别为：拟选择地区市场条件判断；地理位置和商圈选择；市场前景与可发展规模的预期；定位分析；业态规划；建筑设计；资金需求方案；融资方案，财务方案；项目招商；商业运营；物业管理。

商业地产的划分

表 8-19

分类标准	类型
按商业形态	商业广场、Shopping Mall、商业街、购物中心、专业市场、社区商业中心
按照商铺形态	商业街商铺、市场类商铺、社区商铺、住宅底层商铺、百货商场、购物中心商铺、商务楼、写字楼商铺、交通设施商铺
按照商业辐射范围	"城市型"商业、"区域型"商业、"社区型"商业

（二）商业地产的特征

1. 收益多样性

商业地产属于经营性房地产，其主要特点是能够获得收益。商业地产收益和获利方式大致分为两类：一类是房地产开发企业开发后直接销售后获得的收益，这类商业地产多为小型商铺、街铺。这种商业地产获利方式从严格意义上讲仍属于房地产开发范畴，主要获取开发利润；另一类则是长期投资经营、业主自营、出租给他人经营等方式，主要获取经营利润。

2. 盈利模式多元化

（1）只售不租。通过让渡商业地产产权，短期内回收投资。

（2）只租不售。开发企业拥有产权，租赁经营，通过收取租金或提取折扣率赢得利润。

（3）租售并举。部分出租，部分出售。

（4）自行经营。同时赚取投资开发利润和商业经营利润。

3. 权益复杂与利益平衡

商业权益有开发企业权益、投资者权益、经营者权益、后期管理者权益。权益的统一或分离对商业的可持续经营有较大影响。因此在商业地产的开发及营销过程中要兼顾短期和长期利益的平衡。

二、商业地产的市场调研及定位

商业地产不同于其他物业的重要区别在于，它包含了来自土地和建筑物的收益，也包含了商业运营行为产生的收益。因此，从事商业地产代理的房地产经纪人必须同时具备房地产交易和商业运营两个方面的知识和业务能力，房地产经纪人还要特别具备评估商业物业价值和收益的能力，知晓商业物业与收益性物业的价值差异，即商业物业的价值可能是由商业运营和服务代理的价值，而不是建筑物的质量代理的价值①。

（一）商业地产的市场调研

商业地产调研是项目定位的依据，由于商业地产客户需求和开发企业赢利模式不确定，所以在商业地产开发前需要进行市场调查和研究来规避开发风险。初始定位能否成为最终的确定方向，需要从市场研究中得到印证或寻找依据。一般商业地产的市场调研分为以下 7 方面。

1. 经济环境研究

经济环境研究主要是对商业地产的总体环境进行调查和分析。经济环境研究根据商业项目开发的规模和能级，分为两种调查情况：城市级商业或区域级商业的调查指标，社区级商业或片区级商业的调查指标。

城市级或区域级商业的主要变量包括：①总人口、人均收入水平、消费水平等；②城市及人均 GDP 发展状况；③全社会消费零售总额；④全市商业地产的存量、增量、租金、售价；⑤人均可支配收入；⑥零售百强商户的进入性。

这些指标研究主要满足城市级及区域级商业地产的开发需求，因为此类商业开发周期长、投资大、受经济发展和零售市场的影响大。通过对这些指标 3～5 年的连续数据分析，基本能反映出一个城市经济及商业发展水平。如果为片区级或社区级商业更多关注于项目 1～2 公里范围内人口的数量及家庭结构特征。

2. 城市及区域土地利用结构和规划调查

城市土地利用结构和城市规划对商业地产的开发具有重要意义。在传统商业区，不论是同业态的集中经营还是不同业态的互补经营，都可能存在商机；而在城市中心区，因人流集中便自然形成商业氛围，因此对城市及区域土地利用结构、城市规划发展研究很必要，一般调查的项目有：公共设施/配套、区域功能、城市商业网点规划、高集聚商业项目形成的未来商圈中心。尤其是因商业项目高度集聚产生的商圈中心，目前正不断出现在国内一线及二线城市新城区，这些新的商圈中心一方面承载了新城区商贸发展，另一方面也是体现城市机能完善的标志。在城市级/区域级商业地产的开发中，开发企业还需要分析本项目商圈与城市其他商圈的竞合关系。

3. 城市商圈调查

商圈是指以设定的商业建筑为圆心，以周围一定距离为半径所划定的范围。也指来商家的客户的居住范围，或商家能够有效吸引客户的地理区域。根据客户的比率或距离的范围，商圈由核心商圈、次级商圈、边缘商圈三个层次构成，见图 8-3。

---

① 【美】约翰·P·威德默. 房地产投资［M］. 北京：中信出版社，2005：255.

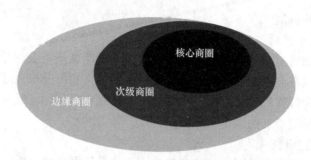

图 8-3　三级商圈示意图

（1）核心商圈：在该商圈的客户占客户总数量的 70%～80%，客户的集中度高，消费额也高；一般来说，小型商店的核心商圈在 0.8 公里之内，客户步行来店在 10 分钟以内；大型商场的核心商圈在 5 公里以内，无论使用何种交通工具来店，不超过 20 分钟。

（2）次级商圈：在该商圈的客户占客户总数量的 15%～20%，客户比较分散；一般来说，小型商店的次要商圈在 1.5 公里之内，客户步行来店在 20 分钟以内；大型商场的次要商圈在 8 公里以内，无论使用何种交通工具来店，平均不超过 40 分钟。

（3）边缘商圈：在该商圈的客户占客户总数量的 5%～10%，客户非常分散；一般来说，小型商店的边缘商圈在 1.5 公里以外，客户步行来店在 20 分钟以上；大型商场的边缘商圈在 8 公里以外，无论使用何种交通工具来店平均在 40 分钟以上。

商圈研究的目的在于了解商业区或商店的商圈范围；了解商圈的人口分布、生活结构、购买力、竞争状况、业态组合、市场饱和度、连锁品牌商户的进入情况等；在此基础上进行经济预测。对项目商业地产的市场定位、规模定位、业态定位等提供依据。商圈研究指标见表 8-20。

4. 竞争性在建商业地产项目调查

该调查主要是反映商业地产市场的存量及增量、商业业态的细分表现、同业态类别的竞争状况，这些将直接影响项目的开发计划和定位方向。针对这些未来商业调查的指标有：物业地段位置、开发规模、建筑设计、开发及开业时间、业态规划、主力商户、业态组合模式、定位方向、营销策略。

5. 商业消费者行为调查

消费者行为是指人们购买和使用产品或服务时，为了满足需求，所表现出对产品、服务的寻求、购买、使用评价等的决策行为。而消费行为研究则是针对消费者的生活方式及特征进行研究，从人口结构、家庭结构、收入水平、消费水平、购买行为方面对消费者消费行为进行研究。

商圈研究指标

表 8-20

商业规模	研究指标
核心商圈	（1）主要商业项目分析； （2）各类商业规模、建筑形态及租售结构； （3）附近商业的租金、年递增率； （4）主要的区域型连锁商户分析； （5）常住人口总量及消费水平； （6）交通情况、生活配套设施
次级商圈	（1）主要商业分析； （2）交通状况； （3）常住人口总量及消费水平
边缘商圈	（1）主要商业分析； （2）常住人口总量及消费水平

（1）人口结构。人口结构调查除了要了解目前的人口结构外，还要调查了解有关过去人口聚集、膨胀的速度等方面的情况，并要对将来人口结构的变迁进行预测，同时将人口结构按照行业、职业、年龄、教育程度等进行分类整理，以便做进一步的深入分析。

（2）家庭结构。家庭户数构成调查主要是对家庭户数变动的情形及家庭人数、成员状况进行调查，并以此了解人员变化趋势，通过人员构成比率的对比分析，来探索生活形态变化与都市发展之间的关系。

（3）收入水平。收入水平调查主要是了解某一地区内消费者的生活状况及高中低收入者各自所占的比例情况，以此来分析消费者消费的可能性。了解家庭收入水平，并将这些资料与其他都市、其他地域相比较，进行分析对比，作为是否开设商店的主要依据。

（4）消费水平。消费水平调查，主要是要了解消费者个人及其家庭的消费情形，并针对消费内容依商品类别进行划分，掌握不同商品类别的消费支出占比。以此掌握商圈内的消费购买力的一般概况，为确定购物中心的店型提供参考。

（5）购买行为。购买行为调查，主要是调查了解消费者购买商品时的活动范围及购入某商品时经常在何种类型商店购买等情况。研究消费者购买行为的目的，一是可以得悉消费者的购物活动区域，二是可以知悉消费者选择商品的标准，以便对该地区的消费意识做深入研讨。这对具体确定百货商店的经营范围及经营规模大有帮助。

6. 商业地产地块的研究分析

一个商业地产项目的收益能力，跟它周边的环境、道路等有密切关系。因此，项目开发前，要对项目地块做深入的研究。具体研究指标有：地段位置及临路状况、交通及地块的易达性状况、周边的商业设施状况、项目的昭示性情况。

7. 品牌商户的进入性

一个商业地产项目的经营落地，需要与品牌商户的进入性直接结合。因此，项目开发前，要了解核心商户在该城市或区域的开店布局计划和开店要求，具体的方法是将项目的地段情况和项目的初步定位传递给商户，了解商户对于地段的判断和周边人口判断，特别是主力店，开发定位阶段便需要与主力商户沟通进驻意向，规划设计阶段需要按照主力商家的要求来进行规划设计。如果房地产开发企业的规划设计不符合主力商家的要求，购物中心就会面临后期招商的巨大压力。

（二）商业综合体的定位

商业地产的定位是决定商业项目成功与否的关键因素，一般要遵循以下定位法则：适合本土化、与城市发展方向一致、适合商业模式发展态势、符合商业发展规律、坚持差异化原则、要有适度的前瞻性、适合市场需求原则，落到项目本身主要体现在：客户定位、业态定位、功能定位、规模定位、档次定位。

1. 客户定位

商业地产项目的客户有三类：消费者、经营者、投资者。消费者是将来到商业地产项目购物、消费的群体；经营者是在商业地产项目内经营的商家；投资者是将来可能会购买商业地产项目的群体。

（1）消费者定位

找准周边环境中最具潜力的消费需求。周边环境中的人群包括居住者、工作族、经商人员、行人等。其中对商业经营产生较大影响的人群为有效人群。有效人群是商业赖以生存的基础，他们的消费需求决定了商业地产开发方向。一般情况下，有效人群规模与项目地段的交通辐射范围、周边居民聚集密度、周边商业发达程度成正比。消费者定位要对项目地产商圈内的所有消费者或潜在消费者特征准确把握，需要对消费者特征进行研究，商业地产项目的消费者特征分析见表8-21。

（2）经营者定位

招揽什么样的商家进店，实际上在很大程度上决定项目"卖什么""卖给谁""怎么卖"等重要的经营和管理问题。要准确定位，就应结合以下五个方面考虑：

商业地产项目的消费者特征分析　　　　　　　　表 8-21

特征	内容
心理特征	消费追求的价值、消费时间等
购买行为特征	消费金额、频次、消费半径等
人口特征	年龄、性别、家庭成员组成、家庭总收入、职业、教育、可支配收入、出行状况、品牌喜好、媒体宣传促销的倾向等
社会特征	对示范群体的追随，家庭结构及其主导权，消费者在社会的角色与地位

① 项目的目标消费群、商圈的范围；

② 项目的经营特色；

③ 项目的建筑特点及各类指标限制；

④ 项目所在地的消费文化、消费倾向；

⑤ 市场消费的未来趋势。

（3）投资者定位

作为商铺的购买者，他们关注点为商铺的投资回报和项目的可持续发展前景，要准确把握投资者需求，就要研究投资者的特征。目前行业内的商铺供应主要有两类：一种是专业市场商铺、另一种是零售商铺。其中专业市场商铺的投资者较零售商铺而言，更关注产业客户投资者的挖掘和实现，因此分析专业市场产业投资客的特征将成为行业内的又一新课题。

2. 业态定位

商业业态指经营者为满足不同的消费需求而形成的经营模式或经营形态，即商业为满足消费需求而确立的经营形态，关注的是"怎么卖"才能更好地满足消费需求。零售业业态总体上可以分为有店铺零售业态和无店铺零售业态两类。按照目前商业地产的实际操盘经验，商业业态主要分为 8 大类，具体见表 8-22。

零售业态分类　　　　　　　　　　　　　表 8-22

商业业态	具体类型
超市	大卖场超市、标准超市、生鲜超市、精品超市
百货	高端百货、中高档百货、中档百货、精品百货
电影院	IMAX、3D 影院、商务型影院、社区型影院、家庭型影院
零售	服装、箱包、珠宝、饰品、手表
餐饮	大型商务餐饮、商务自助餐饮、家庭型自助餐饮、休闲餐饮、甜品饮料、中西式快餐

续表

商业业态	具体类型
休闲健身	SPA、美容/美发、美甲、纤体、健身
娱乐	KTV、网吧、电玩城、儿童体验中心
配套	便利店、教育培训、银行、信息服务、售后服务

（1）业态定位

业态定位，就是商业地产项目引进什么样的零售业态，业态定位准确与否，很大程度决定商业地产项目的成功或失败。业态定位考虑因素有：

① 项目整体功能组合、单层功能组合设计；

② 各业态商家对楼层、位置、进深、面宽等要求；

③ 项目整体市场需求；

④ 商圈融合性。

（2）业种、业态组合定位

业种通常是用在零售业中的专业术语，指在卖场布局规划过程或销售过程中将功能与用途相同（或相似）的商品所进行的分类，使卖场中的商品呈现有序陈列与销售，同时产生分类商品的规模化与规模效益。即按照经营商品分类确定商业的类型，关注的是"卖什么"，重点是商品。

业态的区分依据是提供商品的方法、商品的销售方式；而业种的区分依据是商品（物品＋服务）种类。

业态组合是目前商业地产项目的基本要求，合理的业态组合定位不仅能使商业地产项目功能多样化，而且能凝聚商业人气，提高商业消费需求，增加商业地产项目经营获利，延长消费者消费链条。业态组合定位考虑因素有：

① 要有利于商业地产项目的销售及后期持续经营；

② 能聚集人气，形成商业氛围；

③ 要适合市场的实际需求、消费者购物习惯、周边商业状况；

④ 要做到同业差异化、异业互补，避免内部竞争。

业种组合原则是按区域需求来确定，种类丰富，业种之间要注意不同属性的搭配，能起到引导消费的原则。

业种组合的模式包括：①互补式，根据商品的不同属性，以相互补充为原则进行业种规划；②衍生式，属于同种业种，但是该业种的衍生产物；③综合式，商品品种多，品牌齐，形成交叉业种组合。

3. 功能定位

　　不同商业地产项目因业态定位组合的不同，决定了商业功能的差异，商业地产项目的功能一般有购物功能、休闲功能、娱乐功能、服务功能等，商业功能可以是单一的，也可以是多种功能。商业功能定位指导商业业态定位，商业业态定位决定了商业功能定位。

　　4. 规模定位

　　商业地产项目规模定位不仅与物业投资的高效性相关，而且与后期商业地产项目的招商、销售、运营有极大的关联。商业规模定位考虑的因素包括：

　　（1）周边购买力的支撑度；

　　（2）周边的商业配套完善性（如交通的可达性）；

　　（3）消费者每次持续购物的时间长度；

　　（4）商品品种的比例及要求。

　　5. 档次定位

　　商业地产项目形象定位实际是商业经营企业的形象定位，商业形象的定位不仅能提升商业竞争力，而且能成就商业物业无形的品牌资产。商业地产项目档次一般分为高级、中高级、中档、大众化等类型。而影响项目商业档次定位的因素包括项目规模、项目位置及周边购买力、消费结构及消费习惯、竞争项目档次等。

三、商业地产项目的招商代理

（一）招商工作原则

商业地产项目招商应遵循以下 3 原则。

1. 招商目标要能够在功能和形式上同业差异、异业互补

　　同业差异简单地说，就是市场有一定承受力，不能盲目招进同一品类的店铺；譬如零售业态的核心主力店招商，就不要同时招来两家基本上都是经营食品和日用品的大型超市；同时引进同质化的主力店会造成内部恶性竞争，降低购物中心竞争力。

　　异业互补的目的就是要满足客户消费的选择权，并能让客户亲身体验变化，提高其消费兴趣。譬如百货、超市因为经营品项不同，可以互补；让客户逛购疲劳的零售店与让客户休息放松的餐饮店可以互补等。

2. 商户的首选原则为高知名度主力商户

　　以购物中心为例，购物中心是一个以零售为主的商业组织形式，而零售是一个精细化管理的产业，精细化管理要求管理者加强经营控制力度；另外，相对于非主力零售商户的招商条件，核心主力零售店必须引入知名度高的大商家，故核

心主力零售店的招商较困难且招商条件放得较宽，造成核心主力零售店的提成或租金收入偏低。

这种选择原则不但是零售精细化管理的要求，也符合购物中心长期经营性的特点，更能帮助发展商创出购物中心的品牌来。对于餐饮、娱乐经营来说，这个原则也基本适用。

3. 核心主力店先行，辅助店随后的原则

核心主力店的招商对整个商场的运营成败，商场辅助和配套店的引进都有重大的影响。一个超级连锁店或超级百货公司的入驻，常常能带动整个商场的顺利招商与管理。另外核心主力店对于人流也起着关键的作用，其布局直接影响购物中心的形态。

商场特别是大型购物中心的核心主力店适合放在经营轴线（或线性步行街）的端点，不宜集中放置在中间，这样才能达到组织人流的效果。

商业物业是商业物业管理商通过一定的渠道，以租赁或其他联营方式，将拥有经营权的商业物业全部或分散交给各个大小商户进行经营，以获取租金或营业额提成的招商模式。商业物业的收益直接通过招商收取租金或营业额提成来实现，招商作为商业地产定位落地的实现手段，一个商业地产项目运作成功与否就看是否能按计划成功招商。因此，掌握不同商业物业的招商条件和目标商户，有利于商业地产项目的运作成功。

（二）各物业形态的招商条件及目标商户

不同的物业形态，其招商条件和目标商户也是不一样的。具体的分类见表 8-23。

不同物业形态的招商条件及目标商户　　　　　　表 8-23

物业形态	招商条件	目标商户
购物中心	固定租金 基本租金＋超额销售提成 基本租金＋递增租金 低基本租金＋高递增租金	零售客户：百货、超市、电器、家居等 娱乐类客户：KTV、影院、健身、酒吧、手工坊等 餐饮类客户：中餐、西餐、快餐、咖啡等 服务类客户：银行、洗衣店、药房、通信营业厅等
百货	提成 提成＋保底	服装：男、女、儿童装等 服饰：鞋、包、钟表、首饰、化妆品等 生活：厨房、居室用品、家电、小型超市等 其他：玩具、休闲餐饮等

物业形态	招商条件	目标商户
超市	提成 提成＋保底 经销	食品类：酒饮、冲调、休闲、粮油、日配、生鲜等 非食品类：洗涤、家居、文体、儿童、针织等 百货类：家电、服装、综合等
步行街	租赁 保底＋提成	零售客户：服装服饰、个性商品、食品零售等 娱乐类客户：儿童娱乐、DIY等 餐饮类客户：中西餐饮、快餐、咖啡等 服务类客户：银行、药店、邮局等

（三）招商工作计划

招商的开展，一方面，与工程进度紧密相连，受商业项目建设期较长影响；另一方面，小商户受主力商户的进驻和装修开展情况影响，使得商户招商进度难以把控，因此合理的招商工作计划对于商业项目的推进有着非常重要的意义。不同商业项目筹备期的招商工作计划及内容也存在差异，具体见表8-24。

商业项目筹备期招商工作计划　　表8-24

工作项目	工作内容	启动时间/完成时间
前期准备	参与项目解读与论证；资料准备	
	第一次招商工作会议	
	招商工作计划	
团队组建	招商团队组建（招商副总/招商骨干至少3人到岗）	
	招商人员培训	
市场调研准备	第二次招商工作会议	
	规划前期讨论会	
市场调查	市场调查表格及内容	
	商圈调查	
	居住人口及消费水平调查	
	租金调查	
	商户资源调查	
	当地户外广告市场调查	
	物业管理费用调查	
	完成市场调查报告	

续表

工作项目	工作内容		启动时间/完成时间
商业规划 招商费用预算	项目定位		
	商业业态规划（第一次规划对接）		
	目标品牌确定		
	租金收入预算		
	规划方案及租金预算方案审批		
招商政策 租金方案	制订商业政策及租金方案		
	商业政策及租金方案审批		
	争取政府税费方面优惠政策		
招商准备	招商工作会议		
	招商工作计划书		
	资料准备		
	合同及相关资料准备		
	招商条件确定		
	流程及制度		
	招商工作培训		
	跟进完成商业项目定位/业态规划细化方案（第二次规划对接）		
招商执行	招商启动		
	招商预 热期	招商完成30%（其中餐饮完成50%）	
		招商推介会议暨次主力店签约仪式	
招商执行	强势招 商期	招商完成50%（其中餐饮完成75%），阶段性总结和调整	
		招商完成65%（其中餐饮完成80%）	
		异地招商启动	
		办理广告位的设置经营相关手续	
		招商完成80%（其中餐饮完成100%）	
	招商收 尾期	完成入场装修前准备	
		招商完成100%	
		剩余铺位再招商工作	

续表

工作项目	工作内容	启动时间/完成时间
外墙广告	完成广告位招商	
	配合开业，主要面向场内租户租赁可经营广告位	
商铺装修	餐饮类商铺进场装修	
	非餐饮类商铺进场装修	
开业活动	协助与主力店及商户沟通企划活动	
招商监控	招商周报表	
招商总结	招商总结报告	

四、商业地产项目的销售执行

商业地产项目代理销售作为地产销售代理的一个类别，与新商品住房销售代理存在较大差异，新商品住房销售代理关注开盘和持续销售，而商铺销售代理则要求分阶段集中式销售，尽量弱化持续销售期。这个特点主要是由商铺购买者的客户属性决定。商铺销售过程中，销售人员需要通过项目介绍和销售工具向客户展示项目投资优势和未来的投资回报表现，树立并强化项目的投资信心。

（一）客户特性分析

客户购买商业地产项目的目的通常有 3 种：自营、租赁、转售（短期回报）。商铺购买客户中投资客户比例占绝大多数，理财观念更为成熟，对市场具有较高的前瞻性，有一定的投资或经商经验，属于中高收入群体，有很强的资金实力。

投资客户一般要考虑以下 4 类因素：①投资回报和项目的可持续发展前景。②周边环境：地段位置、人流车流状况、商业氛围、片区政府规划。③升值潜力。④商业地产项目建筑结构及形态：开间进深、形状面积，以街铺为首选。

（二）商铺投资回报率

商铺投资回报率作为商铺销售过程中的重要沟通指标，销售人员需要深度熟悉投资回报的计算方法，以便于高效促成销售交易。投资回报计算公式详见表 8-25。

例如，有一临街商铺，建筑面积约 $50m^2$，售价约 100 万元，目前在这个物业的周边，同等物业的月租金约是 200 元/m^2，那么，它的投资回报率、投资回报年限将是多少呢？

投资回报率：（200 元/m^2×$50m^2$×12 月）÷1 000 000 元＝12%

投资回收期：1 000 000 元÷（200 元/m^2×$50m^2$×12 月）＝8.33 年

投资回报计算公式   表 8-25

项目	公式
投资 回报率	正常年度总收益占投资总额的百分比。其计算公式为： 投资回报率＝总收益÷投资总额×100%
投资 回收期	指通过资金回流量来回收投资的年限。其计算公式为： 投资回收期＝投资总额÷年收益
年投资 回报率	一次性购买：（税后月租金－每月物业管理费）×12月/（购买房屋总价＋契税＋印花税） 按揭贷款：（税后月租金－按揭月供款－每月物业管理费）×12月/（首期房款＋契税＋印花税＋律师费＋保险费） 简化公式：投资回报率＝月租金×12（个月）/售价 商铺投资合理的年投资回报率一般为8%～12%
投资 回收期	一次性付款：（购买房屋总价＋契税＋印花税）/（税后月租金－每月物业管理费）×12月 按揭贷款：（首期房款＋契税＋印花税＋律师费＋保险费）/（税后月租金－按揭月供款－每月物业管理费）×12月 简化公式：投资回收期＝售价/月租金×12（个月） 注：商铺投资合理的回收期限一般为8～12年

（三）商铺销售工具

商铺销售需要借助商业项目销售手册来传递项目基本信息，手册主要包括招商手册和项目导购手册，其中，招商手册的内容主要包括：项目建筑指标、主力商户、业态分楼层表现、发展商及商业运营商背景、项目定位方向；项目导购手册主要包括：分层平面铺位图、各业态商铺入住商户情况、项目基本信息。商业项目销售手册之外，为了提高销售人员的销售效率，需要让销售人员了解以下信息。

1. 项目未来经营环境

（1）项目整体定位、档次、风格、客户群体；

（2）项目周边商业环境描述（人流量和繁华度）；

（3）分楼层的业态分布及业态组合。

2. 项目的建筑指标信息

（1）商业总建筑面积；

（2）项目有多少个入口？位置分别在哪里？

（3）外街铺多少？内街铺多少？

（4）项目最小商铺面积多少？最大商铺面积多少？

（5）主力商铺面积多少？开间是多少？进深是多少？实用率分别为多少？

（6）每层层高多少？净高多少？柱距多少？停车位多少？中庭多少？展示面多少？

（7）铺位是否有排油排烟管道统一安排，若无排烟出口经营餐饮是否可以布置油烟管道？

（8）电量配置是否充足？每户电表容量多少？能否装三相电？有否自备供电系统？

3. 商铺的价格信息

（1）商铺的租金是多少？

（2）商铺的总价是多少？

（3）商铺的单价是多少？

（4）城市/区域内成熟商圈的商铺租金及售价是多少？

（5）商铺的价格年增长率是多少？

4. 主力商户的信息

（1）主力商户的品牌名称；

（2）主力商户核心经营业态是什么？在该城市或区域内有多少家店？

（3）主力商户的楼层坐落位置；

（4）主力商户的经营效果（人流及周边带动效应）。

5. 项目的交付及经营信息

（1）商铺交付标准是怎样的？公共部分的装修标准是怎样的？

（2）商铺是否安装独立水表、电表？费用由谁承担？

（3）物业管理公司、商业运营管理公司是哪个公司？

（4）商业统一经营的模式是什么？

【案例 8-9】

专业的介绍是销售成功的前提

马先生首次来到某商业地产项目的售楼处，显得特别活跃，一开始就问销售人员小李很多问题。马先生在某镇开一个小工厂，对中央政策及国内外大事比较关心，刚好销售人员小李也挺关心这方面的，所以彼此在沟通上无障碍。马先生特别关注本项目商业的前景，销售人员小李从几个方面加以分析：①开发企业品牌的支撑及重视的程度；②该市真正意义上的美食街缺乏；③独有的超高层高和70 年超长产权；④10％返租及实际租金的所有权，还有开发企业要求商家从第三年开始给的保底租金等，马先生非常认同小李的分析，认为本产品绝对值得尝试投资。

在之后的几次电话跟踪过程中，销售人员小李除了致以问候之外，也非常认真地解答了一些疑难问题。马先生表示很感谢。第二次来访时，销售人员小李根据第一次向其推荐的房号，再次加推了几个房号，建议到时候可买两个小面积铺位，投资的风险会小一些，效果也会明显一些，马先生表示很认同。

发售当天，销售人员小李早上第一个通知了马先生，马先生迫不及待地开车来到了现场，结果也跟销售人员小李预想的一样，买了两个商铺，并且加一个公寓！

销售关键要点：

第一，销售人员对地段和未来的发展环境要叙述得具体、专业，对不确定的信息不可信口雌黄；

第二，对于冷静理性型的客户，一定要用细节感染客户，建立良好的信任感；

第三，销售人员需要增加知识面，如金融知识，拓宽与客户的谈资。

复习思考题

1. 新建商品房销售前需要做哪些方面的准备？
2. 完成新建商品房的销售一般经历哪些流程？
3. 试分析不同类型客户的特征。
4. 住宅项目价格制定的步骤有哪些？
5. 住宅项目销售方式有几种？对它们进行简要的比较。
6. 写字楼产品的特性有哪些？
7. 写字楼项目的市场分析包括哪些方面？
8. 写字楼项目的形象定位包括哪几个方面？
9. 在进行写字楼项目的销售策略制定时，应考虑哪几个方面的内容？
10. 简述商业地产的类型及特征。
11. 商业地产的市场调研应包括哪些方面的内容？
12. 商业地产的定位依据有哪些？
13. 商业地产的定位包括哪些方面？
14. 什么是业态定位？需要考虑哪些因素？
15. 商业地产的销售模式有哪些？
16. 投资客户购买商业地产项目时一般会考虑哪些因素？

第九章　房屋交验与经纪延伸服务

在房地产经纪人的协助下，房屋买卖或租赁当事人签订了房屋买卖（租赁）合同、支付了房款（租金）后，房地产经纪人的工作并没有全部结束。房地产经纪人还应为客户提供后续服务，包括完成房屋交付与验收、抵押贷款办理、不动产产权登记及居家综合服务，如第七章第二节房屋转租经营业务中房地产经纪机构提供的托管服务，包括代收代付水电费用、房屋维修等增值服务。其中除房屋交验外的其他服务也称为经纪延伸服务，通过提供这些经纪延伸服务，还可以为房地产经纪人积累终身客户。

第一节　房屋交付与验收

房屋交付与验收环节是房地产经纪服务的一个重要环节。出卖人（出租人）的房屋交付和买受人（承租人）的房屋领受，是房屋出卖人或出租人将房屋交给购买人或承租人能够实际占有和使用的行为。根据交付房屋类型的不同，房屋交付分为新建商品房交付和存量房交付。房屋交付与房屋实体本身和不动产产权的转移问题紧密相关。

一、新建商品房交付与验收

（一）新建商品房交付的内涵

房地产开发企业交付新建商品房分两类：一类是将签署了新建商品房买卖合同的商品房交付给买受人；另一类是房地产开发企业将签署了租赁合同的不动产交付给承租人使用。前者是房屋实物的交付和产权的转移，即开发企业先将房屋实体交付给买受人，后办理不动产产权转移登记手续，未来需要向买受人交付房产证。后者只交付房屋实体给承租人，不转移产权，即只租不售。

《民法典》第五百九十八条对买卖合同中标的物所有权的转移进行了规定，即"出卖人应当履行向买受人交付标的物或者交付提取标的物的单证，并转移标的物所有权的义务。"也就是说，根据《民法典》的规定，房地产开发企业将房屋交付给买受人，不仅包含将房屋实物交付给买受人，还包含着将房屋的所有权转移给买受人的意思。

房地产开发企业交付房屋时，开发企业拥有整个房屋的不动产产权证（即大产权证）；在交付后的一定时期内，买受人持相关材料办理归属于本人名下的不动产权证。2014年4月住房和城乡建设部、国家工商行政管理总局联合印发了《商品房买卖合同（预售）示范文本》GF-2014-0171，其中第二十条对房屋登记进行了规定。该条款约定，房地产开发企业和买受人双方同意共同向房屋登记机构申请办理该商品房的所有权转移登记。同时还约定因买受人或出卖人（开发企业）原因不能在约定期限内完成该商品房的所有权转移登记的处理方法和责任。

不动产权证的办理可以由买受人与开发企业一起去不动产登记机构办理，或者由买受人委托开发企业办理，各地实践有差异。

房地产经纪人在协助房地产开发企业办理房屋交付时，应注意房屋实物交付（俗称交房）和不动产权证的交付（俗称拿证）是两个时间。

（二）新建商品房交付的条件

新建商品房交付应具备一定的条件。《商品房买卖合同（预售）示范文本》GF-2014-0171对商品房交付条件作了详细规定。

首先，该商品房已取得建设工程竣工验收备案证明文件和房屋测绘报告。如果商品房是住宅的，需提供《住宅质量保证书》和《住宅使用说明书》。在交付验收日，如果房地产开发企业不能提供上述文件，买受人可以拒绝接收房屋，产生的逾期交付责任由开发企业承担。

其次，商品房相关设施设备要具备交付条件、达到相应的使用标准。设施设备包括两大类：一是基础设施设备，包括供排水、供电、供暖、燃气、电话通信、有线电视、宽带网络。这些设施设备中，前三项由开发企业负责办理开通手续并承担相关费用，其他则由买受人自行办理开通手续。二是公共服务及其他配套设施。这些配套设施是否建设以《建设工程规划许可证》标注的为准。在买卖合同中要约定小区内绿地率、小区内非市政道路、规划的车位或车库、物业服务用房、医疗卫生机构、幼儿园、学校等的交付时间和交付标准。

（三）买受人查验交付商品房的项目

对买受人验收交付的商品，《民法典》第六百一十五条、第六百二十条和第六百二十一条做了明确规定。第六百一十五条规定："出卖人应当按照约定的质量要求交付标的物。出卖人提供有关标的物质量说明的，交付的标的物应当符合该说明的质量要求"。第六百二十条规定："买受人收到标的物时应当在约定的检验期限内检验。没有约定检验期限的，应当及时检验"。第六百二十一条规定："当事人约定检验期限的，买受人应当在检验期限内将标的物的数量或者质量不符合约定的情形通知出卖人。买受人怠于通知的，视为标的物的数量或者质量符合约定"。根据上述三条的规定，首先房地产开发企业交付的房屋应该符合质量要求；其次，买受人应该在约定的检验期限（所谓收房期限）认真查验开发企业交付的房屋质量，同时将在收房过程中发现的不符合质量要求的情形，通知给房地产开发企业。买受人查验开发企业交付的房屋质量是一个重要的权利。

根据交易双方签订的《商品房买卖合同》，开发企业应在约定的时间内将房屋交付给买受人。在《商品房买卖合同（预售）示范文本》GF-2014-0171第十一条、《商品房买卖合同（现售）示范文本》GF-2014-0172第十二条中均规定了交付时间和手续。首先，合同中应约定房地产开发企业交付该商品房的具体时间。其次，房地产开发企业应当在交付日期届满前不少于10日内，将查验房屋的时间、办理交付手续的时间地点以及应当携带的证件材料以书面通知的方式送达买受人。

买受人进行验房时，房地产经纪人应协助买受人对相关内容进行验收。验收内容包括：

1. 以双方签订的《商品房买卖合同》条款作为依据，买受人按照合同约定的条款对房屋面积、公摊面积、公用设施、房屋配套设施等进行验收。房屋面积是买受人关心的重点问题，一套房产的最终面积以不动产权证登记面积为准。虽然不动产权证要在交房之后才能获得，但在验收阶段，买受人可以委托第三方监理机构进行查验。出现签约面积和查验面积的误差同样适用2020年《最高人民法院关于审理商品房买卖合同纠纷案件适用法律若干问题的解释》（法释〔2020〕17号）。

2. 买受人根据《商品房买卖合同（预售）示范文本》GF-2014-0171第十一条内容查验房屋是否存在相关质量问题，包括：①屋面、墙面、地面渗漏或开裂等；②管道堵塞；③门窗翘裂、五金件损坏；④灯具、电器等电气设备不能正常使用；⑤除地基基础和主体结构外的其他查验项目的质量问题。如果存在以上质量问题，房地产开发企业应自查验次日起一定时期内负责修复，并承担修复费用。房屋修复后，再向买受人交付房屋。对于房屋地基基础和主体结构质量问题，则不在买受人查验范围内。

（四）房屋交付时的费用

房屋交付时的费用有以下两种情况：一是无需交付任何费用。开发企业在交付房屋的时候，买受人直接按照合同约定的交付条件和标准对房屋进行验收，验收合格后领取房屋钥匙，验收环节不需要交付任何费用。二是预付费用。开发企业在交付房屋的时候，买受人需要预交物业管理费等，同时开发企业代收房屋契税。

（五）物业交付

物业交付是住房项目销售的最后阶段。买受人在按照合同约定的交付条件和标准验收合格后，与开发公司签署商品房交接单，领取房屋钥匙，并顺利搬入住房。房地产经纪人（新房的房地产销售人员）协助房地产开发企业、买受人共同完成物业交付与验收，销售人员、工程人员、物业服务人员等组成验房小组，为买受人验房提供专业服务。

【案例 9-1】

某项目入住方案

一、入住时间、地点

1. 时间：2012 年 5 月 13 日—19 日

2. 入住地点：项目会所

二、入住活动之前的安排

1. 分批通知、分批入住

由于客户量大，并且需要做到活动的舒适感和尊贵感，因此建议对入住的业主进行分批通知，按照入住的时间将各业主安排在固定的一天进行办理相关手续。入住通知流程是：

第一，成立入住业主专项预约小组。该小组主要的工作是通知各业主，并安排各个业主的时间。协调每天入住业主的数量以及业主可能发生的问题；

第二，将所有业主按照时间顺序分成七组，每天有一组业主入住；

第三，对每组分别按照既定的入住时间顺序进行分批通知入住，预约小组在通知过程中记录业主安排的时间，并及时对每天入住的数量进行控制。最后形成业主入住时间安排表格。

2. 筹备事项

第一，再一次检查房子的包装；

第二，活动开始之前协调好停车位数量，在停车场设置充足的保安人员进行指引，并做好充足的导示牌。

三、入住流程及仪式配合

1. 签到处

客户到场在签到处签到后，经过身份的验证进入接待区。

（1）现场包装

在西门、南门做大展板"恭迎您回家"；在通往入住现场路上做路灯旗引导。

（2）活动配合

活动现场签到处安排乐队表演活跃现场气氛。

2. 接待区

（1）接待流程

① 业主进入休息区休息等候，按照到达的先后顺序到接待区凭《入住通知书》办理验房手续。

② 物业人员负责借钥匙，并领取《住宅使用说明书》《住宅质量保证书》。

③ 看房小组（工程人员、销售人员）在门口守候，物业人员陪同业主出来。

④ 物业人员将两书交给工程人员，由工程人员向业主讲解保修责任和范围。

⑤ 由物业、工程、销售三方陪同业主验房。

（2）应急措施

在休息区和接待区出现有问题或者纠纷的客户，将其请到休息区内单独的VIP室进行一对一沟通。VIP室内有包括工程、物业和销售的人员。

3. 正式验房

验房流程包括以下4个环节：

① 物业人员按验收清单为业主逐一讲解，并作简单检验。

② 工程人员为业主强调我公司的工程的质量及产品在工程方面改良之处。

③ 销售成员与业主沟通购房心得，过程中须负责解答业主提出的相关疑问，详细记录业主反馈信息，并按验房指引提醒业主完成验房。

④ 原则上业主户应在20分钟内完成验房全部过程，如出现客户问题较多，有延长时间的趋势则须及时通知验房小组总协调，总协调视客户情况及现场工作人员数量决定是否安排应急小组（设计、工程、客服、销售）成员接替该验房小组，该看房小组回来排入下一轮次，以缓解人手压力。如出现严重情况需应急小组出面在VIP室与业主商讨解决方案。

4. 验房完毕

再次恭喜成为本项目的业主，将相关问题记录请业主签字确认后迅速带领业主回到入住现场，指引业主继续办理相关入住手续及相关费用交纳。

5. 入住活动结束

确认业主办理完所有相关入住手续后，请业主填写《业主满意度调查问卷》。

二、存量房交付与验收

（一）存量房买卖物业的交付与验收

1. 存量房买卖物业交付条件

与新建商品房由房地产开发企业组织统一的房屋交付和验收不同，存量房的房屋交付与验收环节通常是在存量房买卖交易完成、买卖双方办理了不动产转移登记后，才进行物业交付与验收手续。

买卖双方应该在《存量房买卖合同》中约定房屋交付的条件。一般来说，根据房款支付方式与买受人付款进度、买卖双方是否已经完成转移登记等情况，存量房买卖交易当事人约定房屋交付条件，可以有多种情形（表 9-1）。

不同房屋交付条件和存在的风险比较   表 9-1

情形	付款方式	房屋交付条件	存在的风险	是否推荐使用
一	全款	1. 买受人已支付尾款（留有交房和户口保证金）； 2. 买卖双方办理完房屋所有权转移登记手续	无	推荐，常见情形
二	全款	1. 买受人已支付尾款（未留有交房和户口保证金）； 2. 买卖双方已办理完房屋所有权转移登记手续	买受人：出卖人不按时交房，迁出户口	不推荐
三	全款	1. 买受人已支付首付款； 2. 买卖双方已办理完房屋所有权转移登记手续	出卖人：收不到尾款	不推荐
四	全款	1. 买受人已支付首付款； 2. 买卖双方未办理房屋所有权转移登记手续	出卖人：收不到尾款； 买受人：若无法完成转移登记，买受人可能钱房两空。交房后买受人若进行了装修，还可能产生装修款损失等风险	对买卖双方均存在风险，极易产生纠纷，不推荐
五	贷款	1. 买受人已支付首付款（留有交房和户口保证金）； 2. 银行已批贷，尚未放款； 3. 买卖双方已办理房屋所有权转移登记手续	出卖人：银行放款时间存在不确定性	推荐，常见情形

续表

情形	付款方式	房屋交付条件	存在的风险	是否推荐使用
六	贷款	1. 买受人已支付首付款（留有交房和户口保证金）； 2. 银行已放款； 3. 买卖双方已办理房屋所有权转移登记手续	买受人：受银行放款时间影响，收房时间存在不确定性	推荐
七	贷款	1. 买受人已支付首付款； 2. 银行已批贷，尚未放款； 3. 买卖双方未办理房屋所有权转移登记手续	出卖人：银行放款时间存在不确定性； 买受人：若无法完成转移登记，买受人可能钱房两空。交房后买受人若进行了装修，还可能产生装修款损失等风险	不推荐

不同情形下，买卖双方面临的潜在风险不同。若买受人为全款支付房款的，买卖双方约定第一种情形为交房条件，即买受人已支付尾款（留有交房和户口保证金）且买卖双方已办理完房屋所有权转移登记手续后的一定时间内交房，买卖双方存在的风险较小。房地产经纪人应建议买卖双方在买卖合同中约定这种交房条件，其他三种全款付款方式下的房屋交付条件，都存在一定的风险。同样地，若买受人为购房抵押贷款支付房款的，买卖双方约定第五种情形为交房条件则比较安全，即买卖双方已办理房屋所有权转移登记手续且贷款银行已批贷或已放款后的一定时间内交房，买卖双方存在的风险较小，房地产经纪人可推荐买卖双方选择使用。

值得注意的是，在未进行房屋所有权转移登记手续的情况下，一般建议买卖双方通过将购房款存入交易资金监管账户，或经监管的卖方个人账户等方式支付购房款，出卖人可以确认买受人已付款，但暂时不能支取，保障买受人交易资金安全。

2. 房地产经纪人要高度重视物业交付环节

物业交验是买卖交易的最后一个环节，对于交易能否达成至关重要。如果这一环节出现问题或者发生纠纷，容易导致整个房地产交易失败。一个合格的、富有经验的房地产经纪人非常重视物业交验工作，积极协助交易双方完成交接手续，直至新业主拿到钥匙。交验过程中可安排交易双方签订《物业交接单》，明确交验事项。在物业交验时，出卖人与买受人共同对该房屋附属设施设备、装饰装修、相关物品等具体情况进行验收，记录水、电、燃气表的读数，并交验补充协议及《物业交接单》中所列物品；买卖双方在房屋附属设施设备、装饰装修、相关物品清单上签字；最后移交该房屋房门钥匙。

3. 物业交验注意事项

房地产经纪人协助买卖双方进行物业交验时，应注意以下要点：

（1）房地产经纪人在物业交付前，应提醒买卖双方物业相关费用的支付义务。一般地，对于在房屋交付日以前发生的物业管理费、供暖、水、电、燃气、有线电视、电信及其他费用由出卖人承担，交付日（含当日）以后发生的费用由买受人承担。交房之前，要让卖方付清水费，同时不要忘记提醒卖方保留交房日上个月份的已缴纳水费账单收据。注意电费和燃气费用是否为预缴，如果为先用后缴，同样需要让卖方付清电费和燃气费，并注意保留交房日上个月的已缴纳电费和燃气费账单收据

（2）检查电表状况是否正常运行。在房屋交接验收时，应帮助买方查验电表是否有移动、改装、线路走向是否正常等。

（3）协助双方进行燃气（天然气）过户。按照燃气公司的规定，买卖双方必须凭《房屋买卖合同》写明的本房价已包含燃气设施费的条款或资料，以及双方的身份证、卖方在交房日前一个月已缴纳的煤气费账单，一起到燃气部门办理过户手续。如燃气管道有改动要让卖方提供燃气管道改装许可证。

（4）结清电话费。有的家庭已经安装了多条电话线路，提醒买方仔细问清楚，并且在合同补充条款中约定是一根还是两根线路，是普通电话线还是 ISDN 电话线，转让价是否包含电话线。买方可以让卖方将电话移走，然后另外申请安装电话。如确因电话线路或号源紧张而非要卖方的原有电话号码，那么经纪人一定要提醒买方在收房前和卖方一起到电信部门办一张截止到交房日的话费结算账单，并办理电话过户。

（5）协助办理有线电视过户。有线电视实行一户一卡制，由于有些存量房是空房，平时无人居住，卖方也没有去付有线电视的月租费，造成拖欠。时间一长，有线电视管理站会作封端处理。因此，在房屋交接时，经纪人应提醒买方要求卖方提交交房日上月的有线电视费收据凭证以及有线电视凭证。买方凭上述两样资料和新的不动产权证，才可办理有线电视过户手续。

（6）结算住宅专项维修资金。根据 2008 年 2 月 1 日建设部发布的《住宅专项维修资金管理办法》（建设部、财政部令第 165 号）的相关规定，住宅转让时，业主应当向购房人说明住宅专项维修资金交存和结余情况，并出具有效证明。结余的住宅专项维修资金随房屋所有权同时过户给购房人。受让人（即购房人）应当持住宅专项维修资金过户的协议、不动产权证、身份证（或其他身份证明文

件）等到专户管理银行办理分账户更名手续。

（7）检查和验收附属设施。一般来讲，买方在交房时都会对房屋附属设施、设备、装修及附赠家电、家具等事项进行验收，房地产经纪人最好带客户都试用一遍。在房屋验收时，比较容易被忽视的是下水道堵塞和墙面渗水等问题，房地产经纪人应协助买方做好最后的把关工作。

（8）协助办理迁移户口手续。关于户口的约定条款，是房屋买卖合同当中的一项重要条款，将户口迁入所购买房屋，是居民在该区域内享受一定公共服务的基础，如子女就近入学、拆迁补偿等。而在存量房买卖交易中，除房屋交接和权利转移以外，卖方的户口没有及时迁出，是发生纠纷最多的因素之一。因此，房地产经纪人应提醒卖方在合同约定的户口迁出日前（一般为房屋交接之前）将户口迁出。为避免户口迁出纠纷，房地产经纪人和买卖双方需注意以下3点：一要注意在买卖交易合同中明确户口迁出时间；二要注意明确约定逾期迁出户口违约金标准；三要注意留存户口迁出保证金。

（9）如果买方因种种原因，在没有办理完不动产转移登记手续、并获得其本人名下的不动产权证前，与卖方提前进行房屋交付，房地产经纪人应提示买方防范后续风险，最好不要提前进行房屋装修，待最终办理了不动产转移登记手续后，再对房屋进行装修。

（10）房地产经纪人应准备好物业交验表，将水、电、燃气数字抄在合同的附件备注中，协助双方进行水、电、燃气等费用及室内设施、用品的检验和交接。

【案例9-2】

物业交验不能漏掉任何一项

2004年3月初，买卖双方通过某房地产经纪公司签订了《房屋买卖合同》后，卖方即出国工作了。在办理贷款过户手续过程中，由于没有卖方的积极配合，造成过户手续进程缓慢。而卖方在国外又发来邮件及电话要求必须在其4月中旬回国期间办理完毕过户手续，否则将推迟到半年后她回国时才能过户。买方这边又急于用房，为避免将要产生的纠纷，该公司在卖方回国时与买方作了过户权的委托公证，将房款扣除5 000元作为物业交验押金后全部支付给了卖方，但在过户后与买方交验时才发现此房的自来水表已坏，找自来水公司又不能马上更换，买方急于入住，就做了其他交验，说好换完水表后再交水费。但自来水公司这边工作推来推去无人接手此事，卖方的委托人也不积极配合联系。这时客户装修到水池处，无法继续，只能停工。在这种情况下，经纪机构只能拿出500元交与换水表的师傅，请他想办法直接更换，以前发生的水费就算结清，但因为没有票据，卖方回国后不予承认此笔费用，只能由该公司承担。

这个案例告诉我们房屋的交验要认真，不要遗漏任何一项，尽可能地避免纠纷的发生，如果能在卖方走前发现水表已坏，得到卖方的授权，此纠纷就不会发生了。房地产交易合同的签订及各种款项的支付是房地产经纪人销售工作初步完成的标志，物业交验也关系到经纪人的服务业务能否获得了最终的成功，因此是十分重要的环节。

4. 提供选择家居产品和日常服务的建议

房地产经纪人在房屋交付与查验过程中，可以向买受人提供便捷、实惠的家居服务及日常服务的建议，一方面能让经纪机构的服务内容得以延伸，另一方面，也可与客户保持一定频度的联系，维系已有的客户资源。

居家服务内容包括家居、装饰、装修材料、家用电器等物品的选购，还包括过程中的装修方案、室内设计等方面的策略的制定。经纪机构可以与多家居家企业建立战略合作关系，并给予经纪机构的客户一定幅度的优惠；另外，经纪人在给客户推荐相关居家服务的时候，尽量多提供一些方案，并分析各类方案的优劣势，并将相关优惠给予明示，便于客户放心选择。

日常生活服务包括提供家政服务及搬家服务，具体涉及保姆、月嫂、育婴、钟点工、搬家公司、保洁、家政服务员等，经纪人或者经纪机构掌握此类信息之后，随时分享给有需要的客户，这样可与客户建立了和睦的社会关系，维系已有的客户资源。

（二）存量房租赁物业的交付与验收

针对租赁物业交验，房地产经纪人应注意以下 4 点：

1. 如果双方在物业交验过程中产生矛盾，房地产经纪人应主导解决双方的分歧，不能让双方自行协调。分歧的解决要依照公平、公正的原则和市场惯例；当分歧较大时尝试将双方分开进行协调。

2. 房地产经纪人要与租赁双方仔细核对出租物业中的各种设施和设备，注明品牌、型号和数量。与出租人做物业交验时，要检查家具电器能否正常使用，外观是否完好，电器的品牌和尺寸登记到物业交验单上，同时，也应该试一试所有附送的家具、电器是否损坏。检查上下水、电路、马桶是否正常。房间所有物品应一一登记到物业交验单。

3. 出租房的钥匙交验很重要，要把房门、防盗门及卧室、卫生间、厨房门的钥匙在物业交验单上做好登记。

4. 承租人退租时，与承租人进行物业交验，要带着门店留存的出租人物业交验单与承租人对物品及品牌一一查证，以防出现案例9-3中的情况。同时，也要试一试所有的家具、电器是否完好如初，上下水、电路、马桶等是否正常等。对于在退租时发生的租赁合同以外发生的费用，当时无法确认由哪方缴纳的费用，应协助双方制定解决办法。

【案例 9-3】

出租房屋物业交验马虎不得

业主陈先生有一套房屋委托甲房地产经纪机构（以下简称甲机构）出租。租约到期后，客户便退租了，而业主要卖此套房子而不再委托经纪机构继续出租了，于是甲机构把房屋交还给业主。可是在做物业交验时，业主发现房屋内家用电器被换掉了，台灯的灯罩没有了，厨房的壁砖有脱落，于是要求甲机构进行赔偿。

经甲机构调查了解才知道，经纪人在与客户做物业交验收房时，物业交验单上只写着"电视一台""吸油烟机一台"，并未详细标注房屋内电视、吸油烟机的品牌及状况，物业交验单上也没有注明台灯，更没有标明厨房的壁砖是否损坏。甲机构还发现电表箱钥匙已经丢失，而再打那位租房客户的电话时却怎么也联系不上了，甲机构只能承担这笔损失。

房地产经纪机构在承担物业全程出租委托时，特别是要注意物业交验清单的填写。本案例存在的问题有三个：一是与客户做物业交验时没有标注房屋内家用电器的品牌及使用状况，更没有在承租人交房时与之对照原始物业交验单，以致承租人将电器等换掉都不知道，给业主及公司带来损失；二是房屋内一些小件物品（台灯）没有记入物业交验单，造成物品丢失或损坏后无法追偿承租人相应的责任；三是厨房损坏的壁砖没有登记，是原来就有损坏还是后期由承租人损坏的。

第二节　房地产贷款代办

部分购房客户在支付所购买房产的部分房款（定金和首付款）后，以所购买的房产作抵押向金融机构申请贷款，用于支付除定金、首付款和保证金以外的剩余房款。可以申请的贷款类型包括商业贷款、公积金贷款和组合贷款。此外，值得注意的是国家规定住房抵押消费贷款、房抵经营贷等消费、经营用途贷款不得用于购房，房地产经纪人应了解各类贷款之间的区别，以为客户提供专业、规范的贷款咨询或代办服务。

一、个人住房商业贷款及代办服务

（一）个人住房商业贷款的概念及贷款条件

个人住房商业贷款，俗称住房按揭贷款，是指具有完全民事行为能力的自然人，购买城镇住房时，抵押其所购买的住房，作为偿还贷款的保证而向商业银行申请的贷款。

1. 贷款的申请对象

个人住房抵押贷款借款人，一般要求具有中华人民共和国国籍，年满18周岁，不超过60周岁，并且能够提供稳定的收入证明，个人征信记录良好等。外籍人申请商业房地产贷款可以在外资银行办理相关手续，部分境内商业银行也为外籍人士提供购房贷款，但贷款条件与境内自然人有所区别。

2. 贷款额

贷款额，即个人住房商业贷款的最高额度，也称贷款金额，是房产评估值和房产成交价（网签价格）二者较小值乘以贷款成数来决定的，评估值一般低于成交价。例如：某商品房成交价为120万元，评估公司评估值为100万元，贷款成数为7成，则贷款额为100万×0.7＝70万。

3. 贷款的申请成数

贷款的申请成数，即贷款成数，与最低首付款比例密切相关，数值为1减去最低首付款比例。我国实行差别化的房贷政策，根据所购房屋是否为首套、二套住房，最低首付比例有所不同。不同地区对首套房、二套住房的认定标准不同，如在2023年9月之前，北京、上海、广州、深圳等一线城市的首套房认定标准为借款人无住房贷款记录且在本市无住房，即"认房又认贷"，但有些地方"只认房不认贷"。一般来说，各地规定的首套房最低首付比例和贷款利率低于二套房[1]。如北京市规定购买首套普通住房，其最低首付款比例为35%，最低贷款利率为贷款市场报价利率（LPR）加55个基点（BP，万分之一的意思，即0.01%），即贷款成数为6.5成；购买二套普通住房，其最低首付比例为60%，最低贷款利率为贷款市场报价利率（LPR）加105个基点[2]，即贷款成数为4成。

4. 贷款的还款方式

---

[1]　最低首付比例及贷款利率随政策要求及地方、银行的规定而不同。

[2]　北京市住房和城乡建设委员会，等. 关于完善商品住房销售和差别化信贷政策的通知：京建法〔2017〕3号〔S/OL〕. 〔2017-3-17〕. https://zjw.beijing.gov.cn/bjjs/xxgk/fgwj3/gfxwj/zfcxjswwj/325730516/index.shtml

商业贷款的还款方式主要包括等额本息还款法（等额法）、等额本金还款法（递减还款法）、双周供等。不同的还款方式适合不同类型的客户，可以针对客户的具体情况进行推荐。例如，等额本息适合教师、公务员等收入稳定的工薪阶层；等额本金适合那些前期能够承担较大还款压力，后期收入会减少的借款人群，如50岁以上的企业管理层，这种还款方式相对于前者更能节省利息；双周供适合周结工资或者是夫妻双方月中和月底发工资的借款人。银行抵押贷款常用的还款方式是等额法和递减还款法（表9-2）。

等额本息还款和等额本金还款方式比较 表9-2

还款方式	优点	特点	计算公式	适合人群
等额本息（月等额）	准确掌握每月的还款额，有计划地安排家庭收支	在整个还款期内，每个月的还款额保持不变（遇调整利率除外）	贷款本金×［月利率×（1＋月利率)还款月数］／［(1＋月利率)还款月数－1］	资金不宽裕的购房者
等额本金（月等本）	适合还款初期还款能力较强，并希望在还款初期归还较大款项来减少利息支出的借款人	本金在整个还款期内平均分摊，利息按贷款本金余额逐日计算，每月还款额逐渐减少，但偿还本金的速度是保持不变	贷款本金/还款期数＋（贷款本金－累计已还累计本金）×月利率	（1）打算提前还贷者；（2）当前收入尚可的借款人

（1）等额本息还款法

等额本息还款法（等额法），是将消费者所贷款的总额（本金），加上贷款年限内本金产生的总共利息，得出本息总额，再除以贷款的总计月数，得出消费者贷款年限内每月的还款数额。等额本息还款法特点为：①每月以相等的金额偿还借款本息，每月还款额固定（除遇贷款利率调整），这种还款方式下借款人可准确掌握收支预算。②在总额不变的情况下，还款初期每月偿还的本金少利息多，还款末期本金逐渐增多利息逐步减少（图9-1）。

（2）等额本金还款法

等额本金还款法（递减法），以每月为利息清算单位，消费者每月还款的数额是由每月所还的贷款本金，加上上月贷款总额产生的利息构成，其中每月所还本金就是消费者贷款总额除以贷款总月数得出的数额。等额本金还款法的特点为：每月以相等的金额偿还本金，利息按剩余本金逐月结清。这种还款方式下，还款初期月还款额较等额本息还款法略高，但可节省整体利息支出（图9-2）。

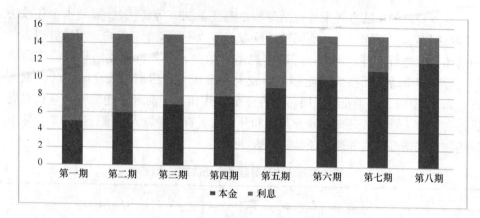

图 9-1　等额本息还款法走势示意图

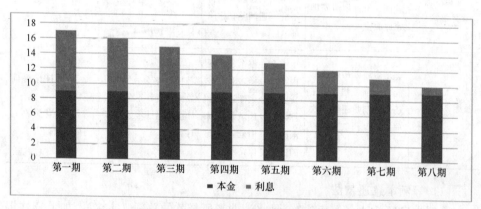

图 9-2　等额本金还款法走势示意图

5. 贷款的年限

贷款年限是指借款人还清全部贷款本息的期限，贷款年限最长不超过 30 年，具体贷款年限与购房者年龄和房龄相关，但具体规定各银行之间有差异。比如有的银行规定贷款年限加购房客户年龄不超过 65 年，即年龄＋贷款年限≤65；房龄在 30 年以内且房龄加贷款年限不超过 50 年，即房龄＋贷款年限≤50。

银行在贷款审查时，要综合考虑借款人的经济实力、家庭支出计划及购房的目的后才能确定具体的贷款年限。如果贷款年限太长，借款人所支付的利息总额往往较高，后期购房者一旦无力偿付贷款，则贷款银行有可能依法申请法院查封并拍卖房产；如果贷款年限太短，借款人每月承受的还款压力较大。

【案例 9-4】

商贷实用案例分析

客户江某近期看上了一套存量房，想通过贷款方式购买。因为自己关注房贷的事情已经很久了，而且也阅读了很多关于这方面的材料，对于办理房产贷款的事情的确有一些了解，所以江某决定不委托代办，而是自行办理贷款事宜。但是在他将相关材料交到银行后，却被告之缺少相关材料，而且收入证明不能满足其贷款的要求。原来银行规定借款人的月收入必须是月还款额的 2 倍以上（含），而根据江某开具的收入证明，不能满足这个要求，银行还规定如果还款证明达不到这一要求是不予办理批贷的。

根据江某的实际需求，贷款代办机构帮他重新选择了一家银行，从房产评估、银行面签、递交相关审核关资料，再到后来的抵押登记和过户手续办理，都由机构相关部门专人负责。省去了江某东奔西跑两头忙的困扰，还让业主在最短的时间内拿到了房款，双方皆大欢喜。

（二）个人住房商业贷款的流程及所需资料

由于各地个人住房商业贷款的流程有所差异，甚至同一城市的不同城区、不同银行之间的要求也有差异，本书列举了个人住房商业贷款的一般流程，具体流程以各地、各银行要求为准。

1. 借款人提出贷款申请或进行贷款资格预审

借款人到贷款银行填报《个人住房借款申请表》并提交下列材料：①借款人的身份证明、户口本；②购买住房的商品房认购书或《存量房买卖合同》等其他证明文件；③借款人所在单位出具的借款人家庭稳定经济收入证明；④贷款银行要求的其他证明材料（如首付款支付凭证。对于存量房交易，为保证资金安全，一般要求买卖双方通过交易资金监管方式支付首付款，在办理网签时或者银行面签时或者银行批贷之前，请买卖双方开具符合资金监管要求的银行账户，买方将资金存入指定账户。该账户可能是第三方监管账户，也可能是卖方账户，如果是前者，待过户后再将资金从监管账户转入卖方账户；如果是后者，待过户后，卖方才能支取交易资金）。

贷款银行对借款人的贷款申请及各项证明材料进行审查，审查合格后出具《贷款承诺书》。购买新建商品房的，借款人凭贷款银行出具的《贷款承诺书》与房地产开发企业签订《商品房买卖合同》，确定付款方式和房款总额。

2. 借款人与贷款银行签订个人住房抵押贷款合同

借款人持《商品房买卖合同》（或《存量房买卖合同》）和《贷款承诺书》与

贷款银行签订个人住房抵押贷（借）款合同（有些银行是两个合同，即抵押合同和借款合同）。对新建商品房，有些城市的银行除了要求房地产开发企业担任抵押贷款担保人外，还要求第三方担保人对抵押贷款提供信用担保。这时，借款人需要与担保公司签订委托担保协议，并向担保公司交纳一定比例的担保费用。

当事人要求公证的，可到公证机关办理公证。有些金融机构要求借款人到保险机构办理抵押不动产的保险。

签订抵押借款合同的时间，可能是在贷款面签时（借款人签字，待办理抵押登记时，再签正式的合同），也可能是贷款审批通过之后再签字。

3. 办理房地产抵押登记

房地产抵押需要到不动产登记部门办理抵押登记手续。根据《民法典》的相关规定，抵押权自登记时设立。抵押权已登记的，按照登记先后顺序清偿。

新建商品房在办理抵押权登记时，存在两种情况。第一种情况是借款人，即购房客户，还没有领到分户的不动产权证，借款人和银行持身份证明、商品房买卖合同、抵押借款合同、申请表、预告登记协议和不动产登记证明（不动产登记部门出具的）到不动产登记机构办理抵押权预告登记。一旦借款人办理了不动产权证后，办理抵押权登记手续。第二种情况是借款人购买的是现房，签署了商品房买卖合同后，已经办理不动产登记，并领取了不动产权证。这种情况下，借款人和银行持身份证明、不动产权证、抵押借款合同、申请表办理抵押权登记。

存量房办理房地产抵押登记，与新建商品第二种情况相同。值得注意的是，部分地方为防止存量房交易风险，会在办理过户前，要求先办理预告登记，待正式过户时，同时办理预告登记解除、转移登记和抵押登记（表9-3）。

存量房抵押贷款买卖双方应提供资料

表 9-3

买方（即借款人）	卖方
（1）身份证（夫妻双方，正反两面）	（1）身份证（夫妻双方，正反两面）
（2）户口簿（夫妻双方，首页、户主页、本人页、变更页）	（2）户口簿（夫妻双方，首页、户主页、本人页、变更页）
（3）婚姻证明 单身：无需婚姻证明； 已婚：结婚证； 离异：离婚证或已在民政局盖章的离婚协议； 丧偶：户口本变更配偶死亡或提供死亡证明	（3）婚姻证明 单身：无需婚姻证明； 已婚：结婚证； 离异：离婚证、已在民政局盖章的离婚协议或法院判决书； 丧偶：死亡证明

续表

买方（即借款人）	卖方
（5）收入证明（夫妻双方，月供加家庭成员负债综合不得超过月收入的50%）	（4）不动产权证 另： 成本价或优惠价房：提供原始购房协议； 央产房：提供央产房上市审批表； 回迁房：提供回迁协议； 继承房产需要提供《继承公证书》； 卖方为未成年：需要提交监护人身份证及监护公证；
（6）营业执照副本复印件加盖公章（并通过年检）或工作证或在职证明	卖方为公司：需要提交房产证、股东决议、授权委托书、购房合同、组织机构代码证、法人身份证明、营业执照副本复印件加盖公章、公司章程、税务登记证、开户许可证、公章

4. 贷款银行放款

贷款银行将贷款以转账方式划入《商品房买卖合同》中指定的房地产开发企业在贷款银行的存款账户，或划入存量房买卖交易资金监管账户，等不动产登记手续完全办理完毕，再将资金划入卖方账户。首付款一般也于不动产登记手续办理完毕后解冻或从监管账户划入卖方账户。

具体的商业贷款流程如图9-3所示。

（三）个人住房商业贷款代办委托

商业贷款过程包括递交相关审核资料、房产价值评估、到银行签订房地产抵押贷款合同、抵押登记等手续，导致流程比较复杂，办理过程花费时间较多，牵涉部门较多。因此，多数购房客户选择委托贷款服务机构代为办理，代办机构收取相应服务费（按件定额收取或按贷款金额的百分比收取），所谓"花钱买服务"。

代办过程中，除了基本的房屋买卖合同之外，购房客户还需提供借款人职业和收入证明、房屋竣工年代证明、存量房首付款交付确认函以及商业贷款委托公证书（案例9-5～案例9-9）。

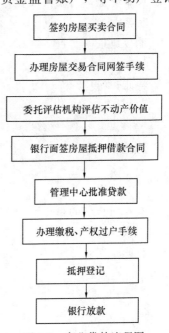

图9-3　商业贷款流程图

【案例 9-5】

借款人职业和收入证明

银行 　　　　　　　　　　　　　　　　　　　：

兹有本单位员工 　　　　　　　　先生/女士，向贵行申请个人住房贷款，现应要求特提供该员工情况如下：

1. 身份证明号码： 　　　　　　　　　　　　　　　　　　　；

2. 在本单位担任的职务： 　　　　　　　　　　　　　　　　；

3. 在本单位聘任的职称： 　　　　　　　　　　　　　　　　；

4. 税后年（月）收入：人民币 　　　　　　　　　　　　　（大写）；（含工资、各项津贴和奖金）

5. 在本单位服务时间： 　　　　年　　　　月在我单位就职，为我单位

□合同制　　　　□临时　　　　□返聘员工，合同期至　　　　年　　　　月。

6. 其他情况：

我单位谨此承诺上述资料是真实的，并将我单位的有关联系方式提交给贵行，以便查证。

人事劳资部门联系人：

联系电话：

单位地址：

邮编：

特此证明！

单位盖章：

年　　月　　日

【案例 9-6】

房屋竣工年代证明

本人所出售的位于 　　　　　　　　　　　　　　　　　　的房产，竣工年代为 　　　　　　　年。

特此证明！

卖房人签字：

年　月　日

【案例 9-7】

存量房首付款交付确认函

根据（卖方）　　　　　　　与（买方）　　　　　　　签订的存量房买卖合同，现就　　　　　房产的交易情况，请买卖双方确认如下：

卖方：　　　　　　　身份证明号码：

本人与买方所交易的上述房产是真实的，交易价格为人民币（大写）　　　　　　　　，现已收到买方　　　　　　　交付的首付款人民币（大写）　　　　　　　。确认无误。

卖方（签字）：

年　　　月　　　日

买方：　　　　　　　身份证明号码：

本人与卖方所交易的上述房产是真实的，交易价格为人民币（大写）　　　　　　　，现将首付款人民币（大写）　　　　　　　　交予卖方　　　。确认无误。

买方（签字）：

年　　　月　　　日

【案例 9-8】

商业贷款委托公证书（出售方面签不能到场）

委托人：_____性别：____出生日期：_____身份证明号码：_____

受托人：_____性别：____出生日期：_____身份证明号码：_____

委托事项：

委托人_____和_____系_____关系，因工作及生活原因不能亲自办理名下的位于北京市_____（《不动产权证》证号为：_____）现委托_____作为我的合法代理人全权代表我办理如下事项：

☐办理以上房产代签买卖合同手续

☐协助买房人办理银行贷款签字手续

☐办理以上房产过户手续

☐办理以上房产代收房款手续

☐办理以上房产的物业交验等其他一切事宜

☐办理以上房产银行还款以及了解抵押相关事宜

□代理人在其权限范围内所签署的一切文件，我均予以承认

此委托（有）无转委托权。

委托期限：自公证之日起至上述事项办完为止。

委托人：
年　　月　　日

【案例 9-9】

商业贷款委托公证书

委托人：_____ 性别：_____ 出生日期：_____ 身份证明号码：_____

受托人：_____ 性别：____ 出生日期：_____ 身份证明号码：_____

委托人_____和_____系_____关系，欲以_____的名义购买位于北京市_____的房产，产权转移后因不能亲自办理后期手续，特委托_____或_____作为我们的代理人代为办理以下事宜：

□代为办理并领取该房屋所有权证及他项权利证

□代为办理该房屋土地使用权证的过户手续

□代为办理并领取土地使用权证及他项权利证

□代为办理该房屋所有权证及土地使用权证的抵押登记相关手续

□代为办理与该房产抵押登记有关的一切事项

凡由受托人就上述房产在代理权限内所实施的法律行为及所造成的法律后果，委托人均予以承认，受托人签署的一切相关资料均有效。

受托人有转委托权。

委托期限：至上述事项完成之日止。

委托人：
年　　月　　日

（四）银行抵押贷款的风险

对借款人来说，银行抵押贷款存在一定的风险。房地产经纪人应提醒借款人向金融机构专业人士咨询关于抵押贷款产品或抵押贷款服务具体细节，并注意防范以下抵押贷款风险。

1. 无力继续偿还贷款本息风险

借款人有可能在还款期内出现经济困难而一时难以偿还按揭贷款本息。因

此，借款人申请贷款额度要量力而行，应该根据自己的条件选定最适合自己的还款方式。同时要珍视个人信用记录，每月要按时还款，避免罚息，出现信用不良记录。

2. 房屋贬值风险

导致房屋贬值风险的原因很多，其中包括自然灾害、政治动荡和经济危机等不可抗力因素，也包括人为的因素。因此，对抵押房屋进行财产保险是防范此类风险的关键措施，对银行与购房者都非常必要。

3. 利率变化风险

市场利率的波动难以预测。根据 2019 年 8 月 17 日中国人民银行发布改革完善贷款市场报价利率（LPR）形成机制的公告，LPR 利率每月报价一次。因此，当利率有所变化时，房地产经纪人应提醒借款人对利率变化引起的总还款额调整向银行进行相应贷款利率申请。

4. 购房者房屋处置风险

一旦因购房者不能按照借款合同偿还贷款时，银行根据房地产抵押合同相关条款对房屋进行处置。银行往往为尽快回收其贷款，有可能将房屋以低于市场的价格委托法院低价拍卖该房产（在有些限购城市，只有具备本城市购房资格的人才能购买法院拍卖的房产）。购房者在签订购房抵押贷款合同时，应当注明此监督权。监督权指借款人对估价机构的选择、拍卖底价的认可、招标活动的参与、公告发布、估价拍卖费用问题等具有监督的权利。

二、公积金贷款及代办服务

（一）公积金贷款的概念及贷款条件

1. 产品介绍

住房公积金贷款是指由各城市住房公积金管理中心，运用住房公积金，委托银行向缴存住房公积金的职工，在购买、建造、翻建、大修自住住房时向其发放的一种政策性担保委托贷款。委托银行发放贷款，并由借款人或第三人提供符合住房公积金管理中心要求的担保方式。各地都成立住房公积金管理中心。

2. 申请对象及申请条件

住房公积金贷款对象为在住房公积金管理中心系统缴存住房公积金的缴存人。

各地的住房公积金贷款条件略有差异。以北京为例[①]，北京住房公积金贷

---

① 本书关于北京市住房公积金的相关材料均来自北京市住房公积金管理中心。

款申请对象需满足以下条件：①借款申请人申请时应连续缴存住房公积金半年（含）以上且本人住房公积金账户处于正常缴存状态，离退休人员，离退休前曾缴存过住房公积金；②借款申请人须具有北京市购房资格；申请住房公积金个人住房贷款支付所购住房的房款；③借款申请人夫妻名下没有未还清的住房公积金个人住房贷款（含政策性贴息贷款）；④借款申请人夫妻名下已有的贷款记录（包括商业性住房贷款、住房公积金个人住房贷款）及本市住房情况，应符合表 9-4 的要求；同时，对于离婚日期为 2017 年 3 月 24 日（含）以后的借款申请人，在离婚一年内申请住房公积金个人住房贷款的，按二套房贷款政策执行①。

北京市住房公积金购房申请贷款条件一览表

表 9-4

序号	借款申请人住房及贷款情况	适用政策
1	无住房贷款记录且在本市无住房	首套房贷款政策
2	仅有 1 笔住房贷款记录	二套房贷款政策
	在本市仅有 1 套住房	
	有 1 笔住房贷款记录、在本市有 1 套住房，且为同一套住房	
3	在本市有 2 套及以上住房	不予贷款
	有 2 笔及以上住房贷款记录	
	有住房贷款记录及在本市有住房，且非同一套住房	

3. 贷款年限

住房公积金贷款年限一般为 1～30 年。以北京为例，住房公积金个人住房贷款期限一般最短为 1 年，最长为 25 年。具体到个人要结合借款申请人年龄和所购房屋的剩余使用年限来确定：①根据借款申请人年龄计算出能够贷款的年限，即 65 岁减申请人申请时年龄。假如借款人购房时 60 岁，其申请住房公积金贷款年限仅为 5 年。②若购买二手住房，还需根据所有房屋的剩余使用年限计算出能够贷款的年限，即建筑物耐用年限（砖混的为 50 年，钢混的 60 年）减建筑物已使用年限再减 3 年，也就是"房龄＋贷款年限≤47 年（砖混）或房龄＋贷款年限≤57 年（钢混）"。最终以上述两个年限中较短的年限确定为可以贷款的最长年限。例如，李某是北京市某事业单位职工，因购买一处二手商品住房而申请住房公积金贷款。申请时李某年龄 35 岁，所购房屋是钢混结构，房屋已使用年限

---

① 北京市住房公积金管理中心. 住房公积金个人住房贷款业务问答 [EB/OL]. （2023-4-10）. https: //gjj. beijing. gov. cn/web/zwfw5/1747335/1747338/326085653/index. html.

20 年。按照年龄计算李某的住房公积金贷款年限为 30 年（65 岁－35 岁＝30 岁），而按照所购房屋的剩余使用年限计算的贷款年限为 37 年（57 年－20 年＝37 年），最终确定的最长贷款年限为 30 年。

在保证借款申请人基本生活费的前提下，按等额本息还款法计算的月还款额不得超过申请人月收入的 60％，当前北京市基本生活费为每人每月 1 540 元[①]。

4. 贷款类别

以北京为例，住房公积金管理中心分为国管单位和市管单位两种。国管公积金管理中心是指国务院机关事务管理局直属事业单位，负责管理中央国家机关在京单位和在京中央企业的住房公积金[②]。在实施操作中，凡在《个人住房担保委托贷款借款申请表》"个人登记号"一栏写的是以 502、509 等数字"5"开头的，即视为国管单位。

市管公积金管理中心是北京市单位住房公积金的管理机构[③]。在《个人住房担保委托贷款借款申请表》"个人登记号"一栏以身份证明号开头的号码，则大多数视为市管单位。

5. 贷款成数和额度

贷款成数指的是所贷款的额度总额占整个抵押物价值的比例。例如：用于贷款的抵押物是价值为 100 万的房产，最终贷得了 70 万元，贷款成数就是 7 成。住房公积金贷款额度与公积金缴存年限有关联。以北京为例，每缴存 1 年可贷 10 万元，缴存年限不够 1 整年的，按 1 整年计算，最高可贷 120 万元，如借款申请人为已婚的，核算贷款额度以夫妻双方中缴存年限最长的一方计算。

北京市首套房单笔个人住房公积金的贷款最高额度 120 万元，二套住房最高额度是 60 万元。如果借款人户籍在东城和西城区，购买东城、西城、朝阳、海淀、丰台、石景山区以外其他城区的首套住房，贷款额度还可上浮 10～20 万元。一些城市因为有限贷规定，根据购房套数对贷款成数和公积金贷款最高额度都有特别的规定。表 9-5 是北京市住房公积金个人住房贷款最低首付款比例。

---

① 北京市基本生活费会随政策调整而变化。

② 中央国家机关住房资金管理中心网站 http://www.zzz.gov.cn/index.jsp。中央国家机关住房资金管理中心是国务院机关事务管理局直属事业单位，是中央国家机关住房委员会的住房资金管理机构，与北京住房公积金管理中心中央国家机关分中心合署办公。

③ 北京市住房公积金管理中心 http://www.bjgjj.gov.cn/jgjj/

北京市住房公积金个人住房贷款最低首付款比例　　　　表 9-5

条件	房屋性质	房屋性质	首付比例
首套住房	政策性住房	经济适用住房	≥20%
	非政策性住房	除经济适用住房以外的其他政策性住房	≥30%
		普通住房	≥35%
		非普通住房	≥40%
二套住房	普通住房	普通住房	≥60%
	非普通住房	非普通住房	≥80%

【案例 9-10】

公积金贷款案例

杨先生在北京工作，月收入 10 000 元，工龄 11 年，从上班伊始其所在单位按照 12% 的缴存比例为其缴纳公积金。杨先生户口在东城区，他在北京房山区附近购买了一套 60m² 的普通新建商品住房，总价 300 万元。杨先生是首次购房，首付款比例为 35%，剩余房款是 195 万元。根据北京市管住房公积金政策，个人住房公积金最高贷款额为 120 万元，因为是购买近郊区的住房，公积金贷款额度上浮 20 万元。杨先生工龄 11 年，本次住房公积金贷款最高贷款额度是 110 万元，加上上浮的 20 万元，杨先生可以贷款 130 万元。剩余 65 万元，杨先生可以申请商业住房贷款。

6. 公积金的"自由还款"方式

以北京为例，公积金贷款一般采用"自由还款"的方式，该方式是指借款人申请住房公积金贷款时，公积金管理中心根据借款人的借款金额和期限，给出一个最低还款额，以后在每月还款额不少于这一最低还款额的前提下，根据自身的经济情况，自由安排每月还款额的还款方式。这种还款方式弥补了商业贷款中固定还款月供的规定，提高了借款申请人自主选择的机会，借款人每月可根据自身具体情况，协调月还款额，合理支配月收入。

（二）公积金贷款的流程及所需资料

1. 贷款流程

同商业贷款一样，公积金贷款流程也较为复杂，如果完全靠购房客户自行办理，需要学习很多公积金相关政策，同时需要花费很长时间与精力。因此，多数情况下，贷款客户会选择相关代办机构帮助办理。公积金贷款一般流程示意图见

图 9-4（各地公积金贷款流程具有较大差异，具体以贷款所在地公积金管理中心要求为准）。但随着很多地方政府建设了互联网电子政务平台，借款申请人既可以到住房公积金管理中心贷款经办部门申请住房公积金个人住房贷款，也可以通过网上业务平台（各地的住房公积金管理中心政府网站）申请住房公积金个人住房贷款，申请人只要通过网络上传相关文件就可以办理个人住房公积金贷款手续，这大大方便了申请人。

2. 买卖双方所需要资料

购买新建商品住房和二手房，申请住房公积金个人住房贷款提交的材料有一些差异。本书以北京市对市管公积金所需资料进行说明（表 9-6、表 9-7）。

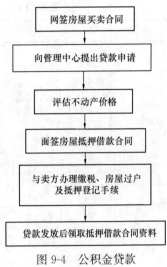

图 9-4 公积金贷款
一般流程示意图

北京市购买新建商品住房申请公积金个人贷款所需资料 表 9-6

资料类别	资料名称	规格	份数	备注
个人身份资料	身份证、军官证、护照或港澳台通行证	原件	1	对于已婚者，须夫妻双方提供；有房屋共有人的，须每个共有人提供
	户口本本人页及变更页	原件	1	
	婚姻关系证件	原件	1	已婚，提供结婚证；离婚，提供离婚证件；未婚，不提供
	拟用于还款的银行卡或存折	原件	1	
购房资料	购房合同（正本）	原件	1	
	购房首付款发票	原件	1	
特殊情况下需要补充的资料	离、退休证书	原件	1	离退休职工提供
	离退休职工申请贷款当月或上一个月记载社会基本养老保险发放记录的银行流水单	原件	1	
	异地贷款职工住房公积金缴存使用证明	原件	1	异地缴存借款申请人提供

说明：1. 对于离异的人士，除离婚证外也可提供离婚民事判决书或民事调解书；

2. 对于需要申请组合贷款的，则组合贷款商贷部分资料请按照银行商贷要求准备

北京市购买二手住房申请公积金个人贷款所需资料　　　　表 9-7

资料类别	资料名称	规格	份数	备注
个人身份资料	身份证、军官证、护照或港澳台通行证	原件	1	对于已婚者，须夫妻双方提供；有房屋共有人的，须每个共有人提供
	户口本本人页及变更页	原件	1	
	婚姻关系证件	原件	1	已婚，提供结婚证；离婚，提供离婚证件；未婚，不提供
	拟用于还款的银行卡或存折	原件	1	
购房资料	购房合同（正本）	原件	1	
	购房首付款发票	原件	1	
二手房卖方资料	卖方身份证、军官证、护照或港澳台通行证			
	卖方房屋所有权证/不动产权证（含共有权证）			
	卖方用于收款的账户的银行卡或存折			
特殊情况下需要补充的资料	离、退休证书	原件	1	离退休职工提供
	离退休职工申请贷款当月或上一个月记载社会基本养老保险发放记录的银行流水单	原件	1	
	异地贷款职工住房公积金缴存使用证明	原件	1	异地缴存借款申请人提供

说明：1. 对于离异的人士，除离婚证外也可提供离婚民事判决书或民事调解书；

　　　2. 对于需要申请组合贷款的，则组合贷款商贷部分资料请按照银行商贷要求准备

三、房产抵押消费贷款及代办服务

（一）个人房产抵押消费贷款的概念

"个人房产抵押消费贷款"从其概念上解释是：借款人将自己或他人（如亲属、朋友、同事）拥有所有权的房产作抵押，向银行申请贷款用于各种消费用途，如装修、买车、出国、旅游、留学等，也可用于各种资金周转和经营性用途。抵押后的房产仍然可以正常使用或出租。人们通过抵押房产向银行申请贷

款，能够达到快速缓解资金需求的目的，所以"抵押消费贷款"也为那些短期内需要筹集较多资金的人提供了一个十分便利的新融资渠道，受到他们的追捧。

借款人确实需要通过"抵押消费贷款"来筹集资金的，房贷借款人必须通过与其有同等市值房产的亲戚或者朋友那里以对方的房产作抵押，在保障银行放贷风险控制的前提下，银行才有可能以"抵押消费贷款"的方式放贷给家庭只有唯一一套住房的借款人。为什么银行对于借款人家庭只有一套唯一住房的"抵押消费贷款"控制得如此严格呢？

从法律的角度上来看：最高人民法院在 2020 年 1 月公布了《最高人民法院关于人民法院民事执行中查封、扣押、冻结财产的规定》（法释〔2020〕21 号）[1] 第四条规定："对被执行人及其所扶养家属生活所必需的居住房屋，人民法院可以查封，但不得拍卖、变卖或者抵债。"这也意味着，如果该住房是家庭必需的居住房屋，甚至是唯一住宅，人民法院只能查封，而不能因为被执行人不能偿债将其房屋拍卖、变卖或者抵债。根据这一法律规定，房地产经纪人在了解到借款人是以家庭中唯一一套住房申请抵押消费贷款，要非常慎重，在无法按期偿还银行贷款的情况下，人民法院只能查封，而不能强行收回、拍卖、变卖或者抵债。一旦应抵押权人即借款人无法偿还贷款的银行一方申请，确实需要依法拍卖、变卖或者抵债，那么银行或者被执行人的家属也必须要提供给借款人相应的保障其居住需求的房屋，以便解决其基本生活问题。住房抵押消费的流程见图 9-5。

（二）个人住房抵押消费贷款的特征及分类

1. 产品介绍

一般情况下，个人住房抵押消费贷款是指以个人或者他人名下的住房作抵押，向银行申请用于各种消费用途，如装修、买车、出国、旅游、留学等。主要适用人群为：①全款购房，现有资金需求的借款人；②贷款购房但已经将贷款还清，且又有资金需求的借款人。该产品亮点是：①贷款金额足：依据抵押物的评估价值，可贷 10 万至上千万。②贷款年限较长：1～10 年。③提前还款灵活：抵押消费贷款提前还款方便，借款人手中有余钱即能还贷款，无需提前预约。④循环授信：借款人获得银行一定的贷款额度后，在期限内可分次提款、循环使用，支取不超过可用额度的单笔用款时，无需申请即可再次提款。

---

[1]　2004 年 10 月 26 日最高人民法院审判委员会第 1330 次会议通过，根据 2020 年 12 月 23 日最高人民法院审判委员会第 1823 次会议通过的《最高人民法院关于修改〈最高人民法院关于人民法院扣押铁路运输货物若干问题的规定〉等十八件执行类司法解释的决定》修正。

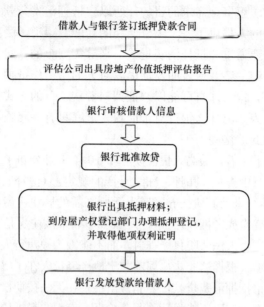

图 9-5 住房抵押消费的流程

2. 执行利率

个人住房抵押消费贷款的执行利率，有些银行是在按照中国人民银行的基准利率上浮 10%～35%。例如，中国工商银行北京分行执行的个人住房抵押消费贷款利率是在中国人民银行同期同档次基准利率上浮 10%①。

3. 需要提供的基本资料

个人申请住房抵押消费贷款所需提交的资料见表 9-8。

4. 额度使用有效期

个人住房抵押消费贷款的额度使用有效期最长为 30 年，且额度有效期和楼龄之和不超过 30 年，借款人年龄与额度期限之和不超过 65 岁。单笔用款的期限一般不超过 5 年，对于优质高端客户最长不超过 10 年，且单笔用款期限最长不得超过个人抵押循环贷款额度剩余有效期。

5. 贷款用途

个人抵押循环贷款额度可用于一切合法个人消费支出，不得用于国家法律和金融法规明确禁止经营的项目，如股票、证券投资等，不得用于无指定用途的个

① 中国工商银行北京市分行网站．个人房屋抵押消费贷款［EB/OL］．（2023-07-20）．https：//www.icbc.com.cn/beijing/column/1438058386850988684.html。

人支出。

个人申请住房抵押消费贷款所需提交的资料　　　　　表 9-8

提 交 资 料
① 身份证（夫妻双方，正反两面），军官须提供军官证
② 合法有效户口簿（夫妻双方，首页、地址页、本人页、变更页；集体户口的，提供首页、本人页、变更页）
③ 婚姻证明（为结婚证－照片页和内容页、离婚证或民事调解书，或所在派出所、街道办事处开具的婚姻证明）
④ 收入证明（须盖所在单位公章或人事章），要求月供不超过月收入的 50％（不得有任何涂改，签字笔填写）
⑤ 所在单位营业执照副本复印件加盖公章，并通过年检
⑥ 不动产权证及用途合同
⑦ 工资流水或完税证明、抵押人的第二套住房证明文件（包括：其他房产不动产权证、购房合同、发票等），其他资信证明
⑧ 最高学历或学位证书、专业技术资格证书、执业资格证书等证明材料原件及复印件
⑨ 外地人需提供暂住证（照片页和内容页）
特殊说明：借款人（买方）为所在单位的法定代表人，需要提交以下资料： 　　① 企业营业执照副本复印件加盖红色公章 　　② 近期连续三个月的财务报表和年审后的企业财务报表 　　③ 公司章程

（三）企业抵押经营贷款

1. 企业抵押贷款介绍

继 2010 年抵押消费贷款购房用途被禁止之后，各银行不约而同的将个贷重心转移到装修、企业经营以及小额消费等用途，企业抵押经营贷款成为各银行"众星捧月"的对象。企业抵押经营贷款是指以中小企业所有者或者企业的高级管理者房产作抵押，然后向银行申请贷款，将资金用于购买原材料、办公设备或者企业经营用途的一种资金周转方式。主要适用人群为：一般多为中小企业主、公司管理人员及个体经营者。该产品亮点是：①贷款金额足：根据抵押物的评估价值，可贷十万至上千万。②循环授信：借款人获得银行一定的贷款额度后，在期限内可分次提款、循环使用，支取不超过可用额度的单笔用款时，无需申请即可再次提款。③提前还款灵活：个人经营性贷款提前还款方便，借款人手中有余钱即能还贷款，无需提前预约。

【案例 9-11】

企业抵押消费贷款

做外贸服装生意的谢女士在北京有十余家连锁店，还有自己的一家小工厂。这么多年下来，谢某用挣来的钱不断的买房、建厂、开连锁，生意越做越大很是红火。他还与国外的厂家搞起了合作，许多服装出口外销。2019 年国际经济环境滑坡，谢某的公司也受到了冲击，销售量大量萎缩，为了维护公司的正常经营，她四处奔波借钱，甚至还想到了借高利贷，但高额的利息与较高的风险让谢某左右为难，始终下不了决心。

像谢某这种情况可以申请小企业经营贷款，缓解融资缺钱的尴尬境遇。小企业经营贷款其实就是以中小企业所有者或者企业的高级管理者的房产作抵押，然后向银行申请贷款，将资金用于购买原材料、办公设备或者企业经营用途的一种资金周转方式。通俗一点讲，就是抵押消费贷款。以房产做抵押消费贷款除了用于买房、买车、装修、留学等，借款人如有正当理由融资，只要能够说明用途银行也可以接受。

比如像谢某这样急用钱周转的，只需要提供其名下的房产证明，银行流水以及企业的财务报表等即能申请贷款。通常情况下，会先对借款人的房产进行评估，根据评估值并参考借款人的资信状况等综合考虑，一般能申请到六成的抵押消费贷款用于企业经营，抵押消费贷款的利率一般会在基准利率上浮 10％左右。

配合国家对中小企业的贷款政策，困境中的小企业主可以通过抵押房产的方式求得融资支持，房产抵押消费贷款对于那些短期内需要筹集较多资金的人来说，的确是较便利的融资渠道。

2. 个人住房抵押消费贷款和企业抵押经营贷款的区别

（1）贷款主体与贷款用途不同

从贷款主体来看，企业抵押经营贷款的主体一般为中小企业主、公司高级管理人员及个体经营户，而个人住房抵押消费贷款的主体则较为宽泛，符合银行贷款条件的个人即可。

从贷款用途来看，企业抵押经营贷款一般是企业遇到经营融资困难时，通过抵押房产向银行申请的贷款，用来购买设备、原材料或是扩建厂房等，需要提供企业相关用途证明材料；而个人住房抵押消费贷款则是有房人士有个人消费需求时，通过抵押房产向银行申请的贷款，需要提供相关的消费用途证明，如装修房屋、购车、留学、购买大宗商品。不过也有部分银行的卡贷消费类产品，不需要提供消费用途证明，但是对借款人资质要求较高。

（2）贷款政策不同

从贷款年限来看，因为企业抵押经营类贷款资金回收周期一般较短，所以银行贷款年限通常最长为 5 年，而个人住房抵押消费贷款一般是个人或是家庭用于生活消费，个人还款能力与企业相比要低很多，所以个人住房抵押消费贷款年限长于企业贷款，最长可贷 10 年。

从贷款利率来看，企业抵押经营贷款的最低利率为 3‰ 左右；个人住房抵押消费贷款利率则略高于企业抵押经营类贷款，统计数据显示，2023 年 7 月，全国性银行的消费贷平均利率水平为 3.57‰。

（3）银行放款方式不同

银行放款方式不同也是企业抵押经营贷款和个人住房抵押消费贷款的不同之处。银行对于企业抵押经营贷款采取受托支付方式，即必须将钱款打给经营用途材料中的第三方账户；而个人住房抵押消费贷款与企业经营贷款相比，银行放款稍显灵活，如果是 30 万元以下的个人小额消费，银行可以直接将抵押款打入借款人账户，贷款额在 30 万元以上时银行才要求打入第三方账户。

（4）银行考核侧重点不同

企业抵押经营贷款和个人住房抵押消费贷款另一个比较明显的区别就是银行审核对企业资质和个人资质审核的侧重点不同。

对于企业抵押经营贷款，银行考核侧重点是企业的资质和经营状况，需要企业提供企业营业执照、公司章程等资质证明，以及企业近 1～3 年财务报表、银行流水、经营或融资用途证明资料等。相反，银行对于抵押人的银行征信一般要求不高，即使是抵押人有过多次逾期纪录，只要企业资质和经营状况无重大问题，仍然可以办理企业抵押经营贷款。

银行对个人住房抵押消费贷款与企业抵押经营贷款考核项大不相同，消费类贷款更侧重于考核借款人个人资质及征信，如果借款人 1 年内的不良记录超过银行要求的上限时，即使有良好的还款能力，那么也有可能面临银行拒贷或是提高贷款利率等窘境（案例 9-12～案例 9-16）。

【案例 9-12】

收　入　证　明

_____ 银行：

兹有　　　　　同志，性别　　　　　，身份证明号码（军官证，护照）：

同志□是/□不是我单位持股比例超过 10% 的股东，自　　年　　月　　日至今一直在我单位工作，与我单位签订了劳动合同，合同期限为　　　　　。目前在　　　　　部门担任　　　　　职务，税后月工资、薪金所得为人民币（大写）　　　　　元，其中月住房公积金的单位缴存部分为人民币（大写）　　　　　元，月住房补贴为人民币（大写）　　　　　元。

　　我单位对本收入证明内容的真实性承担法律责任。

　　特此证明。

单位名称：

单位地址：

联系电话：　　　　　邮政编码：

人事（劳资）部门负责人姓名：

　　　　　　　　　　　单位公章（或人事劳资章）

　　　　　　　　　　　　　　　　年　　月　　日

【案例 9-13】

查 询 授 权 书

　　本人同意并授权　　　　　银行及其分支机构在包括但不限于中国人民银行开设的个人征信（个人信用信息基础数据库）系统内查询本人的相关资料。

　　　　　　　　　　　　　　　　授权人：

　　　　　　　　　　　　　　　　年　月　日

【案例 9-14】

委 托 书

委托人：

地址：

联系方式：

受托人：　　　　　性别：　　　　　出生日期：

身份证明号码：

委托原因及事项：

委托人　　　　　名下拥有坐落于

（不动产权证编号：　　　　　　　　　）的房产，现拟向银行申请办理抵押贷款，特委托　　　　　作为本公司的合法受托人，并全权代表我司办理如下事项：

　　1. 代为办理银行的提前还款手续，领取还款证明；

2. 领取银行出具的解除抵押证明材料，办理解除抵押登记及与之有关的一切手续，领取解除抵押登记后的不动产权证；

3. 到房管局查阅与该房产相关的一切档案资料；

4. 房屋的权属登记、抵押登记相关一切手续；

5. 代办上市申请、税务登记等一切手续；

6. 办理申请贷款过程中，有权代为接受询问并签署文件；

7. 签署银行借款合同、抵押合同及所有相关文件、资料；

8. 代为办理贷款过程中的其他事项并签署与抵押上述房地产相关文件。

受托人在其权限范围内所签署的一切文件，我司均予以承认并承担相应的法律责任。

委托期限：自签字之日起至上述事项办完为止。

受托人有转委托权。

委托人：
年　　月　　日

【案例9-15】

卖房人的委托书（公积金）

委托人×××，性别×，××××年××月××日出生，现住址：×××× ××××××，身份证明××××。

受托人×××，性别×，××××年××月××日出生，现住址：×××× ××××××，身份证明××××。

我，×××出售位于××市××区×××街×××号楼××门××号居室楼房一套。不动产权证编号为：××××××××××××××。因本人工作繁忙，不能亲自前往贷款中心办理相关事宜，现委托×××作为我的代理人，在××住房公积金管理中心住房贷款中心代我签订《存量房交易结算资金划转协议》或《存量房交易结算资金自行划转声明》《划款协议》《证明书》《首付款收据》《首付款证明书》《存量房买卖合同》《过户证明》《个人住房公积金贷款委托服务合同》。受托人代我鉴定的上述文件均予以承认，我承担由此产生的一切法律后果。

本委托自我签发之日起生效，到上述事宜办完为止。

受托人无（有）转委托权。

委托人：
年　　月　　日

【案例9-16】

购房人委托书（公积金）

委托人×××，性别×，××××年××月××日出生，现住址：××××××××××，身份证明××××××××××。

受托人×××，性别×，××××年××月××日出生，现住址：××××××××××，身份证明××××××××××。

我，×××购买了位于××市××区×××××××××××房屋一套，不动产权证编号为：×××××××××××。因本人工作繁忙，不能亲自办理购房贷款的相关事宜，现委托×××作为我的代理人，在××住房公积金管理中心住房公积金贷款中心代我签订《借款合同》《借款申请表》《抵押（反担保）合同》《××市住房贷款担保中心〈房屋所有权证〉收押合同》《抵押登记申请书》《房屋未出租证明》《授权委托书》《房屋共有权人同意抵押的声明》《还款账户确认书》《电话委托服务协议》《文件交接单》《首付款收据》《房价款收据》《存量房买卖协议》《尚未办理商业贷款的声明》《证明书》《划款协议》《存量房交易结算资金划转协议》《存量房交易结算资金自行划转声明》。受托人代我签订的上述文件我均承认，我承担由此产生的一切法律后果。

本委托自我签发之日起生效，到上述事宜办完为止。

受托人无（有）转委托权。

委托人：

年　月　日

第三节　不动产登记代办业务

根据《不动产登记暂行条例》的规定，不动产登记是指不动产登记机构依法将不动产权利归属和其他法定事项记载于不动产登记簿的行为。不动产登记分为不动产首次登记、变更登记、转移登记、注销登记、更正登记、异议登记、预告登记、查封登记等。与房地产经纪业务密切相关的主要是不动产首次登记、变更登记、转移登记和注销登记。本书重点介绍新建商品房不动产登记、存量房不动产转移登记、不动产抵押登记和注销登记的程序等内容。

一、新建商品房不动产登记代办

（一）新建商品房不动产首次登记代办

新建商品房不动产首次登记是指新建商品房不动产权利第一次登记。未办理不动产首次登记的，不得办理不动产其他类型登记，但法律、行政法规另有规定的除外。新建商品房不动产首次登记需提交的材料有：

（1）不动产登记申请书；

（2）申请人身份证明；

（3）国有土地使用权证或不动产权证书；

（4）建设工程竣工规划许可证；

（5）建设工程竣工验收备案表；

（6）人防工程证明（涉及人防工程的，出具人防工程证明明确人防范围和面积）；

（7）委托书，受托人身份证明；

（8）不动产权籍调查成果或者测绘报告；

（9）法律、行政法规以及《不动产登记实施细则》规定的其他必要材料。

新建商品房不动产首次登记办理流程如图 9-6 所示。

（二）新建商品房不动产转移登记代办

新建商品房不动产转移登记是在开发企业完成商品房初始登记后，由开发企业通知购房客户到开发企业领取相关材料，再由购房客户到不动产登记中心申请办理。新建商品房不动产转移登记需提交的材料有：

（1）不动产登记申请书；

（2）开发企业营业执照；

（3）开发企业的授权委托书及代理人身份证；

（4）购房客户身份证明；

（5）不动产权证书（或土地证、房产证）；

（6）商品房买卖合同（已办理预告登记的需提供不动产登记证明）；

（7）完税凭证；

（8）宗地图、房屋平面图。

新建商品房不动产转移登记办理流程如图 9-7 所示。

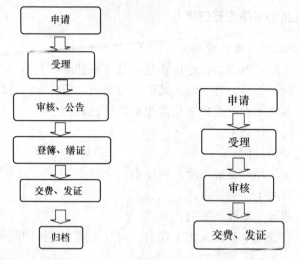

图 9-6   新建商品房不动产首
次登记办理流程

图 9-7   新建商品房不动产转
移登记办理流程

二、存量房不动产转移登记和变更登记代办

(一) 存量房不动产转移登记一般程序

不动产转移登记俗称过户，存量房买卖产权过户需要遵守一定的程序，由于各地区过户流程有所区别，所以房地产经纪人应熟悉当地过户的流程。下面以北京市为例介绍具体过户步骤。

第一步：缴纳税费。存量房权属过户实行先税后证制度，即买卖双方要先持《房屋买卖合同》及相关证件到各区县地税局缴纳交易税费，然后才能办理房产过户登记手续。

第二步：产权登记过户。双方持买卖合同（网签合同）、完税票据和相关证件及材料到交易管理部门办理登记过户即产权转移手续。卖方须提交：房屋不动产权证或确权证明；产权人夫妻身份证明；结婚证复印件，如离婚需提供离婚证、离婚协议、财产分割协议，如丧偶需提供死亡证明；房屋所有权共有的，其他房屋共有人同意出售的书面意见；非产权人本人的，需提供公证过的委托代理出售证明；若为公房，还应提供与原产权单位签订的公有住房买卖合同；如是中央机关直属产权的住房，业主还需提供物业费、供暖费结清证明等。买方须提交：本市的身份证或其他有效身份证明、外省市个人还须提交连续 5 年的个人所得税、社保缴纳证明以及所有购房家庭住房套数承诺书。

第三步：领取不动产权证。办完上述手续后，买方在各区县的规定时间内持《领证通知单》，到房屋所在地区县权属登记部门领取房屋不动产权证。也有个别区县是在过户当天发放不动产权证，以各地区实际规定为准。

存量房买卖不动产权利转移的一般流程如图 9-8 所示。

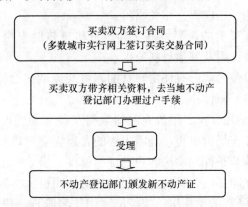

图 9-8　存量房买卖不动产权利转移的一般流程

为简化不动产登记办理流程、提高办理效率，一些地区将现行的交易、税务、登记三个部门服务窗口统一整合至一个办事大厅，实现了不动产登记全业务、全过程的一站式服务，对房屋交易、税费收缴、不动产登记所需的业务环节、申请材料进行梳理、精简，进一步压缩交易、税务、登记部门办理时限。

为进一步便民利民惠民，一些地区全面推进不动产登记"网上办"，充分利用互联网、大数据、人脸识别、在线支付等技术，实行网上查询、签约、申请、预约、预审、完税、缴费和开具电子证明等业务"网上办"。

（二）买卖存量房的不动产转移登记代办

存量房买卖需由买卖双方当事人签订房屋买卖合同，并于合同生效后的 30 日内，向房屋所在地的不动产登记中心办理转移登记。

1. 买卖存量房的不动产登记需提交的材料有：

必须提交的材料：

（1）登记申请书原件；

（2）申请人身份证明；

（3）房屋不动产权证原件；

（4）网上签约的存量房屋买卖合同原件；

（5）双方提交当事人约定通过专用账户划转交易结算资金的，应提交存量房交易结算资金托管凭证原件；买卖双方当事人约定自行划转交易结算资金的，应提交存量房交易结算资金自行划转声明原件；

（6）契税完税或减免税凭证原件；

（7）房屋不动产权证上的房产平面图和将遮盖产权人名字的房屋登记表复印2份。如买方有共有人的，加印相应的份数。

属于下列情况的，还应提交相关材料：

（8）住宅类房屋买卖的，买方提交购房资格审核时申报家庭成员的身份证明、结婚证明、户籍证明及其他材料原件；

（9）在京中央单位已购公有住房转移的，提交原购房合同、《在京中央单位已购公房变更通知单》原件；

（10）已购经济适用住房、限价商品房取得契税完税凭证或房屋不动产权证未满五年的，不得按市场价出售；确需出售的，需提交户口所在区县住房保障管理部门出具的确定符合条件的购房客户的证明原件；满5年出售，须提交产权人户口所在区县住房保障部门开具的放弃回购权的证明；

（11）成本价、经济适用住房、按经济适用住房管理、限价商品房房屋转移的，提交补交土地出让金的证明原件；

（12）标准价、优惠价房屋转移的，提交补交房价款证明或满65年工龄的证明原件以及补交土地出让金的证明原件；

（13）房屋已设定抵押且未申请注销的，出卖人应当及时通知抵押权人。如果出卖人与抵押权人之间存在禁止或限制转让房屋的约定并在不动产登记簿明确记载，应当由出卖人、买受人与抵押权人共同申请转移登记；

（14）整宗房产转移的，提交国有土地使用证；

（15）整宗划拨用地或者整幢楼房占用划拨土地的，提交划拨土地转让批准文件；

（16）商业配套设施转让的，提交按规划用途使用房屋的承诺原件。

2. 申请人身份证明

不同类型的申请人需提交的身份证明也不一样：

（1）本省市居民：二代居民身份证（未成年人申请房屋登记可提供户口簿）；

（2）外省市居民：二代居民身份证，未成年人申请房屋登记可提供户口簿；购买房屋的，还应提交居住证或工作居住证；

（3）军人：二代居民身份证，或军官证，或文职干部证，或士兵证，或学员证，或军官退休证，或文职干部退休证，或离休干部荣誉证；

（4）港澳居民：中华人民共和国香港（澳门）特别行政区护照，或港澳居民往来内地通行证，或港澳同胞回乡证，或居民身份证明；

（5）台湾同胞：台湾居民来往大陆通行证、旅行证或经确认的居民身份证明；

（6）华侨：中华人民共和国护照和国外长期居留身份证件；

（7）外籍人士：经公证认证的身份证明或护照和外籍人士在中国的居留证件（无外国人居留证件的，提交中国公证机构公证的护照中文译本原件）；

（8）境内法人：《组织机构代码证》；没有《组织机构代码证》的，可提交《企业法人营业执照》《事业单位法人证书》《社会团体法人登记证书》等；

（9）境内其他组织：《组织机构代码证》；以非法人机构名义申请登记，不能提交组织机构代码证的，应有法人授权；境内金融企业法人、保险企业法人设立的非法人分支机构，可提交加盖公章的营业执照或登记证书、金融许可证、保险许可证，不再核对原件；

（10）境外法人、其他组织：经公证的法人或其他组织的商业登记证，或注册证书，或批准该法人、其他组织成立的文件及有关部门核发的该境外机构在北京设立分支、代表机构的营业执照或登记证书；外国法人或其他组织的公司注册文件在注册地公证后需中国驻该国使、领馆认证；认证后的以上文件，不再核验原件。

3. 买方为境外机构或境外个人的，还应提交的材料有：

（1）境外机构和境外个人购买房屋的，提交涉外项目国家安全审查批准文件，已经批复的房屋再次转移无须提交；港澳台、华侨、境外个人需提交公安部门出入境管理处出具的《境外个人在境内居留状况证明》；台湾同胞也可提交地方政府台湾事务办公室出具的《台湾同胞购买多套商品房介绍信》；

（2）外国驻华使馆、领事馆、各国际组织驻华代表机构或其享有外交特权与豁免人员购买自用房屋的，提交外交部同意其购房的照会；

（3）境外机构和境外个人（含华侨）购买自用、自住商品房的，须提交所购商品房符合实际需要自用、自住原则的书面承诺原件；

（4）境外机构和境外个人投资非自用、自住商品房，应当遵循商业存在的原则，按照外商投资房地产的有关规定，申请设立外商投资企业，在办理权属登记时，除须提交房屋交易权属管理部门有关登记规范规定的文件外，还需提交商务管理部门核发的《外商投资企业批准证书》和市场监管部门核发的《营业执照》。

4. 申请人需委托或公证的，还应提交以下材料：

（1）委托代理人登记的，提交授权委托书原件、委托人身份证明、受托人身份证明；授权委托书应明确委托事项、权限及期限；授权委托书经公证的，可不再核对委托人的身份证明原件；

（2）转让人为自然人的，委托书应公证；

（3）境外法人、其他组织、个人的委托书、有关登记材料应公证。香港出具的公证书，应由中国法律服务（香港）有限公司加盖转递专用章；台湾出具的公证书应由中国公证员协会或者所在城市公证员协会确认；外国申请人委托代理人申请房屋登记的，其授权委托书、有关登记材料应当公证。在外国公证的证明文件，需要中国驻该国使、领馆认证；与中国没有外交关系的国家，由该国和中国都有外交关系的第三国的中国使、领馆认证；

（4）无（限制）民事行为能力人的房屋登记，由其监护人代为申请，提交监护人身份证明、被监护人居民身份证或户口簿（未成年人）、证明法定监护关系的户口簿，或者其他能够证明监护关系的法律文件；

（5）处分未成年人及不完全民事行为能力人的房屋，提交由监护人出具的为保护被监护人利益的书面保证原件；

（6）当事人约定合同经公证生效的，提交有关合同的公证文书原件；

（7）登记申请材料是外文的，提交经公证的中文译本原件。

5. 注意事项：

（1）未要求提交原件的，应提交复印件，核验原件；不能提供原件核验的，应当提交经有权机关确认与原件一致的复印件，所有复印件材料均使用A4纸；

（2）申请人身份发生变化的，需提供由有关部门出具的文件、证明变化前后身份信息号码为同一人的证明；

（3）书写应使用黑色、蓝黑色钢笔或签字笔；

（4）申请人应配合县区（市）登记机关工作人员就登记有关问题接受询问；

（5）共有房屋的登记，应当由共有人共同申请，夫妻共有的房产应提交结婚证或婚姻关系证明，转让方提交配偶同意转让的证明原件，受让方提交共有房屋的协议。

买卖存量房不动产转移登记办理流程如图9-9所示。

（三）赠与和继承存量房的不动产转移登记代办

1. 赠与存量房的不动产转移登记

这种产权的取得方式是指原产权人通过赠与行为，将房屋赠送给受赠人。在办理房屋赠与手续时，赠与人与受赠人应签订书面赠与合同，并到不动产登记部门办理过户手续，一般来说税费会比普通买卖转让的房产税费略高些。与买卖存量房办理不动产转移登记需要提交的材料不同的地方是，赠与存量房需提交赠与协议公证书原件，或赠与公证书和接受赠与的书面文件原件。其他文件和注意事项等与存量房买卖办理不动产转移登记一样。赠与存量房的不动产转移登记办理流程如图 9-10 所示。

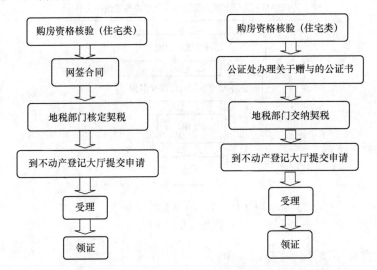

图 9-9　买卖存量房不动产转移　　　图 9-10　赠与存量房的不动产转移
　　　　登记办理流程　　　　　　　　　　　登记办理流程

2. 继承存量房的不动产转移登记

所谓房屋的继承是指被继承人死亡后，其房产归其遗嘱继承人或法定继承人所有。因此，只有被继承人的房屋具有合法产权才能被继承。当继承发生时，如果有多个继承人，则应按遗嘱及有关法律规定进行析产，持原不动产权证、遗嘱等资料到不动产登记部门办理过户手续。与买卖存量房办理不动产转移登记需要提交的材料不同的地方是，继承存量房需提交继承权公证书原件，或接受遗赠公证书原件，或法院生效法律文书原件。其他文件和注意事项等与存量房买卖办理不动产转移登记一样。继承存量房的不动产转移登记办理流程如图 9-11 所示。

（四）法院判决、仲裁机构裁决、拍卖存量房的不动产转移登记代办

1. 法院判决、仲裁机构裁决存量房的不动产转移登记

与买卖存量房办理不动产转移登记需要提交的材料不同的地方是，由法院判决、仲裁机构裁决的存量房的不动产转移登记，须提交人民法院或仲裁委员会生效的法律文书。其他文件和注意事项等与存量房买卖办理不动产转移登记一样。

2. 法院拍卖存量房的不动产转移登记

与买卖存量房办理不动产转移登记需要提交的材料不同的地方是，由法院拍卖的存量房的不动产转移登记，可由拍卖所得方单方申请登记，须提交人民法院生效的法律文书，委托拍卖合同、拍卖成交确认书。其他文件和注意事项等与存

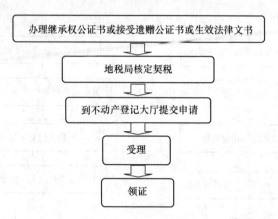

图 9-11　继承存量房的不动产
转移登记办理流程

量房买卖办理不动产转移登记一样。

3. 非法院拍卖存量房的不动产转移登记

与买卖存量房办理不动产转移登记需要提
交的材料不同的地方是，通过网络拍卖等方
式，非法院拍卖的存量房的不动产转移登记，
须提交网上签约的房屋转让合同原件、委托拍
卖合同、拍卖成交确认书。其他文件和注意事
项等与存量房买卖办理不动产转移登记一样。
法院判决、仲裁机构裁决、拍卖存量房的不动
产转移登记办理流程如图 9-12 所示。

（五）夫妻间共有性质变更登记代办

1. 夫妻婚姻存续期间，存量房的不动产转
移登记

夫妻婚姻存续期间，存量房的不动产转移
登记主要包括：房屋登记簿记载为夫妻一方名
下的房屋，申请登记为夫妻另一方单独所有；

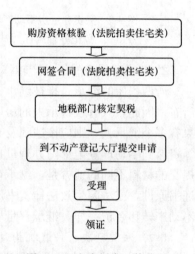

图 9-12　法院判决、仲裁机
构裁决、拍卖存量房的不动产
转移登记办理流程

房屋登记簿记载为夫妻一方名下单独所有的房屋，申请登记为夫妻共有；房屋登
记簿记载为夫妻共有的房屋，申请登记为夫妻一方单独所有。与买卖存量房办理
不动产转移登记需要提交的材料不同的地方是，需提交关于房屋所有权归属的约
定原件或转让协议原件，结婚证或婚姻关系证明，房屋不动产权证上的房产平面

图和遮盖产权人名字的房屋登记表复印件 2 份（如登记为夫妻共有的，复印 3 份）。其他文件和注意事项等与存量房买卖办理不动产转移登记一样。

2. 夫妻离婚涉及存量房的不动产转移登记

因婚姻关系终止，夫妻双方分割婚内共有财产，涉及的存量房不动产转移登记，申请人提交法院生效法律文书或者经公证的离婚财产归属协议的，可以单方申请登记。与买卖存量房办理不动产转移登记需要提交的材料不同的地方是，需提交房屋不动产权证原件（法院判决离婚，申请人不能提交原件的，由房屋登记机构公告作废），离婚证及离婚财产归属协议（协议离婚）或人民法院生效法律文书，房屋不动产权证上的房产平面图和遮盖产权人名字的房屋登记表复印件 2 份（如登记为双方共有的，复印 3 份）。其他文件和注意事项等与存量房买卖办理不动产转移登记一样。

夫妻间共有性质变更登记的办理流程如图 9-13 所示。

（六）法人或其他组织改制、合并、分立涉及的不动产转移登记代办

与买卖存量房办理不动产转移登记需要提交的材料不同的地方是，因法人或其他组织改制、合并、分立，涉及的不动产转移登记，需提交法人或其他组织改组改制、合并、分立的文件、合同及能够证明房屋所有权因改组改制、合并、分立而发生转移的材料，房屋登记表、房产平面图 2 份，因改制、合并、分立而变更名称的，提供市场监督管理部门名称变更的证明。其他文件和注意事项等与存量房买卖办理不动产转移登记一样。法人或其他组织改制、合并、分立涉及的不动产转移登记的办理流程如图 9-14 所示。

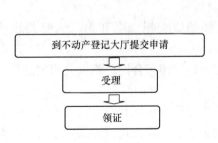

图 9-13 夫妻间共有性质变更登记的办理流程

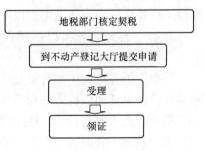

图 9-14 法人或其他组织改制、合并、分立涉及的不动产转移登记的办理流程

三、不动产抵押登记和注销登记代办

（一）不动产抵押登记

以不动产设定抵押的，应当依法办理抵押登记，办理抵押登记后，抵押权才

能设立。自然人、法人或者其他组织为保障其债权的实现，依法以不动产设定抵押的，可以由当事人共同申请办理抵押登记。

1. 可以设定抵押权的财产

根据《民法典》第三百九十五条的规定，可以进行抵押的不动产包括：

（1）建筑物和其他土地附着物；

（2）建设用地使用权；

（3）海域使用权；

（4）正在建造的建筑物；

（5）法律、行政法规未禁止抵押的其他不动产。

以建设用地使用权、海域使用权抵押的，该土地、海域上的建筑物、构筑物一并抵押；以建筑物、构筑物抵押的，该建筑物、构筑物占用范围内的建设用地使用权、海域使用权一并抵押。

2. 办理不动产抵押应提交的材料

一般地，到不动产登记部门办理不动产抵押登记时，应提交的申请材料包括：

（1）不动产登记申请书；

（2）申请人身份证明；

（3）不动产权证书；

（4）主债权合同；

（5）抵押合同。

属以下特殊情况的，还需提交以下相应材料：

（6）属第三人为债务人提供担保的，还须提交担保书和第三人身份证明材料；

（7）反担保抵押登记还须另提交保证合同、反担保合同、担保公司的融资性担保机构经营许可证和债权人的相关材料；

（8）抵押权人为典当行的，还须提交典当经营许可证和特种行业许可证；

（9）抵押权人为外商投资企业、股份制企业、有限公司应提供董事会（股东会）决议，董事会（股东会）名单；集体企业应提供职代会决议并报上级主管机关备案；国有企事业单位应当符合国有资产管理的有关规定（以市场监督管理部门认定的公司章程为准）；

（10）设立最高额抵押权的，当事人应当持不动产权属证书、最高额抵押合同与一定期间内将要连续发生的债权的合同或者其他登记原因材料等必要材料，申请最高额抵押权首次登记；

（11）当事人申请最高额抵押权首次登记时，同意将最高额抵押权设立前已经存在的债权转入最高额抵押担保的债权范围的，还应当提交已存在债权的合同以及当事人同意将该债权纳入最高额抵押权担保范围的书面材料。

3. 在建项目抵押权登记应提交的材料

以在建建筑物进行财产抵押的，到不动产登记部门办理抵押登记时，应提交的申请材料除了一般不动产抵押登记需提交的材料外，还应提交：

（1）现有建设用地使用权的不动产权属证书；

（2）建设工程规划许可证；

（3）其他必要材料。

4. 预售商品房抵押权登记应提交的材料

申请人购买了房地产开发企业预售的商品房，需要以预购的商品房进行财产抵押，到不动产登记中心办理抵押权登记时应提交的申请材料除了一般不动产抵押登记需提交的材料外，还应提交：

（1）预购商品房预告登记材料；

（2）其他必要材料。

5. 注意事项

抵押人与抵押权人办理不动产抵押登记时，应对以下事项引起重视：

（1）抵押合同可以是单独订立的书面合同，也可以是主债权合同中的抵押条款。

（2）同一不动产上设立多个抵押权的，不动产登记机构应当按照受理时间的先后顺序依次办理登记，并记载于不动产登记簿。当事人对抵押权顺位另有约定的，从其规定办理登记。

（3）在建建筑物竣工，办理建筑物所有权首次登记时，当事人应当申请将在建建筑物抵押权登记转为建筑物抵押权登记。

（4）预购商品房办理房屋不动产权登记后，当事人应当申请将预购商品房抵押预告登记转为商品房抵押权首次登记。

不动产抵押登记办理流程如图 9-15 所示。

（二）不动产抵押注销登记

1. 不动产抵押权注销登记

有下列情形之一的，当事人可申请抵押权注销登记：

图 9-15　不动产抵押登记办理流程

（1）主债权消灭；

（2）抵押权已经实现；

（3）抵押权人放弃抵押权；

（4）法律、行政法规规定抵押权消灭的其他情形。

2. 抵押权注销登记办理程序

办理抵押权注销登记时应提交的申请材料包括：

（1）不动产登记申请书；

（2）申请人身份证明；

（3）证明抵押权消灭的材料；

（4）押权人与抵押人共同申请注销登记的，提交不动产权证书和不动产登记证明；抵押权人单方申请注销登记的，提交不动产登记证明；抵押人等当事人单方申请注销登记的，提交证实抵押权已消灭的人民法院、仲裁委员会作出的生效法律文书。

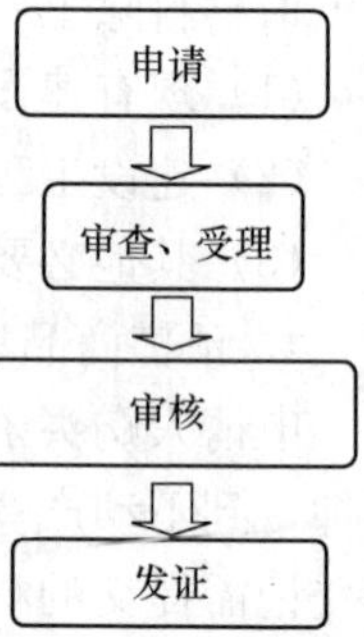

不动产抵押注销登记办理流程如图 9-16 所示。

图 9-16　不动产抵押注销登记办理流程

为优化服务，减少办事群众跑腿次数，全国很多城市已实现不动产抵押权注销登记"不见面"服务模式，即通过不动产登记交易中心与各银行建立信息共享平台，不动产所有权人无需前往登记窗口，只需由银行（即抵押权人）线上申请、登记部门后台审核，即可实时办结，既保障了登记安全，又大大降低了企业和群众的办事成本。

复习思考题

1. 什么是房屋交付？

2. 新建商品房交付与验收有什么特点？

3. 《商品房买卖合同（预售）示范文本》GF-2014-0171 对商品房交付条件作了哪些详细规定？

4. 存量房买卖交付有什么特点？注意要点有哪些？

5. 购房者在购买新建商品房时，可以选择哪几种付款方式？

6. 贷款还款方式有哪几种？试比较它们的优缺点。

7. 分析银行办理房地产抵押贷款存在的风险。

8. 房地产商业抵押贷款的基本条件有哪些？

9. 简述房地产商业抵押贷款的流程。

10. 公积金房地产抵押贷款基本条件和流程有哪些?

11. 什么是住房抵押消费贷款? 个人住房抵押贷款消费的特征有哪些?

12. 企业抵押经营贷款的特征有哪些?

13. 各种房地产产权登记的流程有哪些?

第十章　房地产经纪业务中的沟通与礼仪

房地产经纪人除了要具备很强的专业能力外，还要具备一些业务技巧。本章主要介绍与潜在客户沟通技巧、销售技巧和个人礼仪三部分内容。

第一节　与客户沟通

在房地产经纪活动中，房地产经纪人是房地产交易买方和卖方之间的桥梁。作为买方房地产经纪人，了解潜在买方的需求和偏好后，根据买方需求寻找房源，把买方信息传递给卖方后，再把卖方反馈信息传递给买方，实现信息在二者之间的流通，直到买卖双方实现房地产交易。对卖方房地产经纪人亦然。如果房地产经纪人不能正确理解委托人发出的信息，也不能把信息在买卖交易双方之间进行有效传递，实现以经纪人为桥梁的信息沟通，房地产交易则很难达成。因此，一个成功而专业的房地产经纪人应该掌握良好的沟通技巧。

一、沟通基本理论

沟通是按照一定的目标，将信息、观念和情感在个人、群体或组织之间进行传递，并达成共识的过程。沟通包含意义的传递和理解①两个方面：一是意义从一方传递到另一方；二是意义要被理解。经过良好的沟通，可能是达成共识，形成一致的意见，但也可能是一方拒绝了另一方的意见。

（一）沟通过程

1. 单向沟通和双向沟通

完整意义的信息沟通过程是一个复杂的过程，信息发送者从信息源发出信息、信息发送者将客观信息进行编码（如文字、言语、动作或图片）、通过媒介

---

① 方振邦. 管理学基础［M］. 北京：中国人民大学出版社，2008：432.

物（如手机、电话）将信息传递给信息接收者、接收者对信息进行解码①（如通过阅读）并接受信息，接收者可能提供反馈信息给发送者。

沟通可以是单向的，也可以是双向的（图10-1）②。在单向沟通中，信息从发送者甲传递到信息接收者乙，没有反馈。例如，买方房地产经纪人将买方的报价以短信方式告知卖方，但卖方置之不理，这就是单向沟通。如果信息再一次从接受者乙通过产生意图和进行编码等过程将信息再次传递给接收者甲时，就实现了双向沟通。还以买方房地产经纪人为例，当卖方接到经纪人的价格短信后，根据房屋建筑质量情况，向经纪人以电话形式给出了还价，这样就实现了双向沟通。

对房地产经纪人而言，更需要双向沟通，因为房地产经纪的媒介作用，使经纪人需要不断地向对方发出信息，并获得接收方经过分析、讨论、研究过的反馈信息。只有这样，房地产经纪人才能更准确地理解自己发出的信息是否正确，接收者是否也准确地理解了信息的意义。

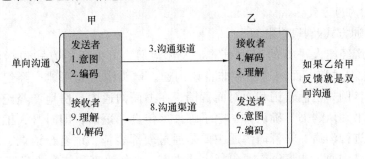

图 10-1　单向沟通与双向沟通编码和解码过程

2. 减少无效沟通

良好的沟通可以提高效率、改进质量、提高对顾客的回应力度和加强创新③。房地产经纪业是一个为客户提供服务的行业，经纪人的工作需要与客户保持十分密切的接触。经纪人需要了解客户的需求和偏好，并就其不断变化的需求和偏好做出回应。因此，房地产经纪人必须充分认识沟通的重要性。

---

①　编码是指信息发送者将要发送的信息转变成符号和语言的过程；解码是指信息接收者将接收到的信息进行翻译并理解信息意义的过程。

②　【美】托马斯·贝斯特，斯考特·斯奈尔. 管理学——构造竞争优势［M］. 4 版. 王雪莉，等译. 北京：北京大学出版社，2004：360.

③　【美】加雷斯·琼斯，珍妮弗·乔治. 管理学基础［M］. 黄煜平，译. 北京：人民邮电出版社，2006：285.

在实际沟通过程中，很容易发生沟通问题，造成无效沟通。例如，编码过程中出现的错误，房地产经纪人弄错买方报价的总额数字或者没有认真阅读买方发来的关于住房需求标准的电子邮件，结果造成向卖方发出错误的报价信息，或者为买方寻找了一些不符合其需求的房源。

在沟通中，人们因感知和过滤过程也会带来很多错误理解①。在感知过程中，房地产经纪人根据自己的主观动机和发送信息的态度造成对信息理解的偏差，例如，房地产经纪人根据自己希望向买方购买高档物业的动机，而误解买方购房实际需求。过滤是人们保留、忽略或扭曲信息的过程。房地产经纪人和委托人都有可能有意识或无意识地在信息发送和接收过程中，产生信息过滤行为，从而产生了无效沟通。例如，买方十分满意经纪人推荐物业的低价格，而忽略了经纪人关于物业周边交通噪声的提示性信息。因此，房地产经纪人在与委托人或者其他信息接收者进行沟通时，应尽量遵循信息的准确性、完整性和及时性原则②。

（二）沟通方式

1. 沟通方式及其应用

房地产经纪人进行的沟通通常是人际沟通，可采用的方式包括语言沟通（包括口头沟通和书面沟通）和非言语沟通。口头沟通是房地产经纪人最常用到的方式，例如电话营销和面对面营销。在书面沟通中，房地产经纪人通过合同、委托书、认购书、确认单、电子邮件、传真、短信、即时聊天工具等方式与委托方进行沟通。非言语沟通主要是通过面部表情、语音、语调、肢体语言等进行信息沟通。非言语沟通包括表情语言、动作语言和体态语言三大部分③。例如，房地产经纪人对看房者提出的中肯建议频频点头并即刻将建议记录在笔记本上，表示了经纪人对看房者意见的接受和肯定。这时，看房者会因经纪人谦虚的态度而对其产生好感。口头沟通、书面沟通和非言语沟通在实际应用中各具优缺点（表10-1）。

2. 选择合适的沟通方式

沟通的目标是传递信息和达成共识，因此为了提高沟通的有效性，要选择合适的沟通方式。不同的沟通方式，信息充分性是不同的。信息充分性是指某一沟

① 【美】托马斯·贝斯特，斯考特·斯奈尔. 管理学——构造竞争优势 [M]. 4版. 王雪莉，等译. 北京：北京大学出版社，2004：360.
② 方振邦. 管理学基础 [M]. 北京：中国人民大学出版社，2008：433.
③ 李家龙，等. 人际沟通与谈判 [M]. 上海：立信会计出版社，2005：206.

通方式能够承载的信息量，以及该方式可使发送者与接受者达成共识的程度①。通常承载信息量大的沟通方式，较容易使发送者与接受者达成共识。不同沟通方式的信息充分性见图 10-2。房地产经纪人由于其服务特点，需要经常与委托人进行价格谈判、看房查勘、合同谈判等，并与委托人要就某一问题达成共识，所以房地产经纪人进行面对面沟通和借助电子传输设备

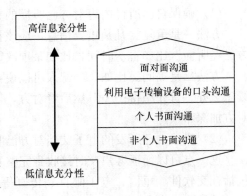

图 10-2　不同沟通方式的信息充分性

的口头沟通是最多的，因为这两种沟通方式承载的信息量是最大的。房地产经纪人必须要掌握面对面沟通和借助电子传输设备的口头沟通的技巧。

三种沟通方式的优缺点　　　　　　　　　　　　表 10-1

沟通方式	优点	缺点
口头沟通	有问有答，可以马上得到对方的反馈，相互之间可以体会双方之间的情感	没有记录，容易失真
书面沟通	信息准确，永久被记录和保存，接收者有充分时间进行信息分析	不能及时得到反馈，不知道信息接收者是否理解信息的意义
非言语沟通	辅助或强化了言语沟通，更充分地表达了信息传递者的情绪和态度信息	使信息更加复杂

3. 养成良好的沟通习惯

漏斗效应是一个信息衰减和效率降低的过程。由于沟通存在漏斗效应，造成一个人心里想的如果是 100% 的东西，说出来的可能只有 80%。等进入别人耳朵时，也许只有 60%。而对方真正理解到的可能只有 40%。受到沟通双方理解能力、表达能力、沟通方式、信息媒介等多方面影响，信息漏斗是不可避免的。不要以为买房对客户很重要，所以客户会理所当然记住经纪人所说的话。在实践中，房地产经纪人可以通过建立一些工作习惯，有技巧地帮助自己降低漏斗效应，提高沟通效果。

---

① 【美】加雷斯·琼斯，珍妮弗·乔治. 管理学基础 [M]. 黄煜平，译. 北京：人民邮电出版社，2006：288.

（1）确保自己所说内容对方已听懂的方法。

方法一是重复。凡是重要信息，应该在恰当的时候向客户反复强调，确保对方已经听懂。比如看房时间，比如某项政策规定。

方法二是提问。比如，经纪人可以说："××先生，我再跟您过一下这个手续怎么办。首先您得……"然后看对方，等对方接话，再继续。这样也可以帮助对方加深印象。

（2）确认自己所发的电子文档对方已收到。

这一点可以保证客户及时接收到完整资料。经纪人在发送了重要的电子信息包括社交软件、短信、电子邮件、传真等之后，一定要打电话确认对方已经收到，并核对内容有无缺失。最好在电话确认时再次将内容强调一遍。在信息爆炸的今天，客户并不一定能及时看到重要信息，所以主动确认很重要。

（3）跟对方确认自己是否理解得正确的方法。

方法一是复述。经纪人可以问："我这样理解您看对不对……""我复述一遍您看有没有理解错的……"这是避免发生误解的有效方法。

方法二是收到信息要及时回复。最简单的方法就是有信必回。不论客户通过什么途径发给自己的信息，一定要回复。收到口头信息如电话，要回应"好的，我清楚了，您放心。"收到信件、传真等实物文本信息，要打电话给客户表示自己收到了。收到社交软件、短信、邮件等电子信息，要回复"收到"。这样做也可以给客户留下可靠、敬业的印象，对成交很有帮助。

4. 电话接听的实用技巧

电话接听是房地产经纪人给客户留下第一印象的机会，所以应在接听电话时做到专业和热情。

（1）接听电话前的准备工作

以新房销售为例，需要准备的工作包括：

① 熟悉楼盘及周边项目的情况。

② 准备一份当前广告的复印件在手边，分析客户可能会提哪些问题，仔细研究广告中的"卖点"，切记不可在电话中出现："对不起，请等一下，我去查一下资料"之类的话。

③ 把客户电话记录单放在手边。

④ 把销控表等资料放在手边。

（2）接听咨询电话技巧

① 电话铃声响过要及时接听，首先问好，报公司的名称，不妨加一句："对不起，让您久等了。"让客户感受到你的细心和周到，产生好感。

② 通话过程注意语速和缓、语气亲切、语言精练、耐心仔细，一方面要以专业语言积极答复客户的问题，另一方面要控制整个交谈的过程，引导客户产生前来看房的兴趣。

③ 要及时做好客户记录，并邀约看房。

④ 通话完毕，要等对方挂机自己再挂机，不要仓促挂断，以免遗漏客户要补充的内容。

（三）提高沟通效果应具备能力

房地产经纪业是一个专业性很强的服务行业，对从业者——房地产经纪人的素质有很高的要求。在营销过程中，与客户的良好沟通是实现成功交易的基础，因此，房地产经纪人应具备的能力就显得十分重要。

1. 表达能力

表达能力是指语言的运用能力。语言，是人们思想交流的工具。言为心声，语为人镜。房地产经纪人每天要接待不同类型的客户，主要是靠语言这种工具与客户沟通和交流。房地产经纪人的语言是否得体、礼貌、热情，直接影响着公司的形象，有时语言使用不当，还会影响客户对楼盘和服务的满意程度。因此，房地产经纪人在接待购房客户时，必须讲究语言艺术，主要应注意：①态度诚恳、热情；②讲解介绍要突出重点和要点；③意思表达要准确恰当、通俗易懂；④语气要委婉、语调要柔和；⑤不夸大其辞、不超范围承诺，要留有余地。

2. 观察能力

观察能力指与人交谈时对谈话对象口头语信号、身体语言、形象、思考方式等的观察和准确判断，并对后续谈话内容和方式及时修正和改善。房地产市场营销过程是一个巧妙的自我推销过程，在这个过程中，房地产经纪人应采取主动态度与客户沟通，在交谈的过程中运用敏锐的职业观察力，判断下一步应采取的行动和措施。

3. 社交能力

社交能力包括与人交往使人感到愉快的能力、处理异议争端的能力以及控制交往氛围的能力等。消费者类型多样，其购房心理、生活兴趣与爱好、个性特征、经济实力、文化品位各不相同；优秀的房地产经纪人能充分把握客户需求，凭其丰富的销售经验能快速判断客户的类型，并及时调整销售策略，让客户始终在自己设定的轨道上运行，直到最终帮客户做出明智的决定，这样既让客户体会到销售人员的专业服务，又能协助客户选到称心如意的房子。

4. 良好品质

一名合格的房地产经纪人应具备优秀的品质才能符合岗位的标准和要求。从公司及客户的角度看，房地产经纪人应具备的优秀品质有：①饱满的工作热情；②积极的工作态度，心态乐观平和；③善于团队协作，与同事友好相处；④良好的人际关系；⑤服从领导的管理；⑥独立的工作和解决问题的能力；⑦充分熟悉和了解楼盘的基本指标、优劣势等知识；⑧业务熟练；⑨真诚可靠；⑩了解客户的真正需求；⑪对客户有礼貌和耐心；⑫帮助客户做出正确的购房选择；⑬完成分配的任务，达到目标；⑭与客户保持持久良好的关系。

以上所列举的素质是一个优秀房地产经纪人应具备的，房地产经纪人应在工作中不断完善自己在这些方面的素质。房地产经纪人必须要具备的最基本的素质是前三项，即热情、心态乐观平和、团队协作。

二、倾听技巧

房地产经纪人作为为委托人提供经纪服务的专业人士，在与潜在客户沟通方面，首先要具备的一个能力是接收信息的能力，即通过掌握倾听技巧去接收委托人向经纪机构、经纪人发出的关于房地产需求和偏好的信息。

（一）倾听的概念和意义

倾听是指人们通过视觉、听觉媒介接收、吸纳和理解对方信息的过程①。人们进行倾听具有一定的目的，对房地产经纪人而言，倾听的目的主要在于：①获得委托人关于房地产交易委托事项的事实、想法和数据；②理解委托人对于房地产、房地产交易、房地产市场、住房问题、住房偏好等方面的价值观、情感和判断；③对委托人陈述的事项进行判断，例如，当委托人告诉经纪人希望获知买方最低出价底线时，经纪人基于职业道德而要专业对待和引导；④肯定委托人的价值。

房地产经纪人倾听委托人的陈述，对于实现房地产交易达成具有很重要的作用。房地产经纪人积极倾听的态度，可以让经纪人获得更准确、更真实、更多的委托人关于委托事项的数据和事实，经纪人能够做出更符合委托人偏好的决策。例如，通过仔细聆听委托人关于其复杂家庭关系的陈述，经纪人提出了一个"一加二"购房方案，即为老人购买一套一居室的二手房，再通过差价换房换到与一居室同一小区的一套二居室，供夫妻俩与孩子居住，从而满足了住房需要，解决了家庭纠纷。房地产经纪人积极的倾听态度，也是给委托人留下良好印象的方式之一。委托人通常会认为，经纪人耐心地倾听，表现了良好的职业道德和专业素质。

---

① 李家龙，黄瑞，李家齐．等．人际沟通与谈判［M］．上海：立信会计出版社，2005：177.

（二）掌握良好的倾听技巧

积极的倾听技巧有两种：一种是投入式倾听，另一种是鼓励式倾听①。投入式倾听要求倾听者保持一个良好的精神状态，集中精力、排除干扰、公正地获得完整的信息内容。鼓励式倾听通过启发、提问、复述与反馈和必要的沉默达到获得信息的目标。房地产经纪人两种倾听技巧都要使用，前者主要是达到获得完整信息的目的，后者则通过互动式的沟通，使经纪人与委托人对某些问题能够开展深入的探讨，获得更多的信息。提高倾听效果的一些技巧见表 10-2②。

提高倾听效果的技巧 表 10-2

技巧	要点
寻找兴趣点	找到客户陈述与业务的关联内容
评判内容	关注潜在客户的陈述以获取必要信息，不要关注客户穿着、形象、语调等
沉着	完全理解了委托人意思后再作评价，不要随意反驳和评价
注意领会要点	与潜在客户沟通时要尽量明确中心思想
要全面聆听	不要只聆听和记录事实，还要观察委托人在说话过程中的语音、语调和表情，从而获得更多的信息
集中注意力	尽量忽略不舒适的环境
训练自己的大脑	不要害怕困难的解释，努力倾听委托人复杂的陈述
保持头脑开放	避免争论和批评，仔细倾听客户也许是不合理的要求
利用思维速度的优势	思维的速度是讲话速度的 4 倍，可以充分思考讲话者说的问题
努力去听	投入一定精力努力去听，而不是表面的热情
切入客户当前困难	经纪人要避免晦涩地提问和解释；关注客户当前困难，客户会更加专注，双方获得的信息就越多

（三）克服阻碍倾听的因素

为了达到良好的倾听效果，房地产经纪人要从客观和主观两个方面克服阻碍倾听的因素。

1. 客观因素

在客观方面，谈话场合的光线、颜色、空气、噪声和空间位置等都会从不同角度影响房地产经纪人从委托人那里倾听信息内容。例如，在噪声嘈杂的样板间

---

① 李家龙，黄瑞，李家齐，等．人际沟通与谈判［M］．上海：立信会计出版社，2005：178.
② 【美】威廉·M·申克尔．房地产市场营销［M］．马丽娜，译．北京：中信出版社，2005：5-7.

现场，经纪人就很难从购房客户那里获得有效信息，应该引导购房客户从看房现场回到售楼处再进行沟通。谈话场合的环境特征也是影响房地产经纪人倾听的因素之一① （表10-3）。例如，在全开放的门店里，出于对现场其他人的顾忌，客户不想或者不能将真实想法与经纪人进行沟通，即使经纪人认真仔细聆听，也不能达到获得客户关于购房或售房完整真实信息的目的。这时，经纪人应该将客户带入门店的封闭或半封闭会议室、谈话间进行沟通。在非正式场合，信息发送者在开放、轻松和舒适环境特征的影响下，发送的信息可能是随意的，因此，房地产经纪人在陪同客户的看房路上，应该与客户就轻松话题进行交谈，如客户的个人爱好、兴趣、对政治的看法等，而不要就房屋交易价格更重要而敏感问题进行沟通。

环境特征及听话障碍　　　　　　　　　　　　　表 10-3

环境特征	封闭性	氛围	对应关系	主要障碍
办公室	封闭	严肃	一对一 一对多	不平等造成的心理负担，紧张，他人或电话干扰
会议室	一般	严肃	一对多	对在场的其他人的顾忌
现场	开放	活泼	一对多	外界干扰，事先准备不足
谈判现场	封闭	严肃、紧张	多对多	对抗心理
讨论会	封闭	活泼、友好	多对多 一对多	从大量散乱信息中发现闪光点的能力不足
非正式场合	开放	轻松、舒适	一对一 一对多	随意性大

　　为了达到满意的沟通效果，获得最大的信息量，经纪人根据谈话内容选择适当的谈话场所，能够使客户和经纪人双方感到平等、安全的环境。与客户进行沟通时，应该保持适当的身体距离，太远或太近都不利于倾听。

　　2. 主观因素

　　在主观方面，房地产经纪人作为倾听者，其理解信息的能力和倾听的态度对最终的沟通效果产生影响。经纪人在与客户进行沟通时，应该保持良好的精神状态和真诚的态度面对客户。但实际中，一些经纪人为了了解客户陈述的事实而不是全面地体会客户的态度和思想，存在假装注意力集中、经常走神、不仔细聆听"无趣的"谈话、只顾自己夸夸其谈、对客户看法反应迟钝、躲避客户"过于专

---

① 李家龙，黄瑞，李家齐. 等. 人际沟通与谈判 ［M］. 上海：立信会计出版社，2005：184.

业"或"晦涩"的难以理解的信息内容，甚至因为客户的背景和外貌而不仔细聆听[①]

　　房地产经纪人应积极克服这些问题。在理解信息能力方面，经纪人应该提高对某一观点或问题的阐述和解释能力，同时经纪人特别要通过大量阅读来提高对语言文字的理解力。在倾听态度方面，一个成功的经纪人将有效倾听作为一种销售工具，避免与潜在客户对谈话时产生的抵触情绪。经纪人应该营造平等、平和和相互体谅的氛围，不批评、不评估、不说教客户。在谈话过程中，经纪人要自始至终对客户表现出浓厚的兴趣，让他们觉得自己在房产方面提出的要求非常重要，通过倾听让客户感觉到经纪人非常希望了解和重视他们的需要[②]，而且他们可以与你就房产交易事宜进行沟通。

三、提问技巧

　　在鼓励式倾听中，房地产经纪人需要在倾听过程中对客户进行恰当地提问。恰当地提问的目的包括：①经纪人获得更多清晰度高的信息，促进客户继续谈话，提供与委托事项相关的信息；②提问意味着倾听者对讲话者的尊重，促进经纪人与客户建立更加良好的和谐关系；③可以引导客户做出最终的购买决策。房地产经纪人在提问环节要注意问题的类型和提问的技巧。

　　（一）问题的类型

　　一般地，问题可以分为开放式问题和封闭式问题；也可以分为主要问题和次要问题；也可以根据所要获得信息的不同，将问题分为试探型问题、镜像型问题和指引型问题[③]。

　　1. 开放式问题和封闭式问题

　　开放式问题是包括范围广泛、不要求有固定结构回答的问题[④]。问题的回答人不能简单用"是"或"不是"来回答，答案一般无法预料。这类问题有助于房地产经纪人与客户敞开心扉，共同探讨与委托事项相关的问题。例如：

　　"您感觉这套住房的装修风格怎么样？"

　　"您认为这套住房最吸引您的地方是什么？"

　　"您喜欢您现在住房的哪些特点？"

---

① 【美】威廉·M·申克尔. 房地产市场营销［M］. 马丽娜，译. 北京：中信出版社，2005：5.
② 【美】威廉·M·申克尔. 房地产市场营销［M］. 马丽娜，译. 北京：中信出版社，2005：7.
③ 【美】威廉·M·申克尔. 房地产市场营销［M］. 马丽娜，译. 北京：中信出版社，2005：19.
④ 李家龙，黄瑞，李家齐. 等. 人际沟通与谈判［M］. 上海：立信会计出版社，2005：184.

开放式问题是一种有助于经纪人获得客户关于房屋的态度、感觉、观点、对所喜欢的房屋预期等真实想法的一种问题类型，但过于开放的问题一方面可能会耗用客户很多时间来回答问题，时间不充裕的客户会感到不耐烦。另一方面难以聚焦，遇到不善言辞的客户容易冷场。遇到思维发散的客户又容易天马行空，甚至引发对其他楼盘或房子的遐想和好感，反而对销售不利。比如："您最喜欢什么样的房子？"这样的问题更像是畅谈梦想，与眼前可选择的房子是有差距的。所以经纪人在提问时，要有意识地把客户的注意力引导到自己正在销售的房子上。

封闭式问题是要求在限定性答案中做出选择的问题。封闭性问题可以分为两类，一类是答案为"是/否"的问题，一类是从多个备选答案中做出选择的问题，备选答案是提问者制定并引导被提问者能够并愿意回答的问题[①]。例如：

"您认为这个小区的停车位可以满足您的需求吗？"

"您认为卖家的报价是不是合适？您可以接受的价位是 2 000 元/m^2 还是 2 200/m^2？"

"您需要的户型是二居室还是三居室？"

封闭式问题的优点是经纪人可以控制与客户探讨的进度和话题的方向，客户需要按照经纪人的提问做出快速反应，效率高。其缺点是限制了客户的思路、情感和选择，不利于经纪人获得大量信息。这种问题可以用到经纪人与客户进行交互信息性交谈中。

2. 主要问题和次要问题

房地产经纪人可以基于提问的逻辑顺序对客户进行提问，可以先问主要问题，再引出次要问题。主要问题和次要问题也可以理解为标准化问题和具体问题之间的关系，即经纪人可以先询问客户标准化问题，再询问与标准化问题相关的具体问题。例如："您对这类酒店式公寓感兴趣吗？"是主要问题（标准化问题），如果客户回答是，然后再提问一系列与此相关的简单的次要问题（具体问题）：

"您能提供每月 8 000 元到 10 000 元的月供吗？"

"您认为每平方米 6 元的物业管理费高吗？"

"您认为该公寓是否需要为您提供管家式服务？"

事实上，后面三个具体问题都是围绕标准化问题展开的，以获得客户对该问

---

① 【美】尼尔·卡恩，约瑟夫·拉宾斯基，罗纳德兰·卡斯特，莫里·赛尔丁. 房地产市场分析方法与应用［M］. 张红，译. 北京：中信出版社，2005：308-310.

题的态度、感受、熟悉程度或其着重考虑的方面。

3. 试探型问题、镜像型问题和指引型问题

试探型问题、镜像型问题和指引型问题是各种具体问题，经纪人向客户提出主要问题（开放式问题）后，就可以进行这些问题的谈话。

（1）试探型问题

试探型问题集中在特定信息上，经纪人通过耐心地询问，可以获得客户对某个事项的态度和偏好。例如：

"您喜欢带屋顶花园的别墅吗？"

"您希望住在离地铁站口很近的物业吗？"

"您认为这所小学是吸引您在这里购买新宅的主要因素吗？"

（2）镜像型问题

镜像型问题是含有经纪人精心组织的短语或对客户已使用的关键词进行重复的问题[1]。这类问题可以引发客户对某一个事项做进一步的解释和说明，以让经纪人深入地了解客户做出决策的更深层次理由。例如：

客户：我们主要想看看三居室的二手房。

经纪人：三居室？

客户：是的，三居室。我们现在的住房是二居室的，但是我父母要搬来与我们同住了，所以希望换一处大一些的房子。

经纪人：三居室不错。但我们门店现在有两套在同一小区的二手房，一套是 90m² 的大两居，一套是 50m² 的一居室。买两套住房的价格只比您购买一套 150 m² 的大三居贵 7 万元，而且这样实现了您照顾父母，在生活方式上又互不影响。

客户：哦，如果房子质量真的不错，我们愿意看看。

经纪人：那么我们将安排您和家人一同去看房。

（3）指引型问题

指引型问题是引导客户对问题做出预期的回答，即引导购房者做出特定的反应[2]。经纪人可以通过指引型问题确认额外信息或者得到确切性答案。例如：

"您难道不想购买一个车位吗？"

"您已经决定 10 日后搬到新居，对吗？"

---

[1] 【美】威廉·M·申克尔. 房地产市场营销 [M]. 马丽娜，译. 北京：中信出版社，2005：22.
[2] 【美】威廉·M·申克尔. 房地产市场营销 [M]. 马丽娜，译. 北京：中信出版社，2005：20.

（二）提问的技巧

倾听中的提问不是随意的，需要掌握必要的技巧才能达到事半功倍的效果。表 10-4① 是一些提问的技巧，供经纪人在与客户谈话时借鉴使用。

房地产经纪人在谈话时常用的提问技巧　　　　　　　　　　表 10-4

技巧	含义	例子
理解	在理解客户的基础上提问	"您觉得房价高，是不是在资金上还有一些困难?"
时机	在双方充分表达的基础上再提问，切忌过早打断客户思路，显得不礼貌	"打断一下，您是不是认为我推荐的房源价位太高啊?"
提问内容	将话题引入自己需要的信息范围内	"您不想看看离地铁近的三居室吗?"
提问方法	尽量将封闭式问题转为开放式问题，不要涉及客户私生活和侮辱对方的问题	"您是因为离婚才买房的吗?" "您是不是因为公司效益不好才卖房的?"
重述	重复客户的问题也很有意义	"我重复一遍您的购房需求，您看我理解得对吗?"
避免诱导	避免按照自己所喜欢的答案向客户提出诱导性提问	"我认为您肯定特别喜欢我们这里的环境，对吧?"
不要恐吓	不要为了获得信息而提出恐吓性问题	"如果您不能在 2 天内给我答复，我们将不能给您留房了。"应改成"如果您能在 2 天内给我答复，我们可以为您保留房号。"

四、面谈技巧

在房地产销售过程中，房地产经纪人与客户进行面谈的机会非常多，而面谈是经纪人获得客户信息最多的一种沟通方式。面谈实际上是一种语言沟通方式，经纪人是否掌握了语言沟通技巧，即面谈技巧，决定了经纪人能否与房地产交易双方和相关人成功相处，也决定了经纪人能否促成交易。在面谈过程中，房地产经纪人一方面要向客户展示房地产的专业知识和能力，另一方面也要应用语言技巧获得最大量信息、说服客户、提高沟通效率和效果。

---

① 李家龙，黄瑞，李家齐．等．人际沟通与谈判［M］．上海：立信会计出版社，2005：182．

（一）面谈的原则

1. 目的性原则

房地产经纪人一定要明白，经纪人与客户的面谈是一种目标导向型沟通，交谈双方通过语言媒介传递信息，语言只是信息交流的工具和手段，客户通过话语传递关于购买和销售房屋的意图，经纪人则通过话语来捕捉和领悟客户的真实意图或向客户传递信息。例如，房地产经纪人通过面谈获知客户需求、告知房屋新信息、了解市场状况、受客户委托进行价格谈判、改变客户购房决策等。

2. 情境性原则

情境（Context）是事物发生的地点、时间和环境，即事物发生或应该考虑的环境和背景。情景对房地产市场营销具有一定的作用，消费者在情境体验中通过感官感受、情感体验、价值认同，对情境体验中的美学元素及其传达出来的产品的精神内涵，进行全方位地接受，从而产生购买冲动①。经纪人与客户在不同的销售情境下进行面谈时，经纪人要根据不同情境选择话题进行提问。例如，在展会情境下，经纪人对潜在客户的提问应主要围绕小区环境、户型、配套设施等。同时，情境对经纪人与客户之间的交流还起到制约或补充作用。例如，在看房情境中，房屋的采光和通风状况可以直接印证经纪人对客户关于住房居住条件疑问的回答。经纪人应该充分利用情境，提高面谈效率。

3. 正确性原则

经纪人与客户面谈时，要十分注意语言的规范和正确性，尽可能准确地向客户传达正确的信息，同时也要正确地理解客户的言语；言语的使用注意与环境相一致，语言要婉转，多使用礼貌用语。

（二）面谈的组成部分

房地产经纪人与客户的面谈通常有两种：一种是正式面谈；另一种是非正式面谈。正式面谈通常是经纪人与客户事先约好的，例如经纪人参与的交易双方价格谈判。非正式面谈是没有经过事先约定的面谈，例如在新建商品房售楼处，经纪人与看到媒体广告后主动到售楼处咨询的客户的面谈就属于非正式面谈。

在正式面谈中，面谈过程一般包括预先计划（面谈的准备部分）、开场白、主体、收尾（结束部分）和后续工作（回访等）五个部分（表10-5）②。

---

① 王安琪. 房地产的情境体验营销［J］. 经营与管理，2009（01）：48-50.
② 【美】威廉·M·申克尔. 房地产市场营销［M］. 马丽娜，译. 北京：中信出版社，2005：29.

正式面谈的5个环节   表 10-5

环节	名称	主要内容
第一步	预先计划	(1) 尽可能约见客户； (2) 通过电话、电子邮件等了解客户需求或房屋需求； (3) 为初次面谈准备好客户资料、房源资料等； (4) 约定见面地点和时间
第二步	开场白	(1) 与客户进行寒暄； (2) 切入谈话主题，向客户提问。例如，"昨天接到您关于买房的电话，您能否再进一步详细说明一下您的购房意愿?"
第三步	主体	(1) 切入面谈主题后，与客户积极沟通； (2) 积极倾听客户需求，借助提问和复述等获得最大信息
第四步	收尾	(1) 选择恰当时机结束谈话； (2) 回顾本次谈话内容，总结要点； (3) 谈话控制在1个小时左右； (4) 安排下次面谈时间，向客户致谢
第五步	后续工作	(1) 多种形式回访客户； (2) 建立长期关系，达到实现销售、增加销量的目标

（三）面谈中的技巧

在面谈过程，房地产经纪人应该充分发挥专业知识、个人魅力、提问技巧与客户进行沟通。房地产经纪人面对的客户有各种需求，客户的性格和背景也不同，因此，房地产经纪人要作好与各种客户打交道的心理准备，也要为灵活应对与客户在谈话中出现各种不同的情况。例如，有些客户本身就是房地产领域内的专业人士，或者是律师、会计师等，如果经纪人没有体察到客户的专业背景，还喋喋不休地与客户探讨房地产建筑构造、房地产法律、房地产金融方面问题，以展示自己的专业知识，反而会引起客户的反感。在面谈过程中，为了控制谈话局面、引导谈话进程，房地产经纪人要掌握以下几个方面的技巧（表10-6）。

房地产经纪人的面谈技巧   表 10-6

技巧	内容
初次见面 展示自我	(1) 适度寒暄，不要过于热情，也不要过于生硬，神态表情自然而丰富； (2) 尊重和体谅客户，让客户感觉受到重视； (3) 要有礼貌，切忌粗俗，体现一个房地产专业人士的品位

续表

技巧	内容
认真倾听 适时提问	（1）观察客户的形态、语调、语音、肢体语言，体会客户需求的迫切性、价值倾向等信息； （2）根据谈话进展，使用提问技巧，适时提问，引导谈话进程，获得更多信息
诚实回答 客户提问	（1）站在客户的立场理解客户提问和客户需求； （2）以专业的态度诚实、认真并耐心地回答客户提问；不知道或不清楚的问题，得到确切答案后再告之； （3）让客户感觉其提问得到支持或认同，从而让客户提供更多的与此相关的其他信息
总结谈话要点	（1）及时找到谈话中已达成的共识，与客户进行要点总结； （2）采用以退为进、将心比心、以情感化、寻求一致等技巧说服客户

五、非言语沟通技巧

非言语沟通是沟通的一个重要组成部分，包括手势、面部表情、体态、动作、仪表、语气和语调等。具有不同文化习俗背景的客户，其非言语沟通是不同的，例如东西方的打招呼方式是截然不同的。房地产经纪人有时需要面对不同文化背景和文化习俗的客户，了解不同文化习俗下的非言语沟通方式十分重要。同时，沟通中，客户发出的一些非言语符号具有更大的可信性，即行为可能反映客户的内心想法。例如，客户在经纪人介绍房屋环境时，称赞"很好很好"，但不等经纪人介绍完毕就已经开始翻看其他房源信息资料。经纪人从客户这个动作应该体察到其对这套房源并不满意。因此，房地产经纪人在与客户沟通中要注意应用非言语技巧，达到沟通的目标。在本小节中，仅对房地产经纪人经常用到的非言语技巧中商务礼仪和个人形象进行介绍。

（一）房地产经纪服务的5S技巧

房地产经纪服务的5S技巧（速度、微笑、真诚、机敏和研学）是指房地产经纪人在整个经纪业务中都应保持的态度和应该掌握的技巧，也是房地产经纪人提供经纪服务的基本前提和要求。由于这几个要点的英文单词第一个字母都是"S"，所以称为5S技巧。房地产经纪人掌握了5S技巧，那么从日常接待客户的过程中就能体现出来，让客户感受到经纪人的干练和专业，从而更加信任经纪人。

1. 速度（Speed）

房地产经纪人必须做到在最短的时间及时接听电话、及时通知变化事项、尽快预约及准时赴会，并在交款等待与办理手续过程中及时配合等。

2. 微笑（Smile）

职业的微笑是健康的、体贴的，表现出心灵上的理解和宽容，而不是做作的、讨好的、游移的、虚伪的。

3. 真诚（Sincerity）

真诚是做人做事之本，是事务处理和人际沟通的润滑剂。真诚的努力是一方面，让客户感受到你的真诚是另一方面。房地产经纪人要树立形象必须从真诚开始。

4. 机敏（Smart）

敏捷、漂亮的接待方式源自充分的准备及对服务内容和服务对象的全面认识。以小聪明、小技巧应付客户的方式，都不可能实质性解决客户问题，甚至还可能给公司和本人带来纠纷和损失。

5. 研学（Study）

为了更好地为客户提供优质服务，房地产经纪人需要不断地研究学习房地产经纪理论及市场调研、客户心理和接待技巧等知识，进而提高与客户的沟通效果，从而提高房地产交易服务效率。

（二）房地产经纪人的个人形象

1. 个人形象的重要作用

个人形象和礼仪是非言语沟通的一个组成部分，良好的个人形象和礼仪在商务活动中十分重要。个人形象是指组织员工的工作态度、精神状态、文化水平、工作能力、言谈举止、道德风貌和仪容仪表等给公众的整体印象。个人形象包括内在形象和外在形象。个人形象中最重要的是内在形象，包括一个人的社会责任感、道德感、学识修养、心理特征和工作能力等，它是个人形象的内涵。外在形象包括一个人的衣帽服饰、仪表仪容、言谈举止、姿态动作等，它是个人形象的外显。个人形象对组织形象有塑造功能①。

2. 房地产经纪人的形象塑造技巧

仪表指人的外表，包括仪容和服饰②。仪容是人的容貌。仪容修饰的重点应

---

① 吴良亚. 个人形象与组织形象的辩证关系［J］. 西南师范大学学报（哲学社会科学版），1999（03）：10-13.

② 余忠艳，李荣建，等. 现代商务礼仪［M］. 武汉：武汉大学出版社，2007：14.

放在面部、肢体、头发和妆容四个方面①。房地产经纪人关注自己的仪表就是一种敬业态度的体现。

（1）仪容和修饰的基本要点

房地产经纪人的仪容要端正，修饰要自然，讲究卫生（表10-7）。

房地产经纪人的仪容和修饰要点　　　　　　表 10-7

仪容仪表		要点
仪容	头发	干净整洁，无发屑，男士不过耳，女士长短适中，忌夸张发型
	面部	女士化淡妆，男士胡须干净
	鼻部	注意修剪鼻毛，不易外露出鼻孔
	口腔	清洁无异味
	手部	指缝干净，不宜过长，无夸张涂抹，腋毛不外露，女士指甲不超过指尖 2 毫米，不要涂抹彩色指甲油
	脚部	正式场合不要光脚穿鞋，过于暴露脚面的拖鞋和凉鞋不要穿
	体味	无不雅体味，用淡味香水
仪表	衬衣	服装合体、干净，整洁无皱褶
	领带	无污点、破损或斜松，长度至皮带扣处
	外套	忌穿大衣或其他过分臃肿的服装上班，注重与衬衣的搭配，如穿西装，注意保持西装外形平整；如果公司没有提供统一职业装，也务必着职业正装
	首饰	女士佩戴首饰全身不超过 3 件，尽量同一质地，忌夸张装扮
	裙子	干净整洁，忌侧边开线
	袜子	忌破损，忌黑皮鞋配白袜子
	鞋	光亮无尘，忌露脚趾，皮鞋的鞋底最好是软底

（2）仪态礼仪

仪态是指人的肢体动作、表情和风度。房地产经纪人在与客户沟通中，优雅的仪态可以透露出个人良好的礼仪修养，容易与客户建立良好的互动关系，增加赢得客户信任和成功交易的机会，表 10-8 是房地产经纪人基本仪态一览表。

---

① 余忠艳，李荣建，等 . 现代商务礼仪［M］. 武汉：武汉大学出版社，2007：64.

房地产经纪人员基本仪态一览表   表 10-8

仪态	内容
站立姿态	两眼平视，两肩平整，收下颌，挺胸，收腹，提臀，双脚并拢或与肩宽，双手自然下垂或在身前交叠，忌放入裤兜、忌叉腰或抱胸，两腿直立
坐立姿态	女性坐姿要端庄，稳重，两膝并拢，避免"走光"； 男性坐姿忌晃动双腿或斜靠座椅，上身保持上挺
行进姿态	步态稳重有力，双手自然摆动，禁忌左顾右盼，扭腰摆臀； 尽量位于客户左前方或右前方，与客户保持 2～3 步的距离
目光	忌与客户讲话时不正视、死盯、冷漠、左顾右盼
手势	手掌自然伸直，出手时讲究轻缓流畅，配合眼神和表情，目视客户，面带微笑
表情	目光自然，真诚，面带微笑

（三）房地产经纪人的商务礼仪

1. 商务礼仪的重要作用

商务礼仪是指从事经济活动的一些组织和个人在经济往来中应当遵守的行为规范，既包括商务人员的礼仪修养和形象塑造，也包括商务人员在各种商务活动中的日常礼仪。商务礼仪对于商务人员在商务活动中获得成功十分重要。对于房地产经纪人而言，掌握了商务礼仪有助于提高其个人素质，培养完善的人格和正直诚实的品德，有助于与客户建立良好的人际关系，维护经纪公司和经纪人的个人形象，提高经纪服务的效益[1]。商务礼仪的实质是相互尊重、诚实守信、体谅他人、热情周到和亲切和善[2]。而销售礼仪，是指在房地产销售过程中房地产经纪人应遵从的礼仪和行为规范。

2. 房地产经纪人的商务礼仪

（1）电话礼仪

在电话礼仪方面，房地产经纪人要注意：①电话铃响三声内接听；②始终保持热诚、亲切、耐心的语音语调；③注意说话的音量，传递出必要信息；④回答问题要准确流畅；⑤后挂电话，留下快乐的结尾；⑥如果是客户来电，尽量留下客户电话及客户咨询内容的基础信息；⑦如代接电话，应及时反馈给相应的同事，并叮嘱其回电。

（2）名片礼仪

---

① 余忠艳，李荣建，等. 现代商务礼仪［M］. 武汉：武汉大学出版社，2007：1-10.
② 【美】佩吉·波斯特. 礼仪圣经［M］. 北京：群言出版社，2008：5-6.

在名片礼仪方面，房地产经纪人要注意：①忌过早递名片；②忌将过脏、过时或有缺点的名片给人；③忌将对方的名片放入裤兜或在手中玩弄或在其上记备忘事情；④忌先于上司向客户递名片；⑤应双手接过对方的名片；将名片递给对方时应双手，至少也是右手，且印有名字的面应朝上正对客户。

（3）介绍礼仪

在介绍礼仪方面，房地产经纪人要注意：①先介绍位卑者给位尊者认识；②先介绍年轻者给年长者认识；③先将男士介绍给女士；④先将本公司的人介绍给外公司的人。

（4）握手礼仪

在握手礼仪方面，房地产经纪人要注意：①迈前半步，上身微倾，面带微笑、注视对方；②先伸手者为：长辈、上级、女士；③力度适中，男士之间握至手掌，男士与女士握手只握手指部分，女士尽量不要主动用力握住男士的手掌，同时也不要用力摇晃；④握手时间约2～3秒；⑤忌戴手套或手不清洁。

（5）电梯礼仪

在电梯礼仪方面，房地产经纪人要注意：①乘坐电梯要遵循先进后出的原则，然后一手扶着电梯门一侧或一手按住电梯开门按钮；②电梯内忌大声谈话；③上下楼梯时，为客户带路应走在客户前面，位于客户左前方或右前方2～3步距离，配合手势指引，提醒客户注意拐弯处和台阶。

（6）落座礼仪

在落座礼仪方面，房地产经纪人要注意：①为客户拉座椅，请其就坐；②忌与客户正对相坐，应坐在客户的身边与其沟通；③会客室切记将正对门的位置作为尊位。

（7）其他应注意的礼仪

① 置业计划的填写应工整清晰、精准细致，切记数字不可有任何涂抹。

② 带客户在看楼过程中，要时刻关注客户的安全，老人和儿童忌乘坐施工电梯看房。

③ 注意与客户谈话的语气，维护公物时应是亲和的提醒，转移其注意力，而非指责或恐吓。

④ 带领多位客户看房时要灵活周到，随机应变，眼到口到。

⑤ 忌将后背面向客户，送客出门后要目送客户离去至客户消失再转身。

⑥ 无论客户是否与你成交，只要他置业成功，都要衷心地向其道一声：恭喜您！因为得体的细节处理会实现推荐购买和重复购买。

第二节　房屋销售过程中的技巧

一、接待客户的技巧

自然来访客户的正确的待客方法应是按顺序接待,必有一位房地产经纪人守在有利迎接客户的位置,甚至走出店面。随时留意到客户的存在,不至于突然失态。客户进入后更不能七嘴八舌。有以下五个应掌握的技巧:

1. 留住客户,适时招呼

客户进入店内后,或直截了当发问,或审视各种资讯。房地产经纪人此时大可不必强势推销,简单的套话之后,应注意观察客户的神态。选择适当的时机或客户抬头出声时再作招呼,别把客户逼走。

2. 推荐房屋应从总价低的开始

在不知道客户购买预算的情况下,此种方法较易获得客户反馈。给客户做足面子,客户感觉好,会道出真实意图。反之则容易伤害客户的自尊,以一句"太贵了"结束访问。

3. 掌握客户需求

接连不断的单方面询问甚至质问会使客户反感而不肯说实话。询问应与推荐房屋及介绍房地产知识交互进行,循序渐进地探寻客户需求,并试图逐渐集中到客户买房或卖房的焦点上。

4. 推荐时注意用语

配合客户的需求及时说出合适的参考意见,往往收到较好的效果。如"两房的户型非常好卖""今年流行这种复式结构""框架结构可以改动""这种弧形阳台您孩子一定喜欢""这个小区的物业管理真让人省心""听之前的客户说,这所学校的老师特别认真"等。要说得自信、够专业、有水平、设身处地从客户的角度说。

5. 把握成交的契机

密切留意客户的成交信号,及时给予确认和巩固。客户发出的表示可能成交的信息有:客户询问完毕时,询问的问题集中在某一特别事项,并开始默默地思考,不自觉地点头;专注价格问题时,反复询问相同问题;关注售后手续的办理等。房地产经纪人在此时应特别注意观察客户的言语、表情、体态等。

二、谈判技巧

成功的销售离不开成功的谈判。房地产经纪人，不论是买方作为委托人，还是卖方作为委托人，或者作为中间人，撮合交易双方达成交易，都需要与客户就房地产交易事项的开展谈判，包括价格、融资、折扣、签约、搬家等。因此，谈判技巧是房地产经纪人应该掌握的一个重要技巧。

（一）房地产经纪谈判的特点

房地产经纪谈判是商务谈判的一种，是房地产交易过程中的双方、多方，为了达成房地产交易、进行合作、消除分歧、签订合同、要求索赔、处理争议等进行会晤和磋商，谋求达成某种程度的妥协、达成共识。总体上，房地产经纪谈判的特点是以经济利益谈判为核心，标的物价值相对比较大，需要以国家颁布的房地产法律法规和规范文本合同为依据，注重合同条款的准确性、合法性和严密性。

从谈判主体上看，有可能是房地产经纪人作为中间人和交易双方的三方协商，也可能是房地产经纪人受委托人的委托与相对方进行的协商，也可能是房地产经纪人与客户就签订委托协议进行的谈判。在不同的谈判情境下，房地产经纪人的作用是不同的。

（二）房地产经纪人应具备的谈判能力

在房地产经纪谈判中，应该遵循实事求是、客观公正、知彼知己、互惠互利、力争双赢、适度妥协、尊重对手、友好相持、平等协商的基本原则[1]。在具体谈判过程中，房地产经纪人要充分展现个人魅力和谈判技术，以扎实的专业知识为基础，恰当运用谈判策略和谈判实力，实现谈判目标。谈判能力应该说是房地产经纪人必须具备的职业技能。

房地产经纪人能够成功地促成房地产交易，除了要掌握房地产专业知识、熟悉市场状况和社区环境、了解客户的需求和偏好、享有丰富的房源信息外，一些基本的谈判能力也是取得谈判成功的重要因素。房地产经纪人要学习和培养以下5种能力[2]：①头脑清晰并迅速做出反应的能力；②口头表达能力；③分析房产买卖双方交流问题的能力；④保持客观冷静的能力；⑤理解他人意向的能力。

房地产经纪人在多次谈判中要有意识地训练自己，逐步掌握以上能力。每次具体的谈判中，房地产经纪人应该根据谈判内容，协调买卖双方的立场，耐心地

① 余忠艳，李荣建，等. 现代商务礼仪［M］. 武汉：武汉大学出版社，2007：120-121.

② 【美】威廉·M·申克尔. 房地产市场营销［M］. 马丽娜，译. 北京：中信出版社，2005：181.

聆听双方的意见和观点，准确地判断和评估买卖双方的立场，传递信息并不断地折中双方意见，寻求妥协，最终使房地产交易双方获益。

（三）房地产经纪谈判技巧

房地产经纪谈判技巧是一个十分实务性的内容，每一次成功的房地产交易可能都与成功的谈判紧密联系。房地产经纪人可以根据谈判的进程恰当使用谈判技巧。谈判技巧实际上就是灵活运用符合谈判状况的谈判策略，赢得己方或双方利益。根据谈判态势可以将谈判策略分为 3 类（表 10-9）[①]，房地产经纪人可以参考使用。

一般谈判策略　　　　　　　　　　　　　表 10-9

谈判态势	策略
平等地位	私人接触策略、开放策略、假设条件策略、休会策略、迂回进攻策略
主动地位	不开先例策略、先苦后甜策略、价格陷阱策略、最后通牒策略、声东击西策略、步步为营策略
被动地位	运用团队力量策略、软化个别策略、先斩后奏策略、出其不意策略、以退为进策略、疲劳战术策略

1. 谈判初期的技巧

在谈判初期，房地产经纪人首先要判断谈判的难度，如果售房人的要价太高，而购房客户的出价又太低，购房客户又十分喜爱售房人的房产，这时作为买方代理人的房地产经纪人的谈判难度是最大的。房地产经纪人要预测交易双方的分歧点和分歧的距离，以安全和稳妥的方式询问双方偏好和需求，以制定谈判计划弥补分歧。例如，房地产经纪人为了降低房屋售价，可以询问卖方，"您是否愿意将家具搬走，只卖空房子吗？""如果 3 个月内找不到买家，您愿意将价格降低一些吗？"如果通过询问获得双方分歧点的底线，经纪人可以进一步对双方的让步程度和阻碍达成协议的关键点做出判断。

2. 谈判中后期的技巧

在房地产交易谈判的中后期，主要谈判内容都围绕价格（房租）问题，可能卖方坚持价格一分不降，买方坚持最多提高一成，卖方提出的价格还有很大的距离。房地产经纪人会常常处在这种谈判境地中艰难地协调买卖双方的立场。此时房地产经纪人的最佳策略是与买方或卖方分别分析出价低或要价高的原因是什么，例如，买方认为房屋质量有缺陷所以出价低，而卖方认为房屋处于黄金地段

① 李家龙，等．人际沟通与谈判［M］．上海：立信会计出版社，2005：396-403.

所以要价高，然后再与双方分别沟通，例如让卖方承认房屋质量有缺陷，是不是可以降价，让买方承认房屋地段好，是不是可以涨价一点。如果双方都有诚意，那么在经纪人的协调下，交易会达成。

　　房地产经纪人不但要分别从买方和卖方的角度制定谈判策略，还要根据当前房地产市场的走势，协调交易双方的出价，直到达成交易。例如，当房地产市场疲软的时候，就比较容易以买方的出价实现交易；反之，则可能以卖方的要价实现交易。房地产经纪人要掌握最终报价时机，如果双方不能对价格达成一致，经纪人可以提出一个折中的价格试探双方，或者鼓励交易双方都适当妥协，达成最终价格。

复习思考题

1. 什么是沟通？单向沟通和双向沟通的区别。
2. 房地产经纪人如何减少无效沟通？
3. 比较口头沟通、书面沟通和非言语沟通的优缺点。
4. 房地产经纪人应如何选择合适的沟通方式？
5. 为了提高沟通效果，房地产经纪人应具备哪些能力？
6. 房地产经纪人在与客户沟通时，应注意哪些问题？
7. 房地产经纪人进行倾听的目的是什么？
8. 房地产经纪人可以通过何种途径提高倾听效果？
9. 房地产经纪人应如何克服阻碍倾听效果的因素？
10. 开放式问题与封闭式问题的区别。
11. 房地产经纪人应如何提高提问技巧？
12. 房地产经纪人在与客户面谈时，应遵循哪些原则？
13. 与客户面谈时，房地产经纪人应掌握哪些技巧？
14. 什么是房地产经纪服务的 5S 技巧？
15. 房地产经纪谈判有哪些特点？谈判策略有哪几类？

附件一：房屋状况说明书推荐文本（房屋买卖）

房屋出售经纪服务合同编号：

房屋状况说明书

房　屋　坐　落：
房　地　产　经　纪　机　构：
实地查看房屋日期：

中国房地产估价师与房地产经纪人学会　推荐
2017 年 4 月

说　　明

　　一、本说明书文本由中国房地产估价师与房地产经纪人学会推荐，供房地产经纪机构编制房屋状况说明书参考使用。

　　二、本说明书经房屋出售委托人签名、房地产经纪机构盖章后生效。

　　三、编制本说明书前，应核对房屋出售委托人身份证明和房屋产权信息等资料，与委托人签订房屋出售经纪服务合同，到房地产主管部门进行房源信息核验，并实地查看房屋。

　　四、本说明书用于房地产经纪机构及其从业人员发布房源信息，向房屋意向购买人说明房屋状况，作为房地产经纪业务记录存档。

　　五、本说明书记载的内容应客观、真实，不得有虚假记载和误导性陈述，记载的房屋实物状况是实地查看房屋日期时的状况。在实际交接房屋时，如果房屋实物状况与本说明书记载的状况不一致，应以实际交接时的状况为准。

房屋基本状况					
房屋坐落			所在小区名称		
建筑面积	_____m²		套内建筑面积		_____m²
户型	___室___厅___厨___卫 或其他		规划用途	□住宅 □其他	
所在楼层	_____层		地上总层数	_____层	
朝向			首次挂牌价格	_____万元	
房屋产权状况					
房屋 所有 权	房屋性质	□商品房 □房改房 □经济适用住房 □其他			
	不动产权证书号 （或房屋所有权证号）				
	是否共有	□是 □否	共有类型	□共同共有 □按份共有	
土地 权利	土地使用权 性质	□出让 　　□划拨 　　□其他			
权利 受限 情况	是否出租	□是 □否	有无抵押	□有 □无	
	其他				
房屋实物状况					
建成年份（代）			有无装修	□有 □无	
供电类型	□民电 □商电 □工业用电 □其他		供水类型 （可多选）	□市政供水 □二次供水 □自备井供水 □热水 □中水 □其他	
市政燃气	□有 □无				
供热或采暖 类型	□集中供暖 □自采暖 □其他				
有无电梯	□有 □无		梯户比	___电梯（或楼梯）__户	

续表

房屋区位状况			
距所在小区最近的公交站及距离	站点名称：_____ 距离：_____ 米以内	距所在小区最近的地铁站及距离	站点名称：_____ 距离：_____ 米以内
周边小学名称		周边中学名称	
周边幼儿园名称		周边医院名称	
周边有无嫌恶设施	□大型垃圾场站 □公共厕所 □高压线 □丧葬设施（殡仪馆、墓地） □其他_____ □无		
需要说明的其他事项			
有无物业管理	□有 □无	物业服务企业名称	
物业服务费标准	___元/（m²·月）	有无附带车位随本房屋出售	□有 □无
有无户口	□有 □无	不动产权属证书发证日期	___年__月__日
契税发票填发日期	___年__月__日	房屋所有权人购房合同签订日期	___年__月__日
房屋所有权人家庭在本市有无其他住房	□有 □无		
有无不随本房屋转让的附着物	□买卖双方协商 □无 □有，具体为：		
有无附赠的动产	□买卖双方协商 □无 □有，具体为：		
其他			
户型示意图			
房源信息核验完成日期	___年__月__日	房屋出售委托人签名	
房地产经纪人员签名		房地产经纪机构盖章	

填 表 说 明

1. 房屋出售经纪服务合同编号填写本房屋对应的房屋出售经纪服务合同的编号。

2. 房屋坐落填写不动产权属证书（含不动产权证书、房屋所有权证）上的房屋坐落。

3. 房地产经纪机构填写编制本说明书的房地产经纪机构名称，而非其分支机构的名称。

4. 实地查看房屋日期填写房地产经纪人员进行房屋实勘的日期。

5. 不动产权属证书上未标注套内建筑面积的，可不填套内建筑面积。

6. 填写内容有选项的，在符合条件的选项前的□中打√。

7. 建成年份（代）填写不动产权属证书上的建成年份，未标注具体年份的，可粗略填写，如 20 世纪 90 年代。

8. 周边中小学、幼儿园名称填写房屋所在行政区域内，周围 2 千米范围内的相应设施名称。

9. 周边医院名称，填写房屋周围 2 千米范围内的相应设施名称。

10. 周边有无嫌恶设施项中，大型垃圾场站、公共厕所处于房屋所在楼栋 300 米范围内的，应勾选；高压线处于房屋所在楼栋 500 米范围内的，应勾选；丧葬设施处于房屋所在楼栋 2 千米范围内，应勾选。

11. 户型示意图要注明各空间的功能，并标注指北针等。

12. 房源信息核验完成日期填写房地产主管部门出具房源信息核验结果的日期。

13. 凡是有签名项的，应由相关当事人亲笔签名。

附件二：房屋状况说明书推荐文本（房屋租赁）

房屋出租经纪服务合同编号：

房屋状况说明书

房　屋　坐　落：

房地产经纪机构：

实地查看房屋日期：

中国房地产估价师与房地产经纪人学会　推荐

2017 年 4 月

说　　明

一、本说明书文本由中国房地产估价师与房地产经纪人学会推荐，供房地产经纪机构编制房屋状况说明书参考使用。

二、本说明书经房屋出租委托人签名、房地产经纪机构盖章后生效。

三、编制本说明书前，应核对房屋出租委托人身份证明和房屋产权信息等资料，与委托人签订房屋出租经纪服务合同，并实地查看房屋。

四、本说明书用于房地产经纪机构及其从业人员发布房源信息，向房屋意向承租人说明房屋状况，作为房地产经纪业务记录存档。

五、本说明书记载的内容应客观、真实，不得有虚假记载和误导性陈述，记载的房屋实物状况是实地查看房屋日期时的状况。在实际交接房屋时，如果房屋实物状况与本说明书记载的状况不一致，应以实际交接时的状况为准。

房屋基本状况			
房屋坐落		所在小区名称	
所属辖区	_____（区）_____（街道）_____（居民委员会或村民委员会）		
建筑面积	____m²	套内建筑面积	____m²
户型	___室___厅___厨___卫 或其他	规划用途	□住宅 □其他
所在楼层	_____层	地上总层数	___层
朝向		首次挂牌租金	_____元/月
房屋实物状况			
建成年份（代）		有无装修	□有 □无
供电类型	□民电 □商电 □工业用电 □其他	供水类型 （可多选）	□市政供水 □二次供水 □自备井供水 □热水 □中水 □其他
市政燃气	□有 □无		
供热或采暖类型	□集中供暖 □自采暖 □其他	空调部数	
有无电梯	□有 □无	梯户比	___电梯（或楼梯）___户
互联网	□无 □拨号 □宽带 □ADSL □其他	有线电视	□有 □无
房屋区位状况			
距所在小区最近的公交站及距离	站点名称： 距离：_____米以内	距所在小区最近的地铁站及距离	站点名称： 距离：_____米以内
周边中小学名称		周边医院名称	
周边幼儿园名称		周边大型 购物场所	
周边有无嫌恶设施	□大型垃圾场站 □公共厕所 □高压线 □丧葬设施（殡仪馆、墓地） □其他_____ □无		

续表

配置家具、家电					
序号	名称	品牌/规格	数量	是否可正常使用	备注
1	床			□是 □否	
2	衣柜			□是 □否	
3	电视			□是 □否	
4	冰箱			□是 □否	
……	……			□是 □否	

房屋使用相关费用					
项目	单位	单价	项目	单位	单价
水费			电话费		
电费			物业费		
燃气费			卫生费		
供暖费			车位费		
上网费			其他		
收视费					

需要说明的其他事项			
有无独立电表	□有 □无	有无独立水表	□有 □无
是否为转租	□是 □否	居住限制人数	＿＿＿人
是否合租	□是 □否	有无漏水等影响使用的情形	□无 □有，位于
其他			
户型示意图			
房地产经纪人员签名		房屋出租委托人签名	
房地产经纪机构盖章			

填 表 说 明

1. 房屋出租经纪服务合同编号填写本房屋对应的房屋出租经纪服务合同的编号。

2. 房屋坐落填写不动产权属证书（含不动产权证书、房屋所有权证）上的房屋坐落。

3. 房地产经纪机构填写编制本说明书的房地产经纪机构名称，而非其分支机构的名称。

4. 实地查看房屋日期填写房地产经纪人员进行房屋实勘的日期。

5. 不动产权属证书上未标注套内建筑面积的，可不填套内建筑面积。

6. 填写内容有选项的，在符合条件的选项前的□中打√。

7. 建成年份（代）填写不动产权属证书上的建成年份，未标注具体年份的，可粗略填写，如 20 世纪 90 年代。

8. 周边中小学、幼儿园名称填写房屋所在行政区域内，周围 2 千米范围内的相应设施名称。

9. 周边医院名称、大型购物场所，填写房屋周围 2 千米范围内的相应设施名称。

10. 周边有无嫌恶设施项中，大型垃圾场站、公共厕所处于房屋所在楼栋 300 米范围内的，应勾选；高压线处于房屋所在楼栋 500 米范围内的，应勾选；丧葬设施处于房屋所在楼栋 2 千米范围内，应勾选。

11. 房屋使用相关费用中，单位是指该项费用的计价单位，如水费填写立方米/元，单价填写每单位的收费价格。

12. 户型示意图要注明各空间的功能，并标注指北针等。

13. 凡是有签名项的，应由相关当事人亲笔签名。

后记（一）

根据中国房地产估价师与房地产经纪人学会的总体安排，房地产经纪人执业资格考试用书《房地产经纪业务操作》，在《房地产经纪实务（第七版）》基础上进行修编。本次修编的总体思路是强调教材的实用性和操作性，以房地产经纪存量房买卖和租赁经纪服务、新建商品房销售代理服务为核心，详细介绍了房地产经纪人在经纪业务中应该掌握的基本技能。《房地产经纪业务操作》（第一版）有以下几个方面的特色。

第一，简要介绍了房地产市场营销理论。房地产市场营销是房地产经纪业务的理论基础。房地产经纪人作为促成不动产产品销售到最终消费者的中介桥梁，如果掌握了一些基本的房地产市场营销知识，有助于其更深刻地理解营销的意义和经纪服务的内涵。

第二，重点介绍了存量房经纪业务。随着房地产市场的发育和成熟，以及人们改变了"只买新房不买旧房"的观念，存量房交易量逐年增长，在特大城市存量房交易量甚至与新建商品房交易量持平。存量房经纪业务已经成为房地产经纪从业人员的主要业务。因此，为了让房地产经纪人更系统地掌握存量房交易经纪服务操作能力方面的知识，本书从房源和客源的搜集管理、经纪业务承接、买卖经纪业务撮合、租赁经纪业务撮合这五个方面，详细介绍了存量房经纪服务业务的操作过程。

第三，结合业务发展实践，增加了房屋租赁托管经纪服务业务内容。房屋租赁托管业务是最近几年新兴的经纪业务类型，是房地产经纪机构根据广大消费者对高品质、中短期居住需求而开发的业务模式。房地产经纪人在承办此类业务时，应该明确该业务与传统房屋租赁经纪服务的差异性，防止出现以赚取租金差价、损害消费者利益的经纪行为。

第四，凝练了经纪延伸业务。本书认为房地产经纪延伸业务，重点包括以促成房地产交易完成为核心的房屋交验、房地产贷款代办和不动产登记代办业务这三项业务，而其他金融服务、装修服务、居家服务等内容不在本书中介绍。

中国人民大学公共管理学院土地管理系、中国房地产估价师与房地产经纪人学会、北京房地产中介行业协会、北京易居房地产交易服务集团杭州公司、北京链家房地产经纪有限公司、21 世纪不动产厦门区域分部、北京麦田房产有限公司、北京我爱我家房地产经纪有限公司和深圳世联地产顾问股份有限公司承担了《房地产经纪业务操作》（第一版）的修编工作。在此向以上单位在本书编写过程中给予的支持表示衷心的感谢！

　　本书尚有很多不完善的地方，不足之处敬请房地产经纪领域的各位专家、从业人员和广大读者提出宝贵的意见和建议。

编者

2016 年 3 月 30 日

后记（二）

根据中国房地产估价师与房地产经纪人学会的总体安排，2018年对房地产经纪人执业资格考试用书《房地产经纪业务操作（第一版）》进行修编。本次修编的总体思路是强调教材的稳定性和领航性，重点围绕房地产经纪存量房买卖和租赁经纪服务、新建商品房销售代理服务两大类业务，结合当前房地产经纪业务发展实践，按照房源、客源、业务承接、业务撮合、房屋交验、经纪延伸业务这六大环节，详细解读操作流程。此次教材修编的目标是为房地产经纪专业服务提供一个相对标准的规范流程。总体上，《房地产经纪业务操作（第二版）》主要做了以下几个方面的修编。

第一，调整了全书章节布局，全书由八章增加到十章。首先将原第一章"房地产市场营销基础"拆分为两章，即第一章"房地产市场营销基础"和第二章"房地产市场营销组合策略"。其中第一章主要涉及市场营销基础知识和房地产市场调查两部分内容；第二章重点介绍了房地产市场营销的产品、价格、渠道和促销四个策略。其次，新增了第十章"房地产经纪业务中的沟通与礼仪"，包括个人形象、商务礼仪、倾听、提问等内容。

第二，补充了房地产市场研究方面的学术观点。房地产市场是各种房地产交易行为的集合体。房地产市场是否活跃、规模大小与房地产交易量息息相关。房地产经纪人作为从事房地产交易的专业人士，了解市场、观察市场、分析市场是其基本功。房地产市场常常受到外部宏观环境因素的影响，本书搜集了近年来宏观经济、社会、人口、交通等因素与房地产市场关系的学术文献资料，抽取其成熟观点写入教材，供房地产经纪专业人士深刻理解中国房地产市场。

第三，增加了房地产经纪真实案例。为了提高教材的可读性和体验感，作者搜集了一些生动的房地产经纪真实案例并写入教材。这些案例来自住房和城乡建设部、广州市房地产中介协会、深圳市房地产中介协会等机构和学术文献。新增案例不仅有利于房地产经纪专业人士理解房地产经纪专业工作的复杂性，而且也方便房地产经纪专业人士利用案例中的经纪业务表格、协议书等开展日常业务。

第四，分析了中国房地产估价师与房地产经纪人学会发布的《房屋状况说明书》《房地产经纪服务合同》推荐文本，并以附录的形式置于本书最后，便于读者学习和使用。本书还对书中一些错误的观点、陈述、语句、文字进行了修改。

　　本次修编主要由中国人民大学公共管理学院土地管理系张秀智副教授承担。参加本次修编的专家还有上海房地产专修学院徐波院长、广东君言律师事务所孟宇鹏律师、链家集团交易事业部张勇总监、成都市房屋产权交易中心李飞副科长、中国房地产估价师与房地产经纪人学会崔婧媛女士。华中师范大学经济学院高炳华教授、北京大成律师事务所合伙人吴雨冰律师、江苏鑫洋置业顾问有限公司副总经理戴丽琴女士、链家集团职业学院苑保庆总监亦提出了很多宝贵的修改建议，本书一一采纳。

　　本书尽管一改再改，还是有很多不足之处。很多地方还没有跟上房地产经纪实践的发展变化，特别是互联网和数字化给房地产经纪流程带来的变革，需要不断地吸取实践中的精华，完善到教材中。在此，作者敬请房地产经纪领域的各位专家、专业人员和广大读者对本书提出修改意见，今后将尽力修订。

　　　　　　　　中国人民大学公共管理学院土地管理系　张秀智

　　　　　　　　　　　　　　　　　　　　　2018 年 4 月 2 日

后记（三）

根据中国房地产估价师与房地产经纪人学会的总体安排，今年对房地产经纪人执业资格考试用书《房地产经纪业务操作（第二版）》再次修编。本次修编在保持第二版总体架构的基础上，反映不断发展的房地产经纪业务，进一步优化了房地产经纪业务操作流程。总体上，《房地产经纪业务操作（第三版）》主要做了以下三个方面的修编。

第一，微调全书章节布局。首先将第一章"房地产市场营销基础"和第二章"房地产市场营销组合策略"重新整合为第一章"房地产市场营销基础"。其次将第五章"存量房买卖经纪业务撮合"拆分为两章，即第五章"存量房交易配对与带客看房"和第六章"存量房买卖交易条件磋商"。一宗存量房经纪业务流程可以划分为四个环节，即房源客源信息开拓、业务承接、交易配对与带客看房、买卖交易条件协商。

第二，简化了第九章的不动产登记代办业务相关内容。在本次修编中，删减了各种类型存量房不动产产权代办提交文件资料的重复部分，增加了新建商品房不动产登记代办、不动产抵押登记和注销登记代办的相关内容。

第三，调整和纠正了第二版书稿中的落后的或不准确的内容。随着时代的发展，房地产经纪业务更加专业化和精细化，互联网和数字化对房地产经纪业务的影响越来越深刻。本次教材对第二版中落后的、不合时宜的、不准确的内容进行了删减、调整或纠正，使教材更加接近业务实践。

本次修编主要由中国人民大学公共管理学院土地管理系张秀智副教授负责。参加本次修编的专家还有深圳世联云学科技有限公司沈卓兰副总经理、世联行地产顾问股份有限公司深圳综合事业六部罗晶晶总经理和潘月妮项目总监、世联行地产顾问股份有限公司集团业务发展部徐沛经理、贝壳华北区客户赋能中心苑保庆总监、上海中原物业顾问有限公司人才发展部左洁瑾副总监、广东君言律师事务所孟宇鹏律师。教材修编过程，也是专家们互相学习和研讨的过程。专家们有时候为书中的一个词、一句话、一个政策规定各执己见，争论不下，查找资料，反复论证，直到达成一致的修改意见。这也反映出房地产经纪业务的复杂性和专业性，期望通过本次教材修编，提炼出一个规范而标准的房地产经纪业务操作流程。中国人民大学公共管理学院土地管理系 2019 级硕士研究生卫思夷同学参加了部分文字编辑和案例修订工作。

自 2002 年《房地产经纪实务》第一版问世以来，到更名至《房地产经纪业务操作》，至今已经修改了多次。但每次修编，都发现教材存在着很多不足，本书还有很多改进空间。在此，作者依然敬请房地产经纪领域的各位专家学者、专业人员和广大读者对本书提出宝贵的修改意见，作者定将尽力修订完善。

中国人民大学公共管理学院土地管理系　张秀智

2019 年 10 月 14 日

后记（四）

按照中国房地产估价师与房地产经纪人学会的总体安排，今年对房地产经纪人执业资格考试用书《房地产经纪业务操作（第三版）》再次修编。《房地产经纪业务操作（第四版）》在保持第三版总体架构的基础上，主要做了两个方面的修编。

第一，根据《民法典》修改相关内容。2020 年 5 月 28 日第十三届全国人民代表大会第三次会议颁布了于 2021 年 1 月 1 日起施行的《民法典》。《民法典》颁布实施后，《婚姻法》《继承法》《民法通则》《收养法》《担保法》《合同法》《物权法》《侵权责任法》《民法总则》同时废止，相关法律条款通过修订并整合到《民法典》之中。众所周知，房地产交易作为一项典型的民事行为。例如，当事人因结婚、离婚、继承、赠与等行为所产生的房地产交易行为均涉及《民法典》的相关条款。《民法典》颁布实施后，《房地产经纪业务操作（第三版）》中有很多内容与之不符。作者梳理了教材与《民法典》条款相冲突的地方，并做了整体性修改。

第二，对书稿中的文字进行润色，删减过时的内容和案例。由于作者的原因，《房地产经纪业务操作（第三版）》文稿中存在一些错误和用词不准的地方。曾有读者专门致信中国房地产估价师与房地产经纪人学会和我本人指出教材中的错误。在此，本人非常感谢这位读者的认真与负责。本次修编，作者逐字阅读文稿，对上一版教材中文字性错误进行了修改。

本次修编主要由中国人民大学公共管理学院土地管理系张秀智副教授负责。参加本次教材修编的专家还有上海房地产专修学院副院长徐波先生、首都师范大学政法学院蒋言博士，他们通读了全书，从经纪实务和民法的视角对教材进行了订正。我们边讨论边修改，案例的分析、观点的碰撞，使我们对房地产经纪操作的复杂性和专业性有了更深刻的认识。

尽管本次修编花费很多的时间和精力，期望教材能够为房地产经纪机构和房地产经纪人的业务操作提供帮助，但限于作者的能力和水平，本教材依然存在很多问题和不足。作者敬请读者、业内专家、学者对本书提出宝贵意见和建议，争取在下次修编时完善。

　　正如各位读者所见所知，本书失去了一位重要的主编——梁兴安先生。梁先生毕业于中国人民大学，是人民大学的杰出校友。他作为房地产界的一位精英，自 2015 年开始致力于凉山州阿依土豆乡村教育事业，让大山深处的孩子们得到教育，打开了他们认识世界的大门。为了给阿依土豆支教项目寻找老师，他曾回到母校，问我是否有学生愿意到凉山州支教，让我帮忙联系。见面时情形至今依然历历在目！仁者爱山，智者乐水。2021 年 5 月 3 日，梁兴安先生在四川省凉山州考察支教项目过程中不慎坠崖身亡。"国民表率、社会栋梁"是对梁先生最好的诠释。永远怀念！

中国人民大学公共管理学院土地管理系　张秀智

2021 年 10 月 30 日

后记（五）

按照中国房地产估价师与房地产经纪人学会的总体安排，今年对房地产经纪人执业资格考试用书《房地产经纪业务操作（第四版）》再次修编。《房地产经纪业务操作（第五版）》在保持第四版总体架构的基础上，主要做了五个方面的修编。

第一，根据最近几年颁布的关于住宅、公寓、城市规划等方面技术规范，对教材中的相关内容进行了完善。这些完善的地方包括房地产经纪人商圈调查的不同步行生活圈划分依据；居住区中的生活配套设施类型；非住宅中的公寓、宿舍的定义。

第二，根据《民法典》相关条款，对房屋权利状况调查内容、房地产经纪委托合同解除时的权利义务、定金合同签订、"买卖不破租赁"的前提条件等作了细化。例如，教材分析了在房屋权利状况调查中，对所有权、居住权和抵押权设定情况进行核实时应注意的要点。住房设立了居住权，要核查承租人权利与设立在先的居住权的冲突问题；住房设立了抵押权，则要知晓设立在先的地役权优先于成立在后的承租人权利。

第三，根据房屋租赁市场发展，对房屋租赁业务的新形态与操作做了更新。教材将房屋租赁业务分为自营模式、代管模式和包租模式，并进一步介绍了包租模式对出租人和承租人的好处、包租模式与传统租赁经纪业务模式的异同、包租业务流程等内容。

第四，根据房地产交易流程的最新实践，对不同类型房屋的交付条件、存在风险、抵押登记代办等内容进行了修订。存量房买卖的不同付款方式对应不同的房屋交付条件和潜在风险。教材区分了不同付款方式的房屋交付情境和风险情况，并结合交易资金监管进行了分析。教材对房屋抵押贷款代办章节内容也进行了系统修编，使内容更加准确，贴近业务实践。

第五，对教材的文字进行润色。在本次修编过程中，参与教材编写的作者认真地校核了教材中存在的文字性错误，使教材质量进一步提升，读者的阅读体验感更好。

本次修编由中国人民大学公共管理学院土地管理系张秀智副教授负责。参加本次教材修编的专家还有上海房地产专修学院副院长徐波先生、中国人民大学教育学院周祥副教授、首都师范大学政法学院蒋言博士、中国房地产估价师与房地产经纪人学会王明珠女士。我们组成了一个小团队，对教材中存疑的地方，从理论和实践两个角度进行讨论，尽可能使教材内容不仅贴近房地产经纪人工作一线，也希望教材能对实践问题从理论层面予以剖析。一如既往，本次教材修编花费了很多的时间和精力，期望教材能够为房地产经纪机构和房地产经纪人的业务操作提供帮助，但限于作者的能力和水平，本教材依然存在很多问题和不足。作者敬请读者、业内专家、学者对本书提出宝贵意见和建议，争取在下次修编时完善。

中国人民大学公共管理学院土地管理系　张秀智

2023 年 10 月 9 日